UNION INTERNATIONALE DES SCIENCES PRÉHISTORIQUES ET PROTOHISTORIQUES
INTERNATIONAL UNION FOR PREHISTORIC AND PROTOHISTORIC SCIENCES

PROCEEDINGS OF THE XV WORLD CONGRESS (LISBON, 4-9 SEPTEMBER 2006)
ACTES DU XV CONGRÈS MONDIAL (LISBONNE, 4-9 SEPTEMBRE 2006)

Series Editor: Luiz Oosterbeek

VOL. 5

2006 lisboa uispp XV congresso

Session WS23

Aires d'approvisionnement en matières premières et aires d'approvisionnement en ressources alimentaires

Approche intégrée des comportements

Raw Material Supply Areas and Food Supply Areas

Integrated approach of the behaviours

Edited by

Marie-Hélène Moncel, Anne-Marie Moigne, Marta Arzarello and Carlo Peretto

BAR International Series 1725
2007

Published in 2016 by
BAR Publishing, Oxford

BAR International Series 1725

Proceedings of the XV World Congress of the International Union for Prehistoric and Protohistoric Sciences
Actes du XV Congrès Mondial de l'Union Internationale des Sciences Préhistoriques et Protohistoriques
Aires d'approvisionnement en matières premières et aires d'approvisionnement en ressources alimentaires/
Raw Material Supply Areas and Food Supply Areas

Outgoing President: Vítor Oliveira Jorge
Outgoing Secretary General: Jean Bourgeois
Congress Secretary General: Luiz Oosterbeek (Series Editor)
Incoming President: Pedro Ignacio Shmitz
Incoming Secretary General: Luiz Oosterbeek

ISBN 978 1 4073 0167 9

Contacts: Secretary of U.I.S.P.P. – International Union for Prehistoric and Protohistoric Sciences
Instituto Politécnico de Tomar, Av. Dr. Cândido Madureira 13, 2300 TOMAR
Email: uispp@ipt.pt www.uispp.ipt.pt

BAR Publishing is the trading name of British Archaeological Reports (Oxford) Ltd. British Archaeological Reports was first incorporated in 1974 to publish the BAR Series, International and British. In 1992 Hadrian Books Ltd became part of the BAR group. This volume was originally published by Archaeopress in conjunction with British Archaeological Reports (Oxford) Ltd / Hadrian Books Ltd, the Series principal publisher, in 2007. This present volume is published by BAR Publishing, 2016.

Printed in England

BAR
PUBLISHING

BAR titles are available from:

BAR Publishing
122 Banbury Rd, Oxford, OX2 7BP, UK
EMAIL info@barpublishing.com
PHONE +44 (0)1865 310431
FAX +44 (0)1865 316916
www.barpublishing.com

REMERCIEMENTS

Ce workshop, consacré aux aires d'approvisionnement en matières première et aires d'approvisionnement en ressources alimentaires, n'aurait pu voir le jour sans l'investissement de Luiz Oosterbeek et de son équipe dans l'organisation du congrès UISPP qui a eu lieu à Lisbonne en septembre 2006, et surtout sans les nombreux chercheurs européens et non européens qui ont répondu positivement à notre appel.

Les nombreux articles qui composent ce volume matérialisent la richesse des interventions lors de ce workshop qui s'est terminé par une discussion très constructive entre tous les participants et auditeurs. Que tous soient remerciés pour la richesse de leurs observations qui ont contribué à faire avancer le débat sur la gestion de l'espace et des ressources par les hommes du Pléistocène.

Tous nos remerciements également au Département de Biologie et Evolution de l'Université de Ferrara et au Département de Préhistoire du Muséum National d'Histoire Naturelle de Paris, pour le soutien qu'ils nous ont apporté dans l'organisation de ce workshop.

Nous tenons enfin à remercier Marco Peresani et Emanuel Vaquero pour avoir accepté de préfacer ce volume. Leur regard encourage à poursuivre les réflexions sur ces problématiques.

Enfin un grand merci à Claire Gaillard pour avoir participé à la conception de cette table-ronde.

Marie-Hélène Moncel,
Anne Marie Moigne,
Marta Arzarello et
Carlo Peretto

OBJECTIFS DU COLLOQUE

Aires d'approvisionnement en matières premières et aires d'approvisionnement en ressources alimentaires. - Approche intégrée des comportements

Les analyses pluridisciplinaires des gisements paléolithiques apportent de plus en plus d'informations sur l'origine des ressources exploitées par les occupants d'un site et sur l'amplitude des déplacements effectués pour subvenir tant aux besoins alimentaires qu'aux besoins en matériaux. Le recoupement des aires d'approvisionnement répondant à ces deux types de besoins peut varier fortement en fonction des situations.

Dans ce workshop nous souhaitons tout d'abord établir l'état des connaissances en ce domaine, puis envisager les différents cas de figure dans leur contexte, en considérant, par exemple, le climat ou la saison, la topographie, la disponibilité et la qualité des matières premières, la richesse en gros ou petit gibier (et en aliments végétaux potentiels), la fonction du site, etc. Les discussions tenteront de dégager ce qui, dans l'éventail des réponses possibles aux besoins vitaux immédiats, en fonction des contraintes environnementales, relève plus spécifiquement du comportement humain.

Les indices de décalage, au cours du temps, entre conditions environnementales variables et comportements stables, ou à l'inverse entre comportements différents dans des conditions apparemment stables, contribueront à enrichir la réflexion relative aux traditions, aux échanges de savoirs ou d'objets, aux mouvements de populations. Les études les mieux documentées pourront déboucher sur des notions d'ordre socioculturel, en permettant de discerner éventuellement des comportements qui relèvent de l'exploit (gibier) ou de l'exception (outil) et dont les implications, au sein du groupe humain, dépassent largement la question de subsistance au quotidien.

Raw material supply areas and food supply areas. - Integrated approach of the behaviours

Multidisciplinary analyses of the Palaeolithic sites provide more and more information on the origin of resources exploited by the occupants of a site and the sweep of land they move on in order to meet their needs of both food and raw materials. The overlapping of these two types of supply areas may greatly differ according to the situations.

In this workshop we would like first to draw up the state of knowledge in this field and then look at the evidences in their settings, in considering, for instance, the climate or season, the topography, the availability and quality of the raw materials, the wealth in big or small game (and in potential vegetal food), the site function, etc. Discussions shall aim at working out what specifically concerns the human behaviour, among the range of possible responses to the immediate vital requirements, given the environmental constraints.

TABLE DES MATIERES

LISTE DES FIGURES

Paléolithique moyen

LISTE DES TABLEAUX

Paléolithique inférieur

Paléolithique moyen

FOREWORD

Marco Peresani

Università di Ferrara, Dipartimento di Biologia ed Evoluzione; Corso Ercole I d'Este, 32 – 44100 Ferrara, Italy

An ample and dynamic approach to the study of the economic human behaviour is what it is wished in the curators' aims for this new contribution addressed to understand subsistence strategies in the Palaeolithic, a theme focused researchers that, nevertheless, have began to produce highly relevant data from the last two decades. To the vast, initial success produced lithic technology whereas used as a tool for investigate production systems and other disciplines like petroarchaeology, zooarchaeology and archaeobotanic that in most cases have been involved in punctual and sometimes disconnected way, exigence for a major integration between these systems has increasingly raised. Potentiality inherent the concept of reduction sequence has therefore better manifested in this second phase and provided a new impulse to the exploration of supply, maintenance and resource circulation systems and their derivates in the different scales of territory covered humans in the Palaolithic.

The wide geographic range which spans from the close camp surroundings to the seasonally and yearly visited territory can be viewed like an entity conceived on the base of a group of intimately connected factors. Among the most relevant factors, the critical distribution to which mineral and organic resources underwent in extremely variable geographic and chronologic intervals induced hominins to perform different ways of management that, through mobility, provisioning techniques and craft systems, drew the adaptive success in the regions taken into consideration from the authors along this volume. According to a first geographic then temporal perspective, past human behaviour put in evidence from every contribution mostly concerns with western Europe rather than the rest of the continent and extends to central Asia from which it provides elements for evaluate particular situations like in Caucasus region comparable to similar cases viewed in other mountain chains. Attention must be paid to the changes observed in the different ways food sources were supplied and exploited that debouched into the full affirmation of typical Middle Palaeolithic anticipatory behaviours marking a continuity with the successive modern human period. The effectiveness of the integrated approach founds in these cases its highest expression and grounds possible computations of resource transportation costs being combined for further integrations addressed to determine optimal foraging ratios.

Some contributions evoke the existence of specific sites - temporary camps used for flint knapping or mostly for hunt or accomplish usual tasks to perform subsistence cycles – that represent one of the most informative sources for understand in which way territories were occupied. The frame is possibly completed from other complementary sites, better known like complex settlements usually subjected to multifrequentation anyhow excellent places to carry out different practises ranging from the consumption to the complete, partial or integrated processes of raw materials. Excessive schematism of the archaeological reality do not fully accounts some secondary contextes interpretable like step sites that recorded ephemeral frequentations, the function of which appears vanishing or probably unframable in an organic and partitioned activity. For more times it has been stated that the analysis of low-density artefact scatters may produce data to claim existence of more general systems where to anthropic occurrence integrates through fully displaced segments of activities across the temporal-spatial dimension.

Activities thus mark rythms, plans, movements in run, explored and exploited territories with increasing complexity from the social structures which integrate in the various forms of behavioural ecology appearing through these articles, regardless the different resolution of stratigraphic, possibly multi-frequentation archaeological records taken into consideration.

PREFACE

Manuel Vaquero

Area de Prehistoria. Universitat Rovira i Virgili. Pl. Imperial Tarraco, 1. 43005 Tarragona, Espagne

Les stratégies d'approvisionnement constituent actuellement un sujet fondamental dans l'étude des communautés de chasseurs-collecteurs du Paléolithique. Elles constituent un procédé privilégié pour accéder à la dimension territoriale des systèmes d'occupation, puisqu'elles mettent en relation le gisement archéologique avec un plus ample espace, qui peut être de dimension régionale ou suprarégional. L'intégration du gisement dans son territoire est un élément essentiel pour appréhender les processus de formation des assemblages. C'est de plus un aspect essentiel dans le mode de vie des groupes de chasseurs-collecteurs, dont la survie est normalement basée sur une forme de vie nomade, dans laquelle les déplacements dans le territoire occupent un lieu central dans ses activités quotidiennes. Bien que les stratégies d'approvisionnement nous situent plutôt dans le domaine de la conduite économique, il ne faut pas oublier toutes ses implications cognitives, surtout quand il s'agit d'analyser le registre archéologique engendré par des espèces d'hominidés différents de la nôtre. Le territoire exploité que nous, les archéologues, identifions à partir du registre archéologique est la description objective d'un paysage qui est aussi une reconstruction subjective où interviennent les mécanismes culturels des groupes humains qui donnent au territoire une signification qui leur est propre.

L'intérêt porté au territoire a déjà une longue tradition dans l'archéologie du Paléolithique, spécialement à partir des propositions du *site cachment analysis*, depuis les années 1960. Cependant, la perspective théorique des études actuelles sur les aires d'approvisionnement ne se limite pas à adopter seulement les données de l'archéologie spatiale, mais elle est également étroitement liée au paradigme technologique qui commence à s'imposer à partir des années 1980. Le concept de chaîne opératoire a été essentiel dans l'impulsion de ces travaux, puisqu'il a permis de proposer une forme cohérente à des sujets distincts: la reconstruction d'actions successives qui depuis l'obtention des ressources jusqu'à leur traitement, utilisation et abandon. Depuis cette perspective, les décisions qui étaient prises dans les premières phases de la chaîne opératoire acquièrent une importance fondamentale.

Avec le temps, les études sur les stratégies d'approvisionnement ont acquis un caractère multidimensionnel, en surpassant l'identification simple d'aires de collecte et en assumant un caractère global, dans lequel sont intégrées une bonne partie des dynamiques qui interviennent dans la formation du registre archéologique. Ce colloque répond à cette volonté d'intégrer des domaines distincts, et le but consiste à unifier sous le concept d'approvisionnement la manière d'obtenir des ressources essentielles dans la subsistance des communautés de chasseurs-collecteurs: des animaux, des végétaux et des mineraux. Seule une vision de l'ensemble comme celle qui se pose ici peut offrir une reconstruction du territoire réellement exploité par les groupes de chasseurs-collecteurs, en surpassant les visions partielles qui se détachent de l'étude de chacune de ces ressources. De plus, cette perspective favorise le dialogue entre des champs distincts d'analyse, ce qui n'est pas un moindre but si nous prenons en compte la tendance croissante à la spécialisation qu'on observe dans la pratique archéologique et qui engendre trop souvent un certain manque de communication entre les différents spécialistes.

Il ne faut pas oublier, par ailleurs, que, indépendamment du type de ressources, l'approvisionnement se trouve affecté par une série de contraintes, rattachés principalement à des facteurs comme le poids des ressources et la distance jusqu'aux lieux de destination. Par conséquent, l'obtention de n'importe quelle ressources oblige d'emblée à adopter une série de décisions sur la forme dans laquelle cette ressource sera transporté au campement résidentiel et permet de définir un domaine de conduite spécifique, au-dessus des aspects spécifiques qui caractérisent les matières premières lithiques, les carcasses animales ou les ressources végétales. Cependant, la mesure dans laquelle les articles distincts de ce volume s'adaptent à ce but est inégale, fondamentalement dues aux contraintes caractérisant chacun des contextes archéologiques qui se présentent. En premier lieu, il faut prendre en compte des problèmes de conservation différentielle des témoignages archéologiques. Alors que les objets lithiques se trouvent dans tous les assemblages, il n'est pas le même pour la faune ou les restes végétaux. Pourtant, dans de nombreux cas, les ressources lithiques font l'objet des études, bien que l'approvisionnement des ressources fauniques prennent une place significative dans quelques travaux (Rivals et Moigne, Meignen *et al.*, Grégoire *et al.*). En revanche, les ressources végétales sont analysées dans un nombre réduit de travaux, et dans aucun cas, ils ne dégagent une fonction comparable à celle des ressources animales et minérales. En second lieu, il faut reconnaître que l'unification de ces domaines de subsistance sous le même paradigme théorique ne semble pas toujours facile due aux différences dans les zones de distribution des différentes ressources et le degré de résolution spatiale qui caractérise chacun d'eux. Alors que les ressources minérales permettent d'identifier souvent une aire de provenance géographiquement plus ou moins bien délimitée, le degré de précision n'est pas le même pour la plupart des ressources animales et végétales. Cette contrainte affecte spécialement la capacité d'établir les distances du transport et, en conséquence, évaluer l'incidence de ce facteur clef sur le registre archéologique.

Comme on peut voir dans les travaux inclus dans ce volume, la notion d'approvisionnement permet d'aborder toute une série de questions fondamentales dans l'investigation archéologique actuelle, de la définition du territoire exploité jusqu'à la caractérisation fonctionnelle des gisements ou la variabilité des assemblages lithiques et fauniques. On peut poser ces questions aux trois éléments essentiels qui constituent la séquence d'approvisionnement : le lieu d'obtention, le transport et le lieu de destination. En général, l'ensemble des articles essaie de repondre à trois questions : où les ressources sont-elles obtenues, comment sont-elles transportées, quelle est leur lieu de destination ? Ces questions sont fondamentales dans la recherche archéologique actuelle, indépendamment des traditions intellectuelles ou des paradigmes théoriques des chercheurs. Le large espace géographique couvert par les travaux qui constituent ce volume, qui va de la Géorgie et les plaines de l'Iran jusqu'à la Péninsule Ibérique, est une bonne preuve de la manière dont les stratégies d'approvisionnement ont acquis un caractère de "problème commun" pour une bonne partie de la communauté scientifique.

OU LES RESSOURCES SONT-ELLES OBTENUES ?

En ce qui concerne cette première question, l'identification des aires d'origine a été un des sujets abordés traditionnellement dans l'étude des stratégies d'approvisionnement et ce volume est un bon exemple des avancées qui se sont produites dans ce domaine durant les dernières années. La plupart des articles publiés dans ce volume partent d'une large connaissance du contexte géologique dans lequel se trouvent les gisements et de l'identification, plus ou moins précise selon les cas, des différentes formations contenant les matières premières aptes à la taille. Dans ce domaine, on a avancé dans la reconnaissance et la caractérisation des affleurements primaires, mais aussi dans l'étude des formations secondaires, qui ont été celles exploitées préférentiellement pendant le Pléistocène. Le travail de García-Antón et Mosquera sur les formations alluviales qui entourent la Sierra d'Atapuerca est un bon exemple de l'importance de ce type d'étude de ces dépôts pour comprendre les critères de sélection des matériaux. De ce sens, il convient de rappeler que la distribution et l'accessibilité des formations a pu subir des changements substantiels le long du Pléistocène en fonction des dynamiques paleoenvironnementales sur le couvert végétal ou le niveau de la mer, aspect abordé par Molines pour l'ouest de la France.

Avec une exception, la plupart des travaux sont exclusivement dédiées aux assemblages du Paléolithique inférieur et moyen. Le Paléolithique supérieur apparaît uniquement comme terme de comparaison de la conduite appliquée au Paléolithique moyen, comme dans le travail d'Arzarello *et al.* sur les niveaux moustériens et épigravettiens de l'Abri Tagliente. Dans quelques cas, l'existence du cadre temporel dans les stratégies d'approvisionnement est abordée d'une forme explicite. Les distances d'approvisionnement rarement surpassent un rayon de 5 kms autour du gisement (Wisniewski, Molines, Lamotte, García-Antoine et Mosquera, Arzarello *et al.*), mais, en général, les études confirment la tendance observée déjà dans de nombreux contextes, vers un élargissement du territoire exploité et un acroissement de la présence de matériaux d'origine non locale, bien que l'approvisionnement local reste toujours dominant. Pour cette raison, les exemples qui montrent une inversion de cette tendance générale acquièrent un intérêt particulier et les niveaux les plus anciens de certains gisements montrent un élargissement du territoire d'approvisionnement à l'inverse des niveaux les plus récents, comme dans la séquence de la grotte de l'Arago (Grégoire *et al.*).

COMME LES RESSOURCES SONT-ELLES TRANSPORTEES ?

L'étude des aires d'approvisionnement est étroitement liée à celles des modalités de transport et d'introduction des ressources dans les gisements. Cela nous situe pleinement dans le domaine des processus de formation des assemblages archéologiques. La forme sous laquelle les ressources sont apportées dans le gisement détermine partiellement la nature des activités qui vont être réalisées dans le site et, en conséquence, le type de restes archéologiques que l'on peut trouver. Les modalités de transport sont essentielles pour essayer d'expliquer la variabilité des assemblages lithiques et fauniques. Les ressources animales et lithiques peuvent être apportées dans le gisement sous des modalités très diverses, des plus massives (nodules de matière première ou carcasses animales entières) aux plus sélectives (éclats de pierre, objets retouchés, ou parties anatomiques d'une haute valeur économique). Dans le cas des ressources fauniques, l'approche des formes de transport prend en partie comme cadre de référence les résultats des études ethnoarchéologiques qui ont indiqué la diversité de facteurs qui conditionnent les décisions qui sont prises sur les parties des carcasses qui sont transportées au campement. Bien que ces travaux aient été normalement basés sur la rentabilité économique (*optimal foraging theory*), ils ont aussi mis en évidence les contraintes technologiques et sociales qui influent sur l'approvisionnement. En ce qui concerne les ressources lithiques, pour lesquelles manquent des référants ethnoarchéologiques, la notion de chaîne opératoire a mis en place un cadre propre pour visualiser la dimension territoriale de la conduite technique. Ces études ont insisté, par ailleurs, sur la diversité des contextes archéologiques : le lieu de traitement primaire d'où les ressources proviennent et l'endroit résidentiel où ils sont transportés.

L'un des résultats les plus intéressants des travaux sur les stratégies d'approvisionnement est la relation entre les matières premières et la technologie et, en définitive, la gestion différentielle des matériaux selon la distance qui est nécessaire de parcourir pour les obtenir. C'était une des premières conclusions qui ont été fournies à mesure qu'on a connu le lieu d'origine des matières premières : la différenciation à l'intérieur des assemblages entre les objets fabriquées dans le gisement à partir des matières locales et les objets réalisées sur des matières premières exotiques qui sont entrées dans le site sous des formes techniques plus élaborées. Cette différenciation affecte autant la configuration des outils que les stratégies de réduction de nucléus. Par exemple, ce traitement différentiel des matières premières a permis de caractériser les racloirs moustériens comme objets essentiellement mobiles, réalisés souvent sur des matières premières exotiques, en opposition aux denticulés, qui apparaissaient comme des outils associés au gisement dans lequel ils ont été fabriqués. Par ailleurs, on a observé aussi que dans certains assemblages, l'utilisation des stratégies de débitage les plus exigeantes, comme le débitage levallois, était plus habituel sur des matières non locales, alors que les matières premières les plus proches au gisement tendaient à montrer des stratégies plus expéditives. Ces données ont mis en évidence l'importance des stratégies d'approvisionnement pour appréhender la variabilité typologique et technologique des assemblages, spécialement dans des gisements du Paléolithique Moyen, bien que ce type de réflexion puisse être appliquée par la suite à d'autres contextes chrono-culturels.

Les travaux inclus dans ce volume apportent de nouvelles données à cette relation entre les caractéristiques morphotechniques des objets et la provenance des matières premières. En particulier, on observe clairement comment cette conduite se manifeste déjà pendant le Paléolithique inférieur. Les articles de Lamotte et de Fabre et de Grégoire *et al.* coïncident sur l'association entre les bifaces et les matériaux non-locaux, en mettant en évidence le caractère essentiellement mobile de ce type d'objets. Évidemment, on peut dériver sur le vieux débat de la coexistence tout au long du Paléolithique inférieur d'industries avec bifaces et sans bifaces.

QUEL EST LE LIEU DE DESTINATION ?

Les stratégies d'approvisionnement apportent une information très précieuse pour caractériser les gisements et divers travaux (Wisniewski, Chacón *et al.*, Meignen *et al.*, Gregoire *et al.*) insistent sur l'identification du type d'occupation au travers des assemblages archéologiques. Ces types d'occupation sont définis selon la durée de l'occupation et/ou les activités qui se sont développées. C'est un aspect spécialement important, puisque dans les formes d'occupation de l'espace, se manifestent les structures sociales qui définissent les sociétés de chasseurs-collecteurs. Les stratégies d'approvisionnement constituent un critère essentiel pour réaliser cette catégorie d'interprétations, puisque de la durée et la fonctionnalité de l'occupation dépendra dans une bonne mesure la quantité de ressources qui sont apportés dans le gisement et leur modalité de transport. Plus long est le séjour d'un groupe dans un gisement, plus grande sera la quantité de ressources et plus probable sera que, dans le cas des ressources lithiques, des matériaux issus des alentours du site seront introduit sur le lieu d'occupation sous une forme massive et peu élaborée. Par ailleurs, dans des gisements spécialisés, il sera plus probable que l'introduction des ressources aient eu lieu sous forme d'outils destinés à une fonction spécifique, alors que dans des campements résidentiels, la panoplie d'objets sera plus ample. Cette distinction entre les contextes résidentiels, qui fonctionnent basiquement comme lieux d'entrée de ressources (Chacón *et al.*), et les contextes spécialisés destinés au traitement, lesquels sont définis comme lieux de départ de ressources (Meignen *et al.*), marque une première différence dans la façon d'occuper l'espace pendant le Paléolithique inférieur et moyen.

Dans ce domaine, comme dans celui du transport des carcasses animales, les référants ethnographiques ont joué un rôle fondamental dans l'interprétation des assemblages archéologiques en termes de type d'occupation. Ici réside l'un des problèmes principaux auxquels la recherche fait face actuellement, puisque pour certains assemblages, il n'y a pas de référants ethnographiques comparables. Par exemple, des assemblages comme ceux de la grotte de Tsona (Mgeladze *et al.*) ou Les Pradelles (Meignen *et al.*), des gisements en grotte avec de grandes quantités de restes fauniques et des témoins lithiques peu abondants sont peu connus parmi les groupes actuels de chasseurs-collecteurs mais, en revanche sont relativement habituels pendant le Paléolithique inférieur et moyen.

Pour conclure, il s'agit de questions essentielles actuelles dans la recherche archéologique, tant du comportement des populations paléolithiques, que du débat classique sur les causes de la variabilité des assemblages archéologiques. Les travaux recueillis dans ce volume apportent des données d'un grand intérêt en relation avec ces questions et ouvrent la porte à une vision plus intégratrice des différents champs d'analyse qui abordent les relations entre les populations humaines et le milieu naturel où elles vivent.

AIRES D'APPROVISIONNEMENT EN MATIERES PREMIERES LITHIQUES ET EN RESSOURCES ALIMENTAIRES : PEUT ON PARLER D'UN APPROCHE INTEGREE ?

Marie-Hélène MONCEL
Département de Préhistoire du MNHN, 1, rue rené Pan hard, 75013 Paris moncel@mhnh.fr

Marta ARZARELLO
Dipartimento di Biologia ed Evoluzione, Università degli Studi di Ferrara, C.so Ercole I d'Este 32, 44100 Ferrara.
marta.arzarrello@unife.it

Anne-Marie MOIGNE
Département de Préhistoire du MNHN, CERP, 66720 Tautavel

Carlo PERETTO
Dipartimento di Biologia ed Evoluzione, Università degli Studi di Ferrara, C.so Ercole I d'Este 32, 44100 Ferrara.

INTRODUCION

Une approche intégrée de l'ensemble des données livrées par les sites est devenue indispensable si on veut appréhender la mobilité des groupes humains et leur façon d'exploiter l'espace (fig. 1.1).

Les études sur les aires d'approvisionnement en matière première lithique (MP) ont fait l'objet depuis des années de travaux détaillés qui ont mis en évidence des stratégies très variées selon la tradition technique, la chronologie, l'environnement et la disponibilité en matériaux. Si l'on se réfère à quelques études majeures sur ces questions (*cf.* travaux de Binford, Kuhn, Geneste, Turq, ….), différents schémas de mobilité ont été proposés, pouvant être utilisés par les mêmes groupes humains selon le moment de l'année et les milieux occupés : déplacements fréquents et saisonniers de groupes humains avec utilisation des ressources locales, types de campements différents avec la mobilité de certains individus pour des activités spécialisées. Ces types de stratégies influenceraient le traitement et le déplacement des matières premières, fonction du degré de mobilité des hommes et de la durée d'occupation nécessitant ou non une anticipation de la collecte.

Moins claire, en revanche, est le rapport entre l'Homme, le territoire et les activités de subsistance. Ceci est probablement dû a la difficulté d'établir avec précision les lieux où les Hommes allaient chasser ou charogner, même si les chaînes opératoires rendent bien compte de la manière dont les carcasses sont traitées et de ce qui est apporté dans un site. Il est parfois difficile de savoir si l'occupation d'un lieu obéit à des raisons cynégétiques particulières liées à une saison ou une topographie idéale, ou si il y a prélèvement de la ou des espèces dominantes au moment de l'occupation, l'une n'excluant pas l'autre.

Dans cette optique, le workshop a eu l'ambition de tenter d'établir une relation entre les territoires exploités par l'Homme pour la " récolte " des masses carnées et pour la récolte de la matière première lithique. La récupération des matières végétales n'a été que peu abordée, faute de documentations utilisables.

Sur la base des donnés disponibles, il est très souvent difficile de bâtir des scénarios généraux, voire même régionaux, surtout si l'on considère que ce que l'on peut reconstituer des alentours d'un gisement ne peut correspondre exactement à ce qui devait exister au moment de l'occupation préhistorique.

Par exemple, si on peut constater qu'une source de matière première utilisée se situe aujourd'hui à plusieurs Km du site, est-on sûr que la même roche n'affleurait pas plus près au moment de l'occupation ? A l'inverse, lorsque l'on parle de la récupération de la matière première dans les zones limitrophes du site, est-on sûr que cette roche était bien disponible au moment de l'occupation ? Ne doit-on pas considérer que les rares roches lointaines arrivées sous forme d'artefacts élaborés ne sont pas plutôt l'indice d'échanges de pièces qui n'étaient pas nécessairement toujours " utiles ", et non de la mobilité d'individus ? Y-a-t-il eu récupération et réserves de matériaux qui troublent notre observation et notre interprétation des assemblages ? L'approvisionnement en roches a-t-il été

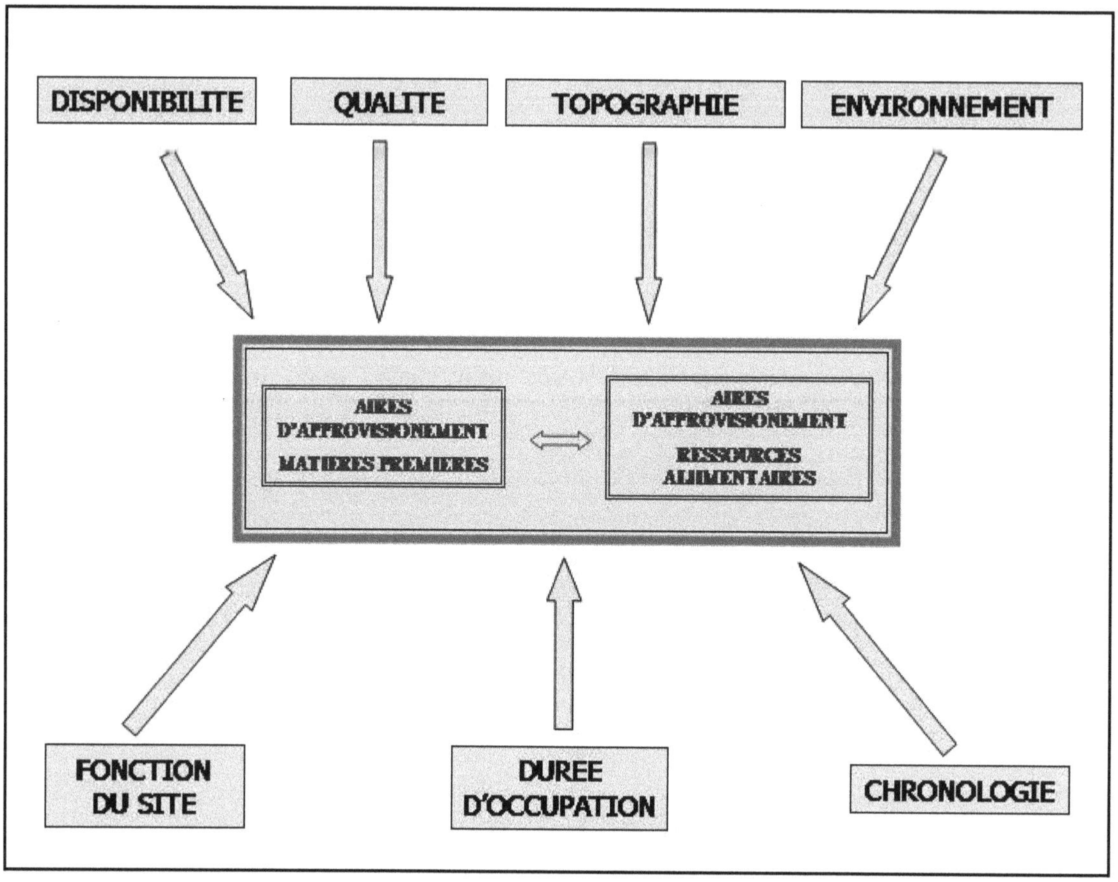

Fig. 1.1: Paramètres qui pourraient expliquer la taille des aires d'approvisionnement en matières premières lithiques et en masses carnées

effectué par un spécialiste, lors d'autres activités, sur le parcours de site en site, fonction ou non de la topographie ?

Toutes ces questions sont loin d'être résolues et montrent que bien des lacunes subsistent dans nos interprétations.

EST IL POSSIBLE DE METTRE EN EVIDENCE UN ELARGISSEMENT DES AIRES EXPLOITEES AU COURS DU PALEOLITHIQUE ?

Sur la base des cas traités dans ce workshop, il ne semble pas possible d'arriver pour le moment à une modélisation du phénomène puisque les exemples sont très diversifiés. La disponibilité en roches et la fonction du site paraissent être ce qui explique le mieux les variabilités observées (ce volume, Molines ; Grégoire *et al.* ; Huet) .

Les territoires exploités pour l'approvisionnement en roches attestent toujours de l'importance du local et, selon les sites, du parcours de zones plus ou moins éloignées pour récupérer d'autres matériaux (ce volume, Grégoire *et al.* ; Lamotte & Fabre ; Cliquet).

Là où le silex est abondant (par exemple, dans le nord de l'Europe), la collecte est strictement locale, et au cours du temps, on voit se dessiner un élargissement des zones collectées et l'apport de matériaux plus lointains (ce volume, Wisniewski ; Lamotte & Fabre). A l'inverse, dans des zones où l'environnement offre des matériaux diversifiés et de qualité elle-même variée, l'âge du site semble être davantage un critère pertinent (ce volume, Toro *et al.*). Ainsi, jusqu'aux stades isotopiques 10-9, les artefacts sont dans des matériaux diversifiés provenant des différentes formations, plus ou moins éloignées (ce volume, Grégoire *et al.*). Ensuite, la proportion de roches strictement locales augmentent, même si quelques artefacts attestent de l'utilisation de roches provenant de sources beaucoup plus éloignées et de meilleure qualité (ce volume, Biglari ; Garcia-Anton & Mosquera-Martinez ; Menendez-Granda *et al.* ; Arzarello *et al.*).

A partir du stade isotopique 7, une relation assez évidente semble exister en ce qui concerne l'économie de la matière première: plus elle vient de loin, plus l'outil *l.s.* est souvent ravivé. Ces objets sont par ailleurs souvent de très bonne qualité (ce volume, Depaepe ; Lamotte & Huguenin). Pourtant la recherche de la meilleure qualité en terme d'aptitude à la taille ne paraît pas toujours être réalisée. Selon les sites, un léger investissement supplémentaire aurait permis d'exploiter des sources de très bonne qualité qui ne sont pas beaucoup plus éloignées que celles qui ont été fréquentées par les occupants. Notre estimation de la qualité doit être en conséquence revue et il faut considérer que la gestion du territoire obéit à des choix qui varient en fonction des saisons, de la topographie, des stratégies, des nécessités, des habitudes, des carences à gérer.... (ce volume, Grégoire *et al.* ; Huet ; Meignen *et al.* ; Mgeladze *et al.* ; Cliquet).

N'oublions pas que des artefacts ou des nodules entiers ont pu constituer des réserves de matières premières qui expliquent certaines stratégies d'approvisionnement locales (ce volume, Chacon-Navarro *et al. ;* Lamotte & Huguenin ; Meignen *et al.*).

Des considérations similaires peuvent être faites dans le cadre de l'approvisionnement en matières carnées, même si les distances effectivement parcours sont beaucoup plus faibles et difficiles à déterminer avec précision. Tous les sites examinés sont à la jonction de plusieurs biotopes, ce qui laisse suggérer que l'occupation est fortement influencée par le gibier disponible, que cela soit du charognage, une chasse opportuniste ou spécialisée (ce volume, Grégoire *et al.* ; Taskiran ; Menendez-Granda *et al.*, Meignen *et al.* ; Mgeladze *et al.* ; Rivals & Moigne). A partir de ce constat, les stratégies de récupération des roches s'organiseraient en partie en fonction de ce qu'offrent les alentours selon des règles qui restent sommes toutes assez similaires dans un environnement donnée (ce volume, Raynal *et al.*).

Y A-T-IL UNE RELATION ENTRE LES TERRITOIRES PARCOURUS POUR LA CHASSE/CHAROGNAGE ET POUR L'APPROVISIONNEMENT EN MATIERES PREMIERE LITHIQUE ?

Pour l'instant, il est impossible de mettre en évidence un moteur principal de déplacement. De façon plus simple, on ne peut savoir si les occupants ont récupéré, dans certains cas, des roches durant les activités de chasse ou charognage et vice-versa, ou si il y avait des déplacements spécifiques pour collecter les matériaux par certains individus dans le cadre d'une division du travail. Les études montrent que tous les cas de figure sont possibles et sont discutés (ce volume, Biglari ; Garcia-Anton & Mosquera-Martinez ; Grégoire *et al.* ; Raynal *et al.*).

Plusieurs exemples nous montrent une direction préférentielle pour l'approvisionnement, même si la disponibilité des roches concerne une aire beaucoup plus vaste. Est-ce que cela indique que les matériaux sont récupérés lors d'autres activités de subsistance, ou que certains secteurs sont fréquentés exclusivement pour la récolte des roches ? A l'inverse, des lieux de collecte variés indiquent-ils que des occupations de longue durée ont eu lieu dans le site, occupations qui exploitent intensivement l'espace aux alentours, ou bien y-a-t-il eu une forte mobilité à la fois des matériaux et des hommes.

Enfin, n'oublions pas que le territoire devait être exploité également pour la récolte des végétaux et que cette activité était une des pièces du puzzle qui nous échappe en grande partie pour le moment.

PERCUTEURS ET BIFACES : DES CAS PARTICULIERS ?

Il existe des artefacts qui semblent être unanimement reconnus comme des cas particuliers. Ces matériaux sont soit utilisables longtemps, soit obtenus sur des matières premières spécifiques et variées, parfois rares. Ils sont mobiles, souvent plus grands que la moyenne de la série (ce volume, Depaepe ; Grégoire *et al.* ; Lamotte & Fabre ; Molines).

Par exemple, les percuteurs sont les outils dont la vie paraît la plus longue par rapport au reste de l'industrie. De plus, un très fort lien entre chaque percuteur, chaque artisan paléolithique (en terme de prise en main), et chaque phase de la chaîne opératoire devait exister. Il semble évident que la provenance de ces objets est souvent différente de celle des autres roches qui forment la panoplie de l'outillage pour plusieurs raisons : affleurement localisé dans des endroits spécifiques, mobilité de percuteurs d'un site à l'autre parce que le percuteur est " personnel " (ce volume, Arzarello *et al.*).

Le biface est en revanche sur des matériaux variés, souvent de bonne qualité. Sa mobilité est supposée, car sa chaîne opératoire n'est pas toujours complète (phases initiales). La recherche de roches de bonne qualité est aussi suggérée (Grégoire *et al.*). La question du bon module pour le réaliser n'est pas toujours abordée, variable qui semble avoir de l'importance dans certaines régions dans les cas où la matière première est récoltée en position secondaire.

REMARQUES EN GUISE DE CONCLUSION

La richesse des cas examinés lors de ce colloque nous montre à quel point tous les cas de figure existent, indépendant souvent de la chronologie, plus liés à des conditions environnementales et à l'utilisation des sites, certainement aussi à des habitudes et à des choix humains. Il est fort probable qu'un même groupe humain a pu modifier ses stratégies selon les saisons, et si c'est le cas, anticipait ses occupations futures dans un territoire connu dans toute sa richesse et ses contraintes.

Paléolithique inférieur

ORIGINE DES MATIERES PREMIERES DES INDUSTRIES LITHIQUES DU PLEISTOCENE INFERIEUR DES SITES DE BARRANCO LEON ET FUENTE NUEVA 3 A ORCE (BASSIN DE GUADIX-BAZA, ANDALOUSIE)

Par Isidro TORO

Museo Arqueológico y Etnológico de Granada. Carrera del Darro nº 41 43, 18010 Granada. Spain

Sophie GRÉGOIRE

Centre Européen de Recherches Préhistoriques de Tautavel, UMR 5140, Préhistoire méditerranéenne et africaine, Lattes. Avenue Léon-Jean Grégory, 66720 Tautavel

Beatriz FAJARDO

Henry de LUMLEY

Institut de Paléontologie Humaine, Centre Européen de Recherches Préhistoriques de Tautavel. 1 rue René Panhard, 75 013 Paris

Pascal BARRIER

IGAL/IPSL, Institut géologique Albert de Lapparent. Institut Polytechnique Saint-Louis, 13 boulevard de l'Hautil 95 092 Cergy- Pontoise cedex

***Résumé** : Lors de l'étude pluridisciplinaire des sites de Barranco León et Fuente Nueva 3 à Orce, réalisée dans le cadre d'une collaboration Franco-espagnole, nous avons pu mettre en évidence les zones d'approvisionnement en matières premières exploitées pour la réalisation des industries.*

L'assemblage lithique de Barranco León est composé de 27,5 % de calcaire et de 72,5 % de silex. Celui de Fuente Nueva 3, de 51 % de calcaire, de 48,8 % de silex et de 0,2 % de quartzite.

Les catégories pétrographiques de calcaire et de silex utilisés sur les deux sites, distants l'un de l'autre d'environ 4 km, sont sensiblement identiques.

A Barranco León, trois catégories de calcaire et quatre de silex, distingués sur des critères macroscopiques ont été identifiés.

A Fuente Nueva 3, c'est cinq catégories de calcaire, six de silex et une de quartzite qui ont pu être individualisés.

Afin de déterminer la provenance éventuelle de ces matériaux, et notamment des silex, une étude de caractérisation pétrographique en lame mince a été entreprise sur le matériel lithique en procédant par micro-carottages de pièces représentatives de chacun des faciès reconnus.

En parallèle à ces travaux, des prospections des formations jurassiques au sud des sites ont permis d'identifier et d'échantillonner plusieurs gîtes à silex offrant des matériaux de bonne qualité, macroscopiquement semblables aux silex taillés par les hominidés. Ces gîtes sont situés par rapport aux sites, à des distances allant de 1 à 10 km. Plusieurs zones d'affleurement de ces mêmes roches, en dépôts secondaires d'alluvions et de colluvions, ont fait l'objet d'une attention toute particulière du fait de leur proximité encore plus importante avec les sites préhistoriques.

L'analyse des microfaciès siliceux en lame mince démontre une appartenance des silex archéologiques à des formations de calcaire marin formé en mer profonde, souvent oolithique, correspondant aux formations jurassiques échantillonnées.

L'examen attentif des surfaces corticales et des surfaces d'altérations résiduelles sur les industries a apporté des informations sur la nature et la morphologie des accidents siliceux exploités, éléments déterminants pour l'identification plus fine des sources d'approvisionnement.

Le résultat de l'étude fait apparaître un système d'exploitation simple caractérisé par de faibles déplacements. Il apparaît une sélection des galets de calcaire pour la fabrication du macro-outillage et un choix précis des matériaux siliceux pour le débitage d'éclats. Ces deux types de matériaux ont pu être récoltés à proximité immédiate des sites, voire sur le site même dans le cas de Barranco León. Dans ce contexte, ces occupations anciennes pourraient être directement liées à la présence des matières premières. Seul le quartzite identifié à Fuente Nueva 3, totalement absent des alentours des sites dans un large rayon, pourrait révéler un déplacement sur longue distance.

***Mots-clés** : Pléistocène inférieur, premiers peuplements européens, approvisionnement en matière première, pétro-archéologie.*

***Abstract**: Raw material supply zones exploited for the realization of lithic industries from the Barranco León and Fuente Nueva 3 sites (Orce) have been identified thanks to a pluridisciplinary study of Spanish-French collaboration.*

The lithic assemblage from Barranco León is composed of 27,5% limestone and 72,5% flint, while the Fuente Nueva 3 assemblage is composed of 51% limestone, 48,8% flint and 0,2% quartzite.
Petrographicaly, limestone and flint types used at the two sites, located 4 km away from each other, are the same.
At Barranco León, three limestone and four flint categories have been identified using macroscopic criteria. At Fuente Nueva 3, there are five limestone and six flint categories as well as one quartzite category.
In order to determine the origin of these raw materials, and notably the flint, a characterization petrographical study in thin section was made on the lithic industry while proceeding by micro cores samplings of representative pieces of each recognized features.
In parallel to these works, prospections on jurassic formations to the south of the sites allowed to identify and to sample several flint sources offering materials of good quality, macroscopically similar to the flint knapped by the hominids. These flint sources are situated in comparison with the sites, to distances going of 1 to 10 km.
Several flint sources of these same rocks, in secondary deposits of alluvial and colluvial origin, were the object of a special attention due to their proximity with the prehistoric sites.
The analysis of the siliceous microfaciès in thin section shows a group of the archeological flint formed in a sea deep limestone formations, often oolithic, corresponding to the jurassic sampled formations.
The attentive examination of the cortical surfaces and residual alteration surfaces on the industries brought informations on the nature and the morphology of the flint sources exploited, determining elements for the identification of the supplying sources.
The result of the study shows a simple suppling system characterized by shorts movements. It appears a selection of the limestone pebbles for the manufacture of the macro-tools and a precise choice of the siliceous materials for the debitage of flakes. These two types of materials could be found to immediate proximity of the sites, indeed on the site in case of Barranco León. In this context, these old occupations could be linked to the presence of raw materials. Alone the quartzite in Fuente Nueva 3 is absent of the surroundings of the sites and could reveal a movement on long distance.
***Key-Words** : Lower pleistocene, first inhabitants of europe, raw material supply, petroarchaeology.*

INTRODUCTION

Les sites de Barranco León et de Fuente Nueva 3 à Orce dans le bassin de Guadix-Baza, en Andalousie ont livré les plus anciennes industries lithiques connues à ce jour en Europe en contexte stratigraphique.

Ils sont approximativement datés à 1,2 Ma, Barranco León étant probablement l'occupation la plus ancienne des deux.

Distants d'environ 4 km l'un de l'autre, ils sont situés à l'est de la ville d'Orce (fig. 2.1), à 950 m d'altitude et à 80 km du rivage méditerranéen.

Ces sites étaient localisés dans des zones marécageuses, à proximité des rives orientales du paléolac de Baza, où des hominidés et des hyènes entraient en compétition pour charogner des carcasses de grands herbivores abandonnées par les carnivores qui les avaient abattus et pour pratiquer.

Pour confectionner leur outillage les hominidés se procuraient, à proximité immédiate, des nodules de calcaire (calcaire marneux, calcaire silicifié) sous for-me de pierre, de nodule arrondi ou plus rarement de galet, et du silex sous forme de nodules arrondis, de rognons, parfois de galets et plus rarement de plaquettes.

Les roches sélectionnées étaient épannelées sur le gîte de ramassage ainsi que le suggère la rareté des entames et la difficulté de réaliser des remontages.

L'industrie des deux sites, assez semblable, est composée de petits éclats, le plus souvent de 10 mm à 40 mm de longueur, généralement au contour plus ou moins carré de 20 mm de côté en moyenne, à bords tranchants. Des galets aménagés sommairement, la plupart du temps en calcaire, complètent les séries d'éclats.

Les études techno-typologiques (Tixier *et al*, 1995 ; Turq *et al*, 1996 ; Toro *et al*, 2003; Toro *et al*, à paraître) sont aujourd'hui complétées et enrichies par une étude pétroarchéologique visant à définir la source ou les sources d'exploitation de chacun des matériaux.

L'étude a été conduite dans le cadre d'une collaboration franco-espagnole et s'appuie sur des travaux régionaux existants (Ramos Millan *et al*, 1991) qui signalaient, au sud du bassin, des séries jurassiques contenant des affleurements de silex.

LES MATIERES PREMIERES

Les séries lithiques des deux sites ont fait l'objet d'une détermination pétrographique et des prospections dans l'environnement des sites ont été menées conjointement afin d'identifier les affleurements potentiels des différents matériaux et de reconstituer l'économie de la matière première et les stratégies de subsistance.

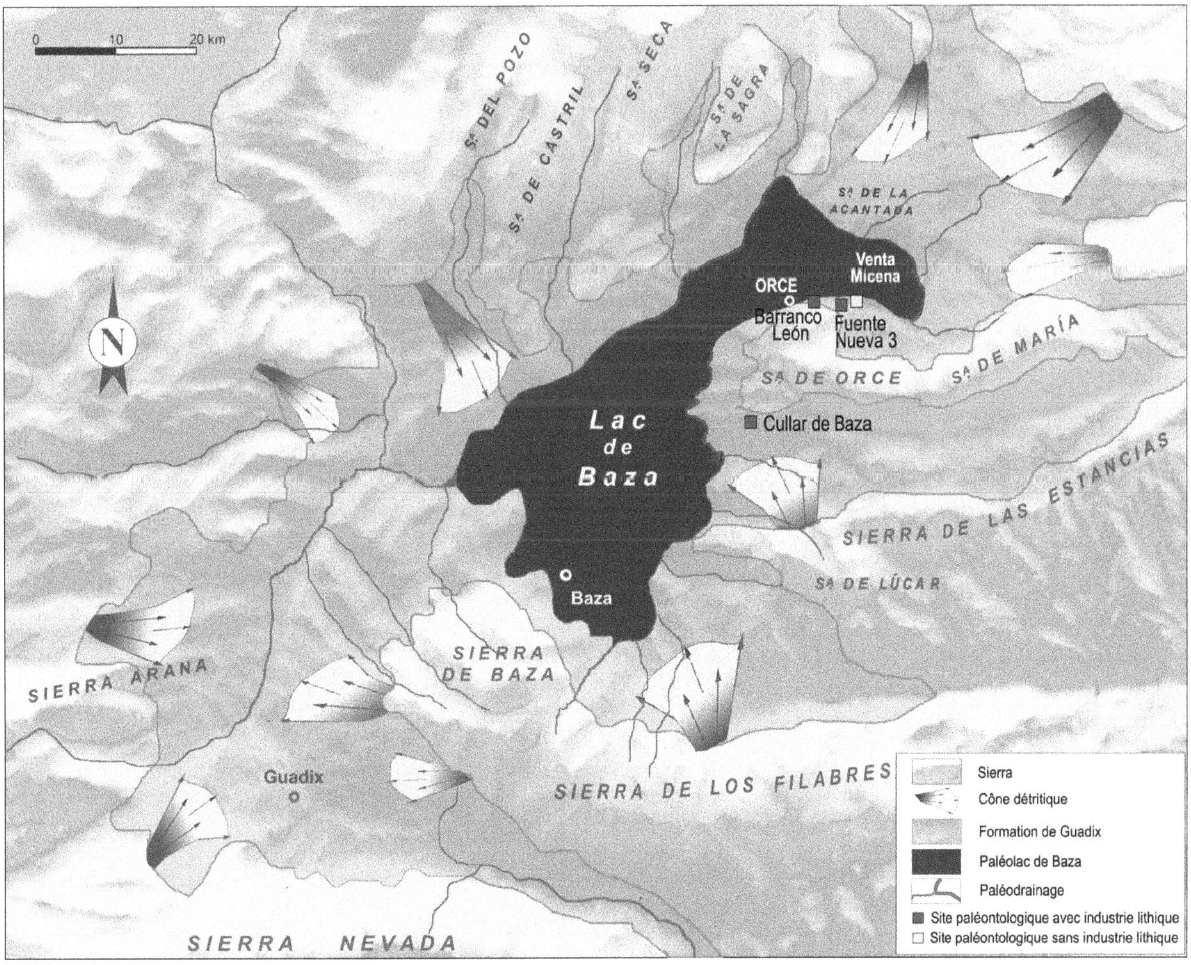

Fig. 2.1 : localisation géographique des sites de Barranco León et de Fuente Nueva 3 en bordure du paléolac de Baza reconstitué dans le bassin de Guadix-Baza.

Barranco León

Les déterminations pétrographiques font état de la présence de 27,5 % de calcaire, parmi lesquels nous avons reconnu trois faciès distincts et de 72,5 % de silex que nous avons scindé en quatre catégories sur la base de critères macroscopiques (tabl. 2.1).

Fuente Nueva 3

L'industrie est composée de 51 % de calcaire divisé en 5 catégories, de 48,8 % de silex représenté par 6 types distincts et de 0,2 % de quartzite (tabl. 2.2).

Une fois les matériaux siliceux distingués sur le plan macroscopique, nous avons eu recours à une étude microfaciologique en lame mince pour caractériser chacun d'entre eux et identifier leur source.

Caractérisations microfaciologiques

Les résultats de l'étude des lames minces font apparaître une appartenance de tous ces matériaux à une unité géologique unique, en l'occurrence Jurassique, avec l'exploitation de plusieurs faciès reconnus en divers points des formations jurassiques de la Sierra d'Orce au sud des sites (fig. 2.2).

D'après l'étude en lame mince, trois faciès siliceux principaux s'individualisent dans la série de Barranco León (tabl. 2.3).

Le premier correspond au type pétrographique SBL1, caractérisé par une texture grainstone à pelloïdes contenant des spicules de spongiaires et des échinodermes. Cette structure révèle une silicification d'un calcaire marin issu de la diagénèse d'un sable de dune sous marine.

Tab. 2.1 : description des catégories de matières premières de l'industrie de Barranco León.

Code matière première	Type de roche	Couleur	Patine	Cortex	Morphologie déduite du bloc
CBL 1	calcaire silicifié	beige-vert à orangé		?	gros blocs arrondis
CBL 2	calcaire marneux	blanc-beige		?	gros blocs arrondis
CBL 3	calcaire oolithique	blanc-beige		fin noduleux	nodules
SBL 1	silex	vert d'eau	rare, jaune	fin, carbonaté, blanc	petits nodules
SBL 2	silex	gris	rare, blanche	fin, blanc, poreux	gros nodules
SBL 3	silex à microfossiles	beige-gris	grise, légère	?	?
SBL 4	silex	gris ?	blanche totale	?	?

Tab. 2.2 : description des catégories de matières premières de l'industrie de Fuente Nueva 3.

Code matière première	Type de roche	Couleur	Patine	Cortex	Morphologie déduite du bloc
CFN 1	calcaire marneux	beige-gris		?	nodules arrondis
CFN 2	calcaire silicifié	beige-orangé		?	nodules arrondis
CFN 3	calcaire silicifié	gris-beige		?	galets
CFN 4	calcaire gréseux	blanc		fin blanc	galets
CFN 5	calcaire marneux à fossiles	noir		fin à fossiles	petits nodules
QZFN 1	quartzite	gris		?	?
SFN 1	silex	beige-gris ?	blanche à passées rouille	fin, clair, siliceux	nodules arrondis
SFN 2	silex	gris à fossiles blancs	blanche	?	?
SFN 3	silex	gris	jaunâtre	carbonaté ou siliceux très fin	petits nodules ronds
SFN 4	silex	vert d'eau à orangé-rouille		?	?
SFN 5	silex	marron		?	?
SFN 6	silex bréchique	gris		?	?

Les types pétrographiques SBL2 et SBL4 constituent le deuxième faciès formé d'une texture packstone à crinoïdes pédonculés contenant quelques oolithes. Ce faciès est caractéristique d'un calcaire marin silicifié provenant d'un dépôt envasé de mer profonde.

Le troisième et dernier faciès reconnu parmi les silex de cet assemblage est représenté par le type pétrographique SBL3 à texture grainstone à oolithes. Ce dernier contient également des crinoïdes pédonculés. Il s'agit d'une silicification d'un calcaire marin provenant d'un dépôt de dune sous-marine.

Fig. 2.2 : Carte géologique des affleurements du calcaire jurassique au sud des sites de Barranco León et de Fuente Nueva 3. Localisation des principaux gîtes échantillonnés.

Les matériaux siliceux de Fuente Nueva 3 peuvent être regroupés en deux faciès principaux (tabl. 2.4). Un faciès wakestone-packstone à pelloïdes contenant des spongiaires et quelques échinodermes, représenté par les types SFN 1, SFN 2 et SFN 3 et un faciès packstone à pellètes, coprolithes et spicules de spongiaires représentés par les types SFN4 et SFN5.

Tab. 2.3 : Description microfaciologique des catégories de silex identifiés dans la série lithique de Barranco León.

Code matériau	Roche	Texture	Eléments figurés	Ciment
SBL 1 vert d'eau	silex (chaille)	*Grainstone* à pelloïdes	Bivalves, spicules de spongiaires, débris d'échinodermes, pellètes, coprolithes	Cryptocristallin secondaire de calcédoine à oxydes de fer
SBL 2 gris	silex (chaille)	*Packstone* à crinoïdes	Crinoïdes pédonculés, bivalves, spicules de spongiaires, oolithes micritiques, pellètes	Cryptocristallin secondaire de calcédoine à oxydes de fer
SBL 3 beige-gris	silex à microfossiles (chaille)	*Grainstone* à oolithes	Oncholites, crinoïdes pédonculés	Cryptocristallin précoce en calcédoine
SBL 4 gris ?	silex (chaille)	*Packstone* à crinoïdes	Crinoïdes pédonculés, bivalves, spicules de spongiaires, oolithes micritiques, pellètes	Cryptocristallin secondaire de calcédoine à oxydes de fer

Tab. 2.4 : Description microfaciologique des catégories de silex identifiées dans la série lithique de Fuente Nueva 3.

Code matériau	Roche	Texture	Eléments figurés	Ciment
SFN 1 beige-gris ?	silex (chaille)	*Wackestone-packstone* à pelloïdes	Spicules de spongiaires, crinoïdes pédonculés, pellètes, pellètoïdes	Cryptocristallin secondaire de calcédoine à oxydes de fer
SFN 2 gris à fossiles blancs	silex (chaille)	*Wackestone-packstone* à pelloïdes	Spicules de spongiaires, crinoïdes pédonculés, pellètes, pellètoïdes	Cryptocristallin secondaire de calcédoine à oxydes de fer
SFN 3 gris	silex (chaille)	*Wackestone-packstone* à pelloïdes	Spicules de spongiaires, crinoïdes pédonculés, pellètes, pellètoïdes	Cryptocristallin secondaire de calcédoine à oxydes de fer
SFN 4 vert d'eau à rouille orangé	silex (chaille)	*Packstone* à pellètes	Spicules de spongiaires, pellètes, coprolithes	Cryptocristallin secondaire de calcédoine à oxydes de fer
SFN 5 marron à fossiles	silex (chaille)	*Packstone* à pellètes	Spicules de spongiaires, pellètes, coprolithes	Cryptocristallin secondaire de calcédoine à oxydes de fer

Ces deux faciès sont issus de la silicification d'un calcaire marin formé à partir d'une vase de mer profonde et ont des microstructures très semblables.

Ces résultats indiquent clairement l'appartenance des silex taillés par les préhistoriques à des formations de calcaires marins du Jurassique, où les faciès oolithiques et à pelloïdes sont fréquents.

LES SOURCES DE MATIERES PREMIERES

Plusieurs affleurements mentionnés par Ramos Millán ont fait l'objet d'échantillonnage et de descriptions gîtologiques dans l'objectif de retrouver les faciès mis en évidence par l'étude en lame mince des silex archéologiques.

Lors de la campagne de prospection d'autres affleurements en position primaire et secondaire ont pu être identifiés.

En divers points des formations jurassiques, au sud des sites essentiellement, dans le Dogger et le Malm (fig. 2.3), les principaux faciès identifiés en lames minces ont été reconnus grâce à cette étude.

La corrélation des informations concernant la morphologie des blocs taillés sur le matériel archéologique,

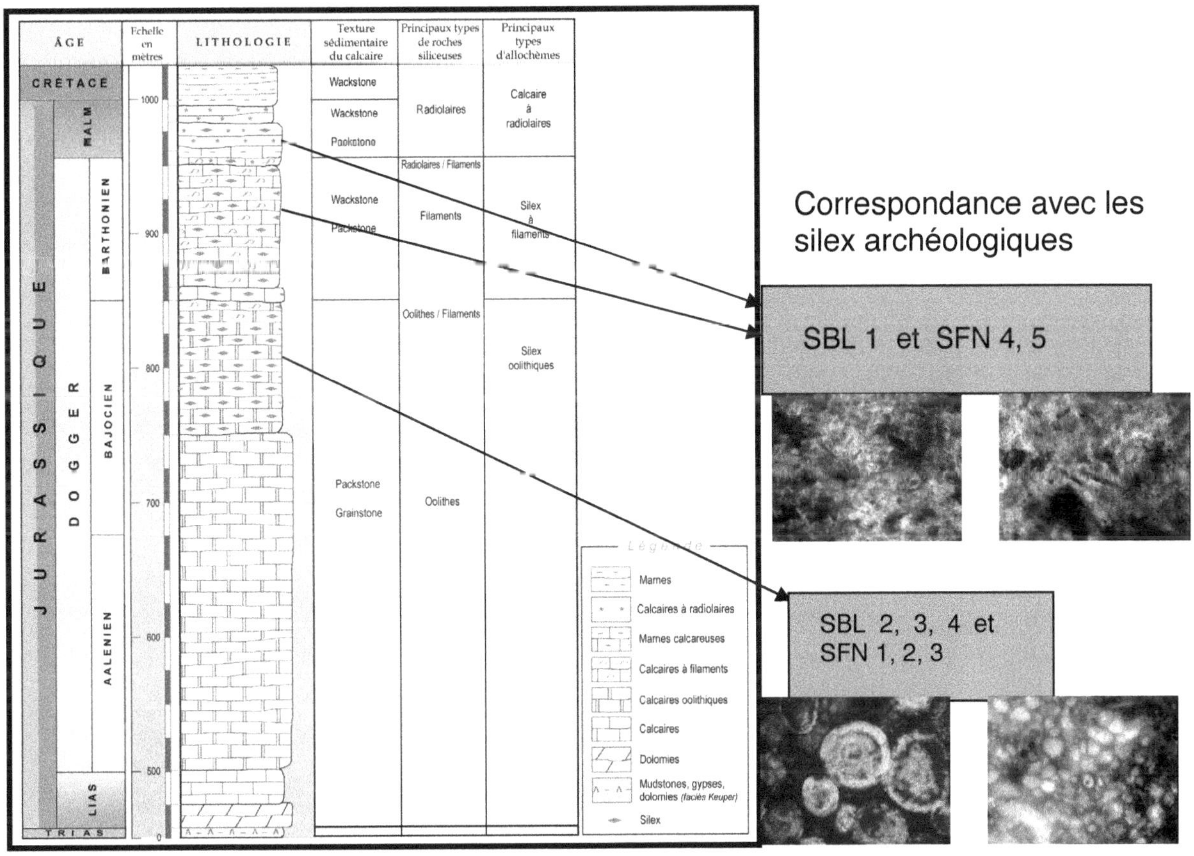

Fig. 2.3 : localisation lithostratigraphique des affleurements sur la coupe synthétique du jurassique de la Sierra de Orce i Maria (d'après Ramos Milan *et al*, 1991). Correspondance avec les faciès siliceux identifiés dans les séries archéologiques.

déduites à partir des restes corticaux et des dimensions des produits de débitage (tabl. 2.1 et 2.2) et les observations faites sur les différents gîtes ont facilité l'identification des affleurements exploités.

Le repérage des gîtes potentiellement exploitables au cours des occupations des rives du lac de Baza a permis de préciser la morphologie des affleurements de silex (Photos 1 à 4) et de mettre en relation ces données avec les techniques de débitages appliquées au différents matériaux afin de comprendre quelles ont été les modalités de gestion de la matière première (Toro Moyano *et al*, à paraître).

Viennent s'ajouter à cet aspect purement technique, la dimension géographique et territoriale de l'exploitation que l'on peut percevoir grâce à la localisation précise de points géographiques fréquentés par l'Homme pour l'exploitation des ressources minérales (fig. 2.4).

Descriptif des principaux affleurements

Les formations du Dogger, qui regroupent la plupart des gîtes (fig. 2.2) comprennent des niveaux de silex en plaquette ou en bancs, de 10 à 40 cm d'épaisseur, souvent gris, vert translucide à vert d'eau ainsi que des nodules de silex vert.

De gros blocs de silex informes, gris, sont également présents. Certains d'entre eux revêtent une patine blanche partielle. Des nodules de silex translucide sont associés à ces blocs et dénotent une forte variation latérale de faciès. De nombreux produits de débitage ont été observés sur la plupart de ces gîtes et témoignent de leur exploitation.

Les formations du Malm comprennent des niveaux de silex en plaquette et bancs de 15 à 30 cm d'épaisseur, des nodules et des dalles de silex gris opaque patiné en blanc.

Le Gîte de Morra Alta (fig. 2.2, n°5), à fort potentiel, est le seul qui contient toute la série jurassique et donc qui offre des silex variés, de qualités différentes.

Les niveaux siliceux sont très nombreux, épais et généralement très fracturés par la tectonique. Toutefois, l'aptitude à la taille des nodules qui, de fait, se détachent aisément des bancs, est très bonne.

Photo 1 : détail de l'affleurement de Morra Alta (Gîte n° 5).

Photo 3 : détail des dépôts secondaires en pied de pente de l'affleurement de Cerro Gordo III (Gîte n°8).

Photo 2 : détail de l'affleurement de Cerro Gordo I (Gîte n° 1).

Photo 4 : détail de l'affleurement del Yunco (Gîte n° 6).

Plusieurs dépôts secondaires de silex jurassiques sont présents dans le remplissage quaternaire du bassin post-orogénique de Chirivel.

On les retrouve au pied des formations contenant des silex, pris dans des conglomérats, sous forme de nodules et de fragments ayant subi un faible transport depuis la source.

Ces matériaux siliceux sont issus du démantèlement des formations du Dogger et du Malm par les phénomènes d'érosion naturelle.

Ils sont également présents dans les dépôts des cours d'eau orientés sud-nord et au débouché des cônes de déjection. Certains ont été déposés dans des paléochenaux. Ils ont été principalement repérés en détritique dans des conglomérats au pied des formations jurassiques au niveau de Cerro Gordo III et de Morra Alta (fig. 2.4).

Les distances d'acquisition

Compte tenu de la morphologie des blocs taillés (modules de petites dimensions plutôt de forme ovoïdes) et de la disponibilité des faciès siliceux dans l'environnement des sites, il est raisonnable de penser que les distances d'acquisition sont assez faibles et que les affleurements les plus éloignés des sites, même s'ils comportent des traces de débitage préhistoriques n'ont probablement pas été directement exploités par les hominidés.

Les déplacements liés à l'acquisition des silex jurassiques se sont effectués exclusivement vers le sud dans un rayon de 200 m à 7 km des sites (fig. 2.4).

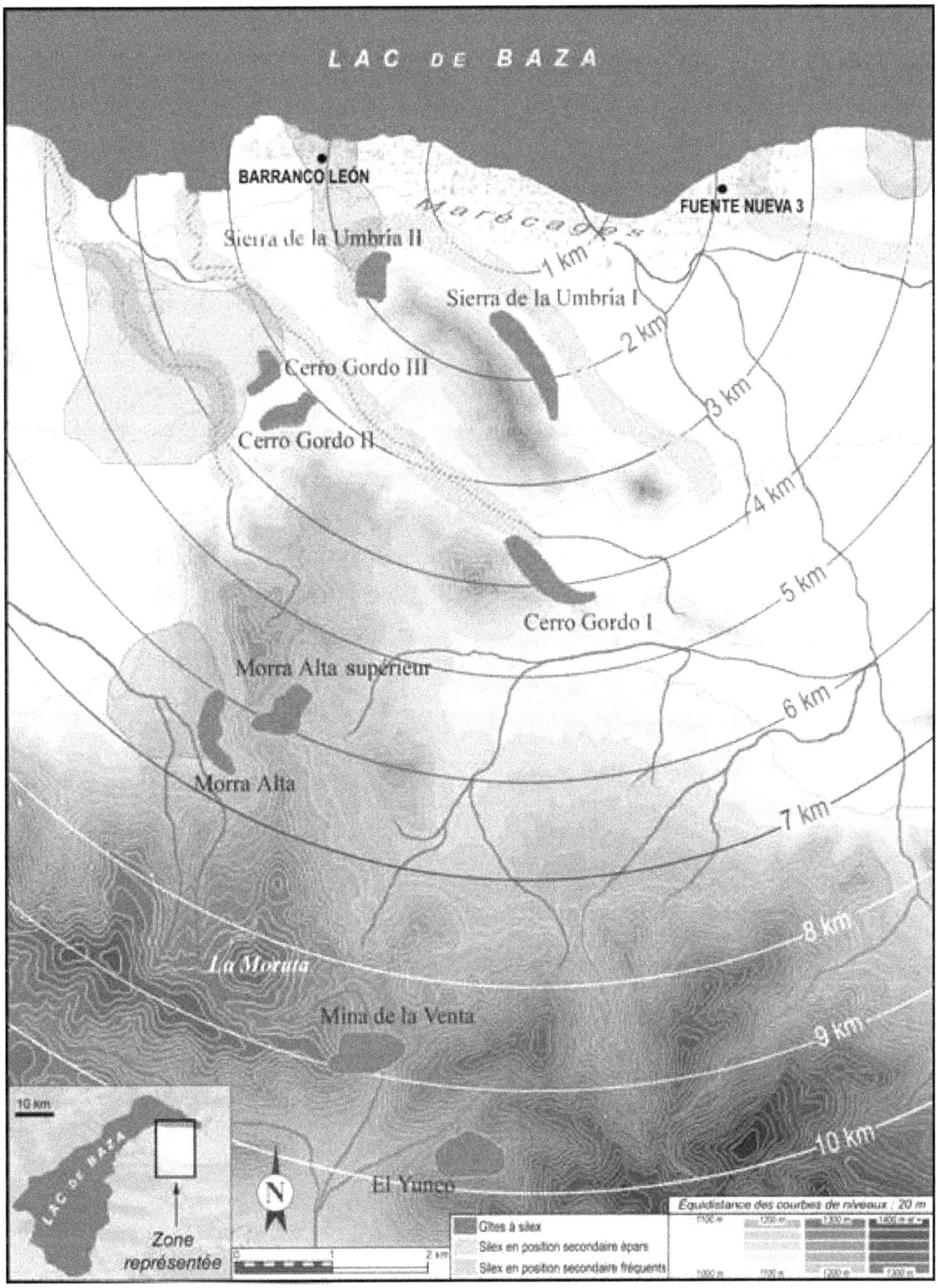

Fig. 2.4 : Distance entre les affleurements primaires et secondaires et les deux sites du Pléistocène inférieur.

L'exploitation majoritaire a probablement eu lieu dans les dépôts de pentes et les ravins au pied des formations entre 200 m et 2 km au sud des sites (fig. 2.4).

Les calcaires utilisés sont disponibles dans le remplissage du bassin sous forme de galets peu ou pas altérés sans surface d'altération alluviale. Leur acquisition n'a demandé aucun déplacement particulier. Ils ont pu être collectés sur les sites, taillés et utilisés sur place.

Deux pièces en quartzite gris, dans la série lithique de Fuente Nueva 3, signalent l'utilisation occasionnelle de cette roche et l'exploitation d'au moins un galet pour la production de deux éclats de petites dimensions. La zone de prélèvement de ce galet est encore inconnue.

Les dépôts fluviatiles des environs des sites, dans un rayon d'une dizaine de kilomètres, ne contiennent pas d'éléments siliceux cristallins de ce type. La source serait donc à rechercher dans un environnement plus lointain et l'acquisition de ce matériau ne semblerait donc pas liée à l'exploitation des autres roches présentes dans les industries étudiées. Cet apport pourrait marquer la zone de provenance des hominidés du site de Fuente Nueva 3.

CONCLUSIONS

Sur un total de 2.224 pièces, la présence quasi exclusive, dans les deux sites, de roches locales provenant de sources accessibles dans un rayon de moins de 5 kilomètres, semble suggérer que ces deux sites ne correspondent pas à des habitats ou à des installations de longue durée.

De la fonction du site, sans doute liée au charognage des carcasses de grands herbivores abandonnées par les grands prédateurs, a résulté une exploitation des ressources minérales dite " de proximité ". Cependant, cette gestion des ressources minérales est particulièrement intéressante à prendre en compte. En effet, le comportement des hominidés envers la matière première lithique semble des plus opportuniste. Ce sont les conglomérats quaternaires proches des sites, accessibles entre 500 m et 5 km qui ont dû fournir la majorité des nodules de calcaires et de silex utilisés.

La collecte de ces matériaux a pu être faite lors des déplacements quotidiens motivés essentiellement par la quête de nourriture.

Toutefois, malgré cette simplicité évidente, voire instinctive dans l'exploitation des ressources lithiques, un comportement sélectif a été appliqué à la collecte des matériaux.

Le choix des galets peu roulés et par conséquent peu fissurés semble avoir été privilégié. Parmi ceux-ci, les calcaires ont été soigneusement sélectionnés pour la confection du macro-outillage, tandis que les nodules de silex ont été réservés pour la production d'éclats.

Cette sélection témoigne d'un mode d'utilisation raisonné des matériaux, tenant compte de leurs propriétés physiques, malgré une démarche d'acquisition de la matière première très simple nécessitant de moindres efforts.

Ce comportement, pour ne pas le qualifier de système d'exploitation, semble signaler une grande adaptation de ces hominidés à leur milieu de vie. Une adéquation parfaite entre l'homme et son environnement naturel qui parait être en cohérence avec l'âge ancien que l'on attribue à ces premières populations européennes.

Remerciements

Nos remerciements vont à Bernard Magnaldi du Laboratoire départemental de Préhistoire du Lazaret pour la réalisation des cartes utilisées dans cet article.

Bibliographie

TIXIER J., ROE D., TURQ A., GIBERT J., MARTINEZ, B., ARRIBAS A., GIBERT L., GAETE R., MAILLO A., IGLESIAS A., (1995). Evidence of lithic assemblages in the Lower Pleistocene of the Orce Region (Granada, Spain): How do things stand? *Comptes Rendus de l'Academie des Sciences-Serie IIa - Sciences de la Terre et des Planetes; vol 321;1(1995)*. Pp. 71-78.

TORO I., LUMLEY H. BARSKY D., CELIBERTI V., CAUCHE D., MONCEL M.H., FAJARDO B., TORO M. (2003). Las industrias liticas de Barranco León y Fuente Nueva 3 de Orce. Estudio técnico y tipológico. Las cadenas operativas. Análisis traceológico. Resultados preliminares. In : *El Pleistoceno inferior de Barranco León y Funete Nueva* 3, *Orce (Granada)*. Memorias scientificias campañas 1999-2002. Arqueologia Monographias. Pp. 183-206.

TURQ, A., MARTÍNEZ-NAVARRO, B., PALMQVIST, P., ARRIBAS, A., AGUSTÍ, J., RODRÍGUEZ-VIDAL J. (1996). Le Plio-Pleistocene de la région d'Orce, province de Grenade, Espagne: bilan et perspectives de recherche. *Paleo,* 8: pp.161-204

RAMOS MILLAN *et al.* (1991). Flint production and exchange in the Iberina Southeast. III millennium BC. *VI flint symposium. Granada. 1991*. pp. 31-39.

SAISON D'OCCUPATION ET STRATEGIES DE CHASSE AU PALEOLITHIQUE INFERIEUR, L'EXEMPLE DE LA CAUNE DE L'ARAGO (TAUTAVEL, PYRENEES-ORIENTALES)

Florent RIVALS

ICREA-IPHES, Institució Catalana de Recerca i Estudis Avançat, Institut Català de Paleoecologia Humana i Evolució Social, Plaça Imperial Tarraco 1, 43005 Tarragona, Spain

Anne-Marie MOIGNE

Département de Préhistoire, Muséum National d'Histoire Naturelle, Centre Européen de Recherches Préhistoriques, 66720 Tautavel, France

Résumé: *Pour les gisements du Pléistocène moyen, les données archéozoologiques sur le type d'acquisition du gibier (charognage, chasse opportuniste, chasse sélective) sont peu nombreuses. Peu de gisements ont pu être étudiés selon une approche archéozoologique essentiellement pour deux raisons. Tout d'abord parce que l'étude du mode d'acquisition des herbivores par l'homme nécessite d'avoir un échantillon de taille importante. Ensuite, car il est primordial que la provenance stratigraphique des vestiges soit parfaitement définie et bénéficie d'unités archéostratigraphiques bien repérées. Le site archéologique de la Caune de l'Arago remplit ces deux conditions. Les niveaux E, F et G, corrélés au stade isotopique 12, correspondent à des occupations humaines. Pour ces niveaux, l'étude de la structure des populations abattues (âge et sex-ratio) et de la saisonnalité de la capture a été réalisée pour l'argali (Ovis ammon antiqua) et le tahr (Hemitragus bonali). La saison de chasse a été déterminée par l'étude de l'éruption et de l'usure des dents (Rivals, 2004) mais aussi par l'analyse des micro-traces d'usure dentaire (Rivals et Deniaux, 2005). La proportion relative des populations mâles/femelles et jeunes/adultes est liée à la saison à laquelle ces animaux ont été tués. Pour le sol F, par exemple, des hardes de femelles et de jeunes argalis ont été abattues au printemps et en été, au moment où les mâles vivent isolés et séparés de la harde. Dans ce cas la saison de mortalité permet d'expliquer la faible proportion de mâles adultes dans l'échantillon. L'étude combinée de la structure des populations et de la saison de mortalité a permis de proposer une activité de chasse de type opportuniste sur l'argali et le tahr pour plusieurs occupations de la Caune de l'Arago. L'environnement joue donc un rôle fondamental dans l'étude des stratégies de chasse et notamment la saison de capture du gibier qui est un paramètre prépondérant dans les études archéozoologiques.*
Mots clés *: Saisonnalité ; stratégie de chasse ; Paléolithique inférieur ; Caune de l'Arago ; archéozoologie ; Caprinae.*

Abstract: *Zooarchaeological data on game procurement strategies (scavenging, opportunistic hunting, selective hunting) for Lower Palaeolithic sites are scarce. Few localities have been analysed in a zooarchaeological way for two main reasons. First of all, because the study of game procurement strategies by hominids requires large-sized samples. Secondly, the stratigraphic context and origin of the remains must be clearly defined. The Caune de l'Arago cave (Tautavel, France) meets those two conditions. The levels E, F, and G, correlated to the OIS 12, correspond to human occupation levels. For those levels, the structure of the hunted populations (age and sex ratio) and seasonality were done of the argali (Ovis ammon antiqua) and the tahr (Hemitragus bonali). Seasonality of hunting was studied using teeth eruption and wear (Rivals, 2004), but also through dental microwear analysis (Rivals and Deniaux, 2005). The relative proportion of males vs. females, and young vs. adults is related to the season when they were killed. In the level F, for example, groups of females and young argali were killed in spring and summer, when the males live alone and away from the group. In this case, mortality season explain the low proportion adult males in the sample. Combined study of the population structure and the mortality season suggest an opportunistic hunting strategy on argali and tahr in several levels at the Caune de l'Arago. Environment plays a fundamental role in the analysis of game hunting strategies, and especially the hunting season, which is a key parameter in zooarchaeological studies.*
Key words *: Seasonality ; hunting strategy ; Lower Palaeolithic ; Caune de l'Arago ; zooarchaeology ; Caprinae.*

INTRODUCTION

Pour les gisements du Paléolithique inférieur, les études du mode de vie ont tout d'abord concerné le problème "chasse et/ou charognage". En effet, dans de nombreux gisements de cette période (Atapuerca, Isernia, Caune de l'Arago), les hommes ont pratiqué la chasse aussi bien que le charognage (Monchot, 1999a). Si l'activité de chasse est clairement définie à la Caune de l'Arago (Moigne, 1983), à Atapuerca (couches TG10B et TG10C) le mode d'acquisition n'est pas toujours évident (Monchot et Carbonell, 1999).

L'autre principale controverse concerne le type de chasse, chasse généraliste (ou opportuniste), chasse spécialisée ou chasse sélective (Patou, 1989). La définition de la chasse spécialisée varie selon les auteurs et la distinction entre opportunisme et sélection n'est pas forcément stricte (Gardeisen, 1999). En effet une chasse spécialisée peut se concentrer sur une espèce (celle qui domine l'assemblage) sans qu'il y ait de sélection des individus chassés. Mellars (1973) considère qu'une chasse spécialisée concerne une seule espèce ; Orquera (1984) élargit cette définition pour y introduire la chasse de deux ou trois espèces.

Dans cette étude, nous considèrerons que la chasse spécialisée est une activité dans laquelle une, voire deux espèces, ont été principalement chassées et dominent largement l'assemblage fossile. La chasse sélective implique la notion de choix au sein d'une même population, c'est à dire des préférences liées à l'âge ou au sexe des animaux.

A l'échelle d'une région, Altuna (1989) a montré que dans les sites moustériens de la région cantabrique (Lezetxiki, El Pendo, Morín) la chasse n'était ni spécialisée, ni sélective, mais que toutes les espèces disponibles étaient exploitées. Au Paléolithique supérieur, certains sites magdaléniens sont de bons exemples, les hommes ont pratiqué une chasse spécialisée très sélective soit pour le renne, le cerf, le cheval ou le bouquetin selon la topographie de l'environnement immédiat. Selon Chase (1987) la chasse sélective apparaîtrait au moment de la transition du Paléolithique moyen au Paléolithique supérieur. D'autres auteurs affirment qu'au cours du Paléolithique, les modes de subsistance (charognage, chasse spécialisée ou sélective) ont varié selon les périodes, les régions et les groupes (Gardeisen, 1999 ; Grayson & Delpech, 1998 ; Patou, 1989) et la nature de l'occupation du site. Au Paléolithique moyen par exemple, la chasse est de type opportuniste dans la grotte du Portel Ouest, (Gardeisen, 1999) alors qu'elle est spécialisée dans d'autres sites contemporains comme par exemple, sur les grands bovidés à La Borde dans le Lot (Jaubert *et al.*, 1990), à Mauran en Haute-Garonne (Farizy *et al.*, 1994) ou bien sur le bouquetin à l'Hortus (Pillard, 1972), à Zafarraya en Andalousie (Barroso Ruiz *et al.*, 2006) et dans plusieurs gisements du Caucase (Lioubin & Baryshnikov, 1984), sur le cerf au Lazaret dans les Alpes-Maritimes (Valensi & Psathi, 2004). L'adaptation au contexte environnemental est également un facteur important. Dans le cas d'un site environné de rochers abrupts, Altuna (1979) par exemple, observe une spécialisation dans la chasse au bouquetin. En outre, les hommes du Paléolithique étaient nomades et l'assemblage d'ossements fossiles reflète un aspect de leur mode de vie (Gardeisen, 1999). Les choix qui apparaissent sont donc liés aux techniques de capture des animaux, au rapport qualité/quantité, aux déplacements saisonniers de troupeaux, mais aussi au groupe de chasseurs et à la durée de l'occupation.

Dans le cas de la Caune de l'Arago, une activité de chasse sélective de l'argali menée par l'homme préhistorique : sélection des adultes dans le sol F ou des juvéniles dans le sol G a été mise en évidence (Moigne,1983) à partir d'une étude des profils de mortalité. Dans les précédentes études de l'argali de la Caune de l'Arago (Monchot, 1996 et 1997), les résultats obtenus ne permettaient pas de savoir si la chasse était sélective et s'il y avait eu un choix du sexe. En effet, l'auteur reste prudent devant une démarche de sélection (dans le sol F, par exemple) car les choix peuvent être dus à des critères de facilité de chasse, de rapport qualité/quantité et de critères saisonniers. C'est à partir de l'étude archéozoologique que nous avons cherché à apporter des éléments de réponse à ces questions.

LA CAUNE DE L'ARAGO ET LES NIVEAUX ETUDIES

La Caune de l'Arago se situe dans la partie méridionale du massif des Corbières, sur la commune de Tautavel (Pyrénées-Orientales, France). La stratigraphie du gisement est connue par les campagnes de fouilles menées par Henry de Lumley depuis 1967 et par une série de carottages qui ont atteint la base du remplissage. Ce dernier a une épaisseur de 15 mètres et contient une trentaine de niveaux archéologiques caractérisés par un abondant matériel lithique et paléontologique (de Lumley *et al.*, 1984).

Cette étude porte sur trois niveaux du complexe moyen, les sols G, F et E. Le sol G est daté de 450.000 ans (stade isotopique 12) et contient une quantité importante de matériel archéologique. Son épaisseur peut atteindre 80 cm. Le niveau G, très épais correspond à une succession d'occupations et a été subdivisé en trois unités archéostratigraphiques, de la base vers le sommet : Gi, Gm, et Gs, d'après la proportion des espèces, les éléments relatifs au débitage des outils et le mode de dépôt des sédiments. Ces niveaux correspondent à des occupations de longue durée, à différentes périodes de l'année, une exploitation locale des matières premières pour la fabrication in situ des outils, l'utilisation intensive d'éclats et de galets aménagés, de pierres, une exploitation des différents biotopes caractérisants les environs de la grotte, plateau karstique, falaises et éboulis, plaine côtière et vallées protégées du vent. Le sol F, moins épais que le précédent, contient de très nombreux restes de bovidés accumulés par l'homme, il y a environ 440.000 ans. Si les autres espèces d'herbivores présentes sont aussi nombreuses, elles ne représentent que 20% des ossements. Tous les animaux sont tués à la même saison. Le biotope exploité pour la chasse est principalement la falaise et le plateau. Les matières premières exotiques sont plus abondantes et les préformes peuvent provenir de 30 km au nord ou au sud de la grotte. On retrouve néanmoins une exploitation des galets de la rivière pour en faire des éclats et des outils, encoches et racloirs (Moigne *et al.*, 2005). Enfin, le sol E, dans lequel les vestiges sont répartis de manière plus diffuse, est un peu plus récent, 420.000 ans environ.

PROFILS DE MORTALITE DES POPULATIONS DE PETITS BOVIDES

Le profil de mortalité (ou courbe de mortalité) permet d'estimer la structure d'âge de la population rassemblée sur le site. Il est donc possible de préciser s'il s'agit d'une population naturelle, c'est à dire s'il y a eu sélection ou non des proies puis de déterminer si la population a été chassée ou charognée. Dans le cas d'une population de petits herbivores chassée par l'homme, la mortalité d'individus adultes devient prépondérante alors que, dans le cas d'une population naturelle, celle-ci est réduite (Lyman, 1987 ; Fosse, 1994). Une population chassée fait l'objet d'un choix qui dépend de l'habilité des chasseurs et de leur techniques de chasses mais surtout de leur motivations pour chasser qui sont souvent différentes de la simple acquisition de nourriture.

L'argali

Dans 5 niveaux étudiés, toutes les classes d'âge sont présentes mais les profils de mortalité sont nettement dominés par les adultes (fig. 3.1). La proportion de jeunes individus est comprise entre 22,9 et 31,1 %. Il y a peu d'individus âgés, surtout dans le niveau F. Dans ce niveau, la courbe est gaussienne, alors que pour les populations plus faibles, on note un étalement des âges, toutefois le test de Kruskal-Wallis montre qu'il n'existe pas de différence significative entre les profils des 5 niveaux (K = 0,147 ; p = 0,997) ni entre les trois subdivisions du sol G (K = 0,358 ; p = 0,836). Dans le niveau G inférieur, les argalis sont beaucoup plus rares (NR=16) et ne représentent pas un gibier important pour les hommes, ce qui oblige à rester prudent sur les conclusions concernant l'argali de ce niveau. Il est cependant possible de supposer que le même type de chasse ait été pratiqué sur ces cinq populations. Dans la stratigraphie, la proportion d'argali devient de plus en plus importante par rapport à l'ensemble des herbivores. Si les techniques de chasse n'évoluent pas, elles deviennent plus systématiques en particulier dans le niveau d'occupation saisonnière (Sol F).

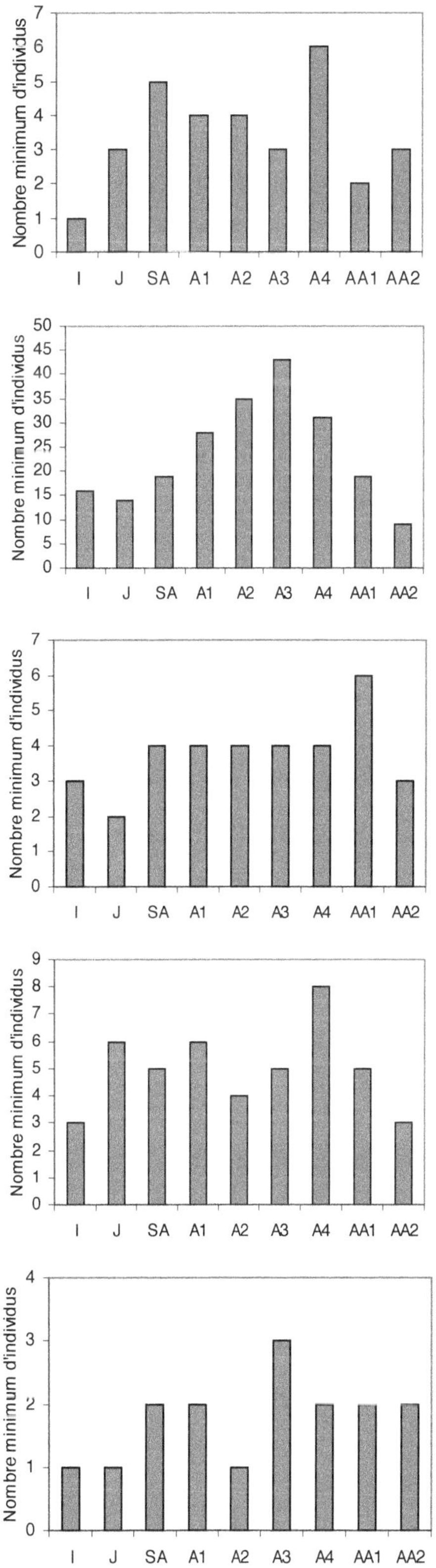

Fig. 3.1 : Profils de mortalité de l'argali (*Ovis ammon antiqua*) ; dans l'ordre sol E, sol F, niveau Gs, niveau Gm, niveau Gi. Classes d'ages : I = infantiles, J = juveniles, SA = sub-adultes, A = adultes, AA = adultes agés.

Le tahr

En ce qui concerne le tahr, l'allure générale des profils de mortalité, comme pour l'argali, montre l'abondance des adultes (fig. 3.2). Dans le sol F, les stades adultes sont nettement dominants par rapport aux jeunes et aux adultes âgés. Dans le niveau Gs, les tahrs sont rares (N= 12), il n'y a pas de jeunes et les adultes sont nombreux. L'effectif réduit incite à rester prudent quant aux conclusions que l'on peut en tirer. Dans le niveau Gm, il y a quelques jeunes, les adultes sont dominants et les individus âgés sont cependant abondants. Enfin dans le niveau G inférieur où les tahrs représentent un effectif non négligeable, les jeunes sont aussi nombreux mais la proportion d'individus âgés diminue par rapport au niveau précédent. Le test de Kruskal-Wallis indique l'existence d'une différence significative entre les trois niveaux du sol G (K = 46,07 ; p < 0,05). Par contre si l'on considère l'ensemble des niveaux, ce test ne décèle aucune différence significative (K = 0,217 ; p = 0,995).

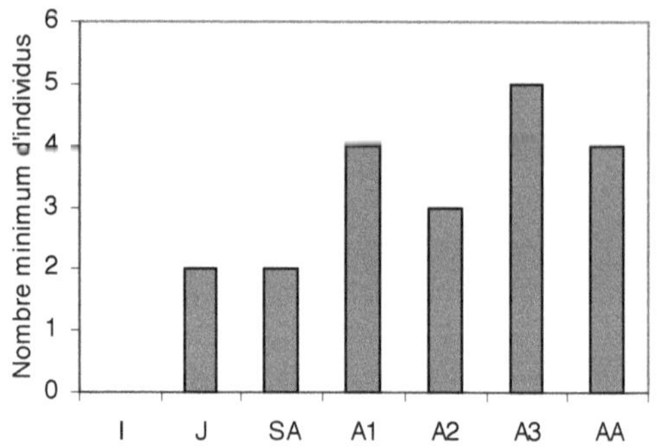

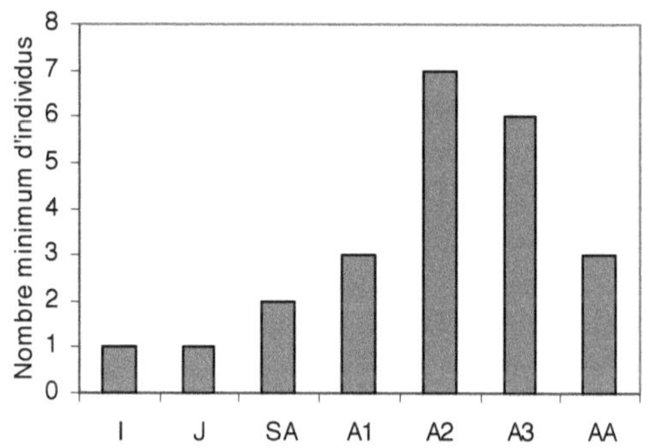

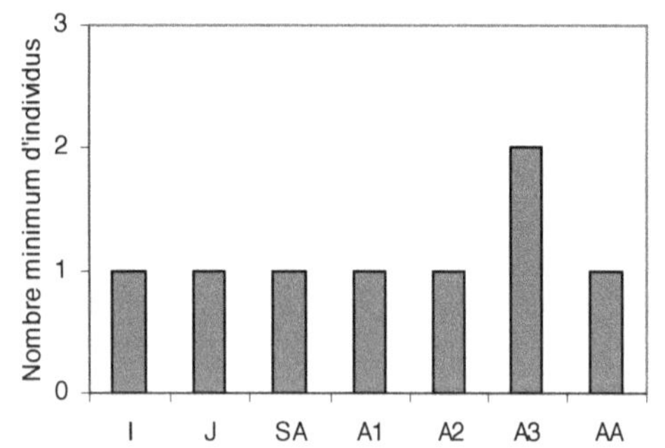

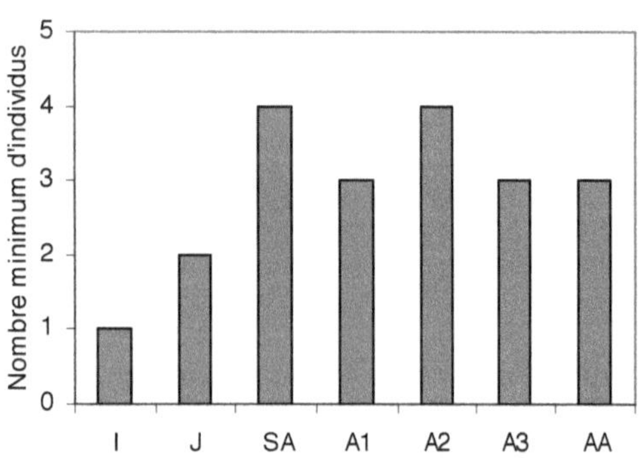

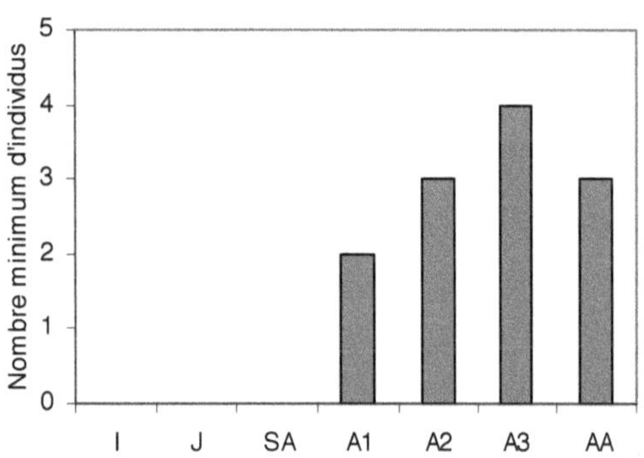

Fig. 3.2 : Profils de mortalité du tahr (*Hemitragus bonali*) ; dans l'ordre sol E, sol F, niveau Gs, niveau Gm, niveau Gi. Classes d'ages : I = infantiles, J = juveniles, SA = sub-adultes, A = adultes, AA = adultes agés.

Discussion sur les profils de mortalité

Les profils de mortalité obtenus pour l'argali et pour le tahr diffèrent du profil catastrophique par la faible proportion de jeunes. Ils ne traduisent pas forcément une activité cynégétique. Ils peuvent correspondre à une activité de charognage (Klein, 1982a ; Lyman, 1987).Les résultats de l'étude taphonomique, en particulier la fracturation intense et les stries observées sur près de 20% des ossements de l'ensemble de l'association faunique de ces niveaux, ont permis d'affirmer qu'il ne pouvait s'agir que d'un choix d'origine anthropique ou activité de chasse (Moigne, 1983).

Dans les sols étudiés, la population d'argali est représentée par toutes les classes d'âge. L'argali a été soumis à une chasse importante dans le sol F (60,6 % des grands mammifères) mais qui n'est pas sélective sur une classe d'âge particulière car la composition observée reflète parfaitement celle des populations sauvages actuelles (Gonzalez, 1984). A l'inverse, les tahrs adultes semblent avoir fait l'objet d'une chasse sélective, notamment dans le niveau Gs qui ne compte aucun jeune individu. Dans ce niveau la population de tahr représente 5% des animaux et les autres espèces complémentaires, comme celle-ci, présentent toutes le même schéma de mortalité. Toutefois étant donné le faible nombre d'individus dans ce niveau, les données concernant la saisonnalité de chasse et le sex-ratio peuvent confirmer éventuellement cette observation.

SEX-RATIO

Le sex-ratio a été déterminé d'après les critères morphologiques et les dimensions réalisées sur les coxaux. Seuls les coxaux d'argali ont fait l'objet de cette étude comparative car ceux de tahr sont trop fragmentés pour permettre une détermination du sexe. Leur effectif est en effet plus important que celui du tahr pour calculer le sex-ratio.

Les données éco-éthologiques sur les populations actuelles de petits bovidés montrent une variation de la composition de la harde au cours de l'année (Gonzalez, 1984). Il existe une sélection et une utilisation de l'habitat différente entre les groupes femelles, mixtes ou mâles (Cransac & Hewison, 1997). Les argalis mâles sont solitaires la plus longue partie de l'année ou en petites hardes de 2 à 9 individus et occupent les espaces forestiers. A l'automne, ils rejoignent les hardes de femelles pour le rut. Pendant cette période les hardes sont mixtes. En hiver, les mâles quittent le groupe et laissent les femelles avec les jeunes de moins de 3 ans. La mise-bas a lieu au mois de mai et, durant tout l'été, les femelles suitées constituent de grandes hardes qui peuvent compter de 35 à 40 individus (Schaller, 1998).

Pour les populations d'argali de la Caune de l'Arago, un sex-ratio a été estimé par Monchot (1999b et 2000) sur en utilisant l'analyse des mélanges sur les mesures des diamètres transversaux et antéro-postérieurs de différentes parties anatomiques. En fonction de l'os choisi, les estimations sont très variables (de 12,6 à 95,7 % de femelles pour le même échantillon). Malgré cette variabilité, l'auteur a retenu les résultats obtenus sur l'extrémité distale du métapode antérieur et des ratios de 0,07 et 0,54 respectivement propose pour le sol F et le sol G.

D'après notre observation, les femelles d'argali constituent toujours plus de la moitié des individus abattus mais leur proportion peut atteindre 88,2 % dans le sol F par exemple, soit un sex-ratio de 0,13 (tab. 3.1). Cette différence peut s'expliquer par la variabilité des stratégies de chasse liées à la saison de chasse: sélective sur les femelles dans le sol F alors qu'elle serait non sélective dans le sol E et dans les sols G, ce qui peut être associé au mode d'occupation de la grotte (Moigne *et al.*, 2005). De plus l'épaisseur de certains niveaux archéologiques est trop importante (jusqu'à 40 cm) pour résulter d'une occupation humaine de courte durée. L'étude de la saisonnalité de l'occupation du site peut aider à résoudre ce problème. D'après les études archéostratigraphiques fines, ces niveaux correspondent soit à une succession de plusieurs occupations de plus ou moins longue durée (Sols G) à plusieurs périodes de l'année et pendant plusieurs années. De plus, si l'on admet que la composition de la harde se modifie au gré des saisons, il serait alors possible d'expliquer le phénomène de variation du sex-ratio par la saison de chasse.

Tab. 3.1 : Sex-ratio de l'argali dans les niveaux de l'ensemble III.

Niveau	NR	Sex ratio	% mâles	% femelles
E	6	0,50	33,0	67,0
F	52	0,13	11,8	88,2
Gs	10	1,00	50,0	50,0
Gm	9	0,50	33,0	67,0
Gi	0	–	–	–

SAISONNALITE DE LA CHASSE

La saison de chasse peut être étudiée sur l'argali grâce aux données actuelles disponibles pour déterminer le mois d'abattage des jeunes. En l'absence de données sur l'argali, les travaux sur le mouflon de Corse (Pfeffer, 1967), sur le mouflon de Dall (Hemming, 1969) et sur le bighorn de Nelson (Deming, 1952) seront utilisés.. La saison a été estimée pour chaque couche archéologique (tab. 3.2). La différence entre les niveaux étudiés est nette.

Tab. 3.2 : Saison de chasse des argalis dans les niveaux de l'ensemble III.

Niveau	Printemps	Eté	Automne	Hiver
E		■	■	
F	■	■		
Gs		■	■	
Gm	■	■	■	
Gi			■	

Dans le sol F, la population est composée de 88,2 % de femelles. Sachant que 22,9 % sont des jeunes individus dont les coxaux n'ont pas été étudiés, la population est composée de 68,2 % de femelles adultes et de 8,9 % de mâles adultes. Ces résultats correspondent avec ceux obtenus sur une population d'argalis de l'Altaï (Fedosenko, 2000) composée de 20,1 % de jeunes, 71,9 % de femelles adultes et 8 % de mâles adultes au printemps, 22,1 % de jeunes, 52,5 % de femelles adultes et 25,4 % de mâles adultes à l'automne. Le test de Mann-Whitney ne décèle pas de différence significative entre la composition de la harde d'argalis actuels au printemps (Fedosenko, 2000) et celle de la population fossile du sol F (p < 0,82). Il en est de même entre la population actuelle en automne et la population fossile du niveau Gm (p < 0,82). De plus, dans les deux cas, les sex-ratios sont identiques entre les populations fossiles et actuelles. Nous pouvons confirmer que les argalis du sol F ont été chassés au printemps et que ceux du niveau Gm semblent avoir fait l'objet d'une chasse à l'automne.

Dans les niveaux E et Gs, les mâles sont plus abondants que ce qui a été observé dans le sol F. L'étude de l'éruption dentaire a montré que ces animaux, de même que ceux du niveau Gi, ont été abattus en été et en automne, période à laquelle les mâles rejoignent les hardes de femelles pour former des groupes mixtes. A cette période le sex-ratio est proche de l'équilibre (Bon *et al.*, 1991). Pour ces niveaux, la saison de chasse permet donc d'expliquer l'importance relative de certaines classes de la population (jeunes/adultes ou mâles/femelles). Les résultats de cette étude vont donc bien dans le sens d'une exploitation des argalis à des saisons différentes, ce qui entraîne des méthodes de chasses particulières et des gibiers différents. Elle confirme bien que la grotte a été occupée de manière saisonnière dans les sols G, F et E. Globalement, elle a été occupée par l'homme du printemps à l'automne pour ce qui est des niveaux de l'ensemble III. La présence de l'homme est très directement liée à cette chasse dans le niveau F, tandis que dans les niveaux archéostratigraphiques du sol G, son importance augmente de la base vers le sommet. D'une chasse occasionnelle ou complémentaire au même titre que les autres espèces comme le bison, le rhinocéros ou le bœuf musqué, le mouflon devient plus important dans le niveau G supérieur et remplace, avec le bœuf musqué, le cheval qui représentait le gibier principal dans les niveaux sous-jacents. Tout se passe comme si les chasseurs de la Caune de l'Arago avaient abandonné leur chasse principale aux chevaux avec un modèle opportuniste développé sur différents animaux adultes pour une prédation spécialisée et sélective à l'argali et fréquenté la grotte plutôt au printemps qu'à l'automne. L'occupation de la grotte s'étend sur une période plus longue pour le niveau E, mais la prédation reste axée sur l'argali.

Des occupations saisonnières ont été mises en évidence avec une chasse spécialisée et/ou sélective pour d'autres gisements plus récents. Les Néandertaliens de la grotte Tournal ont chassé de manière préférentielle les femelles et les jeunes ongulés à la fin de l'été, au début de l'hiver et au printemps (Patou-Mathis,1992). Dans la grotte du Portel-Ouest, le bouquetin a été chassé de manière saisonnière en automne et en hiver, la chasse est liée aux déplacements des populations animales durant les périodes froides qui les ont obligées à descendre à basse altitude (Gardeisen, 1994 et 1999). De même, pour la grotte du Lazaret, les profils de mortalité du cerf et du bouquetin suggèrent une chasse sélective en automne et en hiver (Valensi & Psathi, 2004). Pour la grotte de La Riera (région Cantabrique) la chasse a été concentrée sur des hardes de femelles suitées ; à Erralla, ce sont ces mêmes hardes qui ont été chassées principalement pendant la saison chaude (Altuna & Mariezkurrena, 1987). Dans la grotte du Bau de l'Aubesier, les tahrs, principalement des femelles et des jeunes, ont été chassés à l'affût de juin à octobre (Fernandez *et al.*, 1998).

Des phénomènes de déplacement de populations pourraient également avoir affecté les argalis de la Caune de l'Arago. Pendant la période à laquelle ils ont été chassés, ils auraient dû se trouver en haute montagne, alors qu'à la Caune de l'Arago, dans les Corbières, l'altitude est faible. Une hypothèse permet d'expliquer leur présence à la Caune de l'Arago au printemps. Les dépôts de l'ensemble III sont corrélés au stade isotopique 12 qui correspond à une période froide. Les études de la microfaune (Desclaux, 1992) et des pollens (Renault-Miskovsky, 1980) confirment l'existence du climat rigoureux mis en évidence lors des études sédimentologiques avec une augmentation de la sécheresse dans les dépôts du sol F. Les Pyrénées devaient alors être enneigées jusqu'à basse altitude et en cette période de régression marine, le rivage de la Méditerranée était plus éloigné qu'aujourd'hui (Ambert, 1994). Les ongulés de montagne se sont retrouvés cantonnés dans la plaine ou descendaient à faible altitude pendant l'hiver. Cette hypothèse est étayée par le fait que des vestiges d'argalis ont déjà été découverts dans des espaces steppiques de Sibérie centrale proches du lac Baïkal et datés de 55.000 à 24.000 ans (Chlachula, 2001). De plus, Geist (1971) a montré que si la nourriture était suffisamment abondante quelle que soit la saison, les hardes d'argali en Asie pouvaient rester toute l'année dans une même zone. Le même phénomène a été observé dans le site magdalénien moyen de la grotte des Conques, situé à quelques kilomètres seulement de la Caune de l'Arago (Moigne *et al.*, 1998). Le site a été occupé en été par des chasseurs qui ont abattu au moins sept bouquetins. Le climat était donc suffisamment froid pour que ces bouquetins restent dans des zones de basse altitude et y occupent les milieux escarpés.

CONCLUSION

Les profils de mortalité obtenus confirment les résultats des études précédentes concernant la pratique d'une activité de chasse par les hommes préhistoriques. En complément des profils de mortalité, la détermination du sex-ratio et de la saison de chasse permet d'expliquer la dominance et la composition de certaines classes (âge ou sexe) des populations fossiles de tahr et d'argali. Pour les niveaux étudiés, et surtout pour les niveaux Gs et Gm, l'hypothèse d'un comportement opportuniste de l'homme préhistorique peut être retenue car ce gibier vient en complément d'autres proies qui sont aussi choisies parmi les animaux adultes dans différents biotopes environnant la grotte. La nature de la population d'argali dans le sol F correspond au premier abord au résultat d'une chasse spécialisée et sélective, comme celle qui s'est déroulée dans le sol L par des chasseurs de rennes. En comparant cette population aux populations vivantes pour une saison donnée, il apparaît que les hommes ont occupé la grotte et rapporté les animaux les plus abondants à cette période, ce qui revient bien à un comportement opportuniste.

On ne peut cependant pas considérer qu'elle s'applique à tous les sites, car au Paléolithique inférieur les modalités d'acquisition de la nourriture semblent très variables. Dans des gisements du Pléistocène inférieur ou moyen, l'homme a pu pratiquer le charognage, comme dans les unités II et III du gisement de Galería à Atapuerca (Huguet *et al.*, 1999 ; Díez *et al.*, 1999), ou bien une chasse de type opportuniste comme le montre notre étude des niveaux de l'ensemble III de la Caune de l'Arago.

Bibliographie

AMBERT, P. (1994) – L'évolution géomorphologique du Languedoc Central depuis le Néogène (Grands Causses méridionaux – Piémont Languedocien). Eds BRGM, Documents du BRGM 231. 210 p.

ALTUNA, J. (1979) – La faune des Ongulés du Tardiglaciaire en Pays Basque et dans le reste de la Région Cantabrique. In Colloque International du CNRS 271. *La fin des temps glaciaires en Europe*, p. 85-96.

ALTUNA, J. (1989) – Subsistance d'origine animale pendant le Moustérien dans la région cantabrique (Espagne). In FREEMAN, L. G. ; PATOU-MATHIS, M., eds. *L'Homme de Néandertal 6, La subsistance*, Liège : ERAUL 33, p. 31-43.

ALTUNA, J. ; MARIEZKURRENA, K. (1987) – Les macromammifères du Paléolithique moyen et supérieur ancien dans la région cantabrique. *Archaeozoologia*. 1:2, p. 179-196.

BARROSO RUIZ, C. ; RIQUELME CANTAL, J. A. ; MOIGNE, A.-M. ; BANES, L. (2006) – La faune de grands mammifères de la grotte du Boquete de Zafarraya. Etude paléontologique, paléoécologique et archéozoologique. In BARROSO RUIZ, C. ; DE LUMLEY, H., eds. *La grotte du Boquete de Zafarraya, Malaga, Andalousie*, Empresa Publica de Gestion de Consejeria de Cultura de la Junta de Andalucia, tome I, p. 675-893.

BON, R. ; CUGNASSE, J. M. ; DUBRAY, D. ; GIBERT, P. ; HOUARD, T. ; RIGAUD, P. (1991) – Le Mouflon de Corse. *Revue d'Ecologie (Terre Vie)*. Suppl. 6, p. 67-110.

CHASE, P. G. (1987) – Spécialisation de la chasse et transition vers le Paléolithique supérieur. *L'Anthropologie*. 91:1, p. 175-188.

CHLACHULA, J. (2001) – Pleistocene climate change, natural environments and palaeolithic occupation of the Angara-Baikal area, east Central Siberia. *Quaternary International*. 80-81, p. 69-92.

CRANSAC, N. ; HEWISON, A. J. M. (1997) – Seasonal use and selection of habitat by mouflon (*Ovis gmelini*): Comparison of the sexes. *Behavioural Processes*. 41, p. 57-67.

DE LUMLEY, H. ; FOURNIER, A. ; PARK, Y.C. ; YOKOYAMA, Y. ; DEMOUY, A., (1984) – Stratigraphie du remplissage Pléistocène moyen de la Caune de l'Arago à Tautavel. Etude de huit carottages effectués de 1981 à 1983. *L'Anthropologie*. 88 :1, p. 5-18.

DEMING, O. V. (1952) – Tooth development of the Nelson bighorn sheep. *California Fish and Game*. 38:4, p. 523-529.

DESCLAUX, E. (1992) – *Les petits vertébrés de la Caune de l'Arago (Tautavel, Pyrénées-Orientales). Paléontologie, écologie, modalités d'apport du matériel*. Thèse de doctorat du Muséum National d'Histoire Naturelle. 393 p.

DÍEZ, J. C.; MORENO, V.; RODRÍGUEZ, J.; ROSELL, J.; CÁCERES, I.; HUGUET, R., (1999) – Estudio arqueológico de los restos de macrovertebrados de la Unitad III de Galería (Sierra de Atapuerca). In CARBONELL, E. ; ROSAS GONZALEZ, A. ; DÍEZ FERNANDEZ-LOMANA, J. C., eds. *Atapuerca : ocupaciones humanas y paleoecologia del yacimiento de Galeria*. Zamora: Arquelogia en Castilla y Leon, Memorias 7, p. 265-281.

FARIZY, C. ; DAVID, F. ; JAUBERT, J. (1994) – Hommes et bisons du Paléolithique moyen à

Mauran (Haute-Garonne). Eds. du CNRS, Paris, *Gallia Préhistoire*, 30e supplément. 166 p.

FEDOSENKO, A. K. (2000) – *L'arkar en Russie et pays voisins. Etat des populations, écologie, comportement, protection, chasse et gestion*. Centre de Contrôle de la Chasse. 291 p.

FERNANDEZ, P. ; FAURE, M. ; GUÉRIN, C. ; LEBEL, S., (1998) – Stratégie de chasse des néandertaliens du Bau de l'Aubesier (Monieux, Vaucluse) : choix et opportunisme. In BRUGAL, J.-P. ; MEIGNEN, L. ; PATOU-MATHIS, M., eds. *Economie préhistorique : les comportements de subsistance au Paléolithique*. Sophia-Antipolis : APDCA, p. 309-323.

FOSSE, P. (1994) – *Taphonomie paléolithique : les grands Mammifères de Soleilhac (Haute-Loire) et de Lunel-Viel 1 (Hérault)*. Thèse de Doctorat, Université de Provence, Aix-Marseille. 257 p.

GARDEISEN, A. (1994) – *Restes fauniques et stratégies de chasse dans le Pléistocène supérieur de la grotte ouest du Portel (Ariège, France)*. Thèse de Doctorat, Université Paul Valéry, Montpellier. 485 p.

GARDEISEN, A. (1999) – Middle Palaeolithic subsistence in the West Cave of "Le Portel" (Pyrénées, France). *Journal of Archaeological Science*. 26, p. 1145-1158.

GEIST, V. (1971) – *Mountain Sheep. A study in behavior and Evolution*. Chicago: The University of Chicago Press. 383 p.

GONZALEZ, G. (1984) – *Ecoéthologie du mouflon et de l'isard dans le Massif du Carlit (Pyrénées-Orientales)*. Thèse de doctorat, Université Paul Sabatier, Toulouse. 313 p.

GRAYSON, D. K. ; DELPECH, F. (1998) – Changing diet breadth in the Upper Palaeolithic of Southwestern France. *Journal of Archaeological Science*. 25, p. 1119-1129.

HEMMING, J. E. (1969) – Cemental deposition, tooth succession, and horn development as criteria of age in Dall sheep. *Journal of Wildlife Management*. 33:3, p. 552-558.

HUGUET, R. ; CÁCERES, I. ; DÍEZ, J. C. ; ROSELL, J. (1999) – Estudio tafonómico y zooarqueológico de los restos óseos de macromamíferos de la unitad G-II de Galería (Sierra de Atapuerca). In CARBONELL, E. ; ROSAS GONZALEZ, A. ; DÍEZ FERNANDEZ-LOMANA, J. C., eds. *Atapuerca : ocupaciones humanas y paleoecologia del yacimiento de Galeria*. Zamora: Arquelogia en Castilla y Leon, Memorias 7, p. 245-264.

JAUBERT, J. ; LORBLANCHET, M. ; LAVILLE, H. ; SLOTT-MULLER, R. ; TURQ, A. ; BRUGAL, J.-P. (1990) – *Les chasseurs d'Aurochs de la Borde: Un site du Paléolithique moyen (Livernon, Lot)*. Documents d'Archéologie Française 27, 158 p.

KLEIN, R. G. (1982) – Age (mortality) profiles as a means of distinguishing hunted species from scavenged ones in Stone Age archeological sites. *Paleobiology*. 8:2, p. 151-158.

LIOUBIN, V. P. ; BARYSHNIKOV, G. F. (1984) – L'activité de chasse des plus anciens habitants du Caucase. *L'Anthropologie*, 88:2, p. 221-229.

LYMAN, R. L. (1987) – On the analysis of vertebrate mortality profiles: sample size, mortality type, and hunting pressure. *American Antiquity*. 52:1, p. 125-142.

MELLARS, P. (1973) – The character of the Middle Upper Palaeolithic transition in Southwest France. In RENFREW, C., ed. *The explanation of Culture Change*. London: p. 235-276.

MOIGNE, A.-M. (1983) – *Taphonomie des faunes quaternaires de la Caune de l'Arago, Tautavel*. Thèse de Doctorat, Muséum National d'Histoire Naturelle et Université Pierre et Marie Curie, Paris. 344 p.

MOIGNE, A.-M. ; BAILLS, H. ; GRÉGOIRE, S. (1998) – Les magdaléniens de la grotte des Conques (Pyrénées-Orientales), caractérisation du site d'après les restes osseux et l'outillage. In BRUGAL, J.-P. ; MEIGNEN, L. ; PATOU-MATHIS, M., eds. *Economie préhistorique : les comportements de subsistance au Paléolithique*. Sophia-Antipolis : APDCA, p. 451-460.

MOIGNE, A.-M.; GREGOIRE, S.; de LUMLEY, H. (2005) – Les territoires de chasse et d'exploitation des matières premières des hommes préhistoriques de la Caune de l'Arago entre 600.000 ans et 400.000 ans. *Actes des congrès nationaux des CTHS*, 126° Congrès, Toulouse. p. 17-31.

MONCHOT, H. (1996) – *Les petits Bovidés (genres* Ovis, Hemitragus, Capra *et* Rupicapra*) de la Caune de l'Arago (Tautavel, Pyrénées-Orientales)*. Thèse de Doctorat, Université Aix-Marseille II et Muséum National d'Histoire Naturelle. 433 p.

MONCHOT, H. (1997) – La chasse au mouflon au Pléistocène moyen : l'exemple de la Caune de l'Arago (Tautavel, France). *Préhistoire européenne*. 10, p. 11-22.

MONCHOT, H. (1999a) – Techniques de subsistance des premiers européens, chasse ou charognage ?. *Mésogée*. 57, p. 11-17.

MONCHOT, H. (1999b) – Mixture analysis and mammalian sex ratio among Middle Pleistocene

Mouflon of Arago Cave, France. *Quaternary Research*. 52, p. 259-268.

MONCHOT, H. (2000) – Sex-ratio et stratégies de chasse au Paléolithique : l'apport de l'analyse des mélanges. *Ibex Journal of Mountain Ecology*. 5, p. 49-55.

MONCHOT, H. ; CARBONELL, E. (1999) – Subsistence techniques in south-western Europe. *Arkeos, Perspectivas en diálogo*. 5, p. 163-173.

ORQUERA, L.A. (1984) – Specialization and the Middle/Upper Paleolithic transition. *Current Anthropology*. 25:1, p. 73-98.

PATOU, M. (1989) – Subsistance et approvisionnement au Paléolithique moyen. In FREEMAN, L.G.; PATOU-MATHIS, M., eds. *L'Homme de Néandertal 6, La subsistance*, Liège : ERAUL 33, p. 11-18.

PATOU-MATHIS, M. (1992) – La subsistance chez les Néandertaliens de Bize (Aude). *L'Anthropologie*. 96:1, p. 113-120.

PFEFFER, F. (1967) – Le mouflon de Corse (*Ovis ammon musimon* Schreber, 1782): position systématique, écologie et éthologie comparées. *Mammalia*. 31 suppl., p. 1-262.

PILLARD, B. (1972) – La faune des grands mammifères du Würmien II de la grotte de l'Hortus. Etudes Quaternaires. *La grotte moustérienne de l'Hortus*, p. 163-205.

RENAULT-MISKOVSKY, J. (1980) – Le Paléoenvironnement de l'Homme de Tautavel (Caune de l'Arago, Tautavel, Pyrénées-Orientales) : la faune et la flore en Roussillon au Pléistocène moyen. *Comptes Rendus de l'Académie des Sciences de Paris*. 290, p. 747-750.

RIVALS, F. (2004) – *Les petits bovidés (Caprini et Rupicaprini) pléistocènes dans le bassin méditerranéen et le Caucase. Etude paléontologique, biostratigraphique, archéozoologique et paléoécologique*. Oxford: B. A. R., (BAR International Series; 1327). 270 p.

RIVALS, F. ; DENIAUX, B. (2005) – Investigation of human hunting seasonality through dental microwear analysis of two Caprinae in late Pleistocene localities in Southern France. *Journal of Archaeological Science*. 32, p. 1603-1612.

SCHALLER, G. B. (1998) – *Wildlife of the Tibetan Steppe*. Chicago: University of Chicago Press. 373 p.

VALENSI, P.; PSATHI, E. (2004) – Faunal exploitation during the Middle Palaeolithic in South-eastern France and North-western Italy. International Journal of Osteoarchaeology. 14, p. 256-272.

GESTION ET SELECTION DES RESSOURCES AU SEIN D'UN TERRITOIRE. UN EXEMPLE DE COMPORTEMENT ECONOMIQUE AU PALEOLITHIQUE INFERIEUR DANS LE SUD DE LA FRANCE

Sophie GREGOIRE

Centre Européen de Recherches Préhistoriques de Tautavel, UMR 5140 Préhistoire méditerranéenne et africaine, Lattes. Avenue Léon Jean Grégory, 66720 Tautavel.

Anne-Marie MOIGNE

Département de Préhistoire du Muséum National d'Histoire Naturelle, USM 204, Centre Européen de Recherches Préhistoriques de Tautavel. Avenue Léon-Jean Grégory, 66720 Tautavel

Déborah BARSKY

Centre Européen de Recherches Préhistoriques de Tautavel. Avenue Léon-Jean Grégory, 66720 Tautavel

Henry de LUMLEY

Institut de Paléontologie Humaine, Centre Européen de Recherches Préhistoriques de Tautavel, Avenue Léon-Jean Grégory, 66720 Tautavel

Résumé: *Le site de la Caune de l'Arago à Tautavel (Pyrénées-Orientales) a fait l'objet depuis de nombreuses années d'études pluridisciplinaires appliquées à la succession des niveaux archéologiques dégagés au cours des fouilles.*

La combinaison des résultats de ces études débouche sur des interprétations de plus en plus précises des comportements et des modes de vie des hominidés à l'origine des accumulations anthropiques.

Les matières premières lithiques et les vestiges paléontologiques contribuent grandement, en association avec d'autres paramètres, à définir les zones d'approvisionnement directement liées aux activités quotidiennes ou aux déplacements saisonniers au sein du territoire des groupes paléolithiques.

La diversité des niveaux d'occupations identifiés sur ce site en grotte, exceptionnellement riche, donne accès à des informations très différentes, selon les niveaux, au préalable individualisés de manière stricte. Ces informations témoignent de plusieurs modalités d'occupation du site induites probablement par des activités diverses nécessitant globalement l'exploitation du même territoire mais de manière très variée.

Nous proposons de fournir plusieurs schémas de gestion des ressources naturelles identifiés à la Caune de l'Arago, et tenterons de comprendre quelles sont les raisons de ces variations de comportement au sein d'un environnement qui reste inchangé.

Mots clés : *territoire, mobilité, économie, Acheuléen, Paléolithique moyen.*

Abstract: *For several years now, the Caune de l'Arago cave site in Tautavel (Pyrénées-Orientales) has been the subject of pluridisciplinary studies applied to its successive archaeological levels brought to light during excavations.*

Combined results from these studies allow for increasingly precise interpretations of the behaviour and lifestyle of hominids responsible for these accumulations.

In association with other parameters, lithic raw materials and Paleontological remains contribute largely to defining sourcing areas directly related to daily activities or seasonal displacements of Palaeolithic groups in the territory surrounding the cave.

The diversity of the occupation levels identified within this exceptionally rich cave site, initially strictly individualized, reveals very different information for each one. The data translates several occupation modes within the site, probably induced by various activities requiring globally differential exploitation of the same territory.

We propose to furnish several schemas for natural resource management identified at the Caune de l'Arago, and to try to understand what the reasons for such behavioural variations within an unchanging environment might be.

Key words: *territory, mobility, economy, Acheulean, Middle Palaeolithic.*

INTRODUCTION

La Caune de l'Arago s'ouvre dans un massif calcaire urgonien à 180 mètres au dessus du niveau de la mer. Elle domine la plaine de Tautavel, orientée nord-est sud-ouest, véritable couloir migratoire pour les oiseaux et les mammifères. La rivière du Verdouble, au pied de la grotte, charrie tout au long de l'année des galets provenant de formations primaires et secondaires du massif des Corbières.

Le remplissage quaternaire, de 15 mètres d'épaisseur, renferme une succession de niveaux archéologiques plus ou moins riches en industries lithiques acheuléennes, en restes de faunes de grands mammifères et de microfaunes du Pléistocène moyen, en pierres et en galets transportés par les hominidés et en restes humains (*Homo heidelbergensis*).

Les études multidisciplinaires développées depuis quarante ans sur le site de la Caune de l'Arago à Tautavel, ont permis de mettre en évidence, dans les différents niveaux archéostratigraphiques, une variabilité dans les modalités d'utilisation de la grotte (Lumley *et al*, 2004), bien qu'aucune structure évidente n'ait encore été identifiée lors de la fouille ou à partir de l'étude de la répartition des vestiges sur les différents sols archéologiques.

Le contexte environnemental de chaque niveau archéostratigraphique, défini à partir des études sédimentologiques, micromorphologiques, palynologiques et paléontologiques dénote une persistance de l'occupation durant différentes périodes climatiques dans des contextes environnementaux contrastés, contemporains des stades isotopiques 17 à 5 et plus particulièrement dans les niveaux bien documentés des stades 14, 13 et 12.

L'exploitation des données mises au jour par la fouille permet aujourd'hui d'accéder à une dimension territoriale des activités enregistrées dans les sols d'occupations notamment au niveau de la compréhension des systèmes de gestion des ressources. Grâce à la précision des fouilles et du traitement spatial des données stockées dans la base de données *Matériel paléontologique et préhistorique*, les études abordent aujourd'hui la caractérisation des tâches domestiques et des activités extérieures réalisées en divers points du territoire.

Après une première phase de caractérisation des divers types d'habitats identifiés dans la grotte et notamment dans le complexe moyen (Lumley *et al*, 2004, Moigne *et al* 2005, Barsky *et al*, 2005), l'équipe pluridisciplinaire s'est attachée à définir quelle a été la dynamique à l'origine de ces accumulations archéologiques et à la reconstituer en trois étapes principales :

- Modes d'acquisition des ressources dans le **territoire** d'exploitation
- Apport et introduction des ressources dans la grotte.
- Traitement, utilisation et consommation des ressources dans l'**habitat**.

La mise en évidence des modalités de gestion des ressources (matières premières lithiques et faunes) au cours de ces trois étapes, dans chaque niveau d'occupation suffisamment documenté, fait apparaître des modalités spécifiques en fonction des types d'habitat. L'analyse de la variabilité des comportements dans la gestion des ressources et de ses causes doit tenir compte du contexte paléoenvironnemental qui contraint les hommes à une adaptation au milieu et à ses ressources.

Dans le cadre de cette nouvelle approche, nous avons choisi de comparer des niveaux archéologiques correspondant à un contexte paléoenvironnemental semblable, voire identique, afin de raisonner sur des critères constants.

Les niveaux d'occupation pris en compte pour cette nouvelle approche s'inscrivent dans un contexte climatique à connotation froide et sèche (sols "P" et "L", OIS 14 et sols "G", OIS 12). Le paysage y était identique et offrait le même accès aux gîtes de matières premières. Il était composé des mêmes biotopes, peuplés des mêmes espèces animales.

METHODOLOGIE

Chaque catégorie de vestiges archéologiques a été considérée comme un *pluri-marqueur* et traitée en tant que tel. Ainsi, ils jouent un rôle décisif dans la compréhension et l'interprétation des niveaux d'habitats sur plusieurs plans.

Les activités réalisées sur le site ont été étudiées à partir de la nature des objets, de leur organisation spatiale et de leur indice de transformation et d'utilisation. Les activités réalisées hors site, sur le territoire environnant, ont été interprétées par le biais de l'absence de certaines catégories de vestiges dans la grotte.

La succession des évènements a été abordée grâce à la position microstratigraphique des objets.

Les comportements de subsistance ont été déduits des modalités de gestion du territoire, elles mêmes interprétées à partir des données techno-économiques, des sources de matières premières exploitées et des espèces chassées. L'appartenance culturelle a été définie grâce aux données techno-typologiques. La saisonnalité a été déterminée grâce à l'âge d'abattage des herbivores et enfin les interactions évènements naturels/activités anthropiques ont été interprétées en fonction de l'état de conservation des vestiges.

TRAITEMENT ET ANALYSE DES MARQUEURS DE DEPLACEMENTS

Cette étude prend en compte deux catégories de marqueurs de déplacements des hominidés. Les mobiles et les figés. Les deuxièmes sont nécessairement les plus fiables même si les premiers donnent accès à des informations non négligeables qui prennent d'ailleurs tout leur sens lorsqu'ils sont combinés avec les deuxièmes.

Les marqueurs mobiles sont essentiellement les faunes chassées, les marqueurs figés sont uniquement, pour la période qui nous occupe, les matières premières lithiques.

Les déplacements du groupe préhistorique ont été identifiés en individualisant ces marqueurs et en fournissant pour chacun une caractérisation précise afin de déterminer avec certitude leur provenance géographique. Ce n'est qu'à cette condition que l'échelle du territoire peut être atteinte et qu'il est possible de le retracer, de l'analyser et de comprendre de quelle manière il a été géré, occupé et exploité.

Les matières premières lithiques

De par leur nature, elles nous informent sur les zones d'approvisionnement que les hommes ont exploitées avant leur arrivée et pendant leur occupation du site. Les matières premières minérales utilisées à la Caune de l'Arago sont systématiquement étudiées et comparées à un référentiel depuis 1981 (Wilson, 1981, Grégoire, 2000, 2006).

Les faunes

L'archéozoologie est une spécialité essentielle pour étudier les déplacements humains liés à l'acquisition des ressources alimentaires carnées. La détermination précise des différentes catégories d'animaux rassemblés sur le site permet de définir les caractéristiques majeures des biotopes environnants. Les nombreux systèmes de quantification des ossements sont les outils de caractérisation des populations animales pour établir les diagrammes de mortalités qui seront ensuite comparés à différents modèles ainsi que la saisonnalité le cas échéant.

Après avoir défini clairement l'impact des hommes préhistoriques sur ces différentes populations, il faut construire le schéma de répartition de ces populations et déterminer leur origine possible dans le contexte environnemental. Ces cartes de probabilités de répartition sont couplées à celles du passage des hommes, ce qui permet d'en déduire les différents modes de chasse ou d'approvisionnement des animaux.

TRAITEMENT ET ANALYSE DES MARQUEURS D'ACTIVITES INTRA-SITE

Les processus de taille ont été déterminés à partir des assemblages lithiques du niveau archéostratigraphique et plus particulièrement à partir des nucléus et des produits de débitage. Grâce aux études pétroarchéologiques, les affleurements primaires ou secondaires exploités par les hommes sont désormais bien connus (Wilson, 1981, Grégoire, 2000, 2006).

Pour chaque matériau, la morphologie d'origine des blocs est donc définie et la variabilité morphologique bien appréhendée. Elle est un élément majeur de compréhension des chaînes opératoires, notamment en ce qui concerne les phases initiales (épannelage, décorticage des blocs). Cette connaissance a également été décisive pour définir le caractère opportuniste ou non de la collecte des blocs de matières premières.

L'analyse morpho-technologique de chacun des éléments composant l'assemblage lithique permet d'identifier et de décrire les différentes méthodes de débitage et de façonnage employées pour la réalisation de l'industrie. L'étude de l'agencement des négatifs d'enlèvements visibles sur les nucléus et les galets aménagés, mise en relation avec celle de la morphologie des éclats (étendu cortical, disposition des enlèvements antérieurs, type de talon), met en évidence l'utilisation systématique de plusieurs méthodes de débitage dont le choix technique a été étroitement liée à celle de la matière première. Enfin, la détermination typologique permet de mettre en relief d'autres facteurs de variation entre les différents niveaux archéologiques et de caractériser, de manière formelle, ces industries.

L'analyse taphonomique a permis de déterminer et de tester l'assemblage osseux et d'interpréter les différentes phases d'activités liées à la consommation de la viande de grands herbivores et à l'utilisation des os et des peaux, le cas échéant. Elles succèdent à différentes phases d'introduction des carcasses entières ou en quartier, au dépouillement, à l'enlèvement de la chair et la fragmentation des os pour en retirer la moelle.

Les marqueurs de la désarticulation sont actuellement les seuls qui nous permettent de savoir si les animaux ont été éviscérer et découpés en quartier à l'extérieur ou dans la grotte, et de comprendre l'interface entre les activités hors et intra- site. Ce sont également les marqueurs de l'évolution des techniques de boucheries proprement dites, reflet de l'évolution du rapport de l'homme à l'animal au cours du temps.

Ces opérations sont décrites d'après les traces laissées sur les ossements par les outils utilisés et selon les actions : stries de dépeçage ou de décarnisation et d'après le mode de fracturation des os, les chocs et les encoches de percussion où les schémas de fractures redondants.

DESCRIPTION DES NIVEAUX D'OCCUPATION

Les sols P

Les sols P, dont l'âge est évalué à environ 0,57 Ma, correspondent à plusieurs niveaux archéologiques inter-stratifiés avec des niveaux stériles en matériel culturel mais relativement riches en restes de carnivores, en particulier des squelettes quasi entiers d'ours de Deninger.

Les artefacts sont enfouis dans des sables lités, amenés dans la grotte par le vent lors d'une période climatique froide et sèche du OIS 14. Les niveaux d'occupation humaine sont attestés par plusieurs accumulations relativement restreintes d'outillage lithique (fig. 4.1), en association avec des restes paléontologiques.

Fig. 4.1 : vue d'un sol P dans les sables lités, composé essentiellement de matériel lithique (bifaces et pointes en cornéenne).

Un fragment de dent de lait d'hominidé, y a également été découvert. Ces occupations en alternance, vraisemblablement de courte durée, ont été interprétées comme des bivouacs (Barsky et Lumley, 2004).

Les animaux associés sur les sols P sont séparés en deux grandes catégories, les espèces liées aux carnivores et les herbivores associés à l'homme. Parmi les carnivores, les ours sont particulièrement abondants (fig. 4.2). Le loup de Mosbach, le lynx, la panthère et un jeune lion ont également été découverts dans ces niveaux. Leurs proies sont les daims et les argalis, herbivores de petite taille dont les ossements sont souvent découverts entiers, en connexion anatomiques et qui portent de nombreuses traces caractéristiques des activités de carnivores : rongement des articulations, empreintes de dents : cupules et stries en comètes (Rivals *et al*, 2003). Cette population de carnivores et en particulier les ours, s'est introduite dans la grotte et y a séjourné à plusieurs reprises (Quilès *et al,* 2004).

La seconde catégorie comprend surtout les os de rennes, de cheval et de bison (fig. 4.2). En effet, ces ossements sont tous fracturés et portent des stries de découpe. Leur introduction dans la grotte est considérée comme directement liée à l'homme. La conservation des ossements de rennes comprend tous les ossements dans les mêmes proportions, les éléments du squelette axial sont plus rares, les connexions anatomiques peu fréquentes. Les bois, assez abondants et bien conservés correspondent à des bois de massacre et des bois de chute, de femelle et de mâles. Pour les chevaux, la conservation des éléments du squelette est à peu près comparable mais les dents isolées sont très abondantes.

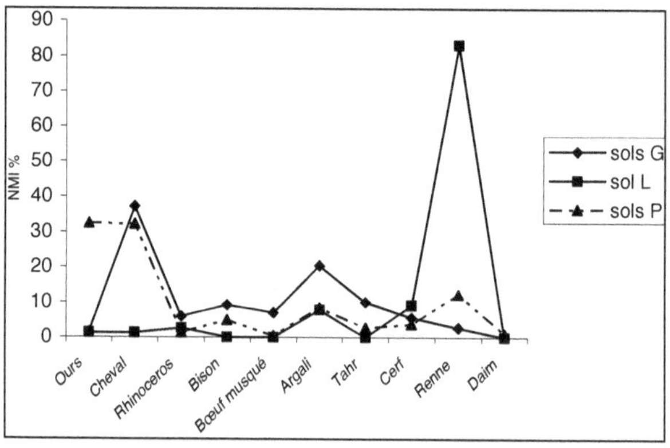

Fig. 4.2 : répartition des principales espèces (en NMI) dans les sols P, L et G.

Le corpus des matières premières présentes dans ces accumulations, peut être qualifié de classique pour la Caune de l'Arago. En effet les mêmes matériaux identifiés dans les autres niveaux d'occupation sont représentés. Toutefois se sont les proportions de chacun qui varient tout en indiquant une exploitation tournée essentiellement vers la cornéenne, le quartz laiteux (roche locale), le grès quartzite, les silex tertiaires dont la source se situe à une trentaine de kilomètres de la grotte et vers le jaspe et certains types de quartz translucides et de quartzites disponibles dans les dépôts alluviaux de la Têt, accessibles à 15 kilomètres au sud de la grotte, dans la plaine du Roussillon. Quelques rares pièces en grès et en roches éruptives, roches locales, sont également présentes. Malgré l'importance des apports de roches siliceuses sédimentaires relativement éloignées de la grotte, l'exploitation des ressources locales demeure la plus importante (fig. 4.3).

Le débitage des nucléus a été le plus souvent effectué par la technique à main levée, à l'aide d'un percuteur dur en pierre (Barsky et de Lumley, 2005). Cependant, les stigmates présents sur certains des produits débités

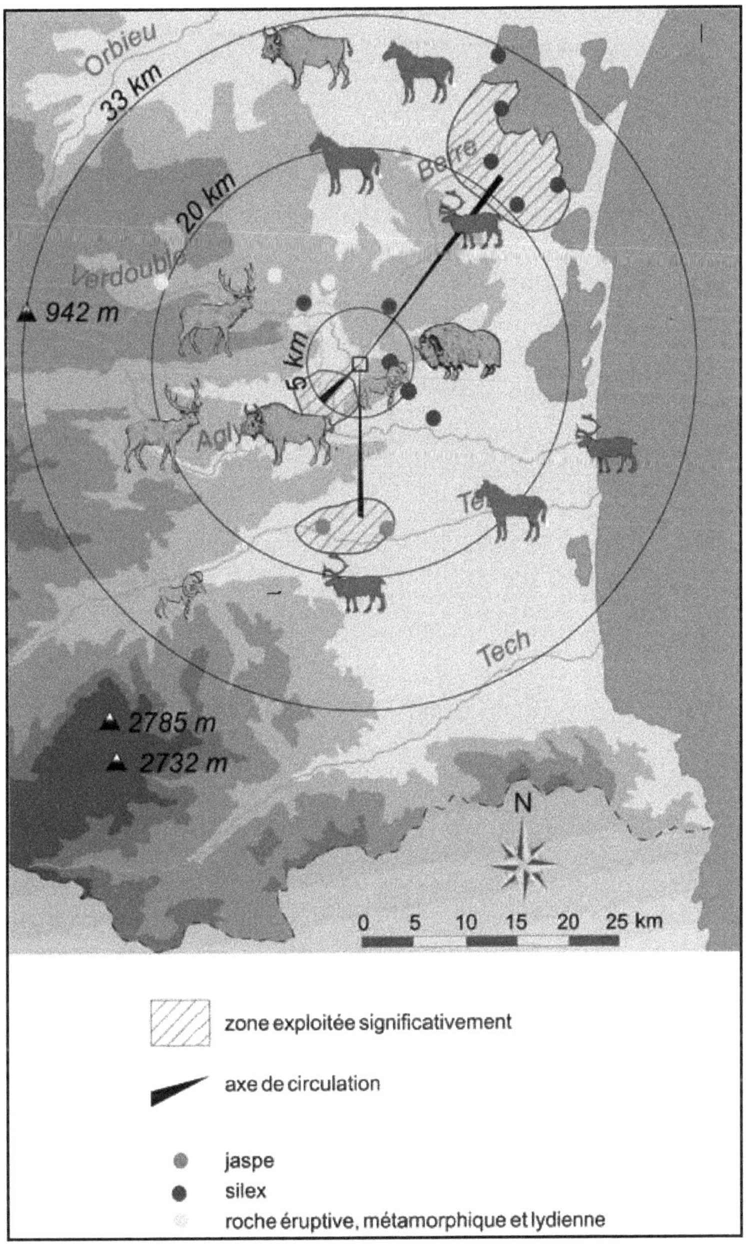

Fig. 4.3 : Territoire d'exploitation des sols P.

témoignent de l'utilisation occasionnelle de la technique bipolaire sur enclume. Cette dernière méthode a généralement été employée pour réduire les petits galets de forme arrondie, de roches cristallines. Les nucléus qui en résultent sont de forme pyramidale ou prismatique (fig. 4.4).

Le débitage par méthode discoïde caractérise tout particulièrement les sols P où, parmi les nombreux nucléus, près de la moitié révèlent l'emploi de cette technique. Lors de la taille, des enlèvements étaient effectués en alternance, sans hiérarchisation des deux surfaces opposées, en partance d'une arête équatoriale. La méthode de débitage par enlèvements multifaciaux, produisant des nucléus de forme globuleuse, a aussi été employée pour extraire des petits éclats en quartz. Rares sont les nucléus non-standardisés gérés par des méthodes à débitage sommaire (fig. 4.4).

De dimensions plus importantes, ces nucléus montrent des négatifs d'enlèvements uni, bi ou multidirectionnels.

Á part de rares exceptions, les produits débités sont de petite taille et la finesse de leur production traduit un savoir-faire technologique très développé. Les éclats

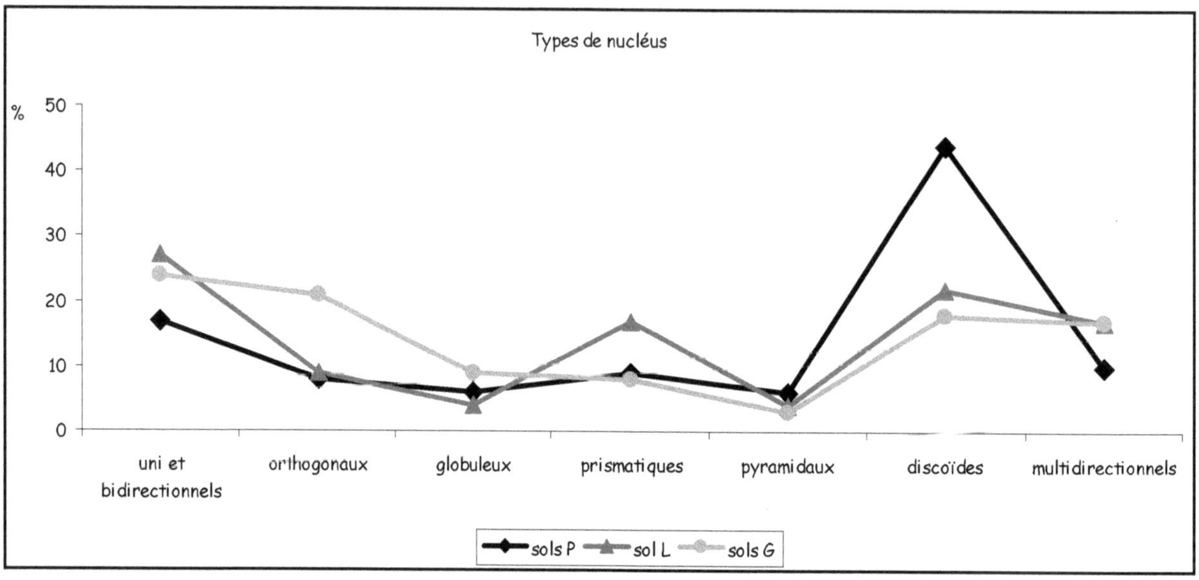

Fig. 4.4 : Proportion des types de nucléus des sols P, L et G.

montrent des dimensions moyennes réduites et les débris sont plutôt rares malgré l'importance du quartz dans l'ensemble.

Le caractère acheuléen de cet assemblage est souligné par la présence de nombreux bifaces de qualité exceptionnelle, dont certains présentent des bords régularisés à l'aide d'un percuteur tendre (fig. 4.5). L'ensemble ne comprend que peu ou pas de galets façonnés de type chopper ou chopping-tool (fig. 4.6). L'outillage retouché se distingue par la finesse de sa réalisation et par la prédominance de pointes de type très divers. Notons parmi ces dernières la présence d'une pointe de Quinson. Des racloirs et des grattoirs complètent cette panoplie.

Le sol L

Lors de la mise en place du niveau archéologique L, dont l'âge est évalué à environ 0,55 Ma, les hominidés se sont installés pour un séjour de quelques semaines seulement pour pratiquer une chasse très sélective. Á l'inverse des sols P et des sols G, le sol L, défini comme une halte de chasse (Lumley *et al*, 2005), était une occupation ponctuelle et non une succession d'habitats.

L'enfouissement rapide du matériel dans des sables lors de cette période froide et sèche du OIS14 est attesté par la bonne conservation des restes lithiques et fauniques.

Par ailleurs, les industries et les restes paléontologiques sont peu cassés et plusieurs ossements ont été retrouvés en connexion anatomique, témoignant de l'abandon de la grotte juste après la consommation du gibier.

Le sol L est caractérisé par l'abondance d'une espèce, *Rangifer tarandus*, et par la rareté du nombre de taxons par rapport aux autres niveaux. Les carnivores sont très discrets, représentés par les ossements d'un loup de Mosbach et les deux pattes antérieures d'un ours brun (*Ursus arctos*) (carpiens, métacarpiens et phalanges) ; la présence de cette seule espèce est surprenante car les ours de la grotte sont en général des ours spéléens (*Ursus deningeri)*.

Les grands herbivores associés aux rennes sont les cerfs, les mouflons, deux jeunes rhinocéros et un cheval. Tahrs, bisons et bœufs musqués sont absents de ce niveau (fig. 4.2).

Les animaux transportés dans la grotte proviennent essentiellement des alentours de la cavité ; les cerfs des zones plus arbustives, les mouflons des zones escarpées, éboulis de falaises et plateaux, les chevaux, rhinocéros et rennes de la plaine (fig. 4.2).

La conservation des ossements est excellente, tous sont biens représentés. Côtes, vertèbres et fragments crâniens sont abondants. Les dents isolées sont relativement rares par rapport aux associations maxillaires et mandibules. Les incisives sont présentes.

Ces conditions ont permis la détermination précise de l'âge et du sexe des animaux d'après la morphologie des bassins, des bois et les stades de croissance dentaires.

Les adultes sont des femelles dans 75% des cas. Les jeunes animaux représentent entre 20 et 40 % des individus. La saison d'abattage a ainsi pu être

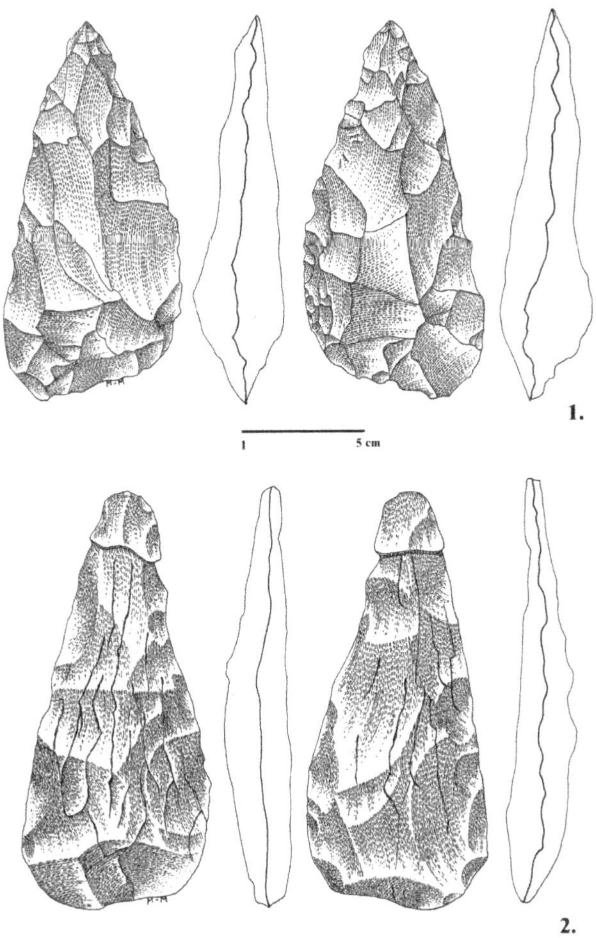

1. G13.GEQ5.n° 1226 : Biface en roche éruptive

2. I12.IDQ3.n° 3728 : Biface en cornéenne

Fig. 4.5 : Bifaces en roche éruptive (1) et en cornéenne (2) des sols P.

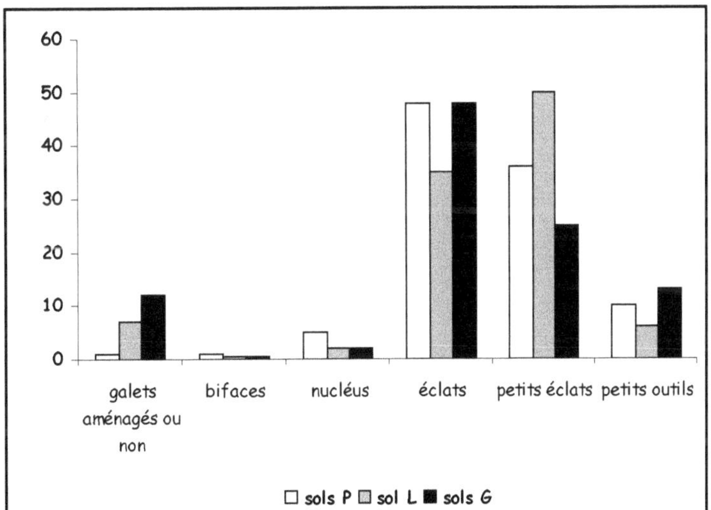

Fig. 4.6 : Proportion des principaux types d'outils dans les sols P, L et G.

identifiée et correspond pour les trois espèces à l'automne.

L'aspect de surface des os ne présente ni altération, ni fissuration, ni manganèse. Du fait du ploiement des couches synsédimentaire vers le centre de la grotte, cette concentration d'objets de près de 25 m², déposée sur le sable, s'est toujours trouvée bien drainée et relativement sèche, pendant toute la période du remplissage de la grotte.

Les stries anthropiques sont fréquentes (fig. 4.7). Les traces de carnivores sont très rares.

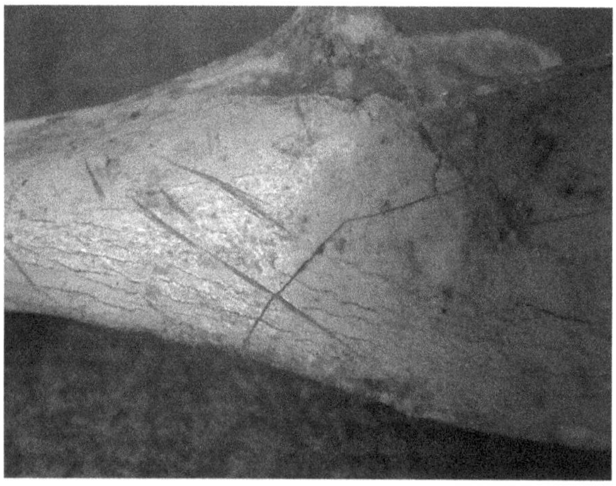

Fig. 4.7 : Stries de décarnisation sur le bassin de renne du sol L.

Les objets de ce niveau n'ont pas subi de remaniements ni de déplacements secondaires, ni de fragmentation secondaire. De nombreuses associations, connexions et remontages sont visibles. La phase de fracturation intentionnelle observée sur les ossements des animaux adultes n'est pas altérée par des phénomènes postérieurs. La sédimentation très rapide a pu fossiliser la répartition spatiale primaire. Les os ne présentent donc pas de piétinements des chasseurs eux-mêmes, ou postérieurs à l'occupation, ni d'interactions liées aux carnivores.

L'industrie lithique est majoritairement en quartz (laiteux et hyalins), en silex et en quartzite. En ce qui concerne les roches siliceuses sédimentaires, ce niveau se distingue par une utilisation importante des silex importés et des jaspes. Le territoire d'exploitation de 33 km de rayon est similaire à celui des sols P, toutefois la stratégie spatiale d'approvisionnement est sensiblement différente (fig. 4.8).

Les ressources locales ont été exploitées pour l'acquisition des galets de quartz, de grès, de grès quartzite et de calcaire au moment de l'occupation alors que l'apport en matériaux siliceux est antérieur à l'occupation et indique la provenance du ou des groupes de chasseurs installés dans la grotte.

Le débitage a été majoritairement réalisé par la technique à main levée à l'aide d'un percuteur dur. Comparé aux sols P, le débitage bipolaire sur enclume a été ici plus largement employé lors de la réduction des galets de quartz. Si cette dernière technique a été appliquée de manière ordonnée dans les sols P, elle se manifeste dans le sol L comme du concassage, ce qui explique la fréquence relative des débris en quartz.

Les éclats bruts sont abondants, souvent issus des schémas de gestion discoïdes (bifaciaux) ou multi-directionnels (fig. 4.4). Un nucléus seulement montre une forme globuleuse. Plusieurs nucléus ont été débités sommairement par enlèvements en séries uni ou bi-directionnels et les dimensions globales des pièces sont plus élevées que dans les sols P. Les bords des nucléus ne sont pas préparés et aucun éclat ne possède un talon à facettes.

Des galets non façonnés (manuports, percuteurs, enclumes) sont présents en quantité importante, ainsi que les galets aménagés (choppers). L'outillage retouché se caractérise par l'abondance des racloirs de types variés, assez souvent à bords convergents (fig. 4.6).

Le groupe d'outils de type Paléolithique supérieur, dominés par les grattoirs, est rare. L'ensemble comprend assez peu d'outils composites et montre peu de diversité typologique relativement aux sols G.

Malgré cela, cette industrie semble moins spécialisée que celle des sols P. Elle comporte moins d'outils retouchés, d'avantage de galets non-aménagés, plus de nucléus à débitage sommaire, ainsi qu'une quasi-absence de bifaces (un biface seulement). Cependant, le choix soucieux des roches, ainsi qu'une belle qualité de la retouche des outils, donne un aspect soigné à l'assemblage qui montre un degré relativement élevé de spécialisation dans sa confection.

Les sols G

L'unité archéostratigraphique G a livré la plupart du matériel archéologique, ainsi que la grande majorité des restes humains. Parmi ces derniers, le crâne de *l'Homme de Tautavel* (Arago XXI), a fourni un âge de 455 + indét. / -210 Ka (Yokoyama, 1981).

Les sédiments, caractérisés par un cailloutis à matrice limono-sableuse, ont été mis en place pendant la période climatique fraîche du OIS 12. Le niveau se présente

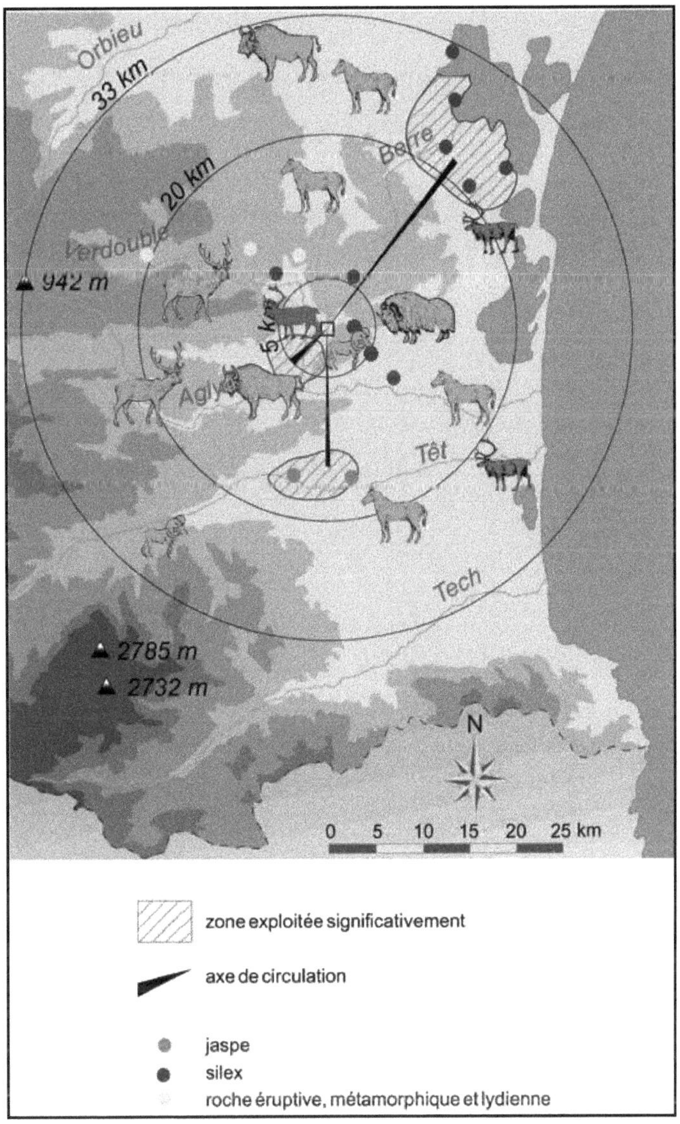

Fig. 4.8 : Territoire d'exploitation du sol L.

comme un amas de matériel archéologique de forte densité, correspondant à une ou plusieurs occupations de longue durée.

La faune de ces niveaux correspond à une association de huit grands herbivores. Les proportions de ces animaux varient suivant les sols de cette unité. La proportion de rennes et de rhinocéros reste stable. Les carnivores (cuon, loup, renard, lion et lynx) sont rares mais présents dans ces niveaux. Dans les niveaux les plus anciens, les cerfs et les tahrs sont plus abondants suivis des chevaux et des bisons dans les niveaux de G moyen et enfin des mouflons et des bœufs musqués (fig. 4.2).

Ces animaux proviennent de différents biotopes autour de la grotte, ils ont d'ailleurs été chassés à des périodes différentes de l'année (fig. 4.10). Les populations représentées ont toutes les mêmes caractéristiques, les jeunes sont rares et les jeunes adultes et adultes dominent largement.

La caractéristique majeure du sol G est l'intense fragmentation des ossements. Seules quelques phalanges et plus généralement les os courts sont entiers. Il est donc impossible de décrire un processus de réduction des carcasses.

Néanmoins, il faut noter au sommet du sol G, la présence de nombreux arrières crânes de chevaux qui présentent tous les fameuses stries de scalp, stries obliques courtes et nombreuses, symétriques par rapport à la crête sagittale en avant du chignon occipital.

Les associations sont nombreuses, des connexions anatomiques montrent que les articulations (carpes, tarses, coudes) ont été fracturées ainsi que les extrémités des ossements lors de l'ouverture des cavités médullaires. Les mandibules sont ouvertes au niveau du canal du nerf mais le plus souvent le choc se situe au niveau des molaires et les dents sont très souvent cassées, en particulier les racines des dents hypsodontes sur les jeunes adultes (bisons, chevaux, mouflons).

L'étude de la répartition spatiale n'a pas permis de mettre en évidence des structures particulières dans cette occupation de longue durée (fig. 4.9). Les os longs, les os de plus grosse taille sont plus abondants vers les parois tandis que les petits os sont plus abondants au centre de la cavité. Ceci est sûrement lié au ploiement de ces niveaux du fait d'une dissolution différentielle et de phénomènes d'altérations importants au centre de la grotte.

Fig. 4.9 : Vue générale de G supérieur.

La fossilisation des ossements est hétérogène. Ils sont soit fortement concrétionnés, soit complètement décarbonatés. Dans les zones protégées, les stries sont abondantes et affectent 20 % des ossements de chevaux (crânes, mandibules, côtes, vertèbres, os des membres). Ce sont des stries de désarticulation et de décarnisation.

Une des particularités de ce niveau est la diversité des roches utilisées et la quantité importante de roches éruptives d'origine paléozoïque provenant du massif du Mouthoumet.

Plus de 90 % des matières premières proviennent des alluvions du Verdouble, la rivière située au pied de la grotte. L'industrie a été fabriquée essentiellement à partir de quartz laiteux puis de quartz hyalin.

Les roches siliceuses sédimentaires sont présentes en quantité plus faible : les silex du Trias et les lydiennes sont disponibles à proximité immédiate de la grotte, les silex tertiaires proviennent du bassin de Bages-Sigean. Le territoire parcouru pour l'acquisition des matières premières est vaste et s'étend jusqu'à 33 km vers le nord-est (fig. 4.10). Toutefois, la majorité des roches exploitées proviennent de la zone locale, comprise entre 0 et 5 km autour de la grotte.

Les modes de production lithiques employés dans les sols G se caractérisent par leur diversité. Tous les modes de gestion des nucléus connus dans le site sont ici représentés en fréquence quasi égale (fig. 4.4).

On observe dans les sols G une évolution technologique particulière pour chacune des méthodes identifiées et l'outillage tend progressivement vers la standardisation et la complexification. Ainsi, à l'inverse du sol L, les deux surfaces opposées des nucléus discoïdes sont hiérarchisées. Par ailleurs, de nombreux nucléus de type divers montrent des indices de préparation relativement poussée.

Reflet de la diversité des méthodes de débitage, de nombreux grands nucléus débités à partir de roches locales de qualité médiocre sont à peine entamés par des petites séries d'enlèvements.

La fréquence des nucléus à enlèvements uni, bidirectionnels et à enlèvements orthogonaux augmente par rapport aux niveaux plus anciens, au dépend des nucléus produits par des méthodes centripètes. Les nucléus de forme globuleuse, dont certains rappèlent des polyèdres, sont assez fréquents.

La très grande quantité de débris en quartz laiteux témoigne aussi de la diversité technologique des industries des sols G. L'étude de ces nombreux fragments a révélé l'utilisation très répandue dans ces sols de la technique bipolaire sur enclume. De plus, l'assemblage comprend plusieurs enclumes dont les stigmates d'écrasement sont très nets.

L'outillage est globalement plus grand que celui des autres niveaux archéologiques. Sa composition typologique traduit une quantité importante d'outils de percussion : galets entiers, fracturés ou aménagés. Parmi les galets aménagés, les choppers dominent très largement et l'ensemble ne comprend que quelques rares chopping-tools (fig. 4.5).

L'outillage retouché sur éclat ou sur débris reflète aussi la diversité de cet ensemble lithique, montrant une grande variété dans les formes des supports, les types d'outils, et les combinaisons d'outils simples sur un même support. La quantité d'outils à encoche augmente relativement aux racloirs.

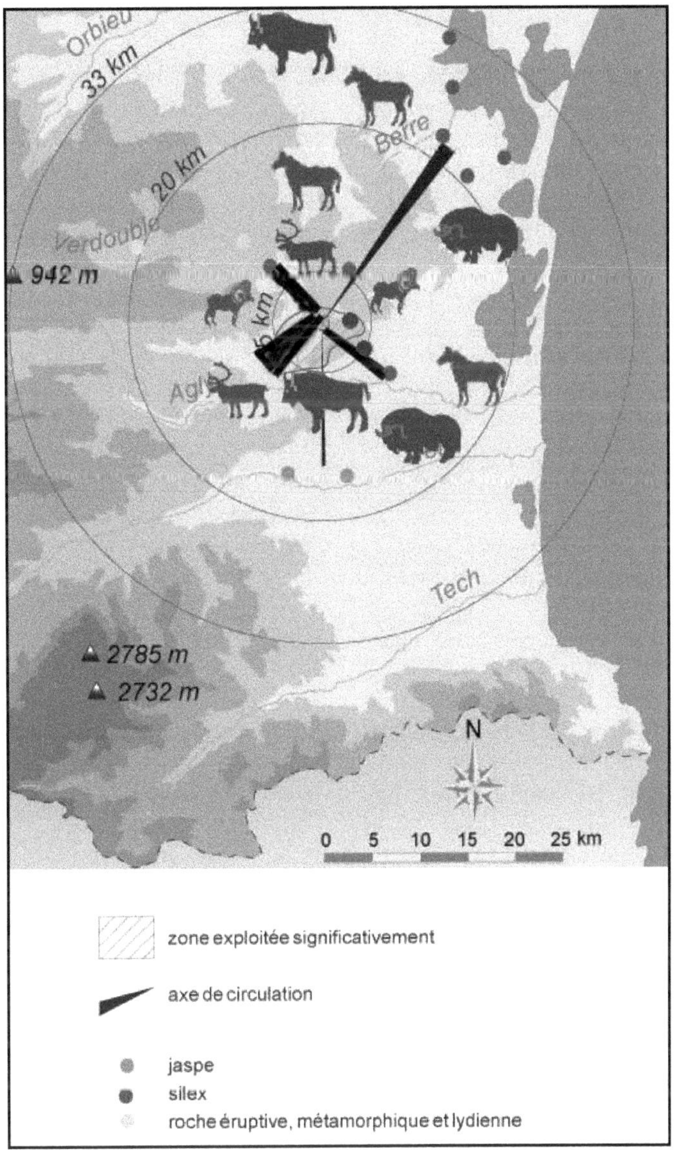

Fig. 4.10 : Territoire d'exploitation des sols G.

MODALITES DE GESTION DES RESSOURCE

La description précise de ces occupations, nous a permis de proposer une restitution des différentes étapes de gestion des ressources en les séquencant dans l'espace et dans le temps, depuis l'acquisition des ressources dans le territoire, en passant par leur transport dans la grotte, jusqu'à leur utilisation, leur consommation et leur abandon.

Ces occupations, ont l'avantage de refléter un système d'exploitation qui se déroule dans un environnement similaire, voire identique. Par conséquent, si ce n'est le contexte environnemental, quels sont les autres facteurs qui déterminent ces systèmes d'exploitation ?

Les sols P

Les éléments paléontologiques d'origine anthropique recueillis sur les sols P montrent au moins trois saisons d'occupations. Toutefois la chasse est essentiellement spécialisée sur le cheval et le renne (fig. 4.2) et les conditions de leur acquisition ne semblent pas opportunistes. En effet les carcasses sont mises en quartier à l'extérieur de la grotte, probablement sur le lieu d'abattage. Cet état de fait semble indiquer que les zones de chasse se situent à des distances suffisamment importantes de la grotte pour que le transport des animaux entiers ne soit pas réalisable (fig. 4.3).

Cheval, renne et bison, espèces les plus représentées sont toutes trois des espèces grégaires, qui vivent en troupeaux et se déplacent selon des cycles saisonniers. Les études réalisées sur le matériel dentaire des chevaux et des rennes ne permettent pas de différencier une saison particulière d'abattage mais montrent que les hommes ont occupé la grotte à diverses reprises, ponctuellement, en transportant quelques animaux, à différentes périodes de l'année, sauf en hiver, à l'époque de l'hibernation des ours très présents dans ces niveaux (fig. 4.2).

La chasse semble correspondre à des captures occasionnelles de bison ou de chevaux, ce qui nécessite technicité et courage car les animaux n'ont pas été piégés lors des vagues migratoires mais dans leurs zones de pacage, vallées des rivières ou plaine côtière (fig. 4.3).

D'autre part les mouflons présents dans ces niveaux, ne sont pas des apports cynégétiques mais sont plutôt à attribuer à l'action des carnivores assez récurrente. La présence des carcasses de mouflons entières, rongées par des carnivores, témoigne de l'existence de ressources autochtones potentielles pourtant délaissées par les chasseurs dont l'activité principale devait se dérouler en plaine, quelle que soit la saison d'occupation, dans un secteur plus éloigné de la grotte.

Les matières premières les plus fréquentes dans ces niveaux sont les quartz translucides et les quartzites dont certains pourraient provenir des alluvions de la Têt situées à au moins 15 km du site (fig. 4.3). Ces roches, d'assez bonne qualité pour le débitage, constituent près de la moitié du matériel lithique. L'ensemble comprend aussi une quantité non négligeable de roches siliceuses dont les provenances se situent essentiellement dans la zone éloignée au delà de 20 km (fig. 4.3).

Á l'exception de la cornéenne, les matériaux locaux, en particulier le calcaire et le grès, sont beaucoup moins exploités que dans les sols G et le sol L, et semblent négligés au profit de roches de meilleures qualités permettant en l'occurrence le façonnage des bifaces fréquents dans ces niveaux.

Les matériaux siliceux collectés dans un territoire assez vaste (33 km de rayon) essentiellement tourné vers le littoral, ont été introduits dans la grotte sous forme de supports pré-débités pour la plupart.

Les autres matériaux lithiques, collectés sous forme de galet sur les terrasses alluviales plus ou moins proches du site (0 à 15 km) ont été également largement décortiqués avant leur introduction dans la grotte (très rares éclats corticaux, peu ou pas de galets entiers ou fracturés).

L'étude de la proportion relative des ossements et des stries de désarticulation montre que tous les ossements de chevaux sont conservés de manière cohérente. Les fragments crâniens et l'abondance des dents isolées sont mis en relation avec une fracturation systématique de ces crânes ainsi que des mandibules. Les pattes entières sont présentes sur le site, y compris les articulations et les phalanges. Les scapulas sont bien représentées alors que les éléments du squelette axial et les bassins sont rares. Les os des membres postérieurs sont moins représentés que ceux du membre antérieur. Une extrémité d'humérus montre des stries nettes de désarticulation. La présence de ces éléments témoigne de l'introduction dans la grotte de la quasi-totalité du squelette découpée en tronçons.

De nombreux éclats, débris et nucléus découverts dans les sols P témoignent de l'intense activité de débitage qui a eu lieu à l'intérieur de la grotte. Quelques remontages de nucléus et d'éclats en grès quartzite confortent l'hypothèse de cette activité de débitage dans la grotte.

Un gros travail de façonnage des outils à été réalisé comme en témoigne les nombreux éclats de retouches et de façonnage des bifaces. Les outils produits sont surtout des pointes, des racloirs convergents et des bifaces dont les pointes ont souvent été cassées par l'utilisation.

En règle générale, le débitage, marqué par peu de diversité technologique, est dominé par le discoïde (fig. 4.4). La même tendance est exprimée au travers des outils, essentiellement des pointes ou des bifaces, ce qui tendrait à signaler le caractère plutôt spécialisé de l'activité doublé d'une pression culturelle importante.

Sur les restes de carcasses, les stries sont assez abondantes et la fracturation des os est présente même si l'activité de percussion est beaucoup moins soutenue que dans les sols G. Ces traces montrent clairement une activité de consommation de la moelle et de la viande de cheval, de bison et de renne (fig. 4.11).

Un grès quartzite local a été soigneusement sélectionné et exploité à l'intérieur de la grotte pour la fabrication de nombreux éclats dont les plus grands sont retouchés en racloirs à retouches denticulées.

Les modalités de gestion des ressources dans cet ensemble de sols apparaissent comme assez organisées et raisonnées. La chasse y est sélective et probablement associée à l'acquisition des matériaux lithiques. Elle se déroule non pas à proximité de la grotte mais plutôt dans la zone intermédiaire (de 5 à 15 km du site), voire éloignée (au delà de 20 km) au niveau des plaines

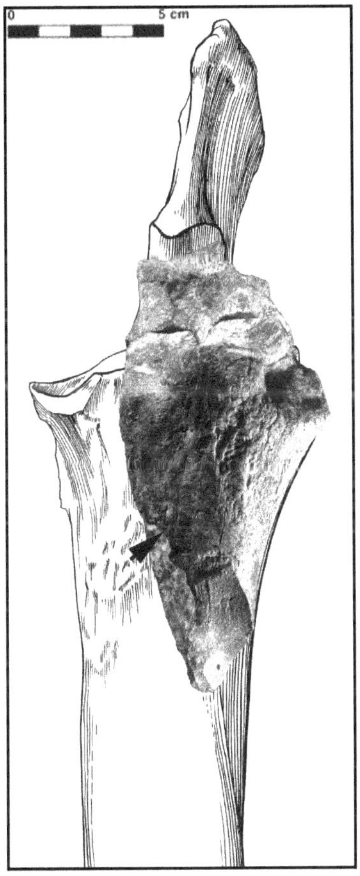

Fig. 4.11 : Extrémité proximale de radius de bison : fracture oblique et spirale. Encoche de percussion sur la face antérieure.

steppiques littorales favorisant le passage des troupeaux au cours de leur migration (fig. 4.3).

L'abattage n'est pas massif comme dans le sol L. Il correspond plutôt à un prélèvement réalisé à l'occasion d'autres activités peut être induites par la fabrication des bifaces et en tout cas par une appartenance culturelle forte.

Ce système de gestion économique montre une exploitation du territoire et de ses ressources mise en œuvre par un groupe très mobile, vivant sur un vaste territoire, qui a utilisé la grotte comme bivouac, à plusieurs reprises espacées dans le temps (fig. 4. 12).

Le sol L

Le matériel paléontologique recueilli dans cette occupation indique clairement un épisode d'abattage massif de rennes aux abords de la cavité. Le caractère très local est suggéré par l'absence de traitement des carcasses avant leur introduction dans la grotte et par la quantité d'individus abattus dans un court laps de temps. Pendant cette occupation les chasseurs exploitaient essentiellement le territoire local.

Les galets en calcaires et en grès, nombreux dans ce niveau, vont dans le sens de cette présence locale sur les rives du Verdouble qui fournissait galets et passage au gué des troupeaux de rennes en déplacements (fig. 4.8).

L'outillage sur éclat, assez abondant dans ce niveau, a souvent été réalisé à partir de matériaux siliceux sédimentaires dont l'apport n'est pas local, introduits sur le site sous forme de supports préformés, voire d'outils finis.

Étant donné la durée très brève du séjour dans la grotte, suggérée par la faible accumulation très localisée dans l'espace habitable de la cavité, l'exploitation de ces matériaux siliceux, des silex tertiaires du nord-est et des jaspes du sud (fig. 4.8), n'est probablement pas représentative de déplacements effectués de la grotte vers les gîtes, mais indique plutôt la zone de provenance du ou des groupes de chasseurs avant leur séjour à la Caune de l'Arago, dans la plaine de Tautavel, pour chasser le renne, en possession d'un outillage déjà préparé. Cet apport suggère ici un déplacement inter-territorial.

Pendant l'occupation de la Caune de l'Arago, les activités ont eu lieu dans le territoire local comme en témoigne les galets calcaire, employés pour les divers travaux de percussion, parfois de dimensions et de poids très importants. Ils ont été introduits entiers dans la cavité avant d'y être façonnés.

Malgré leur caractère local, les galets de grès quartzite, cornéenne, quartz, réservés pour le débitage d'éclats, ont été décortiqués avant leur introduction dans la grotte.

En l'occurrence les modalités d'introduction technologiques de la matière première ne semblent pas fonction de leur distance d'acquisition mais plutôt de la nature de la roche.

Les galets calcaires semblent réservés à des tâches purement domestiques et plutôt grossières et ont subi peu de transformation avant leur utilisation alors que les galets plus rares dans les alluvions ont fait l'objet de plus de soin dans leur préparation et sont réservés à la production d'éclats ou de débris servant aux tâches plus fines.

Pour les ressources animales, le même type de préparation des carcasses est observé pour les deux

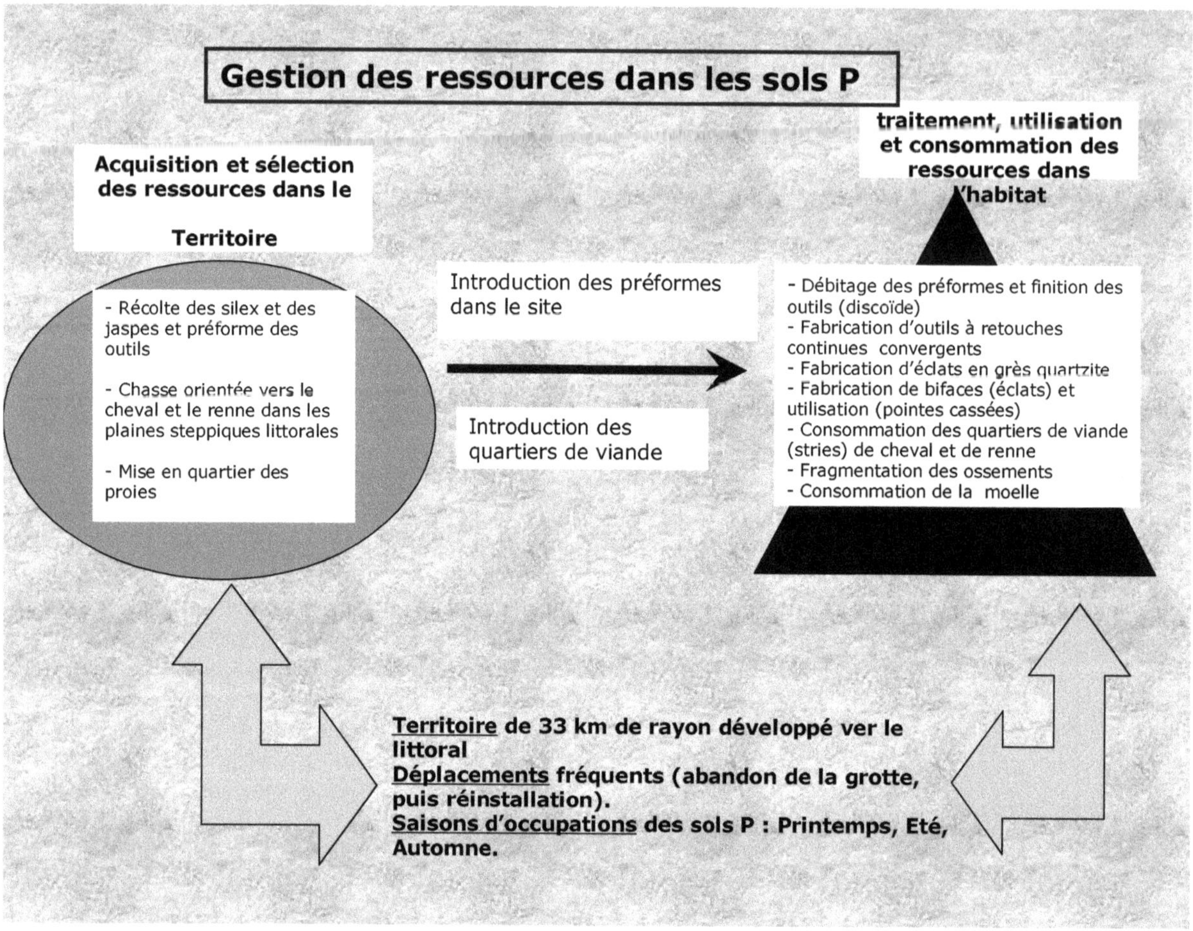

Fig. 4.12 : Modalités séquencées de gestion des ressources dans les sols P.

espèces complémentaires, cerfs et mouflons que pour l'espèce principale, le renne.. Pour les mouflons, cerfs et rennes, les animaux ont été transportés dans la grotte puis éviscérés pour être ensuite dépouillés assez rapidement sans préparation très poussée comme l'indiquent les stries d'écorchement observées sur les mandibules et les crânes de renne. Les carcasses sont transportées entières car l'indice de conservation des ossements est maximal pour tous, y compris pour les côtes et les vertèbres.

Les pattes de rennes et de mouflon restent en connexion (phalanges et métapode). Les pattes restent attachées à la peau, coupées probablement aux jarrets tandis que pour les cerfs, les premières et secondes phalanges sont récupérées pour la moelle. Quelques stries au niveau du calcanéum semble montrer le prélèvement des tendons.

Les stries de décarnisation sont nombreuses Elles sont claires et abondantes sur les scapulas et les os du bassin, les vertèbres et les côtes. La viande est récupérée sur les vertèbres et les côtes, ainsi qu'au niveau des gigots et des épaules. Les stries de désarticulations sont rares. Les articulations du coude : humérus distal et radio-ulna proximal, sont présentes pour 80 % des individus identifiés, de même pour les articulations du poignet, radius, carpiens et métacarpien ou de la cheville, tibia distal, tarsiens et métatarsien. Plusieurs tronçons de colonne vertébrale sont répartis sur le sol ainsi que quelques grills costaux légèrement remaniés.

Les os longs des animaux adultes sont fracturés pour obtenir la moelle, sans désarticulation préalable. Tous les crânes sont ouverts, le plus souvent encore associés aux cous. La base des mandibules d'adulte et les crânes sont ouverts pour extraire le nerf mandibulaire et la cervelle. Les nombreuses stries présentes sur les ossements témoignent donc de l'extraction de la viande et la fracturation des os longs de la consommation de moelle.

Le bon état de conservation de ces vestiges signale un abandon rapide de la grotte après l'exploitation des carcasses.

Malgré cette impression d'exploitation massive et rapide de toutes les ressources animales, la récupération de la moelle a été très sélective. Seuls les os longs d'adultes sont fracturés intentionnellement (fractures spirales sur os très frais) selon un schéma répétitif.

Á l'intérieur de la cavité les activités semblent avoir été brèves mais intenses. Les traitements successifs des ressources se sont déroulés rapidement, laissant des reliefs non piétinés, quasi intacts.

Les petits outils, essentiellement en quartz et en silex, sont peu nombreux par rapport aux autres unités et le taux global de transformation est de 1 éclat sur 8.

Les préformes de silex et de jaspe ont été façonnées en outils, pour la plupart des racloirs, assez souvent à bords convergents.

La fréquence des nucléus semble en relation avec celle des produits de débitage, sauf pour le silex (40 éclats en silex pour 1 nucléus). Cette rareté, ainsi que la quantité élevée d'éclats de retouches en silex, suggère la fabrication d'un certain nombre d'outils à l'intérieur de la grotte, avant leur utilisation à l'extérieur.

Les galets aménagés, très majoritairement en calcaire, ont été façonnés dans la grotte. Ils servaient très certainement à réduire les carcasses de rennes. Un seul biface en silex a été trouvé. Cette rareté suggère une rupture culturelle nette avec les unités précédentes.

Comparé aux sols archéologiques P, la plus grande diversité dans le type de produits débités et dans la typologie pourrait suggérer une plus grande variabilité dans les tâches effectuée dans la grotte. Il est probable, étant donnée le séjour de plus longue durée, que certaines activités domestiques se rajoutaient aux activités de chasse et de boucherie (travail des peaux et du bois). Cependant, l'industrie garde globalement un aspect assez spécialisé.

Les modalités de gestion des ressources dans cette occupation semblent indiquer le caractère programmé du séjour pour une chasse organisée dans un territoire défini qui consiste en un abattage massif de rennes à une période propice de l'année, en un lieu connu du groupe pour les commodités qu'il offre. Il s'agit encore d'une autre modalité d'occupation du territoire toujours par un ou deux groupes très mobiles, en provenance d'un territoire voisin qu'ils ont utilisés en l'occurrence comme une grotte refuge, au cours d'une halte de chasse en automne (fig. 4.13).

Les sols G

Les acquisitions et sélections des ressources dans le contexte des sols G font apparaître des exploitations majoritairement locales du territoire au cours de plusieurs saisons d'occupations qui se répartissent sur le cycle saisonnier annuel. Les éléments les plus caractéristiques reconnus dans ces sols sont essentiellement la collecte de nombreux galets dans les alluvions du Verdouble parmi lesquels de nombreux petits galets de quartz.

En ce qui concerne la chasse, beaucoup de biotopes ont été exploités pour l'apport de ressources alimentaires carnées variées, accessibles à proximité de la grotte. Il semble que les carcasses n'aient pas subi de traitement spécifique en vue de leur transport dans la grotte ce qui plaide en faveur d'une stratégie spatiale d'approvisionnement nettement locale et résolument opportuniste.

Si les petits galets en quartz laiteux ainsi que les gros galets en calcaire ou en grès étaient introduits entiers dans la grotte, d'autres, plus rares ont été introduits décortiqués et ont subi diverses transformations et aménagements additionnels sur le lieu d'habitat tout comme dans le sol L.

En revanche, les silex dont la provenance est éloignée (25 à 33 km) ont été introduits sous forme de supports préformés.

On remarque dans le site l'importance des activités de percussion qui se manifestent par le débitage bipolaire sur enclume des petits galets de quartz ou encore par la fragmentation intensive et poussée de tous les os longs et les mandibules de grands herbivores. Ces activités sont à l'origine d'une quantité relativement élevée d'outils de percussion (galets entiers, fracturés et aménagés) dans l'ensemble.

Les bifaces sont rares et présentent une morphologie différente de ceux provenant des unités plus anciennes. Relativement grands, ils sont souvent partiellement travaillés et assez peu symétriques ; leurs bords tranchants font rarement le tour complet de la pièce.

L'outillage des sols G se distingue par une qualité de fabrication inégale, mais aussi par les types d'outils représentés. Les roches locales de qualité médiocre pour le débitage (comme le calcaire ou le grès) ont été sommairement débités par des petites séries d'enlèvements partant de plans de frappe non préparés qui se présentaient au fur et à mesure de la réduction des blocs. Les éclats et les nucléus résiduels sont de grandes dimensions. Le débitage de ces roches, disponibles

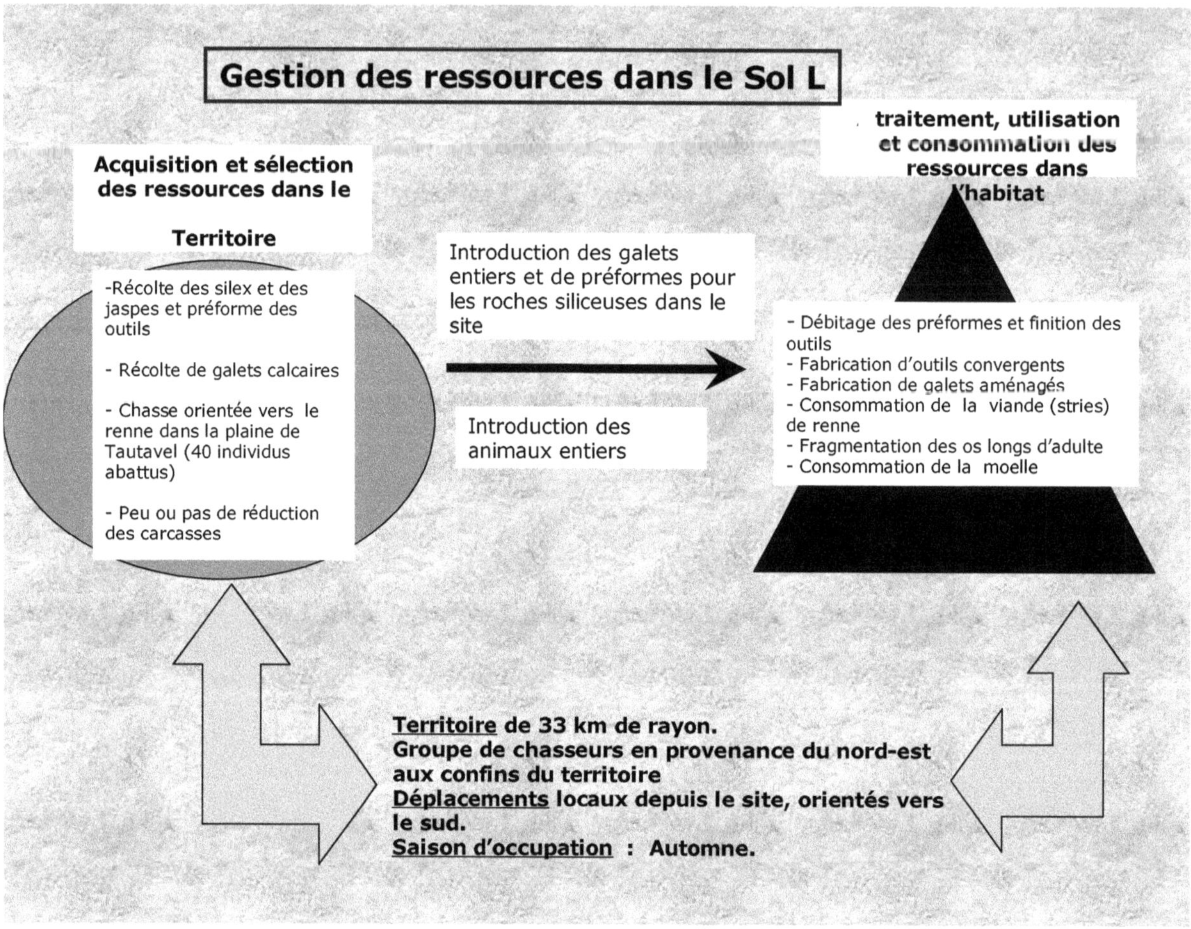

Fig. 4.13 : Modalités séquencées de gestion des ressources dans le sol L.

en abondance à proximité du site, était peu exhaustif et les grands éclats ont rarement servi de nucléus.

Les roches locales ou semi-locales de bonne qualité (comme le grès quartzite et le quartzite) ont, par contre, était réduites par des techniques de débitage plus organisées, en particulier la méthode discoïde biface (à deux surfaces hiérarchisées). Les éclats, dont les plus grands ont été réservés pour l'outillage retouché, montrent assez souvent un talon dièdre ou facetté, ce qui indique la préparation des plans de frappe des nucléus.

Enfin, les silex de bonne qualité et d'origines lointaines ont été débités de manière exhaustive, à tel point que les nucléus en silex ne sont que de petits nodules polyédriques à partir desquels ont été extraits, en fin de chaîne opératoire, des petits éclats d'à peine 10 à 15 mm. Mais la présence d'éclats en silex de grandes et de moyennes dimensions, tous retouchés en outil, témoigne de l'introduction de ces roches dans la grotte sous forme de blocs de dimensions assez importantes.

Le quartz laiteux, roche locale, a fait l'objet d'un choix préférentiel pour toutes les méthodes de débitage identifiées dans ces sols. Cette roche, probablement favorisée pour l'efficacité de son tranchant, est de loin la mieux représentée dans toutes les catégories de débitage et parmi la plupart des outils retouchés.

L'outillage retouché, comparable aux ensembles moustériens, étonne par sa diversité. Cet ensemble a vraisemblablement été confectionné sur place, vu le nombre très important de petits éclats de retouches présents dans l'assemblage.

Malgré la dominance d'outils à retouches régulières continues de type "racloir", on y retrouve une panoplie très variée qui semble indiquer la diversité des activités pratiquées sur place.

Il paraît évident, compte tenu de la durée de l'occupation, qu'une variété de tâches domestiques devait être pratiquée dans la grotte, en complément des activités de boucherie.

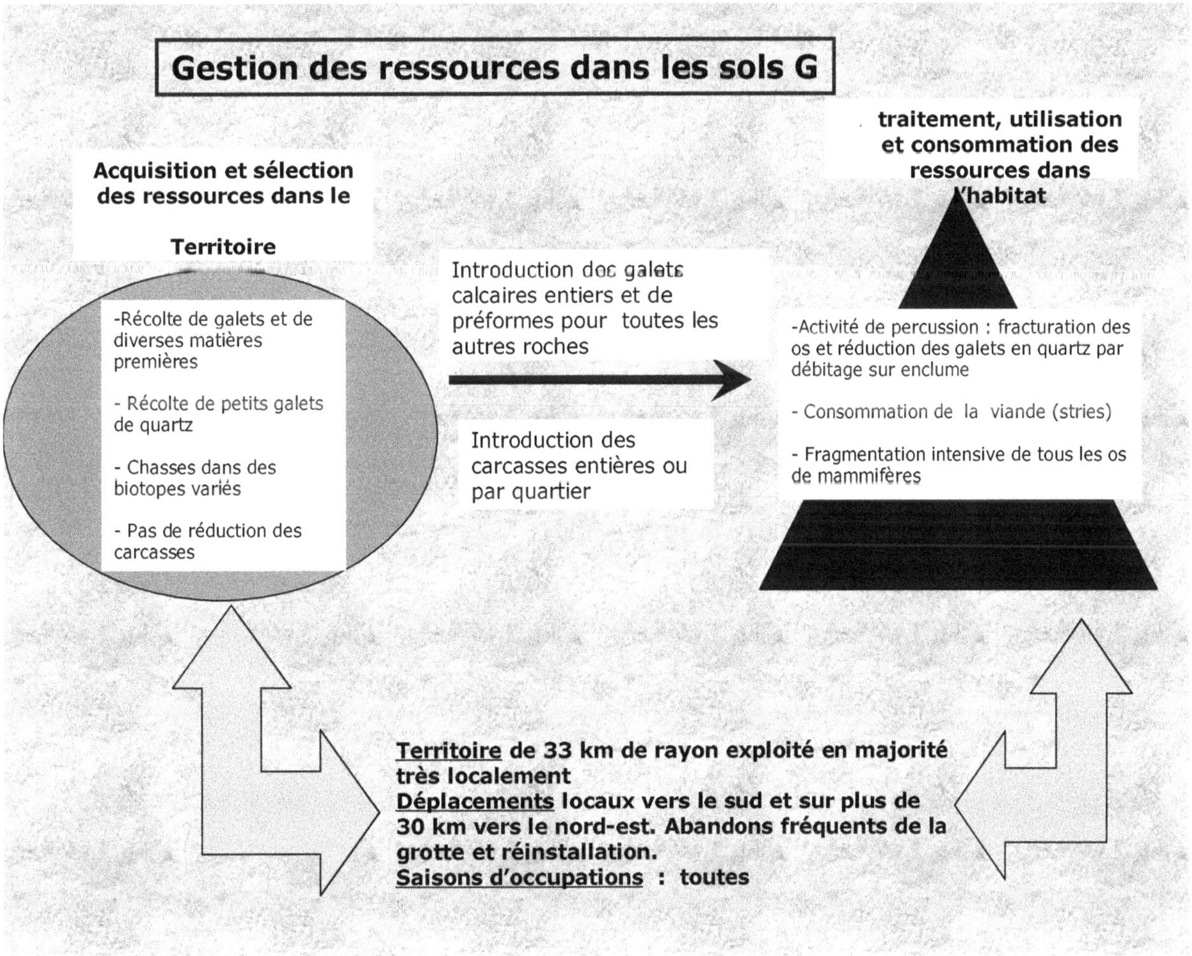

Fig. 4.14 : Modalités séquencées de gestion des ressources dans les sol G.

De nombreuses pièces, de grand ou de petit calibre, montrent l'association de plusieurs types d'outil sur le même support, soulignant leur aspect polyvalent.

De nombreuses pierres calcaires, provenant de toute évidence des éboulis devant la grotte, semblent avoir servi de pavage, signalant une durée de séjour prolongée.

Du point de vue de la faune, c'est également l'importance des activités de percussion qui est remarquable : elles se manifestent par une fracturation intense des ossements. Les os de ce niveau paraissent de grande taille, car les chevaux, bisons et rhinocéros dominent l'assemblage. Toutefois les ossements, dents et bois présentent des schémas de fracture très aléatoires. Tout se passe comme si la recherche de moelle semblait l'activité majeure du point de vue de la consommation. La présence de nombreuses stries de découpe et de décarnisation sur ces mêmes os témoignent de la consommation poussée de la viande. Plusieurs traces sont attribuées à la préparation de l'os pour la fracturation. A cette fracturation alimentaire s'ajoute une fracturation des mandibules et maxillaires caractéristique. Sur les dents, les négatifs d'enlèvement sont orientés de la face occlusale vers la racine. Les chocs affectent toutes les dents d'une même série dentaire. Les grosses esquilles épaisses présentent également des stigmates d'écrasements particuliers. Ces traces sont liées à des activités extra-alimentaires.

Les modalités de gestion des ressources dans cet ensemble de sols apparaissent comme des plus opportunistes avec une exploitation poussée à l'extrême de chaque catégorie de ressource dans un souci d'économie des éléments vitaux pour le groupe. Ce système de gestion économique révèle une importante capacité d'adaptation de ces groupes de chasseurs, moins mobiles que les précédents, et une grande maîtrise du territoire local et de ses atouts qui leur permettent d'utiliser la grotte comme un véritable camp de base (fig. 4.14).

CONCLUSIONS

La Caune de l'Arago a été occupée à plusieurs reprises au cours d'une longue période du Pléistocène moyen.

En règle générale la grotte a servi à des groupes de chasseurs, lors de séjours dont la durée varie d'une occupation à l'autre, consacrés essentiellement à une économie tournée vers l'exploitation de ressources animales.

Toutefois, au delà des conséquences naturelles des variations du climat et suivant la période d'occupation, les espèces chassées et leurs proportions sont différentes.

Elles reflètent des conditions environnementales et une action cynégétique intimement liée à des facteurs culturels et à des modalités d'occupation du territoire.

Au cours de l'exploitation des ressources animales, une économie de la matière première lithique, adaptée aux activités de chasse et de traitement des carcasses est mise en œuvre. Elle définie une stratégie d'exploitation du territoire plus ou moins opportuniste.

Pour tous les niveaux de la Caune de l'Arago, les activités récurrentes sont la chasse aux grands herbivores suivie d'un traitement des carcasses pour le prélèvement de la moelle et des muscles, l'utilisation des galets du Verdouble, l'utilisation préférentielle des roches cristallines pour le petit outillage et généralement l'utilisation de la même roche pour la production d'un même type d'outil. L'extension du territoire d'exploitation autour de l'habitat est aussi un facteur constant tout au long de la stratigraphie.

Au-delà de ces constantes, les niveaux pris en compte dans cette étude ont leurs différences et leurs spécificités les uns par rapport aux autres en terme d'économie des ressources.

Ce sont ces différences qui nous permettent de caractériser les trois modes d'occupation analysés dans ce travail. Elles font apparaître une stratégie de gestion des ressources et du territoire en relation avec les modalités d'occupation du site et avec l'appartenance culturelle du groupe.

Deux grandes tendances ont pu être identifiées :

- une gestion opportuniste dans les habitats de longue durée
- une gestion raisonnée dans les haltes de chasse et les occupations brèves (bivouacs).

Parmi cette deuxième tendance, une distinction peut être faite entre les haltes de chasse et les bivouacs. Les activités mises en évidence y sont pratiquement les mêmes, toutefois les différences au niveau de l'aspect général de l'assemblage lithique et en particulier dans la maîtrise technologique et la représentation des outils (présence de nombreux bifaces et de pointes) semblent bien indiquer que le facteur culturel peut être évoqué pour expliquer ces variations de comportement.

Le ou les groupes de chasseurs à l'origine de l'accumulation des sols P, porteurs de la technologie du biface, semblent intrusifs dans le territoire par rapport aux populations qui leur succèdent qui y sont fermement implantés. Ils chassent des animaux de la plaine steppique essentiellement (cheval, renne et bison). Ils utilisent des matières premières aussi bien allochtones que locales en exploitant de manière sélective la diversité pétrographique du territoire et détiennent un savoir faire particulier (débitage discoïde prépondérant, façonnage de bifaces) qui semble se perdre en se diluant dans les phases d'occupations suivantes. Ce phénomène a déjà été observé dans la séquence stratigraphique du même âge du site de Nadaouiyeh Aïn Askar, dans le désert syrien, entre les niveaux acheuléens antérieurs et postérieurs à 450.000 ans (Le Tensorer,1997).

En l'occurrence cette coupure culturelle pourrait être la conséquence d'une adaptation des modalités de gestion des ressources à de nouvelles conditions environnementales imposées par le contexte local dans le cadre d'une installation plus durable au sein du territoire.

Pour tenter de répondre à la question de la provenance de cette population des sols P nous ne pouvons nous appuyer que sur les sites de plein-air du bassin de Venosa en Italie datés autour de 600.000 ans, qui ont livré des industries lithiques comparables, industries tayaciennes à bifaces (Notarchirico et Loreto, Piperno, 1999) et des associations de grandes faunes. Ces faunes ne correspondent pas à la même phase de migration que celles de la Caune de l'Arago, plus récente. Il s'agit de faunes méditerranéennes installées depuis près de 800.000 ans au moins, *Palaeloxodon*, *Megaloceros, Dama, Cervus, Capreolus*, etc.... alors que les faunes de la Caune de l'Arago sont en majorité composées d'espèces d'origine eurasiatiques dont l'arrivée est plus tardive (Moigne *et al*, 2006).

Les groupes à l'origine des accumulations des sols P, bien que directement liés, au niveau de leur économie de subsistance, aux grands mammifères en provenance des steppes eurasiatiques, sont plutôt, du point de vue technologique, à rattacher à des vagues migratoires plus anciennes de populations implantées dans le sud de l'Europe.

Les industries du sol L présentent une nette divergence avec celles des sols P (Barsky, 2001). Cette rupture s'exprime également à travers la présence de galets taillés et d'outils retouchés plus diversifié et par l'utilisation assez fréquente de méthodes de débitage de type clactonien en parallèle avec les méthodes discoïdes. En Italie, plusieurs sites ont livré une industrie analogue comme l'industrie découverte dans la cavité karstique du Mont Conero (Marches, Italie : couche L ; Peretto *et al.*, 1984 ; Bartolomei *et al.*, 1966, Palma di Cesnola, 1996) ou celle de Castro de' Volsci, dans le Latium (0,7 à 0,5 M.a. ; Biddittu, 1974 ; Segre *et al.*, 1984 b).

Dans les sols G (Barsky, 2001), l'abondance, la diversification et la morphologie des petits outils expriment leur rapprochement graduel vers les industries moustériennes. Si ces industries conservent une identité "acheuléenne", de par la présence de types résiduels comme les bifaces (rares et peu symétriques), les pointes de Tayac et de Quinson et de par l'abondance d'outils sur galet (choppers), on observe une diversification étonnante des méthodes de débitage avec l'utilisation ponctuelle de techniques proches ou équivalentes de la méthode Levallois. Ces caractéristiques sont aussi signalées dans l'industrie des niveaux inférieurs (couches H, I et K) de la grotte d'Aldène (Cesseras, Hérault ; Barral *et al.*, 1976).

L'interprétation des assemblages lithiques semble privilégier l'hypothèse de la variabilité culturelle avec, dans un premier temps, l'arrivée des populations porteuses de la culture acheuléenne.

Les artisans des industries lithiques des sols P suivaient vraisemblablement des règles pré-établies dans la confection de leurs outillages. Au cours du temps, peut-être sous l'influence régionale, ces populations ont peu à peu renoncé à ces règles formelles au profit de la diversité et de la fonctionnalité. Les sols L et G seraient plutôt les vestiges d'occupations de populations devenues autochtones, complètement intégrées dans le contexte environnemental. Il s'agirait donc d'une évolution locale de la culture acheuléenne.

C'est grâce à l'étude précise de l'exploitation des territoires et des différentes phases de traitement économique des ressources qu'il est possible de comparer la variabilité des comportements et de mettre en évidence l'impact et l'évolution du facteur culturel sur cette séquence stratigraphique.

Bibliographie

BARRAL L., SIMONE S. (1976) - Le Pléistocène moyen à la Grotte d'Aldène (Cesseras, Hérault), *IXe Congrès de l'U.I.S.P.P., Livret-Guide de l'excursion C2 Provence et Languedoc Méditerranéen, Sites Paléolithiques et Néolithiques,* Nice, pp. 255-266.

BARSKY D. (2001) – Le débitage des industries lithiques de la Caune de l'Arago : leur place dans l'évolution des industries du Paléolithique inférieur en Europe méditerranéenne. *Thèse de Doctorat*, Université de Perpignan, 529 p.

BARSKY D., GREGOIRE S. (2002) - Nouvelles données sur l'origine des matières premières lithiques utilisées par les hominidés de La Caune de l'Arago (1998), Colloque européen *La pierre en archéologie : Carrières, origine des matériaux, extraction, méthodes d'analyses, matériel lithique,* Université de Perpignan, Faculté des Lettres et Sciences Humaines, UMR 5590 du C.N.R.S. et Centre Européen de Recherches Préhistoriques de Tautavel, pp 135-150.

BARSKY D., LUMLEY H. DE (2004) – Caractérisation des industries lithiques du Paléolithique inférieur présentes dans les différents niveaux archéologiques de la Caune de l'Arago. *XIVe Congrès de l'Union Internationale des Sciences Préhistoriques et Protohistoriques*, Liège (septembre 2001).

BARSKY D., LUMLEY H. DE (2005) Comportement technologique des premiers niveaux à bifaces du nord de la Méditerranée. *Les premiers peuplements en Europe: Colloque international: Données récentes sur les modalités de peuplement et sur le cadre chronostratigraphique, géologique et paléogéographique des industries du Paléolithique ancien et moyen en Europe (Rennes, 22-25 septembre 2003).* BAR Publishing, Oxford, Molines N., Moncel M-H. et Monnier J-L (Eds), British Archaeological Reports, International, Series / S1364, pp. 135 - 148.

BARSKY D., GREGOIRE S., MOIGNE A. M. (2005) - Variabilité des types d'occupation et d'exploitation des territoires méditerranéens entre 600.000 et 300.000 ans. *Les premiers peuplements en Europe: Colloque international: Données récentes sur les modalités de peuplement et sur le cadre chronostratigraphique, géologique et paléogéographique des industries du Paléolithique ancien et moyen en Europe (Rennes, 22-25 septembre 2003).* BAR Publishing, Oxford, Molines N., Moncel M-H. et Monnier J-L (Eds), British Archaeological Reports, International, Series / S1364, pp 556 -576.

BARTOMLOMEI G., BROGLIO A., LEONARDI P. (1966) – Le industrie del Paleolitico inferiore e medio raccolte in situ sul Monte Conerno presso Ancona (Marche), *In : Atti IIPP X*, Italie, pp. 361-382.

BIDDITTU I. (1974) – Giacimenti pre-acheuleani di Castro dei Volci, Frosinone. *In : Mem. IIPU*, n. s., II, pp. 51-60.

GREGOIRE S. (2000)- *Origine des matières premières des industries du Paléolithique pyrénéen et méditerranéen. Contribution à la connaissances des aires de circulations humaines "*. Thèse de Doctorat de l'Université de Perpignan. 216 p, 43 fig.

GREGOIRE S., BARSKY D., BYRNE L. (2006)- The Caune de l'Arago : an example of middle Pleistocene flint exploitation (Tautavel, Pyrénées-Orientales, France). *Stone age, mining age. Der Ansmitt, Beiheft 19, 2005-VIII° International Flint Symposium,* 13-17 september 1999, Bochum, Allemagne, pp.99-113.

GREGOIRE S., (2006)- Les territoires de circulation des hommes du Paléolithique dans la partie orientale des Pyrénées. II° Congrès International Histoire des Pyrénées. 11 au 14 novembre 1998 Gérone, Espagne. *Praehistoria pyrenaica.* ed : J Maroto, S. Ramio, E.Ripoll, pp.103-128.

LE TENSORER J.M. (1997) – *Les premiers hommes du désert syrien.* Editions du Muséum National d'Histoire Naturelle, Paris. 55 p.

LUMLEY DE H., GREGOIRE S., BARSKY D., BATALLA G., BAILON S., BELDA V., BRIKI D., BYRNE L., DESCLAUX E., EL GUENOUNI K., FOURNIER A., KACIMI S., LACOMBAT F.,., DE LUMLEY M. A., MOIGNE A. M., MOUTOUSAMY J., PAUNESCU C., PERRENOUD C., POIS V., QUILES G., RIVALS F., ROGER T., TESTU A. (2004) – Habitat et mode de vie des chasseurs Paléolithiques de la Caune de l'Arago. *L'Anthropologie,* Vol. 108/2, pp. 159 - 184.

LUMLEY H. DE, BARSKY D. (2004) - Evolution des caractères technologiques et typologiques des industries lithiques de la Caune de l'Arago. *l'Anthropologie, Vol. 108/2*, Elsevier SAS., pp 185-237.

QUILES J., MOIGNE A.-M. & POIS V. (2004). Les couches à ossements d'*Ursidae* de la Caune de l'Arago. *Revue de Paléobiologie*, Genève, 23 (2), 821-843.

MOIGNE A.M., BARSKY D. (1999) - Large Mammal Assemblages from Lower Paleolithic Sites in France : La Caune de l'Arago, Terra-Amata, Orgnac 3 and Cagny l'Epinette. Colloque International The Role of Early Humans in the Accumulation of European Lower and Middle Paleolithic Bone Assemblages, *Monographien des Römisch-Germanischen Zentralmeuseums 42*, Mainz, Allemagne, pp.219 à 235.

MOIGNE A.M., GREGOIRE S., LUMLEY (DE) H. (2005)- Les territoires de chasse et d'exploitation des matières premières des hommes préhistoriques de la Caune de l'Arago entre 600.000 ans et 400.000 ans. Territoires, déplacements, mobilité, échanges durant la préhistoire. *Actes des Congrès nationaux des sociétés historiques et scientifiques*, 126e, Toulouse, 2001/dir. Jacques Jaubert et Michel Barbaza. Paris : Ed.du CTHS, 2005.

PALMA DI CESNOLA A. (1996) - *Le Paléolithique inférieur et moyen en Italie*, Ed. Jérôme Million, Grenoble, Préhistoire d'Europe, n°1, 383 p.

PERETTO C., SCARPANTI L, (1984) – Le industrie del Paleolitico inferiore di Monte Conerno (Ancona). In : *Atti IIPP, XXIV*, pp. 361-382.

PIPERNO M. (A CURA DI) (1999) – *Notarchirico. Un sito del Pleistocene medio iniziale nel bacino di Venosa.* Edizioni Osanna, Venosa. 621 pages.

RIVALS F., TESTU A. & BELDA V. (2003). Le rôle des grands carnivores dans l'accumulation de l'Argali des niveaux inférieurs de la Caune de l'Arago (Pyrénées- Orientales, France). In : M. PATOU-MATHIS et H. BOCHERENS eds. Le rôle de l'environnement dans les comportements des chasseurs-cueilleurs préhistoriques *Actes du XIVème Congrès UISPP*, Université de Liège, Belgique, 2-8 septembre 2001 .BAR International Series S 1105, 163-169.

SEGRE A. G., BIDDITTU I., PIPERNO M. (1984) – Il paleolitico inferiore nel Lazio nella Basilicate e in Sicilia. *In : Atti IIPP., XXIII*, pp. 177-206.

YOKOYAMA Y., NGUYEN H.V. (1981) - Datation directe de l'Homme de Tautavel par la spectrométrie gamma, non destructive, du crâne humain fossile Arago XXI. *Comptes Rendus Académie des Sciences de Paris* 292 741-744.

APPROVISIONNEMENT ET CIRCULATION DU SILEX DES SITES DU PALEOLITHIQUE INFERIEUR DE CAGNY-LA-GARENNE, CAGNY-L'EPINETTE ET DE LA FERME DE L'EPINETTE (BASSIN DE L'AVRE, SOMME, FRANCE)

Agnès LAMOTTE

FRE2941 "Quaternaire, Préhistoire et Géomorphologie", Université des Sciences et technologies de Lille
59655 Villeneuve d'Ascq

Jacques FABRE

Université Jules Verne – 80000 Amiens

Résumé : *L'achèvement d'un Projet Commun de Recherche sur la Géoarchéologie du silex du nord-ouest de la France, mené sur 4 ans, nous permet de renseigner de nombreux aspects comportementaux des hommes du Paléolithique inférieur vis à vis de la matière première minérale. Ainsi, les premières données ou suppositions concernant l'acquisition et l'approvisionnement du silex du crétacé supérieur, se clarifient depuis le début du projet. L'identification des faciès de silex étant bien établie, nous sommes en mesure de les comparer avec ceux présents dans les séries lithiques. Ils mettent entre autre, en évidence, la réalité d'un approvisionnement local. La présence rare, de faciès micro-régionaux et souvent de meilleur qualité que ceux existants sur place, contribuent à enrichir le débat concernant la motivation responsable de la circulation de la matière première : motivation qualitative ou quantitative des tailleurs, parcours occasionnel de chasseurs-cueilleurs, faits culturels….*

Mots-clés : *Paléolithique inférieur, circulation du silex, approvisionnement, qualité, quantité.*

Abstract:*The completion of a commun work about and around the flint identification in Northern France, done during 4 years, permits us to write many behaviours aspects of hominids from the Lower Palaeolithic and their relationship with the mineral raw material. Preliminaries datas or suppositions focused on acquisition and flint supplies are more and more detailed since the beginning of this project. All or main characteristics of flint in each valley has been done in macro or microscopy so that we are able to compare them to flint present in our lithic assemblages. The main results are the evidence of a local stock or supply. But in some sites, few or rare micro-regional flint (but not scarce) very often qualified of best quality than the local one, contribute to open the debate concerning the real motivation responsible of the raw material circulation (20 km) observed : quality motivation of the main knappers ? occasional journey of hunters-gatherers, culturals aspects… ?*

Key-words : *Lower Palaeolithic, raw material circulation, quality, quantity.*

INTRODUCTION ET REFERENCIEL GENERAL DES BIOZONES A SILEX

En région Picardie (fig. 5.1), les principaux terrains affleurants appartiennent au Crétacé supérieur entièrement représenté par la craie à silex, craie aux coupures géologiques parfois difficiles à établir. L'étude micropaléontologique réalisée par C. Monciardini permet de subdiviser la craie en 6 biozones échelonnées du Turonien supérieur au Santonien moyen à supérieur.

Les faciès principaux, repris de la légende de la carte géologique et enrichie des observations microscopiques (Fabre 2002a, 2002b, 2003, Fabre *et al.*, 2002a, 2002b), se présentent comme suit.

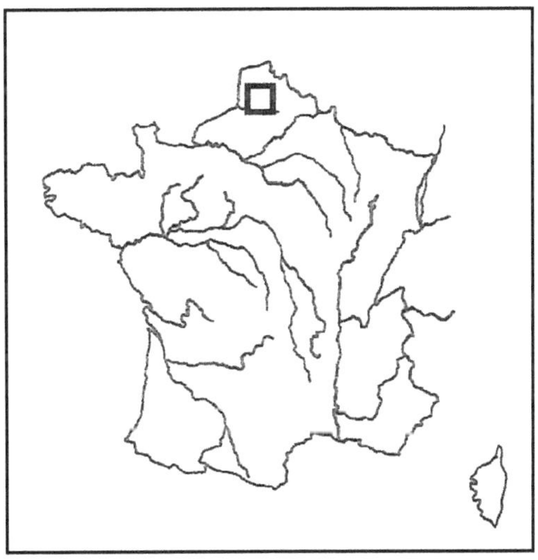

Fig. 5.1 : Localisation du secteur d'études.

Le Turonien supérieur à Coniacien inférieur (C3-4a) est constitué de la craie de la zone " a " reconnue dans la basse vallée de la Somme (Ailly, Longpré, dans la vallée de la Selle : Petit St-Jean). Bien représenté dans la vallée de la Nièvre, il est rare dans la vallée de l'Hallue (Bavelincourt) et se trouve présente sur la rive droite d'Amiens et parfois dans les vallons (St-Vaast en chaussée, Vaux en Amienois). Les silex, rares dans la craie inférieure , deviennent de plus en plus fréquents en lits successifs dans le reste de la série. Ils sont noirs, cornus et assez gros. On insistera sur la couleur de la patine du cortex rose (Vallée de la Nièvre) ou rosée-saumon (vallée de la Noye, La Faloise). Le Turonien supérieur compte des silex en nodules à surface rugueuse, lisse à irrégulière de couleur beige. L'épaisseur du cortex est de couleur blanche à grise ou beige, supra à inframillimétrique, parfois irrégulière. La structure du cortex du TS/a et Coniacien a est caractérisée par une couche homogène granuleuse sans gradient de silicification. Un liscré sombre intracortical peut être présent près de la surface. La charge légère en macrofaciès est propre à ce faciès, mais il peut être chargé en microfaciès (distinction entre le Ts et Ts/a). Le silex du Coniacien a/b se présente sous la forme de nodule et parfois en plaquette de couleur beige en surface et grise en interne. Le faciès du passage de la zone a à b est aussi caractérisée par l'association d'une couche externe blanche continue à discontinue et d'une couche interne grise très clair. La couleur oscille dans les rosés, il s'agira alors de la coloration de la couche externe granuleuse. La limite cortex/matrice est floue au niveau de la couche grise interne. La matrice est souvent hétérogène avec un microfaciès très chargé à peu chargé. Les structures inframillimétriques ou millimétriques abondent, les autres sont rares.

Le Coniacien moyen (C4bc) à supérieur et Santonien indifférenciés (C5d-e) est constitué de craie blanche à silex à rares échinides. Au Sud-ouest d'Amiens, l'ensemble crayeux a pu être différencié en biozones entre les vallées de la Somme et de la Selle. La craie du Coniacien affleure à la partie inférieure des versants de presque toutes les vallées principales. Les silex sont noirs noduleux ou tuberculeux, accompagnés de quelques lits siliceux tabulaires et d'épaisseur centimétrique. La " falaise crayeuse " en rive gauche de l'Avre au sud de Boves est un bon exemple de la diversité des formes des rognons de silex. La surface des rognons scoriacée (souvent typique des faciès santoniens) commence dès le Coniacien c. Les surfaces des rognons sont donc variables. L'épaisseur irrégulière (variation constante de l'épaisseur) du cortex est un élément caractéristique du Coniacien c jusqu'à la limite du Campanien g. La structure du cortex est reconnue par l'association d'une couche grise passant latéralement à une couche homogène externe granuleuse et des multiples couches internes discontinues. La limite cortex/matrice est nette en macro. La matrice est hétérogène au faciès chargé à peu chargé sous binoculaire. Il y a une grande variabilité des structures centimétriques ou pluricentimétriques. Les structures inframillimétriques sont abondantes.

Le Santonien (C5d-e) s'étale en bordure des plateaux. Lorsqu'il est identifié en biozones, le Santonien inférieur (C5d) est une craie blanche litée pauvre en silex. Les rognons sont de petite taille épars, exceptionnellement trouvés en bancs siliceux tabulaire d'épaisseur centimétrique.

Le Santonien moyen à supérieur (C5e), craie blanche se caractérise par des silex isolés ou groupés dans des lits espacés, leurs tailles sont rarement grosses. Le silex du Santonien f se définit par une surface du cortex scoriacée. L'épaisseur du cortex très irrégulière se retrouve du Coniacien c au Campanien g. Elle peut être constante, variable, déchiquetée. La structure du cortex se définit par des liserés intra corticaux peu visibles et des macro festons. La limite cortex/matrice est nette en macro. La matrice est hétérogène à faciès très chargé en micro et macroscopie. Les structures sont infra à millimétriques souvent très abondantes. On peut noter quelques structures pluri centimétriques découpées.

Le Campanien (C6) est une craie blanche qui renferme quelques lits de petits silex ou parfois de gros lits de silex de 20 cm en biozone h. Son passage avec le Santonien pas toujours aisé à discerner.

ORIGINES ET POTENTIALITES D'ACQUISITION DU SILEX

Le référentiel en Crétacé quaternaire établi à partir des travaux de P. Antoine (Antoine, 1990) et des points datés par C. Monciardini relevés sur les cartes géologiques au 50.000 de la moyenne vallée de la Somme et des vallées de l'Avre et de la Noye, montrent que les occupants des sites, au Paléolithique inférieur, n'avaient accès localement qu'au Coniacien c. Pour avoir accès au sommet de la série géologique (Santonien, Campanien), faciès en place en bordure ou au sommet des plateaux ou encore en position secondaire dans les vallons, il est nécessaire de sortir du cadre strict du lieu de campement ou de chasse pour l'obtenir. Le Santonien est accessible sous 5 km, le Campanien sous 5 km sous forme de très petits affleurements, sous 10 km pour de plus grandes formations. Pour avoir accès à la base de la série géologique, c'est à dire au Coniacien b et Ts/a, il y avait deux secteurs favorables et il est nécessaire aussi de produire un déplacement pédestre (fig. 5.2):

- soit la vallée de la Somme, dans la région de Bourdon, distante de 10 à 25 kilomètres de nos sites, où le toit du Ts/a affleure grâce au brachyanticlinal picard,
- soit dans le secteur de la vallée de la Noye situé à Epagny-La Faloise, à 15-20 kilomètres de nos sites, à la limite Sud de la feuille de Moreuil.

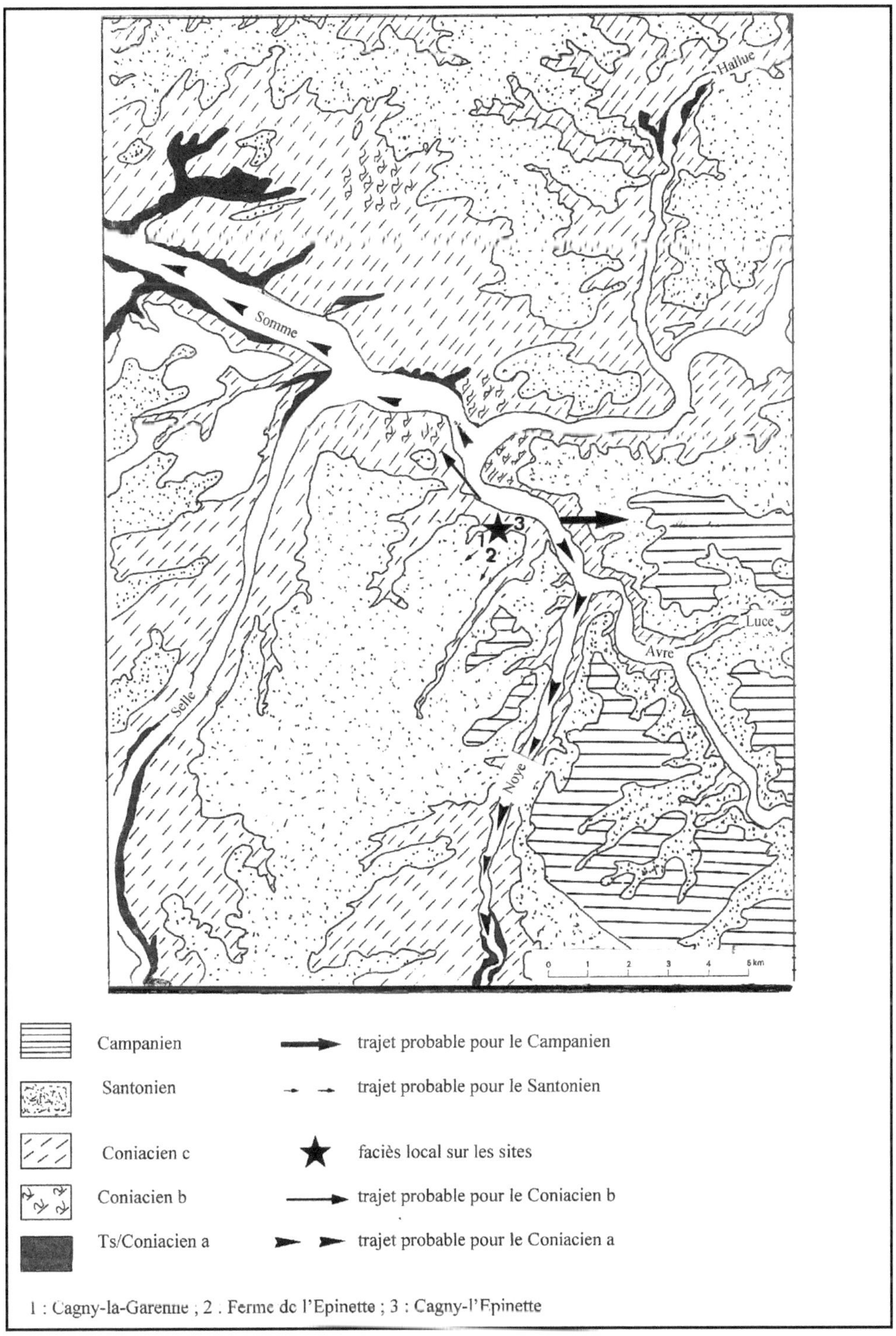

Fig. 2 – Bilan sur les distances d'approvisionnement en silex par sites.

Or le silex Ts/a de la moyenne vallée de la Somme présente des faciès caractéristiques différents de ceux de Cagny-l'Epinette (cortex granuleux homogène et peu de charge en macro et micro faciès). C'est en étudiant le silex Ts/a de la vallée de la Noye que nous avons retrouvé tous les faciès présents sur le site de Cagny l'Epinette, ce qui implique au minimum un ou des déplacements à hauteur de 13 à 15 kilomètres. Toutefois, un approvisionnement en provenance de la région de Bourdon n'est pas à exclure. Quelques éclats en possèdent toutes les caractéristiques micro et macroscopiques.

Nous nuançons l'approche au sujet de l'étude de l'outillage lourd en particulier des bifaces et de l'outillage léger sur éclat le plus typique car tous deux sont réalisés sur les deux faciès principaux : TS/a et Coniacien c. Certains bifaces posent le problème d'une distinction plus précise de ces deux faciès. En effet le Coniacien c présente parfois des zones sous corticales qui sont proches du faciès Coniacien a de la vallée de la Noye. Nous estimons sans aucun doute, que certains bifaces sont issus de l'amont de la vallée de la Noye et que des déplacements sur le kilométrage annoncé auparavant ont bien été réalisés.

Le silex recensé sur le gisement a plusieurs origines résumées dans le tableau ci-après. Dans certaines biozones, les faciès sont bien identifiés (Santonien e, d), dans d'autres ils sont indifférenciés (Santonien). Dans ce tableau général, les étages ou biozones ont été regroupés pour des simplicités de présentation, mais ils retrouvent leur détermination précise dans le texte et par site au moment opportun. La vallée de l'Avre compte moins d'étages ou d'affleurements crétacés que la vallée de la Noye, tout au moins dans un rayon proche de 50 km autour des sites (tab. 5.1).

Tab. 5.1 - Origine potentielle détaillée du silex des proches alentours des sites.

Origine potentielle détaillée du silex			
Etages ou biozones	**Vallée de la Noye**	**Vallée de l'Avre**	**Plateau entre les vallées**
Campanien indif.	X		
h			X
g		X	
Santonien indif.		X	
f	X		X
e			X
d			X
Coniacien c	X	X	
Coniacien b	X		
Ts/coniacien a	X		

PETROGRAPHIE, COMPOSITION DES SERIES ET CIRCULATION DU SILEX A CAGNY-LA-GARENNE II

Le site de Cagny-la-Garenne II est un site acheuléen de plein air localisé à quelques kilomètres de la confluence de l'Avre avec la Somme, au Sud-Est d'Amiens. Le gisement archéologique appartient au complexe de la moyenne terrasse de la Somme, il est contenu dans les alluvions grossiers de la rivière. Les principales séries archéologiques sont attribuées aux stades isotopiques 11-12 (Antoine, 1990 ; Bourdier *et al,* 1974 ; Haesaerts et Dupuis, 1986 ; Laurent *et al,* 1994 ; Tuffreau *et al,* 1986 ; Van Vliet 1989).

Les séries lithiques se caractérisent par des nombreux bifaces aux formes acheuléennes, par un débitage uniface non complexe et un outillage sur éclat dominé par une large composante d'encoches et de denticulés (Tuffreau, 1980 ; Lamotte et Tuffreau, 2001a).

L'étude de l'approvisionnement en matière première porte sur un échantillon réduit d'artefacts mais tous les bifaces, nucleus et outillage sur éclat ont été étudiés dans ce premier cadre d'étude. La série I4 a particulièrement fait l'objet d'une étude privilégiée car, de toutes les séries lithiques présentes sur le site, il s'agit d'une série où les toutes les catégories de vestiges sont numériquement bien établies, qu'il s'agisse des outils lourds (bifaces, choppers, chopping-tools), outils légers (encoches, denticulés, racloirs), supports au débitage (nucleus) et produits de débitage à résidu cortical très divers.

Comme pour les autres sites du Paléolithique inférieur de la région, l'essentiel des supports de débitage et des outils a été privilégié afin de cibler le plus possible l'importation ou l'exportation des principaux produits. Une vue préliminaire sur les autres séries sus et sous-jacentes à la série I4 figurera dans le bilan afin de cerner dans ses grandes lignes les comportements vis-à-vis de la matière première dans le temps.

Sur place, le Coniacien C constitue le substrat géologique. L'identification des faciès, après avoir passé les artéfacts sous la binoculaire rend compte des résultats suivants (tab. 5.2): Le Coniacien c basal constitue l'essentiel des matériaux débités ou façonnés.

Les supports au débitage (blocs testés, nucleus) sont surtout réalisés à partir du silex provenant du Coniacien C " basal " puis dans une moindre mesure à partir du Coniacien C type " Génonville ". Toutefois, lorsque l'on observe l'outillage lourd (bifaces, choppers...) les outils, réalisés sur les faciès un peu plus éloignés du site, sont systématiquement présents. Les bifaces présentent une relative " diversité " de provenance dans le secteur étudié. Ainsi on note la présence deux ébauches de bifaces en Coniacien b, un hachereau-biface réalisé à partir d'un rognon provenant d'un Coniacien c élevé/Santonien d. Ces observations, bien que numériquement pauvres (1 à 2 cas) restent toutefois des indicateurs intéressants pour nous permet-

Tab. 5.2 - Cagny-la-Garenne II – Présentation générale de l'échantillonnage archéologique.

	%
Campanien	0
Santonien	0,9 %
Coniacien c type " Génonville "	2,8 %
Coniacien c basal	90,8 %
Coniacien b	3,8 %
Thuronien/coniacien a	0,9 %
Indéterminé	0,9 %
Total de l'échantillonnage	100 %

tre d'envisager une éventuelle introduction de faciès différents de ceux strictement locaux. Quinze de ces outils bifaciaux finis ou ébauchés, proviennent du Coniacien C " basal " ainsi qu'une pointe de biface. Parmi ces bifaces deux sont fracturés et un est réalisé à partir d'une plaquette de silex. Ces bifaces sont pour nombre d'entre eux rattachables à l'Acheuléen classique du Nord de la France : les formes amygdaloïdes courtes ou allongées dominent. A leurs côtés existe une grande diversité de types : à base corticale, à dos cortical, biface nucléiforme, ébauches de bifaces, bifaces twistés.

Les produits de débitage (tab. 5.3) sont en priorité réalisés sur du coniacien C " basal ", puis dans une moindre mesure à partir de rognons provenant du Coniacien C type " Génonville " et Santonien. Parmi les éclats provenant du Coniacien C " basal " on recense des couteaux à dos naturels initialisant le débitage ainsi que des éclats de bifaces. Compte tenu de la faible représentation numérique de ces divers types et des erreurs à propos du Coniacien c qui tend parfois à prendre les caractéristiques du Coniacien a, nous pourrons dire que globalement l'approvisionnement en silex à Cagny-la-Garenne est strictement local.

Au sein de l'outillage sur éclat, les encoches, denticulés et perçoirs sont réalisés à partir des coniaciens C de type " basal " et " Génonville ". Enfin le seul grattoir atypique de la série I4 est réalisé à partir d'un faciès Santonien.

Parmi les séries sus-jacentes à la série I4 (séries I0, I1, I2, I3), grand nombre des éclats, bifaces et nucléus sont réalisés exclusivement à partir du Coniacien c (série I0, I2 et I3). L'étude du cortex de ces artefacts montre aussi que tous les cortex sont lavés. Dans la série I1 les artefacts provenant du Coniacien c dominent largement. Tous comme dans la série I4, il existe quelques cas réalisés à partir d'un Coniacien b et à partir d'un Coniacien c élevé/Santonien d, mais en infime proportion.

La série J est une série sous-jacente à la série principale I4, on y observe une relative diversité de provenance et d'état physique des cortex. Ainsi près de 50 % des pièces ont un cortex frais, les autres sont au cortex lavé. Les pièces provenant d'un Coniacien c élevé et Coniacien b sont rares mais présentes, l'essentiel de la série est réalisé à partir du Coniacien c local.

Tab. 5.3 - Cagny-la-Garenne II – Série I4 - Détail de l'échantillonnage par grandes catégories d'artefacts.

	nucléus	**éclats**	**Bifaces/Chop...**	**Outils/éclats**
Campanien	/	/	/	/
Santonien	/	/	/	25 %
Coniacien c type " Génonville "	/	5 %	15 %	/
Coniacien c " basal "	100 %	87,8 %	80 %	75 %
Coniacien b	/	5 %	5 %	/
Thuronien/coniacien	/	2,2 %	/	/
Thanétien	/	/	/	/
Indéterminé	/	/	/	/
Total de l'échantillonnage	100 %	100 %	100 %	100 %

L'étude des diverses séries du site de Cagny-la-Garenne II montre que les hommes du Paléolithique inférieur, au fil du temps, ont eu des comportements différenciés selon les moments de l'occupation : tantôt l'approvisionnement en silex est strictement local (séries I0, I2, I3), tantôt il est un peu plus diversifié. L'étude général des cortex de ces diverses séries montre que les cortex frais sont assez rares et qu'un grand nombre de rognons de silex ou d'artefacts étaient emballés dans une matrice crayeuse progressivement lavée parce que localisée en contre-bas d'un talus crayeux. Le faciès complet, a pu être repris dans une sédimentation fluviatile. L'oxydation (traces ferrugineuses observables sur quelques artefacts par percollation post-taille) ou les cortex lavés sur certains artefacts tend à montrer qu'un grand nombre d'artefact a séjourné dans la nappe.

A Cagny-la-Garenne, la matière première est strictement locale, elle provient d'un environnement sur place ou très proche. On pourra nuancer toutefois notre propos quand on aborde le thème du façonnage du biface, où là, à priori sont observés des déplacements ou une recherche plus systématique d'un faciès un peu plus éloigné (8 km) mais qui reste dans un rayon de moins de 10 km.

PETROGRAPHIE, COMPOSITION DES SERIES ET CIRCULATION DU SILEX A LA FERME DE L'EPINETTE

Le gisement de la Ferme de l'Epinette (Cagny, Somme) a fait l'objet d'une fouille de sauvetage en 1994-95 sur près de 2.500 m^2 sur l'actuel tracé de la rocade d'Amiens Sud. Au moment de l'occupation par les préhistoriques, la situation était certainement celle d'un haut de versant dominant d'une trentaine de mètres la plaine alluviale. La série principale est incluse dans une couverture limono-sableuse située au dessus de formations fluviatiles appartenant à la nappe de Renancourt (Tuffreau *et al.* 1997a, 1997b). Cette série a un âge compris entre celui des séquences archéologiques de Cagny-la-Garenne et de Cagny-l'Epinette (étude stratigraphique de P. Antoine).

La série comprend mille cent seize artefacts, quarante-huit groupes de remontages soit cent soixante six artefacts intégrés dans des remontages. Elle est composée de produits de débitage (82,2 %), de nombreux nucleus (5,3 % dont 1/3 sont Levallois), d'outils sur éclat (7,8 %) et d'outils lourds (4,3 %) comprenant des bifaces et des chopping-tools. La série MS, qui remonte à 14,8 %, est particulièrement riche en remontages de produits de débitage sur les nucleus. Les distances les plus importantes entre les remontages (10 à 17 mètres), correspondent aux zones les moins denses en artefacts à l'exception du pôle majeur de grande concentration d'artefacts de tous types. A la Ferme de l'Epinette, les plus grandes distances observées sont de 39 mètres (Lamotte *et al*, 2001) elles concernent une entame localisée à proximité d'une source de matière première proche probable.

Dans notre recherche sur l'approvisionnement de la matière première, l'étude se conforte d'un échantillon représentant 30 % du matériel lithique. L'essentiel des supports de débitage (nucleus), outils (bifaces, outils sur éclats) et remontages a été vu afin de cibler le plus possible les mouvements d'introduction ou d'exportation des principaux produits. Sur place, le Coniacien C constitue le substrat géologique. L'identification des faciès à la binoculaire de tous les artefacts corticaux rend compte des résultats suivants (tab. 5.4)

Tab. 5.4 - Ferme de l'Epinette – présentation générale de l'échantillonnage archéologique.

Etages et biozones	%
Campanien	1 %
Santonien	2 %
Coniacien c type " Génonville "	36 %
Coniacien c " basal "	58 %
Coniacien b	1 %
Thuronien/coniacien a	–
Thanétien remanié	1 %
Indéterminé	1 %
Total de l'échantillonnage	100

L'étude binoculaire des deux faciès majeurs permet de détailler le Coniacien C " basal " et C type " Génonville " comme suit : Le Coniacien C " basal " a comme caractéristique à la Ferme de l'Epinette d'être à fond pelletoïde. Il contient de rares spicules à quelques spicules. Le contact matrice/cortex est toujours floue en macro et micro. La matrice est globalement peu chargée, lorsqu'elle l'est il s'agit d'un chargement d'une ou deux structures pluri centimétrique et millimétriques.

La matrice est de couleur noir à gris-clair. Le cortex va des types homogènes sans gradient à polyphasé 2 à 3 couches. Plusieurs cas présentent des microfestons

Tab. 5.5 - Ferme de l'Epinette – Détail des types de cortex.

Détail des types de cortex	Facteurs géologiques	%
Cortex frais	Formation géologique crétacée	3,6
Cortex frais et lavé	Dégagement naturel de la formation géologique (colluvions, presle, fluviatile)	11,6
Cortex lavé	Fluviatile	33,1
Cortex lavé et verdi partiellement	Actions fluviatile sur matériel remanié au Thanétien	24,1
Cortex lavé et rubéfié	Action fluviatile sur matériel remanié au Thanétien et ayant subi une pédogénèse continentale	17,8
Cortex usé	Action fluviatile prolongée	9,8

extérieurs. Les formes de départ sont des nodules à cortex lisse jaune-orangé à rugueux beige-orangé.

Le Coniacien C type " Génonville " (proche du Santonien) se présente sous forme de nodules au toucher lisse à rugueux et de couleur blanc-jaune à orangé. Le fond est pellétoïde à rares spicules. Il peut être chargé en structures pluricentimétriques découpées et en infra millimétriques. Le cortex est presque toujours homogène sans gradient. La matrice hétérogène est floue en contact cortical.

L'étude des types de cortex est aussi une source de renseignement indéniable sur les possibilités d'approvisionnement de la matière première. En effet un cortex frais nous permet d'envisager la proximité d'un talus crayeux, tandis qu'un cortex lavé et verdi partiellement nous renseigne sur la possibilité d'un approvisionnement sur une source de matière première de " sub-surface " affectée avant enfouissement par les phénomènes de transgression.

A la Ferme de l'Epinette (tab. 5.5), les artefacts ont un cortex lavé, lavé-verdi partiellement, et en dernier lieu le cortex est frais. Contrairement à ce qui a déjà pu être écrit, le talus crayeux n'est pas la source d'approvisionnement directe. Peut-être le talus était dépourvu ou très pauvre en rognons de silex et l'approvisionnement a été réalisé sur des produits de remaniement in situ caractérisés par leur cortex plus ou moins verdi ou rubéfié ou encore lavé partiellement. Ces faciès ont trois origines géologiques :

Les silex verdis proviennent de la base de buttes tertiaires résiduelles jalonnées dans la région de silex remaniés (à partir de la craie sous-jacente) lors de la transgression thanétienne.

Les silex verdis et rubéfiés sont issus des remaniements des précédents lors de phases pédogénétiques continentales tertiaires et quaternaires.

Les silex à cortex lavé proviennent de l'action fluviatile elle-même, sur une très courte distance voire sur place. Souvent il y a usure partielle et non usure totale.

Sélection pétrographique/typologique/technologique (tab. 5.6):

Les supports au débitage (blocs testés, nucleus) sont en priorité réalisés à partir du Coniacien C " basal " (nb = 16) puis à partir du C type " Génonville " (nb = 7). Aucune différence métrique significative entre les deux types n'a pu être remarquée ou n'a pu être exploitée dans le sens d'une approche concernant l'exhaustivité ou l'économie du débitage.

Les produits de débitage sont en priorité réalisés sur du coniacien C " basal ", puis dans une moindre mesure à partir de rognons provenant du Coniacien C type " Génonville " et Santonien. Parmi les éclats provenant du Coniacien C " basal " on recense des couteaux à dos naturels initialisant le débitage, trois éclats débordants (ravivage des bords de nucleus) et un éclat porteur de la technique du " coup de tranchet ". Les encoches et les denticulés sont réalisés à partir des coniacien C de type " basal " et " Génonville ". Au contraire, les autres outils sur éclat (pointes de Tayac, perçoirs, grattoirs et racloirs) sont exclusivement réalisés à partir du Coniacien C " basal ".

Les bifaces présentent une relative " diversité " de provenance dans le secteur étudié. Deux pièces dont le cortex est profondément verdi, peuvent être qualifiés

Tab. 5.6 - Ferme de l'Epinette – Détail de l'échantillonnage par grandes catégories d'artefacts.

	nucléus	éclats	bifaces	Outils/éclats	Remontages
Campanien	/	/	1	/	/
Santonien	/	1	/	/	2
Coniacien c type " Génonville "	7	1	3	6	45
Coniacien c " basal "	16	3	10	24	37
Coniacien b	/	1	/	/	/
Thuronien/coniacien a	/		/	/	/
Thanétien	/		2	/	/
Indéterminé	/	1	1	/	/
Total de l'échantillonnage	23	38	17	30	84

de " Thanétien ", dix proviennent du Coniacien C " basal ", trois proviennent du Coniacien C type " Génonville ", un reste indéterminé, un (une limande entièrement et soigneusement façonnée) proviendrait du Campanien.

L'étude de l'état physique du cortex de ces outils montre qu'un seul biface a un cortex frais, trois ont un cortex usé, la majorité a un cortex verdi partiellement et deux ont un cortex verdi profond.

Les remontages : L'étude de 28 groupes de remontages, soit près de 84 artefacts montre une légère prépondérance de réalisations à partir du coniacien type " Génonville " alors que dans les autres catégories d'artéfacts, le type basal l'emporte. De façon générale, les cortex frais et usés sont très rares. Plus communs sont les nodules présentant d'un côté un cortex frais et de l'autre un cortex lavé. Certains cortex (nb = 5 groupes de remontages soit environ 15 artefacts) ont un cortex verdi partiellement. Le reste a un cortex lavé (nb = 10 groupes de remontages).

Circulation de la matière première

Cette étude montre le caractère local, voire micro-régional de l'approvisionnement de la matière première du site paléolithique inférieur de la Ferme de l'Epinette.

Cette étude met, entre autre, en valeur l'exploitation de deux sources principales à savoir le Coniacien C " basal " et coniacien C type " Génonville ". Une sélection pétro-techno-typologique est observée pour certaines catégories d'artefacts. Nous observons entre autre une réalisation massive des bifaces, nucleus et outils sur éclats à partir du Coniacien C " basal " et une réalisation prioritaire des couteaux à dos naturels et des grands éclats à partir du Coniacien C type " Génonville " qui constituent aussi l'essentiel des remontages.

Au niveau des plus grandes distances de transport, le site de la Ferme de l'Epinette n'enregistre pas de très grands déplacements. On constate pour tous les faciès précédemment décrits que les distances d'approvisionnement ne dépassent pas 2 kilomètres. La plus grande distance serait de 4 km, elle concerne l'importation d'un produit fini (biface) provenant du Campanien. Le biface est une limande sans aucun résidu cortical. Aucun éclat appartenant à ce biface n'a pu être remonté, ni même identifié. Les bords des deux faces sont très retouchés par rapport aux autres bifaces dont un seul bord d'une seule face est repris par retouche. Ce sont des éléments qui peuvent nous permettre d'envisager une utilisation particulièrement poussée d'un artefacts aux caractéristiques fonctionnelles particulières.

Dans un avenir proche, cette étude partielle pourrait être étendue à une autre série d'échantillon. Cette dernière prendra en compte davantage d'outils lourds (choppers, chopping-tools) non encore intégrés dans cette première étude et les plus gros blocs de matière remontés (blocs de 8 à 14 éclats) de façon à définir de façon plus pertinente la provenance micro-régionale de certains rognons de matière première bruts de débitage.

PETROGRAPHIE, COMPOSITION DES SERIES ET CIRCULATION DU SILEX A CAGNY-L'EPINETTE

Le gisement de Cagny-l'Epinette (Somme) est un gisement acheuléen (feuille topographique de Moreuil, n°3/4, 1/25.000 ; x = 601,05 ; y = 239,50, Z = 41) qui fait depuis 1980 l'objet de fouilles programmées sous la conduite d'A. Tuffreau (Tuffreau *et al*, 1986, Tuffreau *et al*, 1995).

En contexte de terrasse fluviatile (Haesaerts et Dupuis, 1986 ; Antoine, 1990 ; Antoine et Tuffreau, 1993), le contexte stratigraphique concerne une couverture sablo-limoneuse et une séquence fluviatile fine. Les deux ensembles sédimentaires contiennent des industries lithiques abondantes (près de 16 occupations différentes) et des restes fauniques plus ou moins bien conservés selon les contextes de préservation (micromammifères (études : T. Van Kolfchoten) et des grands mammifères (études : A.M. Moigne, P. Auguste). Cette nappe de l'Epinette serait attribuable aux stades 10 (graviers J) et 9 (dépôts fluviatiles fins I), la couverture limoneuse au stade isotopique 8. Les résultats d'une datation par ESR (Laurent *et al*, 1994), ceux de l'aminostratigraphie (Bates, 1993) ainsi que ceux par résonance paramagnétique électronique (RPE) confirment l'interprétation proposée des sédiments fluviatiles fins au stade 9 (OIS 9). D'après les données palynologiques et paléontologiques, les occupations humaines se situent dans un contexte de steppes arborées résultants d'ambiances climatiques proches de l'interglaciaire (études A V. Munaut).

La couche I (entre autre) observable à la partie supérieure des dépôts fluviatiles correspondrait à un interglaciaire.

Les deux séries lithiques choisies dans cette étude concernent le sommet (IO) et la base de la séquence fluviatile fine (I1B) (OIS 9).

Les industries lithiques, malgré des contextes stratigraphiques très différents et des âges différents présentent presque toujours la même composition (Léopold, 1989, 1993 ; Lamotte & Tuffreau, 2001b).

L'acquisition et le test de la matière première sont rarement attestées sur place alors que les éclats relatifs au décorticage sont nombreux. Eclats de tous types avec ou sans fonction technique particulière, fragments et déchets directs, de taille variée constituent l'essentiel des séries. Les éclats liés au façonnage des bifaces, accidents de taille existent en proportion variable. Les nucleus sont très rares. La phase de production d'outillage est très variable, riche dans les séries de la base de la séquence fluviatile, pauvre dans les séries du sommet de la séquence. Elle continue de se manifester dans les outils lourds par une prépondérance du groupe des bifaces sur les autres outils et par une grande variété de formes et de méthodes de façonnage. Les bifaces sont généralement de grande taille (longueur supérieure à 100 mm), il s'agit de bifaces à base corticale, à bords latéraux et distaux soigneusement façonnés par un grand nombre d'éclats de petite superficie, puis doublés de retouches régulières et envahissantes sur toute la longueur du tranchant aménageable (Lamotte, 2001).

Dans toutes ces séries la densité des vestiges lithiques varie entre 1 et 82 artefacts/m^2, certaines remontent jusqu'à 8 % (Lamotte, 1999) et nous permettent de préciser des distances dans le déplacement des préhistoriques (jusqu'à 13 m).

Dans la série I0 (sommet de la séquence fluviatile fine), 100 % des silex proviennent de nodules de silex. La matrice du silex est dans 6 % des cas homogène, 94 % des cas hétérogène. La matrice du silex est blonde à gris clair (4,5 %), gris clair (5,3 %), gris foncé (1 %), gris noir à gris clair (17,2 %), marron (6,5 %), marron à gris clair (35,4 %), noir (5,5 %) ou noir à gris clair (25 %).

La série se compose (tab. 5.7) dans 3,5 % des cas du silex Ts/a, dans 41 % des cas de Coniacien a, dans 11,6 % du Coniacien a/b, dans 4,5 % des cas du Coniacien b, dans 21 % du Coniacien c, dans 1 % d'un Conciacien c ou indéterminé, dans 7 % des cas du Santonien et dans près de 10 % des cas de silex indéterminé. Le type dominant (Coniacien a) se définit dans cette série par un cortex scoriacé et rugueux dominant. L'épaisseur est millimétrique ou inframillimétrique. La limite cortex matrice est presque toujours floue sous binoculaire. Le type le plus commun est caractérisé par une couche externe granuleuse rosée monophasée et d'un à quatre liserés noirs à grisés en couche interne. 28 % de cet échantillonnage présente des anastomoses et dans 28 % des cas on note la présence de microfestons extérieurs. La matrice est peu chargée dans 84 % des cas, lorsqu'elle l'est il s'agit d'une structure pluricentimétrique non découpée, ou d'une à deux structures centimétriques non découpées, mais par contre d'une charge en inframillimétrique plus importante. Quelques cas de structures très chargées sont recensées, il s'agit alors de structures centimétriques non découpées et d'inframillimétriques.

L'analyse des types d'artefacts selon la matière première montre dans la série I0 que tous les types de matière première sont représentés au sein des produits de débitage entiers ou fracturés. Il en va de même pour

Tab. 5.7 - Cagny-l'Epinette – Série I0 – répartition des silex selon la matière première.

Série I0	Eclats Nb - %	Nucleus Nb - %	Bifaces Nb - %	Encoches Nb - %	Denticulé Nb - %	Racloirs Nb - %
Indéterminé	7 – 87,5	/	1 – 12,5	/	/	/
Santonien	2 – 33,3	/	3 - 50	/	/	1 – 16,7
Coniacien c	16 – 88,8	/	1 – 5,6	1 – 5,6	/	/
Coniacien b	3 - 75	/	1 - 25	/	/	/
Coniacien a/b	8 – 88,8	/	1 – 11,1	/	/	/
Coniacien a	32 – 88,8	/	3 – 8,3	1 – 2,9	/	/
Ts/a	3 - 100	/	/	/	/	/

Tab. 5.8 - Cagny-l'Epinette – Série I1B – répartition des silex selon la matière première.

Série I1B	Eclats Nb - %	Nucleus Nb - %	Bifaces Nb - %	Encoches Nb - %	Denticulé Nb - %	Racloirs Nb - %
Indéterminé	/	/	1 - 100	/	/	/
Santonien	1 - 100	/	/	/	/	/
C ou indéterminé	/	/	3 – 100	/	/	/
Coniacien c	17 – 77,5	/	2 - 9	2 - 9	/	1 – 4,5
Coniacien b	/	/	/	/	/	/
Coniacien a/b	7 – 78	2 - 22	/	/	/	/
Coniacien a	26 – 84	/	3 – 9,5	1 – 3,3	1 – 3,3	/
Ts/a	1 - 100	/	/	/	/	/

les bifaces à l'exception du Ts/a. Les nucleus, rares dans l'assemblage, ne sont pas représentés dans l'échantillonnage. L'outillage sur éclat est tantôt réalisé à partir d'un silex santonien, coniacien c ou coniacien a. Les bifaces ou d'outils bifaciaux à l'état d'ébauche sont nombreux dans le Santonien, puis dans une moindre proportion dans le Coniacien b, puis dans le Coniacien a/b et a puis dans une moindre mesure dans le Coniacien c. Pour réaliser ce type d'outil, les préhistoriques n'ont pas préféré la matière première strictement locale.

Dans la série I1B (base de la séquence fluviatile fine) 100 % des silex proviennent de nodules de silex. La matrice du silex est dans 98 % des cas hétérogène. Dans 66 % des cas la couleur de la matrice est noir à gris clair, dans 26 % elle est marron à gris clair, dans 3 % des cas elle est marron, 3 % des cas gris clair, 2 % gris foncé à gris clair et 2 % patiné. La série se compose (tab. 5.8) dans 3 % des cas de silex du Ts/a, dans 41 % des cas de Coniacien a, dans 12 % des cas du coniacien a/b. Il n'y a pas de silex provenant des assises du Coniacien b. Le Coniacien c représente près de 30 % du silex, le Coniacien c ou indéterminé : 7 %, le Santonien 2 %. Le silex indéterminé représente environ 5 % du total. Le Coniacien est au même titre que celui de la série I0 scoriacé ou rugueux, très rarement lisse. L'épaisseur du cortex est plus homogène qu'en I0, il est systématiquement millimétrique (et non inframillimétrique). Le cortex est presque toujours polyphasé de 3 à 4 couches et dans 35 % des cas il montre des anastomoses. Les microfestons extérieurs sont par contre très rares (7 %). Ce silex apparaît moins chargé en structures pluricentimétriques non découpées que celui de la série I0. De façon générale il n'est chargé qu'en structures inframillimétriques.

L'analyse des silex par catégories d'artefacts montre que les produits de débitage (éclats et fragments d'éclats) sont surtout réalisés à partir d'un silex provenant du Coniacien a (près de 41 %), puis Coniacien c, Coniacien a/b, puis en de moindres proportions à partir de silex Ts/a et Santonien. Le Coniacien b n'est pas représenté. Il n'y a pas d'indéterminé dans cette catégorie d'artéfacts. Les nucleus rares dans l'assemblage seraient uniquement réalisé à partir d'un coniacien a/b. L'outillage lourd (bifaces, choppers....) et l'outillage léger sur éclat (encoches, denticulés et racloirs) sont surtout réalisés sur les deux faciès principaux de l'assemblage : Coniacien a et Coniacien c. Certains bifaces posent le problème d'une reconnaissance précise de faciès qu'il nous reste à approfondir, certainement locale (Coniacien c) mais non identifiée encore à ce jour.

Les deux séries I0 et I1B sont composées à peu près de la même façon (tab. 5.9) : le silex provenant du Coniacien a est prédominant dans chaque série (environ 41 %), le Coniacien a/b représente environ 11-12 % de la série, le Ts/a 3 à 3,5 %. Les différences principales se situent dans l'importance plus grande du silex provenant du Coniacien c dans la série I1B que dans la série I0. A l'inverse, le Santonien caractérise davantage la série I0 que la série sous-jacente I1B. Enfin, il n'y a pas dans ce premier échantillon de pièce de Coniacien b dans la série I1B.

Tab. 5.9 - Cagny-l'Epinette – représentativité de la matière première selon les séries

	I0	I1B
Indéterminé	10 %	5 %
Santonien	7,1 %	2 %
C ou indéterminé	1,1 %	7 %
Coniacien c	21,1 %	30 %
Coniacien b	4,5 %	/
Coniacien a/b	11,6 %	12 %
Coniacien a	41,1 %	41 %
Ts/a	3,5 %	3 %

CONCLUSION

Des trois sites analysés, l'étude sur la reconnaissance des types de silex et leur circulation tend à montrer que plus on avance dans le temps, plus la diversité d'approvisionnement est saisissable. Les moindres distances sont observées à Cagny-la-Garenne, le maximum à Cagny-l'Epinette. Dans le bassin de l'Avre, les distances ne sont pas très importantes (maximum de l'ordre de 20 km minimum) elles contribuent toutefois à montrer que les Préhistoriques ne se sont pas toujours contentés que des matériaux strictement locaux. Ceci dit nous n'enregistrons pas dans cette étude l'existence de matériaux régionaux, exogènes ou exotiques. Nous aurions pu largement en décompter car l'historique des recherches fait état de quartzites des Ardennes découverts à St-Acheul (Ladrière, 1890 ; Commont, 1911, 1919). L'ordre de nos observations générales reste dans les observations déjà faites par périodes et dans le temps (Feblot-Augustin, 1997). Pour les sites de la Somme, l'étude pétroarchéologique a montré qu'au sein de séries à silex différents, on peut parler d'une sélection pétro-typo-technologique. Dans de nombreuses séries lithiques, nous avons pu observer que le biface et les éclats de façonnage provenant d'étapes assez avancées dans le façonnage du biface sont réalisés à partir de silex aux faciès très variés (du Campanien au Ts/a) ce qui n'est pas le cas des nucléus et des outils sur éclat. Si dans l'environnement les hominidés saisissent tous les matériaux possibles pour ne produire qu'un à deux exemplaires de biface pour chaque type de matière première, quelles en sont les motivations ? pourquoi n'observe t'on pas des faits identiques pour les nucleus ou l'outillage sur éclat. A ces faits nous proposons plusieurs hypothèses au fait que le biface, outil majeur des séries lithiques dans le Nord de la France au Paléolithique inférieur, soit réalisé sur un plus large éventail de matières premières que les autres catégories de vestiges :

- le biface suit grand nombre de chasseurs, il est importé (Ferme de l'Epinette), exporté ou échangé. Sur un territoire proche et si la géologique et l'accessibilité le permettent, les supports variés des bifaces sont le reflet de cette géologie. Le biface est fini, symétrique de profil et de face, fonctionnel, usé, réduit ou non et souvent esthétique.
- de grandes distances (minimum 20 km) peuvent être faites pour réaliser un biface sur une excellente matière première. Le biface est d'excellente facture, il peut être de grande dimension et il associe généralement esthétique et fonctionnalité (Cagny-l'Epinette) (Auguste *et al*, 2005).
- de petites distances sont parcourues, un grand nombre de sources diverses d'approvisionnement

sont recherchées pour le façonnage des bifaces (Cagny-la-Garenne, Ferme de l'Epinette). Les plus grands efforts de recherche des meilleurs matériaux et dispositif de départ (gabarit dimensionnel...) iront en priorité au façonnage de cet outil. Les bifaces sont très variés dans leur typologie, dans leur taille, peuvent paraître " fruste " ou ébauchés alors qu'ils sont parfaitement fonctionnels (bords apointés, base réservée ergonomique) (Léopold, 1989 ; Lamotte, 1999).

A cette étude, nous observons que tous les matériaux identifiés n'appartiennent pas à la vallée de l'Avre, mais ils ne trouvent pas tous leur gîte dans ce couloir. Beaucoup de ces matériaux sont identifiés dans la partie amont dans la vallée de la Noye (notamment les faciès du Ts/Coniacien a et Coniacien b particulièrement bien présents à Cagny-l'Epinette) à 10 km environ de sa confluence avec l'Avre. De même, et à l'inverse de ce que l'on pourrait penser, les chasseurs ou les tailleurs ne se sont pas directement servis dans les alluvions. Les matériaux ont le plus souvent été récoltés en contexte primaire ou secondaire (épandage et lavement en pied de falaise). Dans des études à venir, il reste à établir l'influence de l'environnement et ses conséquences dans l'accessibilité et qualité des matières premières. Le gisement de Cagny-l'Epinette (fouille en cours depuis 1978) constitue un exemple clé dans l'approfondissement de la connaissance des comportements techniques liés à la matière première où à la fois de grandes distances d'approvisionnement sont observées conjointement à la réalisation d'artefacts à partir de gélifracts.

Bibliographie

AMIENS, Carte géologique de la France, 1/50.000, n°2308, éditions du BRGM

ANTOINE, P., 1990, Chronostratigraphie et environnement du Paléolithique du bassin de la Somme. *Publications du CERP*, Université des Sciences et Technologies de Lille, 2, 231 p.

ANTOINE, P., and TUFFREAU, A., 1993, Contexte stratigraphique, climatique et paléotopo-graphique des occupations acheuléennes de la moyenne terrasse de la Somme. *Bulletin de la Société Préhistorique Française*, 90 : 243-250.

AUGUSTE, P, LAMOTTE, A., LOCHT, J.-L., et TUFFREAU, A., 2005, Le traitement de la matière première animale et minérales des gisements du Paléolithique inférieur et moyen dans le Nord de la France. . *Actes du colloque international " Données récentes sur les modalités de peuplement et sur le cadre chronostratigraphique, géologique et paléo-géographique des industries au Paléolithique inférieur et moyen en Europe ", Rennes, 22-25 Septembre 2004.* BAR.

BATES, M. R., 1993, Quaternary aminostratigraphy in Northwestern France. *Quaternary Science Reviews*, 12 : 793-809.

BOURDIER, F., CHALINE, J., MUNAUT, A.-V., PUISSEGUR, J.-J., 1974, Le complexe Mindelien. II – La moyenne terrasse de l'Avre. *Bull. Ass. Et. Fr. Quat*, 3-4, 10° année, 40-41, p. 168-180.

COMMONT V, 1911, Les terrasses fluviatiles de la vallée de la Somme. *Bulletin archéologique*, p.173-195.

DEPAEPE, P., et FABRE, J., 2000, L'exploitation des silex crétacés dans la vallée de la Vanne (France) au Paléolithique moyen : méthode et résultats préliminaires. *Notae Prehistoricae, Namur,* 20, p. 41-47.

FABRE, J., 2002a, La minière d'Hallencourt et l'économie du silex dans la moyenne vallée de la Somme au Néolithique final. *Revue archéologique de Picardie*, 75p.

FABRE J., 2002b, Géoarchéologie du silex de la Somme (France). In : " *Les matières premières lithiques en Préhistoire* ", *Table ronde internationale, Aurillac (Cantal), 20-22 juin 2002,* p. 169-176.

FABRE, J., LAMOTTE, A., et ANTOINE, P., 2002a, Rapport n'4 – La vallée de la Noye. PCR. " Géoarchéologie du silex Nord-Ouest de la France ", lithothèque du bassin versant de la Somme.

FABRE, J., LAMOTTE, A., et ANTOINE, P., 2002b, Rapport n°5 - La vallée de l'Avre. PCR. " Géoarchéologie du silex Nord-Ouest de la France ", lithothèque du bassin versant de la Somme.

FABRE, J., 2003, Géoarchéologie du silex de la Somme (France). In : " *Les matières premières lithiques en Préhistoire* ". *Actes de la Table-ronde internationale d'Aurillac (Cantal), 20-22 juin 2002.*

FEBLOT-AUGUSTIN, J., 1997, *La circulation des matières premières au Paléolithique., Liège,* ERAUL, n°75, 2 tomes.

HAESAERTS, P. and DUPUIS, Ch., 1986, Contribution à la stratigraphie des nappes alluviales de la Somme et de l'Avre dans la région d'Amiens. *In* : Chronostratigraphie et faciès culturels du Paléolithique inférieur et moyen dans l'Europe du Nord-Ouest de l'Europe (eds A. Tuffreau and J. Sommé). *Supplément Bulletin Association Française Etude du Quaternaire*, 26, p. 171-186.

LADRIERE, J., 1890, Etude stratigraphique du terrain quaternaire. *Annales. Soc. Géol. Nord*, t.18, p. 93-143 et 205-276.

LAMOTTE, A., 1999, L'apport des remontages dans la compréhension des méthodes de débitage et de façonnage des gisements acheuléens de la Somme : les exemples de la Ferme de l'Épinette et de l'Épinette à Cagny (Somme, France). *Bull. Soc. Préhist. Fr*, 96, n° 2, p. 117-131.

LAMOTTE, A., 2001, *Analyse morpho-fonctionnelle et métrique des bifaces des séries de la séquence fluviatile (séries I0, I1, I1A, I1B/I2) du gisement acheuléen de Cagny-l'Épinette.*

LAMOTTE, A., et TUFFREAU, A., 2001a, Les industries lithiques de Cagny-la-Garenne II (Somme, France). *L'Acheuléen dans la vallée de la Somme et Paléolithique moyen dans le Nord de la France : données récentes*, dir. A. Tuffreau, Publications du CERP, n°6, p. 59-89., 21 tab., 21 fig.

LAMOTTE, A., et TUFFREAU, A., 2001b, Les industries lithiques de la séquence fluviatile fine de Cagny-l'Epinette (Somme). *L'Acheuléen dans la vallée de la Somme et Paléolithique moyen dans le Nord de la France : données récentes*, dir. A.Tuffreau, Publications du CERP, n°6, p. 113-134, 20 tab., 8 fig.

LAMOTTE, A., TUFFREAU, A., et MARCY, J.-L, 2001, La série MS du gisement acheuléen de la Ferme de l'Epinette à Cagny (Somme, France). *L'Acheuléen dans la vallée de la Somme et Paléolithique moyen dans le Nord de la France : données récentes*, dir. A.Tuffreau, Publications du CERP, n°6, p. 137-148, 2 tab., 13 fig.

LAMOTTE, A., AUGUSTE, P., LOCHT J.-L, et TUFFREAU, A., 2005, L'acquisition de la matière première minérale et animale des gisements du Paléolithique inférieur et moyen dans le Nord de la France replacées dans leur cadre écologique : état des données récentes. *Actes du colloque international " Données récentes sur les modalités de peuplement et sur le cadre chronostratigraphique, géologique et paléogéographique des industries au Paléolithique inférieur et moyen en Europe ", Rennes, 22-25 Septembre 2004.* BAR.

LAURENT, M., FALGUERE, C., BAHAIN, J.-J., and YOKOYAMA, Y., 1994, - Géochronologie du système des terrasses fluviatiles du bassin de la Somme par datation RPE sur quartz, déséquilibres des familles de l'uranium et magnétostratigraphie. *Comptes Rendus Académie des Sciences Paris*, 318, série II : 521-526.

LEOPOLD, J., 1989, Débitage et outillage sur éclat des industries acheuléennes de Cagny-l'Epinette et de Cagny-Cimetière (Somme). In : Paléolithique et Mésolithique du Nord de la France : nouvelles recherches. *Publications du Centre d'Etudes et de Recherches Préhistoriques*, 1, p. 9-18.

LEOPOLD, J., 1993, *Les industries lithiques de Cagny-l'Epinette, Cagny-Cimetière et Cagny-la-Garenne (Somme) dans le contexte Nord-Ouest européen.* Thèse, Inst.Paléont.Hum., 461 p., 488 fig.

MOREUIL, 1982, Carte géologique de la France, 1982, /50.000, n°2309, éditions du BRGM. G. Kuntz, avec la participation de R. Agache, J.-Y. Caous, Chr. Dupuis, Ch. Monciardini, F.-R. Wattez.

MUNAUT, A.-V., 1988, L'environnement végétal de quelques dépôts quaternaires du bassin de la Somme (France). In : Cultures et Industries paléolithiques en milieu loessique (ed. A. Tuffreau). *Revue Archéologique de Picardie* : 45-55.

TUFFREAU, A., BOUCHET, J.P., MOIGNE, A.-M., and MUNAUT, A.-V., 1986, Les niveaux acheuléens de la moyenne terrasse de la vallée de la Somme à Cagny-l'Epinette. *L'Anthropologie.*, 90 : 9-27.

TUFFREAU, A., ANTOINE, P., CHASE, Ph., DIBBLE H.-L., ELLWOOD, B.B., KOLFSHOTEN, Th. van, LAMOTTE, A., LAURENT, M., McPHERRON, Sh. P., MOIGNE, A.-M., and MUNAUT, A.-V., 1995, Le gisement acheuléen de Cagny-l'Epinette. *Bulletin de la Société Préhistorique Française*, 92 : 169-191.

TUFFREAU, A., LAMOTTE, A., et MARCY, J.-L,1997a, Land-use and acheulean sites in the Somme Valley. *World archaeology*, 29, p. 225-241.

TUFFREAU, A., LAMOTTE, A., ANTOINE, P. and MARCY, J.-L. 1997b, Le gisement acheuléen de la Ferme de l'Epinette à Cagny (Somme, France). *Archäologisches Korrespondenzblatt*, 27, 4, p. 513-530.

VAN VLIET-LANOE, B., 1989, Observations paléopédologiques sur les gisements de Cagny-la Garenne, Cagny-l'Epinette et Saint-Acheul. *Livret-guide de l'excursion dans la vallée de la Somme. Colloque "L'Acheuléen dans l'Ouest de l'Europe", Saint-Riquier*, p. 95-99.

PALEOGEOGRAPHIE, MATIERES PREMIERES ET TERRITOIRES EXPLOITABLES DANS L'OUEST DE LA FRANCE AU PLEISTOCENE MOYEN

Nathalie MOLINES

Université de Rennes 1 – UMR 6566 du CNRS- nathalie.molines@univ-rennes1.fr

Résumé : *Les installations humaines dans l'Ouest de la France sont étroitement liées aux variations climatiques et paléogéographiques qui déterminent les possibilités d'accès au silex, celles de disposer de territoires favorables pour la chasse au gros gibier, également de trouver des abris en pied de falaise ou en grotte sur la frange littorale. En fait, les implantations humaines durant tout le Pléistocène vont se faire sous la pression de l'environnement qui aura un impact très important sur les différents types de ressources exploitables.*

Mots-clefs : *Massif armoricain, paléogéographie, pétrographie, niveaux marins, territoires*

Abstract: *The human installations in the West of France are closely related to the climatic and paleogeographic variations which determine the possibilities of access to flint, those to have territories favourable for hunting big game, also to find shelters in base of cliff or cave on the littoral edge. In fact, the human establishments during all Pleistocene will be done under the pressure of the environment which will have a very important impact on the various types of exploitable resources.*

Key-worlds: *Armorican massif, petrography, paleogeography, marine levels, territories*

INTRODUCTION

Il est très difficile d'aborder les premiers peuplements de l'Ouest de la France sans intégrer des caractéristiques d'ordre géologique et paléogéographique. Au stade actuel des recherches, ce sont les groupes du littoral sud-armoricain qui sont les mieux définis au niveau des industries et des contextes chronostratigraphiques. Ce sont donc ces sites qui alimenteront le plus nos propos.

Cependant, des fouilles récentes, notamment dans la vallée de la Sarthe, viennent combler partiellement nos lacunes concernant les industries à bifaces jusqu'ici très mal cernées quant à leurs caractéristiques typo-technologiques et pour lesquelles nous ne disposons pas d'une trame chronostratigraphique fiable. La synthèse présente devrait rapidement être étoffée avec de nouvelles données sur ces industries.

Liés aux caractéristiques géologiques du Massif armoricain (fig. 6.1), les assemblages préhistoriques présentent une variété pétrographique très importante et reflètent, malgré de grandes constantes, des comportements différents dans la gestion des matériaux, voire des territoires, selon les populations considérées. Les études typologiques et technologiques classiques, corrélées systématiquement à des données pétrographiques et aux propriétés mécaniques des matériaux, nous permettent également d'aborder tous les aspects cognitifs et montrer les réponses apportées par les Préhistoriques aux conditions paléoenvironnementales.

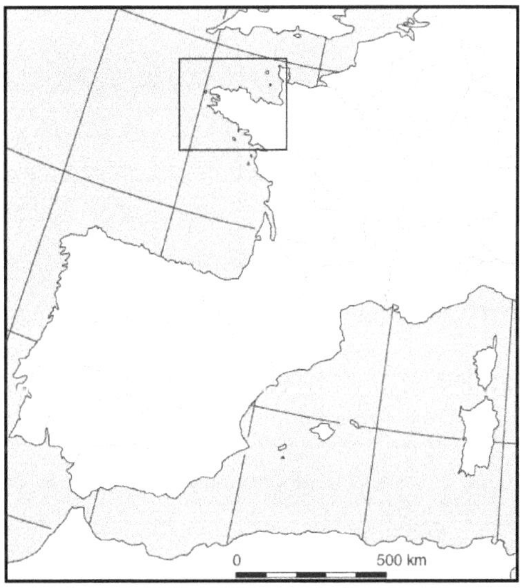

Fig. 6.1 : Localisation du Massif armoricain.

Le Massif armoricain est une région dans laquelle les vestiges fauniques mammaliens pléistocènes restent très rares. Malgré cette perte d'informations, quelques gisements paléolithiques ont livré des restes osseux associés à des industries lithiques permettant, grâce à des relectures récentes, une analyse relativement exhaustive des modalités comportementales des populations préhistoriques.

La composante liée à la variation des niveaux marins est totalement indissociable de l'étude des premiers peuplements de l'Ouest de la France. En effet, selon le

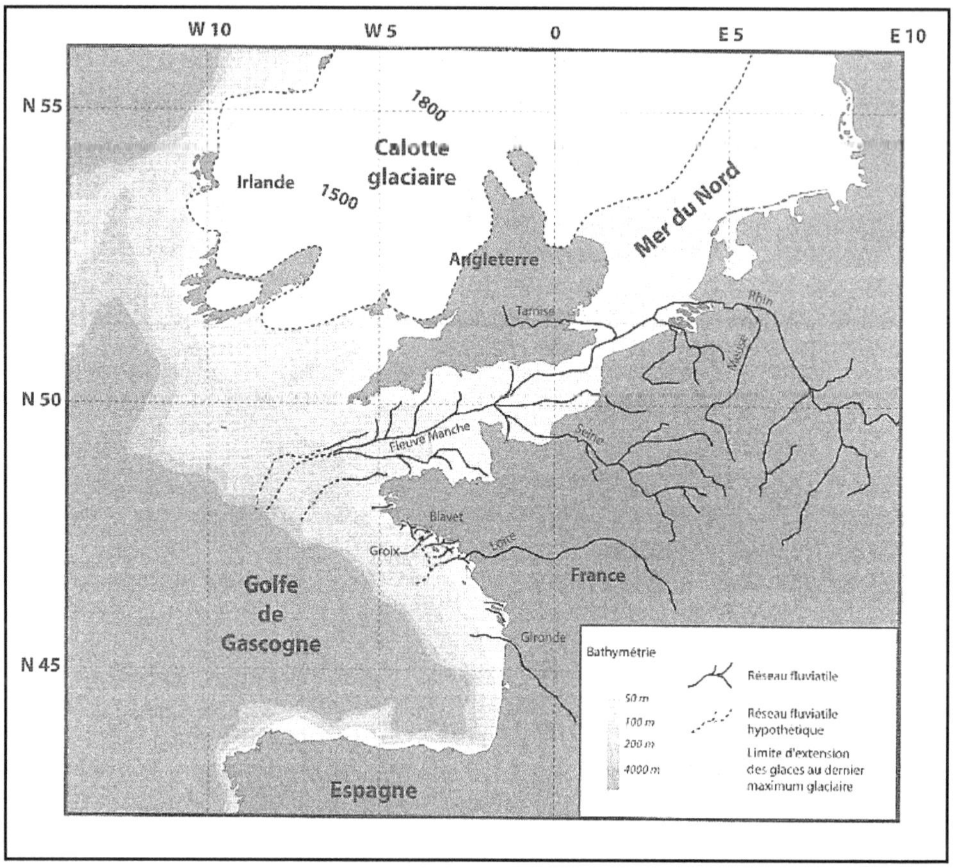

Fig. 6.2 : Reconstitution paléogéographique des principaux réseaux fluviatiles nord-ouest européens. (Extrait de : Menier, Ballèvre, 2004).

contexte climatique de vastes territoires se trouvaient exondés et rendus accessibles vers les îles britanniques, ce qui modifie totalement la paléogéographie de cette partie du nord-ouest de l'Europe (fig. 6.2).

Des données récentes, obtenues par sismique réflexion (Géosciences, Rennes), ont pu être intégrées aux données archéologiques du littoral sud-armoricain et nous permettent de restituer le réseau hydrographique et une paléogéographie locale très différents de l'actuel, avec notamment le dégagement de vastes plaines littorales.

UNE ENTITE GEOLOGIQUE

Le Massif armoricain est un domaine composé principalement de roches granitiques et métamorphiques, structurées lors de deux orogénèses successives pendant le Protérozoique (Cadomien) et le Paléozoïque (Varisque) (Bonnet, 1998).

La topographie de cette chaîne de montagnes est pénéplanée durant le Permien. L'histoire Méso-Cénozoïque est caractérisée par des alternances d'inondations marines et d'émersion. Ces émersions (Crétacé inférieur, Paléocène) en régime tropical conduisent à la formation de puissantes cuirasses latéritiques (Estéoule-Choux, 1983).

La topographie actuelle du Massif armoricain prise au sens large, c'est-à-dire incluant aussi bien le relief en mer qu'à terre montre deux grands types de formes : des régions extrêmement planes et à l'opposé des régions profondément découpées et incisées. Le premier cas se retrouve majoritairement en mer et le second à terre peut être suivi jusqu'à l'isobathe – 50 m, permettant de définir une topographie de type " continental " ennoyée. Ces variations de forme ne suivent également aucune contrainte d'ordre géologique : le fond actuel de la Manche correspond à une surface plane qui recoupe aussi bien le socle que les formations Mésozoïques (Bonnet, 1998).

Une pétrographie variée

Une des caractéristiques du Massif armoricain va donc être l'absence de silex autrement que sous forme de

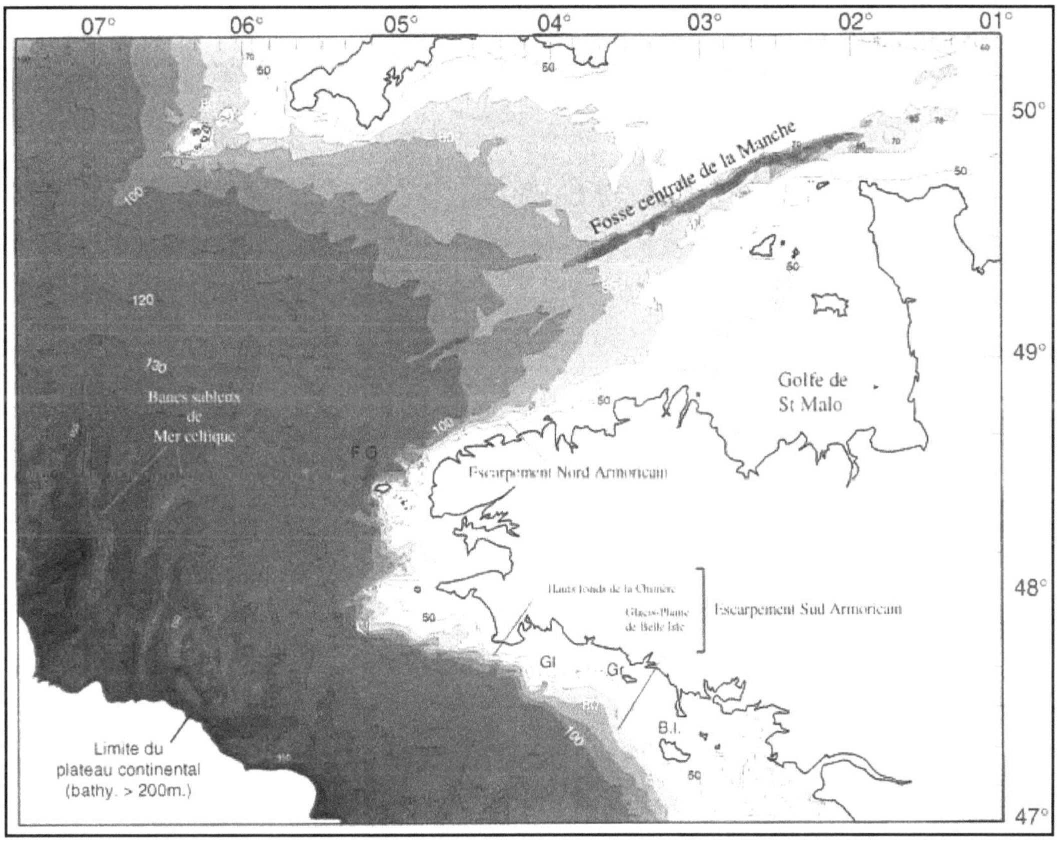

Fig. 6.3 : Carte bathymétrique du pourtour armoricain jusqu'à la rupture de pente du plateau continental. (Extrait de : Bonnet, 1998).

galets de petite dimension, que l'on retrouve en position secondaire dans les cordons littoraux. Ils proviennent des affleurements du Crétacé ou du Jurassique de la plate-forme continentale à l'ouest du Massif et de la Manche. A côté du silex, qui reste la matière la plus recherchée, nous allons trouver un panel pétrographique varié.

Le site de Menez-Dregan 1 (Plouhinec, Finistère) et ses industries à galets aménagés permet d'illustrer ces propos. Si l'on regarde en effet, la lithologie des galets constituant les cordons fossiles et utilisés par les Préhistoriques, nous trouvons des roches d'origine proximale comme l'orthogneiss et le leucogranite qui forment le plateau de Plouhinec. Dans le stock de galets d'origine distale, on remarque une abondance de grès fins quartzo-feldspathiques métamorphiques, on y rencontre également des microgranites et d'autres roches comme les amphibolites, diverses roches basiques ainsi que d'autres roches crystallophyliennes variées pouvant provenir des fonds de la baie d'Audierne. Les galets de quartz sont assez abondants et proviennent pour une grande part de filons soulignant les accidents tectoniques sur les fonds marins (Hallégouët *in* : Monnier *et al.*, 1996).

Sur le site de l'île de Groix (Morbihan) qui a livré également des industries à galets aménagés, nous trouvons encore d'autres matériaux mis en œuvre comme une grande variété de quarzites ou de grès armoricain (Molines *et al.*, 2004).

Paléogéographie et territoires exploitables

D'un point de vue paléogéographique, il est fondamental pour les périodes qui nous intéressent de connaître le relief en mer afin d'évaluer la superficie du territoire en fonction des contextes climatiques. Les connaissances actuelles du pourtour immergé du Massif armoricain sont très disparates. La carte bathymétrique du pourtour armoricain montre au premier ordre une planéité des fonds marins jusqu'aux isobathes -130/140 m (surface d'aplanissement érosive de la Manche qui s'étend depuis le nord-ouest du Cotentin) (Bonnet, 1998) (fig. 6.3).

Deux domaines bien marqués

Un autre trait majeur est l'existence en mer de deux escarpements importants qui limitent la partie occidentale de la Bretagne. Au nord, il s'agit de

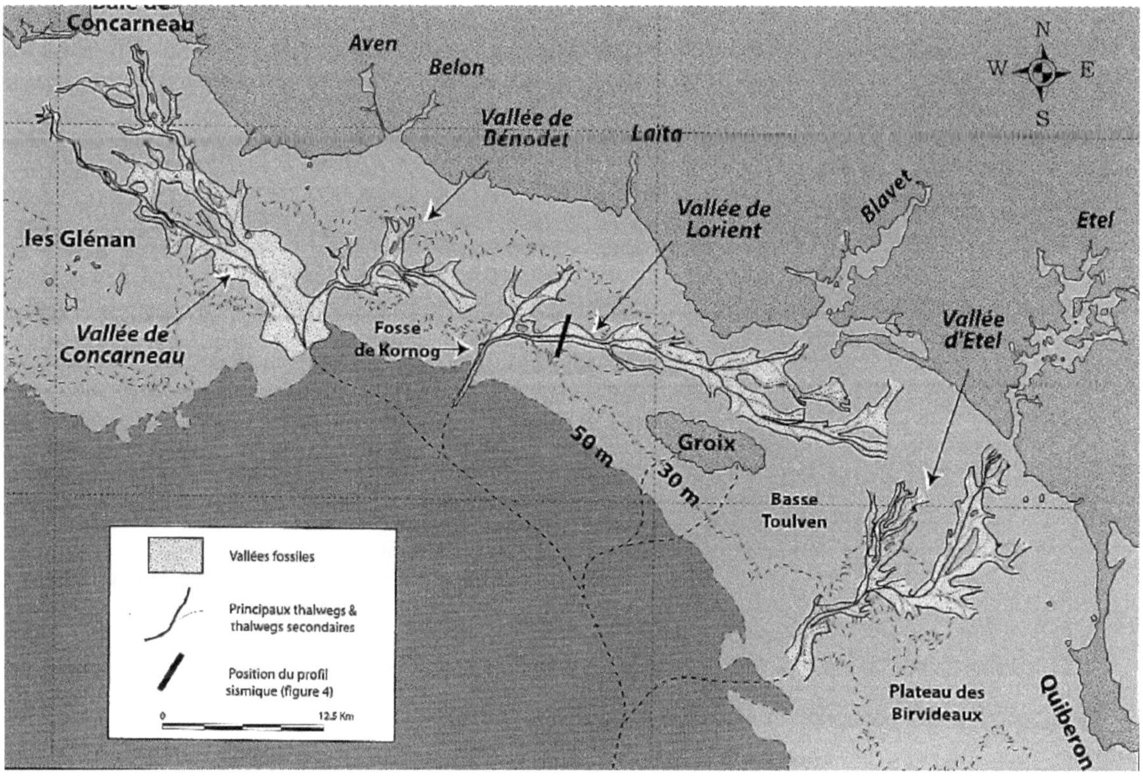

Fig. 6.4 : Cartographie des vallées fossiles de la baie de Concarneau à la presquîle de Quiberon. (Extrait de : Menier, Ballèvre, 2004)

l'escarpement nord-armoricain (ENA) et au sud l'escarpement sud-armoricain (ESA). Ces escarpements séparent deux domaines de morphologie différente (fig. 6.3). Dans le sud, le domaine immergé situé en amont de l'isobathe -50 m comprend un réseau de paléovallées incisées, visibles uniquement en sismique réflexion. Il correspond à la partie immergée de la topographie armoricaine (Menier, 2003). Mis à part dans le golfe de Saint-Malo, la transition entre le continent et les surfaces d'aplanissement de Manche occidentale et sud-armoricaine se fait par l'intermédiaire de ruptures de pente majeures, représentées par les escarpements nord et sud armoricains. Une régression relativement faible va donc permettre le dégagement de surfaces non négligeables.

Données récentes : exemple de l'île de Groix

Comme on a pu le mettre en évidence sur le site de Menez-Dregan 1, la mise en place de ces occupations, entre 300 ka et 500 ka avant le présent (Monnier *et al.*, 2001), se faisaient dans des conditions paléogéographiques et paléoenvironnementales similaires, dans des conditions climatiques encore relativement clémentes, en début ou fin d'interglaciaire, avec le dégagement de vastes plaines côtières, sans que l'on ait pu jusque ici évaluer leur extension (Molines *et al.*, 2005).

La fouille d'un site similaire à celui de Menez-Dregan 1 sur l'île de Groix dans le Morbihan a permis d'aborder ce point, notamment grâce à l'élaboration d'un modèle numérique de terrain, intégrant des données SHOM et IGN, et des travaux récents en sismique réflexion. Le gisement est situé dans la partie sud de l'île où les dépôts pléistocènes sont les mieux conservés. Lors des différentes occupations, il faut imaginer l'île rattachée au continent. Une régression relativement faible du niveau marin de l'ordre de 20 m permet ce rattachement.

Les travaux en sismique-réflexion permettent d'aborder le contexte paléogéographique de l'île de Groix (Menier, 2003 ; Menier, Ballèvre, 2004) durant le Pléistocène et reconstituer le tracé de vallées fossiles. Les données obtenues pour l'île de Groix s'insèrent dans un vaste programme qui s'est déroulé de 1998 à 2002 et qui a mis en œuvre cinq campagnes de sismique très haute résolution qui, sur plus de 3000 km, ont permis de préciser le cadre architectural des dépôts préservés entre la côte et l'isobathe –50 m aux débouchés des principales vallées sud-bretonnes (Odet, Aven Belon, Laïta, Blavet, Etel et Vilaine) (fig. 6.4).

Ainsi, des îles de Glénans à la presqu'île de Quiberon, trois réseaux hydrographiques étaient individualisés

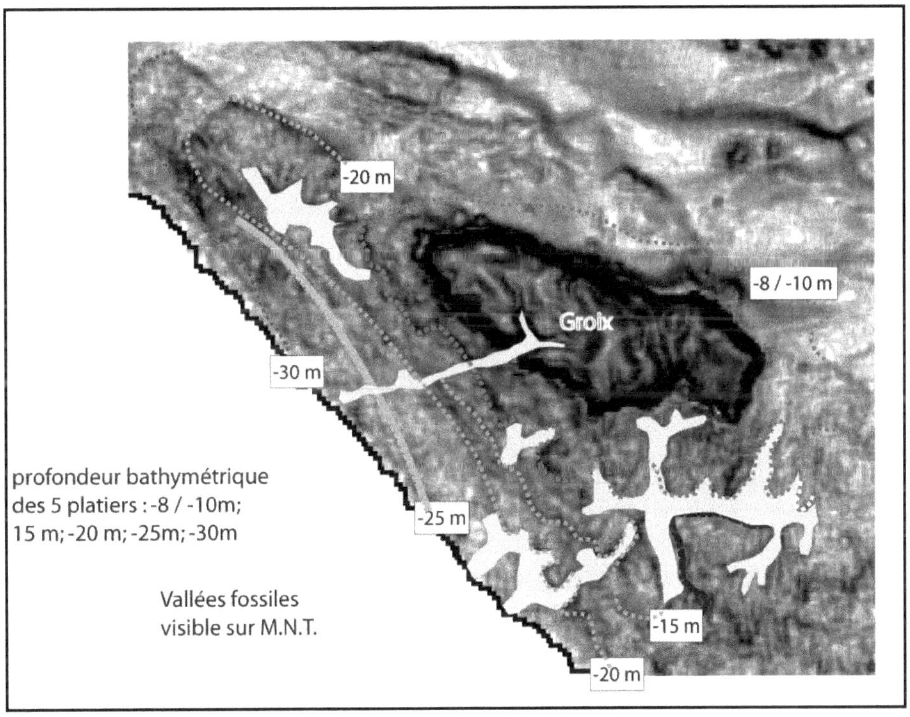

Fig. 6.5 : Carte géomorphologique de l'île de Groix montrant les cinq platiers fossiles visibles sur le MNT Terre / Mer (Modifié d'après : Menier, 2003).

durant les baisses du niveau marin. Ces vallées présentent des variations latérales de largeur comprises entre 200 et 4.000 m pour des profondeurs pouvant atteindre 40 m. L'extension et le tracé des réseaux sont limités vers le sud par la présence de hauts-fonds, tels que Groix ou les Birvideaux. Après la confluence du Scorff ou du Blavet, la rivière majeure s'écoule d'abord en direction de Groix, puis oblique brusquement vers l'ouest.

Après sa confluence avec la Laïta, ce réseau forme un coude vers le sud au niveau de la fosse de Kornog. A plus grande profondeur (au delà de – 50 m), le réseau fluviatile fossile n'est pas encore connu, mais on peut raisonnablement imaginer son raccordement avec celui de Concarneau (Menier, Ballèvre, 2004) (fig. 6.4).

Actuellement, la partie méridionale de Groix, où se trouve le gisement qui nous intéresse, est drainée par de petites vallées (par exemple Port Saint-Nicolas ou le ruisseau de Praceline) qui représentent en fait la partie amont de cours d'eau qui se jetaient pendant les périodes de bas niveau marin vers le sud (Menier, Ballèvre, 2004) (fig. 6.5). La figure 6.5 nous donne également une idée de la variation du territoire de l'île de Groix lors des régressions. On note la présence autour de l'île de Groix de cinq platiers dont la profondeur bathymétrique varie de -8 m à -30 m. Une régression modérée de -20 m permet donc de rattacher l'île au continent mais, également, d'en pratiquement doubler la surface.

Ces travaux récents apportent des données fondamentales pour comprendre les premiers peuplements de l'île de Groix, il faut donc imaginer l'île comme un point d'observation privilégié d'une vaste plaine littorale, se prolongeant relativement loin vers le sud sur le platier rocheux actuel.

Dans ce contexte paléogéographique élargi, on peut également insérer tous les autres sites repérés le long du littoral en face de l'île et qui ont livré le même type d'industries que celle de Groix. La réflexion en terme de territoires ou de circulation pour ces groupes doit donc être menée à une échelle relativement large, en tenant compte des fluctuations relativement importantes qui peuvent affecter les paysages.

Paléogéographie et types d'habitats

On retrouve également une pression importante des variations environnementales au niveau des types d'habitat et ceux-ci vont être très liés à la paléogéographie locale.

Trois types de sites d'habitats sont recensés dans le Massif armoricain au Pléistocène, le plus fréquent reste l'abri en pied de falaise avec une grande majorité des sites de la côte nord, sur le littoral sud ce sont surtout les couloirs d'abrasion marine (Saint-Colomban, Carnac; Ile de Groix) ou les grottes marines (Menez-Dregan) qui ont pu servir de refuges, sur la côte nord seul le site de la Cotte de Saint-Brelade (Jersey) est en grotte.

Nous trouvons également de vastes sites de plein air, notamment sur les marges du massif (Fontenay-sur-Vègre, Sarthe), en rapport immédiat avec un cours d'eau, généralement une installation en bordure de méandre (Saint-Malo de Phily, Ille et Vilaine ; Asnières-sur-Vègre, Sarthe ; Sablé-sur-Sarthe, Sarthe ; Le Resto, Lanester, Morbihan) (Molines, 2005).

Il existe également des installations en bordure de ria (La Croix-Audran, Carnac, Morbihan).

Concernant les possibles aménagements liés à ces habitats, nous avons quelques données concernant notamment les structures de combustion. A certaines de ces structures de combustion s'ajoutent des agencements de blocs bruts, des fosses ou des amas de débitage. Dès le Pléistocène moyen ancien l'habitat semble structuré.

Les implantations devaient se faire en fonction de plusieurs critères : conditions topographiques, possibilités d'abris naturels, présence de points d'eau, postes d'observations, présence de matières premières et substrats pouvant fournir un bon drainage. Toutes ces conditions sont requises sur la frange littorale et auraient pu, au moins en partie, conditionner l'installation des Préhistoriques.

DONNEES ENVIRONNEMENTALES ET TERRITOIRES

Les ressources animales : des données très ténues

L'Ouest de la France apparaît classiquement comme une région où les vestiges fauniques pléistocènes sont très rares pour des raisons d'ordre taphonomique et liées à la nature des sédiments.

Seuls quelques sites, en position littorale, ont livré des vestiges osseux dont de grands herbivores, preuves indirectes de la nécessité de milieux largement ouverts. Il faut noter également que ces sites constituent tous, d'un point de vue topographique, de bons points d'observation.

Sur le site de Menez-Dregan 1, mise à part la présence d'un fragment de dent d'éléphant dans la couche 5c, la détermination taxonomique par l'approche paléontologique classique d'ossements issus de la couche anthropique la plus ancienne du site (couche 9) s'est avérée pratiquement impossible à cause de la forte déformation subie au cours de leur fossilisation, seuls huit fragments d'os longs de grands herbivores ont pu être étudiés (Auguste *et al. in* : Monnier *et al.*, 1996).

Par contre, une approche par la biologie moléculaire, basée sur l'identification de l'ADN conservé dans ces ossements par hybridation moléculaire, a pu combler cette lacune dans l'interprétation du site archéologique. Il semble, bien que les conditions de conservation n'étaient pas favorables à la préservation morphologique, qu'elles aient néanmoins été suffisantes pour la conservation de l'ADN au cours du temps. Cela a permis de déterminer l'origine zoologique (*Ruminants* ou *Equidés* selon les échantillons) du matériel génétique dans des extraits bruts préparés à partir d'une vingtaine d'ossements, grâce à des sondes d'ADN connues (Geigl, 1996).

Il est bien entendu difficile, compte tenu du peu de données dont nous disposons, de postuler quant à l'origine de ces animaux dans le gisement, toutefois leur présence au sein même des niveaux archéologiques et leur association avec les nombreux artefacts plaide en faveur d'un apport humain. Il est donc possible d'affirmer que du gibier de grande taille a été consommé sur le site (Auguste *et al. in* : Monnier *et al.*, 1996).

Ceci est cohérent avec le contexte paléogéographique général de la baie d'Audierne, en effet, comme pour le site de l'île de Groix, il faut imaginer une vaste plaine côtière, pouvant s'étendre peut-être jusqu'à plus de huit kilomètres devant la grotte, très propice à la fréquentation de grands herbivores.

Un site un peu plus récent, celui de Piégu (Côtes d'Armor), nous permet d'extrapoler, tout en restant prudent, les quelques données que nous avons sur le site de Menez-Dregan 1.

La faune comprenait surtout des cerfs, des chevaux, des bovidés et de rares rhinocéros (Hallégouët *et al.*, 1987). Un réexamen a apporté des éléments nouveaux sur les modalités d'acquisition et de traitement par les Préhistoriques (Auguste *et al.*, 2005).

La faune se distingue par une très importante dominance du Cerf, qui représente à lui seul près de 85 % du nombre d'individus estimés . Sept autres espèces ont été identifiées.

Une étude détaillée de la population de Cerfs a été entreprise, les résultats qui ont été obtenus mettent en exergue de nombreux points instructifs sur les caractéristiques de cette forte population de Cerfs et sur les implications quant aux comportements des Préhistoriques (Liouville, 2002).

A Piégu, ce sont les adultes dans la force de l'âge qui sont majoritairement représentés, surtout entre 5 et 12 ans. Ce profil de mortalité évoque ce que l'on constate généralement pour des populations animales en contexte archéologique où un abattage est mis en évidence, abattage ici orienté vers certains individus. A noter cependant l'absence de bois et la rareté des portions crâniennes, ceci pourrait être lié à une saison d'occupation spécifique où les cerfs mâles abattus n'ont pas de bois, le deuxième élément peut s'expliquer par une acquisition des animaux en un autre lieu, seuls des quartiers anatomiques étant ramenés sur le site.

Autre paramètre pris en compte, la fracturation des os longs du Cerf, mais aussi des autres herbivores identifiés à Piégu, il permet également d'apporter des éléments sur le comportement. La fracturation des os longs est totale, que ce soit pour le Cerf, mais aussi pour les grands herbivores. Cette intense fracturation, à priori d'origine anthropique, indique que les Préhistoriques ont dans tous les cas exploité au maximum la matière première animale à leur disposition en extrayant la moelle des os longs.

Ce type de prédation ciblée se retrouvera également par la suite sur le site du Mont-Dol (Ille et Vilaine) (Auguste *et al.*, 2005).

Malgré ces données ténues concernant les ressources animales, les résultats récents montrent que les populations paléolithiques du Massif armoricain adoptent des comportements similaires à ceux de leurs homologues au niveau européen, avec une prédation très souvent ciblée.

Une gestion ultra-locale de l'environnement minéral

Comme on l'a vu, la pétrographie des industries du Pléistocène moyen dans le Massif armoricain est extrêmement variée : silex, grès divers, microgranite, quartz... Cette diversité rend compte de comportements très différents selon les sites, notamment en terme d'approvisionnement (Molines, 2005). Il est intéressant de prendre en compte pour comparaison des sites du Paléolithique supérieur de la côte nord de la Bretagne, lesquels ont fait l'objet d'une utilisation presque exclusive du silex avec pour corollaire des déplacements sur des distances beaucoup plu importantes sur les gîtes de matières premières que ce soit en Manche ou sur les formations à silex des marges du Massif.

Le silex reste la matière première la plus exploitée dans le Massif armoricain, le recours à d'autres roches n'est cependant pas rare, pour des raisons paléoenvironnementales ou plus simplement technologiques.

Disponibilité du silex

Deux facteurs sont à prendre en compte pour expliquer le recours à d'autres roches que le silex : la difficulté d'approvisionnement en position primaire et, dans une moindre mesure le faible module des galets de silex disponibles dans les cordons littoraux.

Le premier facteur est crucial et dépend de la position des rivages marins et de la paléogéographie locale. En théorie, le silex pouvait être prélevé de deux façons distinctes : directement sur les affleurements sous forme de rognons ou dans les cordons littoraux sous forme de galets et à une distance de la côte actuelle qui reste à déterminer.

Ceci reste très théorique car, dans la grande majorité des cas, l'outillage a été tiré de galets. Il faut noter également que la présence de silex sous forme de galets pourrait expliquer, en corrélation avec des conditions d'habitats favorables, l'installation des Préhistoriques sur la frange littorale du Massif armoricain.

Pour montrer l'importance de ce premier facteur, un modèle prenant en compte les variations du niveau marin et la disponibilité en silex a été confronté avec succès aux données du gisement de la Cotte Saint-Brelade à Jersey (Callow, Cornford, 1986).

Sur le site de Primelin (Finistère), il semble que la transgression précédant la mise en place de l'occupation humaine soit partie de relativement haut et n'a pas alimenté en galets de silex le cordon littoral d'où le recours au quartz (Molines *et al.*, 2005).

Le second facteur est lié à une contrainte volumétrique de la matière première. Ce facteur a très certainement contribué à la recherche par les Préhistoriques d'autres roches que le silex pour un type de conception bifaciale, ou autre, requérant un module plus important de matière première. Sur le site de Sclayn (Belgique), il a été ainsi possible d'associer un débitage de type Quina à l'utilisation du grès bruxellien, le volume et la morphologie de ces blocs étant très bien adaptés à ce type de débitage qui produit des éclats épais, larges et courts (Loods, 1998). Il faut cependant noter que les contraintes volumétriques de la matière première semblent constituer un critère moins prépondérant pour les populations de l'Ouest de la France que celui d'une faible mobilité en terme d'approvisionnement. Dans de nombreux cas, on note une adaptation du débitage à des modules de faible dimension.

Les grès éocènes : substituts au silex ?

Dans ce schéma d'approvisionnement, les grès éocènes constituent un groupe à part. Ils ont fait l'objet d'une exploitation intensive ou ponctuelle dans des contextes et des types d'habitats variés. L'origine de ces matériaux est à rechercher dans des silicifications pédogénétiques de type silcrêtes d'âge tertiaire. Dans le Massif armoricain, ces silicifications ont toutes un caractère résiduel et sont dispersées sous forme de blocs épars (Brault, 2002).

Ces roches, pouvant présenter des faciès très fins, autrefois appelées " grès lustrés " ont pendant longtemps été considérées comme des roches de substitution au silex lorsque l'accès à celui-ci était rendu moins aisé, notamment en période de transgression.

Un programme a été mis en place avec le laboratoire LARMAUR (Université de Rennes 1) afin de vérifier si les qualités mécaniques et clastiques de ces grès ne pouvaient pas être supérieures à celles du silex et justifier leur utilisation en dehors de toute notion de carence (Molines *et al.*, 2003 ; Arrial, 2004). Les résultats obtenus sur les grès éocènes à matrice fine, voire très fine, montrent que ceux-ci sont plus " fragiles " et permettent une meilleure anticipation de la taille. De plus, ces matériaux sont également plus résistants à l'usure que le silex. Il est donc fort probable qu'ils aient été utilisés pour leurs qualités intrasèques et pas seulement comme matériau de substitution au silex.

Circulation des matériaux

Le point commun à tous les sites mis en évidence par les premières études pétrographiques (Monnier, 1991) est la faible mobilité des paléolithiques au regard de leur approvisionnement en matière brute (silex compris), l'origine de celle-ci dépassant rarement quelques kilomètres autour des sites.

Pour les industries à galets aménagés par exemple, les installations se font directement sur les cordons fossiles dans lesquels sont puisés majoritairement les matières premières.

De plus, au sein d'un même territoire de quelques kilomètres carrés, on peut parler d'une gestion ultra-locale des matériaux, et de déplacements quasi inexistants ou sur de très courtes distances. A Primelin, site très proche de celui de Menez-Dregan 1, ce sont des greywackes qui ont été utilisés pour le macro-outillage, alors que sur l'autre site on a eu recours à des galets de grès. Sur l'île de Groix, on observe le même comportement vis-à-vis des quartzites.

Il n'est pas rare également que le quartz soit employé, notamment à Raguenes (Nevez, Finistère) (Molines *et al.*, 1998) avec une installation directement sur les filons comme au Toulinet (Plestin-les-Grèves, Côtes d'Armor) (Monnier, 1980) ou sur l'Ile de Groix (Morbihan) (Molines *et al.*, 2004).

On note une adaptation technologique, dans tous les cas, en fonction de la qualité des matériaux employés.

Sur les marges du massif, notamment dans la vallée de la Sarthe, les installations se font directement sur les argiles à silex.

Gestion des matériaux

Des critères technologiques et le type d'outils recherchés peut conduire dans de nombreux cas à la recherche de matières premières autres le silex, c'est ainsi que dans le groupe d'industries à galets aménagés, on note une dichotomie entre le macro-outillage aménagé sur des galets de grès ou de gneiss et le petit outillage privilégiant le silex ou le quartz (Molines, 1999). Sur le site de l'île de Groix, le petit outillage est en quartz et le macro-outillage en quartzite.

A Menez-Dregan 1, le quartz est surtout présent dans la couche 9 où le silex est bien représenté par ailleurs, donc ici il n'est pas forcément synonyme de matériau de substitution, il ne s'agit pas non plus d'une contrainte liée au volume de matières premières puisque le quartz fait l'objet du même traitement que le silex. Il semble que le but visé soit de produire des supports de petite taille.

Un autre comportement est perceptible sur le site du Zorn (Plouguerneau, Finistère) (Monnier *et al.*, 2002), le quartz a été utilisé mais le silex reste largement dominant et présente des galets de faibles modules, le choix semble s'être plutôt orienté vers l'adaptation du débitage au module de matière première plutôt qu'au recours à une autre roche. On note par ailleurs un comportement similaire sur le site de Pen-Hat (Camaret) (Molines, 1997).

Dans l'ensemble, les industries à bifaces ne présentent pas cette dichotomie entre le macro- et le petit outillage, l'ensemble de l'industrie fait appel à un seul type de matériau : le grès éocène par exemple sur le site de Planguenoual (Côtes d'Armor) ou le silex dans la vallée de la Sarthe. Et, dans tous les cas, le recours à d'autres matériaux va rester très marginal (Molines, 2005).

L'environnement végétal

Pour le site de Menez-Dregan 1, les études paléobotaniques comportent surtout des analyses anthracologiques. Les tests polliniques se sont avérés négatifs sauf dans la couche 7 qui a livré quelques pollens de pins et de bouleaux (Marguerie *in* : Monnier *et al.*, 1996).

Si l'on considère l'inventaire des essences observées et les données paléoécologiques, l'étude des lots anthracologiques révèle une faible variété taxonomique.

Il s'agit le plus souvent de feuillus de la famille des Ericacées et des Pomoïdées et du genre *Prunus*. Ces ligneux, arbustes et arbrisseaux, sont accompagnés d'arbres feuillus comme le frêne et l'orme et d'un conifère appartenant au genre *Pinus*. Les Ericacées sont nettement dominantes dans les couches 5e, 8 et 9. Cette famille renferme des espèces de milieux tempérés secs et humides (landes dont landes humides et tourbeuses) mais aussi de milieux boréaux et subarctiques, donc plutôt ouverts. Les Pomoïdées et le *Prunus* sont des essences héliophiles ou de demi-ombre pouvant être rencontrées aussi bien en lisière de bois, dans des bois clairs ou en forêts caducifoliées. L'association Ericacées, Pomoïdées et *Prunus* livre l'image d'une végétation de type lande et fourrés (Marguerie *in* : Monnier *et al.*, 1996).

En dehors des strictes informations environnementales, l'anthraco-analyse peut livrer des données d'ordre ethnographique. L'identification des restes ligneux a pu nous renseigner notamment sur le choix et la sélection des essences destinées à la combustion (Marguerie *in* : Monnier *et al.*, 1996).

DIAGNOSE - TERRITOIRES ET COMPORTEMENTS DE SUBSISTANCE : DE GRANDES CONSTANTES

Malgré les lacunes pour certaines données paléoenvironnementales, les populations paléolithiques du Massif armoricain ne semblent pas faire montre de comportements originaux par rapport à leurs homologues européens. En effet, comme sur de nombreux sites en Europe, les vestiges fauniques du Massif armoricain montrent que les Préhistoriques ont su prélever au sein de leur environnement animal des proies privilégiées, avec une gestion cynégétique précoce.

Au Mont-Dol, les grands herbivores et les très grands dominent la série, avec le cheval comme l'espèce la mieux représentée, suivi par le mammouth et le rhinocéros. Ces deux dernières espèces ne témoignent pas forcément d'une acquisition de type active mais présentent, par contre, un traitement post-mortem important, destiné à récupérer le maximum de nourriture (chair et moelle).

A Piégu, c'est un herbivore de taille moyenne qui domine les restes osseux : le cerf élaphe. Celui-ci a fait l'objet d'une prédation importante et très ciblée. Comme au Mont-Dol, l'exploitation alimentaire de l'animal est très poussée.

Grande constante également au niveau de l'exploitation des ressources minérales avec cette sorte "d'appel" de la matière première. Cet "appel" reste très orienté sur les cordons littoraux riches en silex, matériau qui dans l'ensemble est le plus usité. En fait, les Préhistoriques, quel que soit le matériau utilisé, s'installent directement sur les gîtes de matières premières en position primaire ou secondaire, ce qui induit dans tous les cas des déplacements sur de très courtes distances.

Au niveau des habitats, nous trouvons deux grands types : les habitats de plein air, très ouverts et sur des vastes étendues, et des habitats plus restreints en contexte littoral où le relief et la paléogéographie locale imposent des limites naturelles à la gestion de l'espace.

Cependant, comme on l'a vu, une régression marine même relativement faible, peut permettre le dégagement devant ces habitats de vastes étendues herbeuses, propices à la fréquentation des grands herbivores. De plus, il faut envisager une implantation littorale fondée sur plusieurs écosystèmes : le littoral, les vallées, les versants et les plateaux. Il ne faut pas effectivement occulter l'attrait des vallées avec des prairies boisées et des biotopes variés sur les plateaux voisins. Dans ce contexte, il est également relativement aisé de se procurer les matières premières dans les alluvions des rivières et au niveau des affleurements des versants.

La géologie et la paléogéographie du Massif armoricain ont donc fortement marqué et conditionné l'installation des premiers occupants tant au niveau des ressources en matières premières, des types d'habitats que des territoires exploitables en terme cynégétique.

On observe de grandes constantes (au niveau des implantations et de la gestion des matières premières avec toutefois une certaine variabilité en terme cynégétique) dans les modalités d'exploitation du milieu, quel que soit le contexte écologique.

Il apparaît que les Préhistoriques ont fait preuve de suffisamment de capacités d'anticipation et d'adaptation pour établir une gestion efficace des ressources environnementales à leur disposition et ce, dans un cadre paléogéographique fluctuant.

Bibliographie

ARRIAL P.A. (2004) – *Approche techno-économique des industries de Kervouster (Guengat, Finistère).* Mémoire de DEA Université de Rennes 1, 22 p.

AUGUSTE P., CLIQUET D., HERVIEU G., LIOUVILLE M., LOUGUET S., MONNIER J.L., RORIVE S. (2005) - Stratégies de subsistance dans l'Ouest de la France au Pléistocène moyen et supérieur : acquisition et traitement des matières premières d'origines minérale et animale à Piégu (Côtes d'Armor), Ranville (Calvados) et au Mont-Dol (Ille et Vilaine). In : MOLINES N., MONCEL M.H., MONNIER J.L. (sous la dir. de), *Données récentes sur les modalités de peuplement et sur le cadre chronostratigraphique, géologique et paléogéographique des industries du Paléolithique inférieur et moyen en Europe*. Actes du colloque de Rennes, septembre 2003, Londres, British Archaeological Reports, 1364, 590 p.

BONNET S. (1998) – Tectonique et dynamique du relief : le socle armoricain au Pléistocène. *Mémoire Géosciences*, 86, 352 p.

BRAULT N. (2002) – *Ressources du sous-sol et environnement en Bretagne : genèse, géométrie et propriétés de différents types d'aquifères en Bretagne*. Thèse de Doctorat en Sciences de la Terre, Université de Rennes 1, 334 p.

CALLOW P. et CORNFORD J.M. (1986) – *La Cotte de Saint Brelade, 1961-1978, excavations by C.B.M. Mac Burney*. Norwich, Geo Books, 352 p.

ESTEOULE-CHOUX J. (1983) - Altérations et silifications au Tertiaire dans le Massif armoricain. *Géologie de la France*, 4, 345-352.

GEIGL E.M. (1996) – Homo erectus of Western France was not a vegetarian : zoological assignment of a fossil bone of Menez-Dregan I via a palaeogenetical approach. *Actes du XIIIe Congrès UISPP*, Forli, sect.2, 189-194.

HALLEGOUËT B., MONNIER J.-L. ET BIGOT B. (1987) - *Rapport préliminaire sur le gisement paléolithique moyen de Piégu, commune de Pléneuf-Val-André (Côtes-du-Nord).* Rennes, Service Régional de l'Archéologie Bretagne, 7 p. (non publié).

LIOUVILLE M. (2002) - *Le Cerf élaphe (Cervus elaphus, Linné 1758) du gisement pléistocène moyen de Piégu (Côtes-d'Armor ; France) : Caractérisation, approches écologiques et cynégétique*. Mémoire DEA Université Paris X, 65 p.

LOODTS I. (1998) – Une approche comportementale de l'homme de Néandertal : l'industrie lithique de la couche 1A de la grotte Scladina, économie des matières premières et coexistence de chaînes opératoires au Paléolithique moyen récent. In : OTTE M., PATHOU-MATHIS M. et BONJEAN D. (Dir.) 1998 – Recherches aux grottes de Sclayn. Liège, *ERAUL*, 79, 2, 69-101.

MENIER D. (2003) – *Morphologie et remplissage des vallées fossiles sud-armoricaines : apport de la stratigraphie sismique*. Doctorat de l'Université de Bretagne sud, 216 p.

MENIER D., BALLEVRE M. (2004) – Quand Groix n'était pas encore une île. *Penn ar Bed*, 190-191, p.22-27.

MOLINES N. (1997) – Study of the industry of Pen-Hat, Crozon, Finistère. In : VAN VLIET-LANOE B., HALLEGOUET B., MONNIER J.L. – The Quaternary of Brittany. *Trav. Labo. Anthropologie*, Univ. Rennes 1, Special volume, 95-96.

MOLINES N. (1999) – Les industries à galets aménagés du littoral sud-armoricain (France) au Paléolithique inférieur. *British Archaeological Reports*, S795, 275 p.

MOLINES N., (2005) – *Les premiers peuplements du Massif armoricain au Pléistocène moyen et au début du Pléistocène supérieur dans leur contexte européen : approche chronostratigraphique, paléoenvironnementale et culturelle.* Habilitation à Diriger des Recherches, Université de Rennes 1, 140 p.

MOLINES N., DAIRE M.Y., GUYODO J.N. (2004) - Les premiers habitants de l'île de Groix. *Penn ar Bed*, 190-191, p.39-45.

MOLINES N., MONNIER J.L., HINGUANT S., HALLEGOUET B. (2005) - L'Acheuléen de l'Ouest de la France : apports du site de Menez-Dregan 1 (Plouhinec, Finistère, France). In : MOLINES N., MONCEL M.H., MONNIER J.L. (sous la dir. de), *Données récentes sur les modalités de peuplement et sur le cadre chronostratigraphique, géologique et paléogéographique des industries du Paléolithique inférieur et moyen en Europe*. Actes du colloque de Rennes, septembre 2003, Londres, British Archaeological Reports, 1364, 590 p.

MOLINES N., QUERRE G., MONNIER J.L., DABARD M.P., ESTEOULE-CHOUX J., BRAULT N., ROUXEL T., SANGLEBOEUF J.C., (2003) – Caractérisation géologique et pétrographique des " grès lustrés " et autres " quartzarénites " dans le Massif armoricain au Paléolithique inférieur et moyen. Réflexion sur la notion de matériaux de substitution. *Préhistoire du Sud-Ouest*, supplément 5, 199-206.

MONNIER J.L. (1980) – Le Paléolithique de la Bretagne dans son cadre géologique. Thèse Doctorat ès sciences, *Travaux Laboratoire d'Anthropologie*, Rennes, 607 p.

MONNIER J.L. (1991) – Les matériaux lithiques du Paléolithique du nord-ouest de la France : choix et utilisation. In : MENU M. et WALTER P. 1990 – *La Pierre préhistorique*, Actes du Séminaire du Laboratoire de Recherche des Musées de France, p.45-52.

MONNIER J.L., CLIQUET D., HALLEGOUET B., VAN VLIET-LANOE B., MOLINES N. (2002) – Stratigraphie, paléoenvironnements et occupations humaines durant le dernier interglaciaire dans l'Ouest de la France (Massif armoricain). Comparaison avec l'interglaciaire précédent. *Publi. du CERP*, 8 : 115-141.

MONNIER J.L., HALLEGOUET B., HINGUANT S., MOLINES N. (1996) - *Rapport de fin d'opération pluri-annuelle sur la fouille du gisement paléolithique inférieur de Menez-Dregan I.* UMR 153 du CNRS, inédit, 282 p.

MONNIER J.L., HALLEGOUET B., HINGUANT S., MOLINES N. (2001) – La datation de l'habitat paléolithique de Menez Dregan I (Plouhinec, Finistère, France), argumentation géologique et archéologique. In : *Datation* (BARRANDON J.N., GUIBERT P., MICHEL V. dir.), Actes des XXIe Rencontres Internationales d'Archéologie et d'Histoire d'Antibes, ed. APDCA : 261-277.

UNE OCCUPATION ACHEULEENNE EN HAUTE MONTAGNE : LE SITE DE TSONA (SUD DU CAUCASE, GEORGIE)

Ana MGELADZE
Nikolas TOUSHABRAMICHVILI
Alexandre MOUSKELISHVILI
Jean-Claude MISKOVŠKY
David LORDKIPANIDZE
Muséum National de la Géorgie (Tbilissi) e-mail : amgeladze@hotmail.com

Marie-Hélène MONCEL
Département de Préhistoire du Muséum National d'Histoire Naturelle e-mail : moncel@mnhn.fr

Abesalom VEKUA
Institut de Paléobiologie (Académie de Science de la Géorgie)

Résumé: *Le site de Tsona est localisé au sud du Grand Caucase. Cette grotte, située en haute altitude (2100 m), a livré deux niveaux acheuléens dont l'âge précis n'a été estimé que sur des bases archéologiques ou par corrélation avec un des niveaux de la grotte de Koudaro I (environ 350.000 ans).*

Les deux niveaux archéologiques ont livré en grande quantité des restes d'Ursidés mais quelques restes de Cervus elaphus, Capreolus capreolus, Capra caucasica et de Bison semblent être des témoignages de l'activité anthropique. La localisation de la grotte en haute altitude et les caractères de l'assemblage lithique composé uniquement de bifaces, hachereaux, et outils sur éclats font penser à des indices d'occupations de courte durée, dans le cadre d'une gestion locale de l'environnement. Ce site attesterait de la mobilité de groupes humains entre plaines et montagnes à la faveur de périodes tempérées comme en témoigne la présence de pièces en silex originaires de 35 km environ.

Mots-clés *: Achéuleen, Paléolithique inférieur, Grand Caucase, bifaces, hachereaux*

Abstract: *The cave of Tsona is located at the foot of the Great Caucasus, on southern slope, in the area of Djava in Shida Kartli (Central Georgia). This cave is in a high altitude area (2100 m) and it has yielded two levels related to Acheulian. Their date is not known and they has been estimated on archaeological bases (end of Acheulian or Upper Acheulian), or by correlation with one level of Koudaro I cave dated around 350.000 years.*

The two archaeological levels have yielded Ursus bone remains in great quantity while only few remains of Cervus elaphus, Capreolus capreolus, Capra caucasica and Bison have been discovered. These species could be related to a human activity in the cave. The location of the cave in a high altitude area, such as the characteristics of the lithic assemblages composed by brought tools (bifaces, cleavers, flake tools), provide evidence of short human occupations, perhaps specific ones, based on a management of the surroundings. The raw materials are local such as argilite, schiste, and various volcanic stones, excepted for the flint coming from a southern area (35 km).

Key-words*: Aceulean, Lower Palaeolithic, Big Caucasus, Bifaces, Hacerux*

INTRODUCTION

La grotte de Tsona se situe dans la région de Djava, (Shida Kartli), à quelques km au sud des grottes de Koudaro, sur le versant sud de la montagne Bouba (massif calcaire crétacé et jurassique supérieur). Située à 2100 m d'altitude dans la zone subalpine actuelle, cette grotte est de type " corridor coudé ", comme celles de Koudaro I et III, sur le versant sud, et de Treugol'naya sur le versant nord du Caucase. Ces sites sont les rares témoins d'une fréquentation ponctuelle de la haute montagne au Pléistocène moyen, vraisemblablement à la faveur de périodes tempérées comme en témoignant les analyses paléoenvironnementales réalisées sur les séquences archéologiques. Outre le site de Dmanisi dont l'âge est estimé à 1,8 Ma, et qui est situé en Transcaucasie, la chaîne du Caucase a livré à ce jour quelques indices anciens d'occupation de ce massif montagneux. La base de la séquence de Treugol'naya est datée de 583 – 25 kyr par ESR (couches 6,7a, 7b) avec des traces d'occupations humaines (Doronichev, 2000 ; Golovanova, 2000 ; Golovanova & Doronichev, 2005). Ce n'est cependant que vers 393 – 27 kyr (couches 5b) qu'un réel niveau d'occupation paraît pouvoir cependant être attesté. La séquence du site de Koudaro I est calée par TL entre 360 – 90 kyr (couche 5c) et 245-29 kyr (couche 5a). La majeure partie de la séquence de Koudaro III paraît

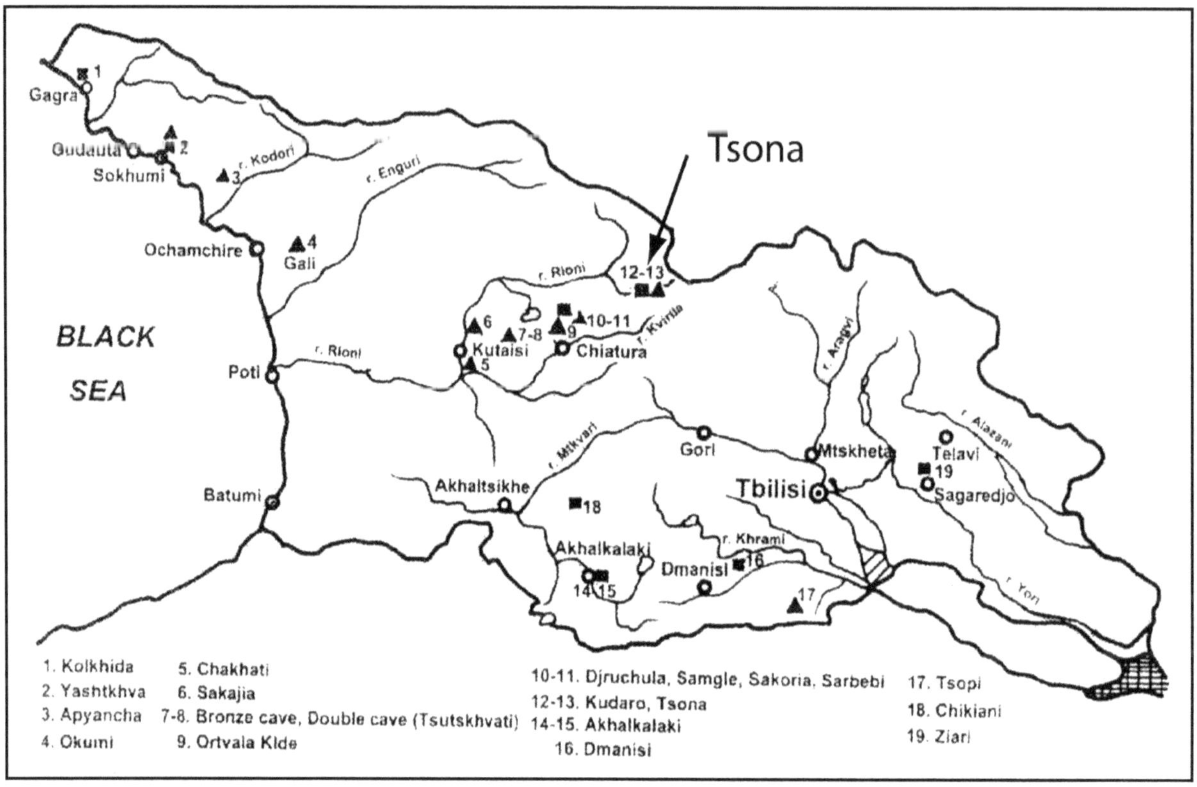

Fig. 7.1 : Localisation du site de Tsona (sud Caucase, Géorgie)

plus récente malgré l'absence de dates radiométriques, excepté la base dont l'âge par TL est de 580-112 kyr (Doronichev & Golovanova, 2003).

Une nouvelle analyse du matériel archéologique de Tsona, dont l'âge indirect a été estimée au OIS 9 ou 7 (Acheuléen récent qui perdure tardivement), a porté principalement sur les comportements techniques des deux couches acheuléennes, et malgré la pauvreté des séries, il a été tenté de mettre en relation les données sur les aires d'approvisionnement en roches et les comportements techniques avec celles des comportements de subsistance des hommes qui ont fréquenté les flancs méridionaux du Grand Caucase.

PRESENTATION DU SITE

L'entrée de la grotte de Tsona est orientée au sud-sud-est et est protégée par une crête rocheuse sur le côté nord, à 250-300 m d'altitude relative. L'accès le plus aisé au gisement se situe sur la face sud-ouest de la montagne au niveau du col de Boub-Kakheri (1850 m). Tsona se range dans la catégorie des grottes de type " corridor coudé ", et est composé de trois galeries en partie comblées. La longueur de la galerie principale est de 15-16 m ; la hauteur sous plafond était de 4,5-5 m avant les fouilles et de 12 m après avoir ôté l'épaisseur des dépôts ; la largeur actuelle est de 4,5 m.

Sa surface est de plus de 1000 m^2 et les fouilles ont couvert approximativement 140 m^2. Les dimensions originelles de la grotte étaient probablement plus importantes, vue la localisation des restes archéologiques le long de la paroi, près de l'entrée. Il est probable que le porche de l'entrée s'est effondré entraînant un recul du plafond. La base de la séquence a été préservée dans une cuvette.

Tsona a été découverte en 1958 par l'expédition de l'Institut d'Histoire, d'Archéologie et d'Ethnographie de l'Académie des Sciences de Géorgie, dirigée par A. Kalandadze. Un sondage (2 x 6 m) réalisé à l'extérieur de l'entrée de la galerie a dégagé la partie supérieure des dépôts, et mis au jour plusieurs couches archéologiques. La grotte a été fouillée ensuite pendant les années 1959, 1960, 1961, 1965 et 1968 sous la direction de A. Kalandadze, et en 1977 sous la direction de D. Tushabramishvili. Les derniers travaux ont été réalisés par Z. Kikodze en 1978.

Stratigraphie

Au cours des campagnes de fouilles successives, la description des données stratigraphiques et lithologiques a conduit à des interprétations différentes de la séquence et des niveaux d'occupation. Ainsi A. Kalandadze a identifié 11 couches lithologiques sur un profil de 7 m d'épaisseur (Berdzenishvili & Kalandadze, 1971 ; Kalandadze, 1956, 1959, 1960, 1961, 1962, 1964, 1965) alors que D. Toushabramishvili et J-C. Miskovsky (prélèvements avec V. Lioubine en 1978) y ont vu 20 couches lithologiques (Kalandadze & Toushabramishvili, 1978 ; Toushabramishvili D, 1978, 1984 ; Miskovsky, communication orale).

Les couches de la base de la séquence ont été regroupées en deux phases d'occupation humaine rattachées à de l'Acheuléen par A. Kalandadze. Les observations stratigraphiques attestent d'une forte influence de l'eau sur les sédiments de base (couche 7a) qui fait douter de leur position *in situ* (Liubine, 2002). Deux niveaux lithologiques en place ont été utilisés comme repères pour délimiter le début et la fin de la première fréquentation du site par l'homme : 1) couche 7 formée de limon gris-vert marquant la base de l'occupation acheuléenne, 2) couche 6 formée de limon jaune sableux marquant le sommet de cette occupation.

Fig. 7.2 : Photo de l'entrée de la cavité avec séquence stratigraphique (photo de D. Toushabramichvili)

Age du remplissage

L'unique datation radiocarbone (46.000 +4.000 BP) a été obtenue pour la couche " supérieure " (couche moustérienne supérieure) (Tcherdintsev *et al.*, 1966). Toutes les autres attributions chronologiques ont été proposées exclusivement sur la base des caractéristiques archéologiques en comparaison avec le site de Koudaro. Dans la première interprétation, les découvertes ont été attribuées à la fin de l'Achéuleen (Kalandadze, 1960, 1961), puis, à la seconde moitié de l'Achéuleen (Toushabramishvili, 1984).

Les couches " acheuléennes " ont livré à ce jour environ 7.000 ossements. La liste de la faune est la suivante : *Sorex sp., Canis lupus L., Cuon sp., Vulpes vulpes, Ursus Spelaeus ROS., Ursus arctos L., Martes cf. foina ERXL, Meles meles L., Panthera pardus L., Panthera spelaea, Lepus europaeus, Hystrix sp., Pitymys cf. majori* THOS, *Sus scrofa., Cervus elaphus,, Caprealus capreolus, Bison priscus, Capra caucasica, Ovis cf. ammon , Lacerta cf. caucasica, L., cf. agilis, Tetraogallys sp. Pyrrhocorax graculas L., Gypaetus osseticus* BUR (Vekua *et al.*, 1981, 1987 ; Bourchak-Abramovich, 1971). 92,2 % des restes osseux appartiennent à *Ursus spelaeus* (Vekua *et al.*, 1987) alors que dans les couches " mousteriennes ", le taux de *Ursus spelaeus* diminuent jusqu'à 31,7 %.

Cette proportion pourrait refléter la dynamique climatique pléistocène des ceintures de haute altitude (Barychnikov, 1977, 1978, 1991, 1993). Les autres mammifères sont des espèces appartenant à la zone du plateau proche-oriental, composés d'espèces forestières et d'espèces de points d'eau pouvant vivre dans un climat sec et tempéré. *Capra caucasica* Güld et *Cervus elaphus* sont également de bons indicateurs de cette dynamique climatique.

La faune des rongeurs du Pléistocène moyen est connue en grand partie par la grotte de Tsona. Les séries des couches acheuléennes sont marquées par la prépondérance des rongeurs thermophiles à tendance relativement aride : *Allactaga aff. Eufratica, Ellobius aff. Fuscocapillus, Parameriones obeidiensis, Laguodon arankae, Allophaiomys pliocaenisus.* On observe ainsi dans les séries la coexistence de rongeurs archaïques et de grands mammifères plus ou moins évolués des plateaux du Proche-Orient (Parameriones, Ellobius, Allactaga), ce qui s'explique par les particularités écologiques liés aux conditions zoogéographiques montagneuses. *Parameriones* figure également parmi les rongeurs de Dmanissi. *Allophaiomys pliocaenicus* avec *Lagurodon arankae* sont parmi les premiers Campagnoles ayant acquis la croissance continue des molaires dès le début du Pléistocène. *Allophaiomys* a été retrouvé dans toute l'Eurasie, et se rapporte à des niveaux stratigraphiques bien déterminés permettant

Tab. 7.1 : Stratigraphie du site de Tsona d'après A. Kalandadze.

Niv.	Lithologie	épaisseur	Attribution "culturelle"
1	humus	76 cm	
2	argile brunâtre, avec blocs de calcaire	70 cm	Mésolithique
3	argile jaunâtre	?	Mésolithique
4	argile jaunâtre clair avec des cailloutis	75 cm	stérile
5	argile jaunâtre avec des cailloutis calcaire	59 cm	Moustérien
5a	argile gris foncé avec petits fragments de calcaire et d'ocre	80 cm	Moustérien
6	argile jaunâtre sableux	55 cm	Acheuléen (couche I)
6a	argile jaunâtre sableux avec des cailloutis de calcaire	45 cm	Acheuléen (couche I)
6b	argile brun foncé	25 cm	Acheuléen (couche I)
7	Limon sableux gris-verdâtre	45 cm	Acheuléen (couche II)
7a	Limon sablonneux rouge jaunâtre avec gros blocs de calcaire	35 cm	Acheuléen (couche II)

d'établir un parallèle bio-stratigraphique entre l'Europe et l'Asie. *Allo-phaiomys* dérive d'une lignée *Mimomys newtoni-tornensis*, qui accompagne *Parameriones* dans la faune de Dmanissi. A Tsona, par cladogenèse, *Allophaiomys* donne naissance à *Microtus malei burgondiae* qui conduit aux Campagnoles des neiges, *Microtus gud* et *Microtus roberti,* qui sont présents dans les sites comme à Togon-Klde et à Ortvala-Klde.

Les couches inférieures de Tsona ont livré par ailleurs des restes de *Allophaiomys* et *Lagurodon*, correspondant aux bio-zones de *Mimomys savini sup.- Mimomis pusillus- Dicrostonyx* (Kordos L 1994), ou *Mimomys savini- Microtus burgondinae- Allophaimys nutiensis* (Chaline J., Farnajel G., et Mouskelishvili, *in* Liubine, 2002 ; Mouskelishvili, 1998) dont l'age est compris entre 1,1 – 0,8 Ma.

La dominance des espèces arides et semi-arides dans les niveaux inférieurs, indique des paysages de savanes et de steppes du Pléistocène inférieur. L'environnement des couches acheuléennes est relativement chaud et aride mais l'apparition d'espèces xérophiles vers le fin de Pléistocène Moyen et au début du Pléistocène supérieur indique la mise en place de conditions climatiques tempérées douces.

L'analyse palynologique réalisée par EM. Zelikson, Z.P. Gouboniva, N.S. Mamatsashvili et D. Lordkipanidze confirme les données fournies par les rongeurs et atteste que la cavité se situait dans le cadre d'une ceinture forestière supérieure pour la couche 6 avec une forêt de conifères et d'espèces à larges feuilles autour du site et le long des pentes (Vekua *et al.*, 1987).

ESPACE DE SUBSISTANCE

La majeure partie des ossements appartiennent à *Ursus spelaeus* (Vekua, 1987 ; Liubine & Barychnikov, 1984). La grotte a donc servi de lieu d'hivernage aux ursidés et la fréquentation humaine n'a apparemment eu lieu que ponctuellement. Après l'ours, quelques espèces d'herbivores sont plus nombreuses comme *Cervus elaphus, Capra caucasica Güld, Meles meles L, Capreolus capreolus. Bison priscus et Sus scrofa* sont plus rares (Vekua *et al.*, 1981, 1987 ; Bourchak-Abramovich, 1971). Ces espèces plutôt forestières pouvaient vivre aux abords de la cavité et avoir été chassées par l'homme bien qu'aucune donnée archéozoologique ne soient disponibles à l'heure actuelle pour l'affirmer.

AIRE D'APPROVISIONNEMENT EN MATIERES PREMIERES ET ASSEMBLAGES LITHIQUES

La première phase d'occupation du site n'a livré que 30 artefacts. Cette pauvreté est à mettre peut-être en relation avec les observations sur le terrain d'une forte érosion des dépôts due à l'eau qui a pu entraîné la disparition d'une partie des sédiments et de l'assemblage (Liubine, 2002). La couche supérieure contient 104 artefacts, outils sur éclats et grands outillages façonnés, selon les estimations de A. Kalandadze. Seules 91 pièces ont pu être observées pour l'étude. Les pièces dont l'origine stratigraphique est douteuse ont été mises de côté.

Quels lieux de collecte pour les matières premières ?

Les roches employées sont très variées : argilite (n = 65), andésite (n = 11), silex (n = 11), calcaire siliceux (n = 3), grès (n = 5) et autres.

La majeure partie des roches ont été collectées sous forme de galets, de plaquettes ou de rognons lorsque l'aménagement des pièces façonnées permet d'identifier le type de support. L'approvisionnement a pu avoir lieu dans les cours d'eau avoisinant ou dans des gîtes primaires ou secondaires locaux. Toutes les roches sont apparemment disponibles dans un environnement plus ou moins proche, excepté le silex. Le silex proviendrait en effet d'affleurements séno-turoniens de la région d'Imereti, en particulier de la vallée de Kvirila à 35 km vers le sud.

Le type d'assemblage indique que le traitement des matériaux a eu lieu à l'extérieur de la cavité, dans d'autres lieux de vie, ou sur des stations de plein air. La présence d'outils façonnés et d'outils sur éclat permet de supposer une importation d'artefacts " utiles " dans la cavité. La distance de transport de ces artefacts est impossible à estimer avec précision, pouvant provenir de divers lieux plus ou moins éloignés de la cavité. Cependant, quelle que soit cette distance, la composition de l'assemblage indique la mobilité des occupants de la cavité, d'une part dans un espace de haute altitude, d'autre part entre une zone de basse altitude (région d'Iméreti vers 500-600 m) et de haute altitude (cavité à 2.000 m).

Une panoplie d'outils apportée

Couche II inférieure

La série, très pauvre, est composée de 30 artefacts, avec 26 éclats et 4 fragments pouvant provenir de nucléus brisés. Ces artefacts sont avant tout en silex variés ou argilite. La plupart des éclats sont retouchés (n = 19/7).

Ce sont des éclats mesurant entre 40 et 100 mm, épais (>20 mm) et plutôt allongés. Ceux en argilite et roches volcaniques sont plus grands que ceux en silex. Ils sont principalement non corticaux, avec un talon lisse. L'altération rend difficile la détermination de leur origine technique. Il est à noter une prédominance des négatifs d'enlèvements orthogonaux, suivi par les négatifs unipolaires. Les éclats bruts sont plus petits et plus fins que les éclats retouchés (éclats allongés et ovalaires). La retouche concerne une grande partie de la périphérie de l'objet. Dix outils sont des outils doubles, type racloir. La retouche est ordinaire, semi-épaisse, directe (quelques cas bifacial, inverse et alterne). Les tranchants sont en majorité écrasés (traces anthropiques ?).

Couche I supérieure

*pièces brisées (n = 9)

Quatre pièces bifaciales à bords convergents principalement en roche volcanique (basalte ou andésite) sont brisées à leur extrémité. Dans trois cas, la cassure montre une lèvre liée à une flexion ayant entraîné la fracturation de la pointe. Dans un cas, la pièce est de grande dimension (plus de 210 mm). Le support est parfois identifiable : grand éclat cortical, éclat à base corticale et galet brisé longitudinalement. Quelques traits dans l'aménagement sont communs aux pièces : section plano-convexe, enlèvements non couvrants, sauf dans un cas, parfois obtenus en deux séries, aménagement plus ou moins complet des deux bords s'adaptant à l'aspect du support, retouches secondaires partielles, écrasements sur un bord pour une des pièces.

Cinq pièces sont à l'inverse des extrémités de bifaces brisés, principalement en argilite. Les épaisseurs varient de 20 à 48 mm et toutes portent également une lèvre au niveau de la fracture. L'extrémité de l'outil est pointue ou ronde, avec de petits enlèvements soignés, associés à des écrasements.

Les roches en feuillets, que sont l'andésite et l'argilite, ont pu favoriser cette fracturation. Aucune de ces extrémités ne remontent sur les pièces brisées. Ces dernières, du reste, n'ont pas été ravivées et ont été abandonnées sur place sans réel souci d'économie. Il est possible que les extrémités brisées proviennent en revanche de bifaces qui ont été refaçonnés sur place.

*pièces bifaciales à bords convergents (bifaces ?) (n = 17)

La plupart des outils sont en argilite mais il est à noter la présence de deux pièces en chaille et silex. Les dimensions varient de 90 à 162 mm et les outils en

Tab. 7.2 : Composition de l'assemblage lithique de la couche I de Tsona.

	argilite	**Roche volcanique andésite**	**silex**	**Calcaire siliceux ou marneux**	**Grès**	**Autres**	**Ind.**	**total**	***Nombre d'outils avec écrasements****
Extrémités brisées de pièces bifaciales	3	1			1			5	*2*
Pièces bifaciales brisées en bout	1	3						4	*1*
Pièces bifaciales à bords convergents	10	2	2	3				17	*10*
Pièces bifaciales à tranchant transversal et bords convergents	5						1	6	*6*
Pièces bifaciales rectangulaires	8	1		2			1	12	*9*
Hachereaux à tranchant transversal brut			1		1			2	*1*
Hache type Tsona	2					1 schiste		*3*	2
Eclats bruts	7		1			3 quartzite 2 schiste	1	14	*?*
Eclats retouchés	21	3	3		1	2 calcaire		30	*75%*
total	61	10	7	5	3	8	3	*91*	

* écrasements incontestables malgré l'altération de la roche (origine anthropique ?)

silex et calcaire sont parmi les plus petits. Parmi les 17 pièces, 5 sont sur éclat et une sur plaquette. Les autres supports ne sont pas déterminables ou sont des galets-nodules. Le cortex subsiste sur la plupart des pièces, sous forme de lambeaux ou d'un dos (latéral ou proximal, n= 6). L'ampleur de l'aménagement est très variable : 1) deux faces peu aménagées (n = 4) dont la plaquette, 2)deux faces très aménagées (n = 5) par des enlèvements couvrants et de petites dimensions au final, 3) une face plus aménagée (n = 5 sur éclat) avec de petits enlèvements au final, 4) une face plus aménagée (n = 3) par des enlèvements couvrants. La section est plano-convexe pour 9 pièces.

Outre les 6 bifaces à dos cortical, il est à signaler un biface en calcaire avec un dos proximal aménagé et un biface en silex dont la base est amincie. Les morphologies sont surtout subcordiformes, parfois ovalaires ou triangulaires. Les extrémités sont arrondies sauf pour le biface en silex dont l'extrémité est pointue. Deux extrémités présentent une cassure transversale en biseau (accidentelle ou volontaire pour dégager un biseau par un enlèvement type " coup de tranchet ").

Dix outils portent des traces d'utilisation qui pourraient être d'origine anthropique : 1) sur la périphérie et la pointe (n = 4), 2) sur un bord (n = 2), 3) sur un bord et la pointe (n = 4).

*pièces bifaciales à tranchant transversal façonné et bords convergents (bifaces-hachereaux ?) (n = 6)

Toutes sur argilite, sans doute en plaquette, ces pièces sont aménagées plus ou moins amplement. Le façonnage permet de dégager un tranchant transversal par des enlèvements bifaciaux et transversaux couvrant, sur les deux faces, parfois repris par de petits enlèvements unifaciaux. Les bords sont dégagés, soit bifacialement, soit unifacialement et alors de manière alterne. Une seule pièce montre un façonnage soignée de sa base, de morphologie ronde, avec petites retouches secondaires. Les dimensions varient de 100 à 175 mm et certaines pièces sont fines (15 mm).

*pièces bifaciales rectangulaires (hachereaux ?) (n = 12)

En grande majorité en argilite et sous forme de galets (une plaquette et un éclat), ces outils montrent un aménagement bifacial périphérique plus ou moins couvrant suivi par de petits enlèvements (8 pièces avec des zones corticales unifaciales ou bifaciales). L'aménagement conduit à une section plano-convexe

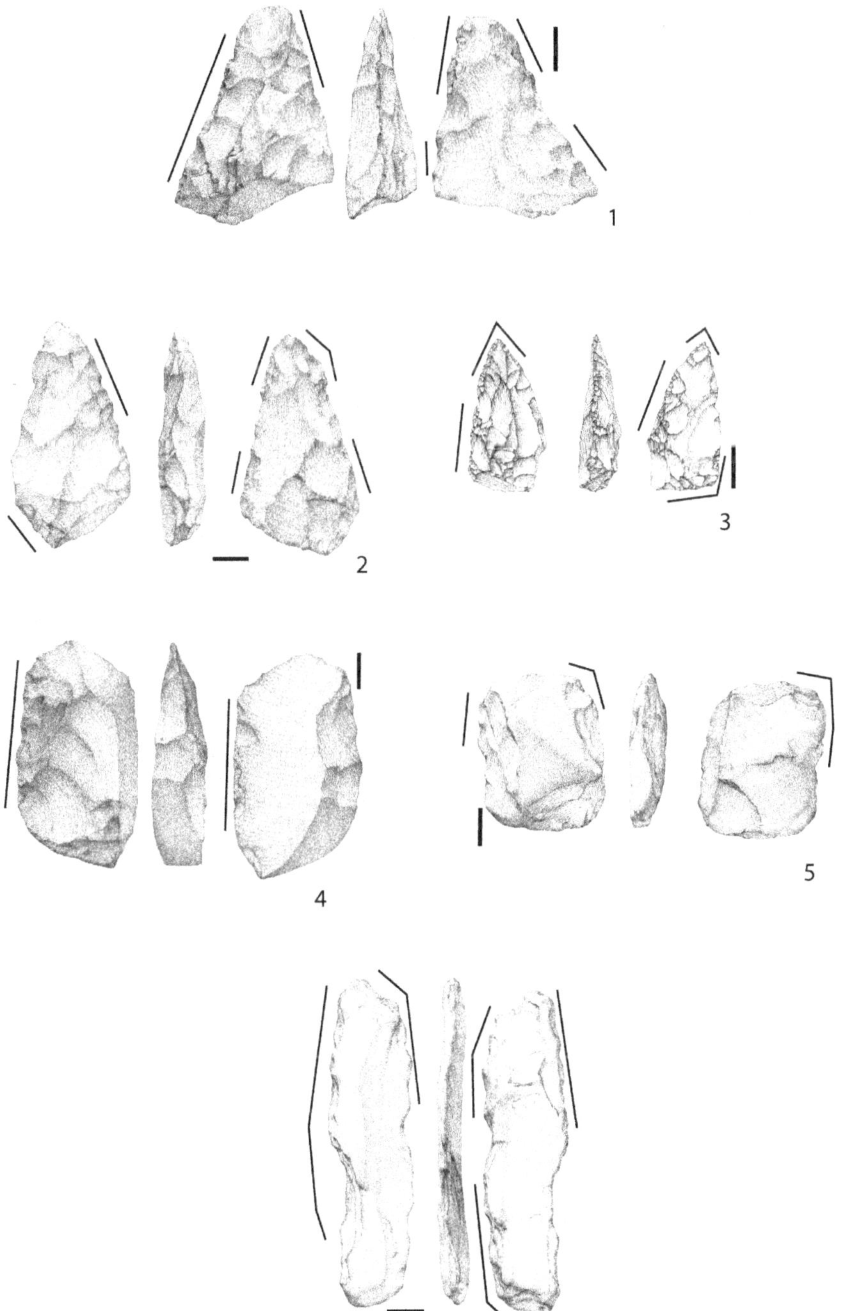

Fig. 7.3 : Matériel lithique de la couche acheuléenne I de Tsona (Dessins : Lasha Ordjonikidze)
1 : extrémité brisée d'outils bifaciaux, 2 : pièce bifaciale à bords convergents en argilite, 3 : pièce bifaciale à bords convergents en silex, 4 : hachereau, 5 : pièce bifaciale à tranchant transversal rectangulaire trait gras = 3 cm
trait fin : zones de fort écrasement sur les arêtes (origine anthropique ?)

ou symétrique de l'outil. Les bords sont rectilignes ou convexes. Un tranchant transversal aménagé est commun à toutes ces pièces, dégagé par des enlèvements envahissants transversaux (rarement latéraux) et parfois de petits enlèvements. Les bords sont aménagés diversement, de même que la base, en fonction du type de support. Un cas présente deux tranchants transversaux opposés (pièces doubles ?). Des écrasements bien délimités sur les bords, et parfois sur le tranchant transversal, laissent supposer que la zone active n'est pas seulement ce tranchant aménagé en bout. Les dimensions varient de 85 à 165 mm de long.

*hachereaux à tranchant transversal brut (n = 2)

Alors que la plupart des pièces à tranchant transversal sont retouchées, deux pièces sont brutes à leur extrémités. Il s'agit de deux éclats (175 et 93 mm), l'un en silex non cortical et l'autre en grès-quartzite à talon-dos cortical. Le tranchant transversal est dans un cas perpendiculaire à l'axe technique de l'éclat, dans l'autre, confondu avec l'axe. Le bord tranchant transversal est dans un cas façonné par des enlèvements courts. Le plus grand outil est, quant à lui, aménagé bilatéralement par des enlèvements plus ou moins couvrants sur une face, repris par une série de plus petits enlèvements. Sur l'autre face, face d'éclatement, les deux bords sont aménagés par de petits enlèvements. Des traces d'écrasement bien délimités sont visibles à proximité du tranchant transversal brut.

*haches type Tsona (Tzaldi) (n = 2)

Ces deux objets en argilite et schiste sont exceptionnelles de par leur morphologie rectangulaire allongée (165-55-15 et 240-65-20). Le façonnage s'est déroulé sur une plaquette. Pour la plus petite pièce, il est couvrant et périphérique, réalisé par plusieurs séries d'enlèvements. Pour la plus grande, le façonnage est en revanche limité aux bords. Dans les deux cas, l'écrasement des tranchants concerne presque toute la périphérie de l'outil et il est possible qu'ils soient d'origine naturelle en raison de l'altération de l'argilite et du type de dépôt.

*éclats

Près de la moitié des artefacts sont des éclats et les trois-quart sont retouchés. L'argilite domine largement les matières premières alors que c'est le silex dans la couche inférieure. Mais il est à remarquer la variabilité des types de roche utilisés. Les dimensions des éclats varient de 50 à 150 mm, mais sont en moyenne plus petits que ceux de la couche II inférieure. Ils sont plut^pt allongés, voire pour certains laminaires. Ce sont les éclats en argilite et roches volcanique qui sont de nouveau les plus grandes pièces. Les pièces sont non corticales, à talon lisse et les négatifs orthogonaux. Ce sont de nouveau les plus grands éclats et les plus épais qui sont retouchés.

Les outils simples (n = 20) devancent largement les outils doubles ou multiples (n = 7). La plupart sont des racloirs et des outils convergents, associés à quelques denticulés, grattoirs et becs. Les retouches sont principalement ordinaires, rarement plates. Le bord entier (latéral le plus souvent) est retouché par une retouche directe ou plus rarement alterne. L'écrasement des bords concerne une majorité de pièces avec parfois de micro-fractures (utilisation, actions post-dépositionnelles naturelles ?).

DISCUSSION

Le site de Tsona n'a livré à ce jour que peu d'artefacts, même si un tri à la fouille a certainement eu lieu. Aucun ne témoigne d'une activité de production dans la cavité, mais plutôt d'activités de consommation, peut-être en relation avec des activités de subsistance liées aux espèces d'herbivores dont les restes ont été identifiés dans les dépôts.

La couche II n'a livré que des éclats. Une attribution acheuléenne a été retenue mais il est possible que cet assemblage témoigne de la présence de séries du Paléolithique inférieure sans biface dans cette zone (Toushabramishvili, 2002).

Dans la couche I, la présence de traces d'utilisation bien délimitées sur les tranchants des grands outils façonnés et la présence de grands outils brisés permettent de supposer des actions et des chocs de grande intensité ou une utilisation de longue durée des outils qu'ils soient façonnés ou sur petits éclats. Malgré le type de dépôt, la forte fréquence des ours et l'abondance d'argilite, roche très friable, il est certain que certains secteurs des tranchants portent des traces d'utilisation bien délimitées (toutes les traces douteuses ont été éliminées du décompte). Les données paléoenvironnementales indiquent des occupations lors de périodes climatiques tempérées qui conduisent à un élargissement des aires potentielles d'occupation et permettent aux groupes humains d'occuper de plus vastes territoires. Ce phénomène est observé dans d'autres massifs montagneux en Europe comme dans les Alpes françaises ou dans les Carpates en Roumanie (Bernard-Guelle, 2002, Carciumaru *et al.*, 2002).

Il est donc possible que cette cavité ait enregistré des occupations ponctuelles de groupes humains fréquentant un territoire montagnard dont la taille est encore difficile à estimer mais qui s'approvisionnaient à la fois dans les différentes roches locales et circulaient avec des roches de très bonne qualité comme le silex. Si l'on se réfère au silex, l'espace parcouru serait d'environ 35 km, vers le sud, vers des zones de plus basse altitude. Les roches locales sont l'argilite, le calcaire, les roches volcaniques, et autres. Elles sont collectées sous forme de galets ou nodules et leur façonnage passe parfois par une fracture ou un débitage préalable de grands éclats comme il est courant dans l'Acheuléen. Les rares artefacts en silex sont touts sur éclat et la dimension de cet éclat conduit à un façonnage plus ou moins ample ou à une retouche. Le silex, plus lointain, circulerait donc sous forme d'éclat dont la dimension n'excède pas 100 mm.

A la différence de Koudaro I ou de Terugol'naya où des nucléus ont été découverts associés aux outillages, il semble donc, qu'à Tsona, les occupations soient des indices d'arrêts très ponctuels si l'enregistrement archéologique est pertinent. L'étude archeozoologique permettrait de dire si les restes osseux sont bien liés à des activités anthropiques et si les occupations ont pris place lors d'une saison particulière.

Le façonnage a conduit à des types d'outils variés dont tous portent des traces d'utilisation sur une large partie de la périphérie, et non uniquement au niveau de l'extrémité ou du biseau transversal. L'aménagement soigné de la base de certaines pièces laisse même penser que ces objets ont été fabriqués pour un usage certainement multifonctionnel. Ces outils sont des hachereaux rarement " typiques " avec biseau brut, mais plutôt des pièces dont le tranchant transversal est aménagé et dont les bords présentent des traces d'usure. Certains sont à bords convergents, d'autres sont rectangulaires. Certains hachereaux sont donc plus des bifaces à tranchant transversal, aux côtés de pièces bifaciales " classiques ", avec ou sans dos.

Les pièces à bords parallèles et les haches type Tzaldi sont caractéristiques du Caucase et les sites de Koudaro I et III, et d'Azikh en grotte, ou les sites de plein air d'Ossétie méridionale, d'Iméréti, et d'Abkhasie, ont livré des objets semblables sur un fond technique qui paraît proche de celui observé au Proche-Orient (Liubine, 1960, 1981, 1989 ; Liubine & Bosinski, 1995 ; Toushabramishvili, 2003 ; Liubine & Beliaeva, 2004, 2006). Doit-on alors concevoir l'Acheuléen du Caucase comme une variante locale d'une extension septentrionale de l'Acheuléen du Proche-Orient comme en témoignent les sites de Ubeidiya et de Gesher Benet Yakov en Israël alors que les assemblages à bifaces sont absents de l'Asie orientale (Bar-Yosef & Goren-Inbar, 1993 ; Ranov & Schäfer, 2000 ; Goren-Inbar *et al.*, 2002) ?.

Les sites acheuléens sont rares en définitive dans le Caucase, autant sur son flanc nord (Treugol'naya) que sud (Tsona, Koudaro I et III) (Zamiatine, 1961 ; Levkoskaïa, 1980 ; Liubine, 1959, 2002 ; Liubine & Levkoskaïa, 1972 ; Vereschagin & Barychnikov, 1980). La présence de l'Acheuléen ne semble pas être attestée avec certitude avant 350.000 ans, bien que des indices suggèrent son apparition vers 600.000 ans. Son observation dans des sites localisés de part et d'autre de la chaîne pose la question de sa diffusion : déplacements de populations en longeant les bords de la Mer Noire et de la Mer Caspienne, passage par les cols à la faveur d'améliorations climatiques, barrière du Caucase et donc régions indépendantes sur chacun des versants ?. La pauvreté des séries ne permet pas de constater des traits communs incontestables pour tout le Caucase, excepté pour les outils rectangulaires bifaciaux. Les outils façonnés sur éclat, les bifaces à dos, font pourtant penser à un Acheuléen final avec des tendances micoquiennes bien que le Micoquien ne soit pas attesté avant le OIS 6 en Europe Centrale. Les pièces sont allongées, de grande taille. L'outillage sur éclat rentre techniquement dans la variabilité des industries de cette tradition, en particulier celui du groupe de Koudaro-Djurdjula avec des éclats plutôt allongés.

CONCLUSION

Les deux couches acheuléennes de Tsona offrent la possibilité d'examiner un matériel lithique composé uniquement de produits fonctionnels qui proviendraient aux vues des types de roches d'une aire locale à semi-locale (35 km pour le silex de la région d'Imereti). La composition des assemblages laisse penser à des occupations très ponctuelles de la cavité, dans le cadre d'une mobilité de groupes humains dans un territoire de haute montagne rendu accessible à la faveur d'améliorations climatiques. L'intensité des déplace-ments et la superficie du territoire parcouru sont difficiles à estimer du fait de l'emploi prédominant des roches locales. Malgré la fragilité des plaquettes d'argilite, les hommes ont utilisé en abondance ce matériau, comme divers types de roche dont la qualité et l'aptitude sont variables. Cette variété reflète, soit un opportunisme en exploitant tout ce qui est disponible aux abords de la cavité, soit répond à des besoins variés. Les traces d'usure ne permettent pas de répondre à cette dernière question, tous les types de tranchants étant écrasés. Le site démontre que la gestion locale de l'environnement est couplée à une mobilité des occupants. Les premières études de l'origine du silex laisse penser que cette roche proviendrait d'environ 35 km, de secteurs situés dans une vallée de la région d'Imereti. Si cela se confirme, elle attesterait un déplacement de populations en haute altitude pour des occupations ponctuelles, et sans doute très courtes, où le matériel utile est apporté de l'extérieur, préparé à partir de matériaux locaux ou transporté sur de plus longues distances.

Remerciements

Ana Mgeladze a bénéficié d'une bourse INTAS qui lui é permis d'effectuer des échanges réguliers entre le Musée National de Tbilissi et le Muséum National d'Histoire Naturelle. Ce travail est le résultat d'échanges scientifiques entre les deux institutions subventionnés par le CNRS et le Ministère des Affaires Etrangères.

Bibliographie

BARYCHNIKOV G. F. (1977) - Prirodnaya obstanovka i fauna mlekopitayuschih Centralnogo Caucasa v pozdnem antropogene.Izvestiya *Vsesoyuznogo Geographicheskogo obschestva*, n°3, Leningrad, pp. 246-254.

BARYCHNIKOV G. F., (1978) - Mlekopitayuschie Caucasa v epochi rennego paleolita, Pleistocenovye mlekopitayuschie Severnoy Eurasii. Trudy *Zoologicheskogo instituta AN SSSR*, t.168, Leningrad, pp. 3-20.

BARYCHNIKOV G. F. (1991) - Ursus mediterraneus v Pleistocene Caucasa i zamechania po istorii melkih medvedev Eurasii, Paleoteriologicheskie issledovania fauny SSSR. *Trudy Zoologicheskogo instituta AN SSSR*, t. 238, Saint Petersbourg, pp. 3-60.

BARYCHNIKOV G. F. (1991) - *Fauna achelskoy v peshere " Treugolnaya" na Seevernom Caucasa, VI Coordinatsionnoye soveschanie po izucheniyu mamontov i mamontovoy fauny: Tesisy dokladov*. Leningrad, pp. 11-12.

BARYCHNIKOV G. F. (1993) - Krupnye mlekapitayushie ashelskoy stoyanki v peshere Treugolnaya na severnom Caucase, Materialy po mesozoiskoy i kainozoisly istorii nazemnyh pozvonochnih. *Trudy Zoologicheskogo instituta AN SSSR*, t. 249, Saint Petersburg, pp. 3-47.

BAR-YOSEF O. & GOREN-INBAR N. (1993) – *The lithic assemblages of Ubeidiya*, Qedem 34, Université de Jérusalem.

BERDZENISHVILI N. Z. & KALANDADZE A. N. (1971) - *Itogi I zadachi izuchenie kamenogo veka v Gruzii*. Tezisi dokladov. Tbilissi.

BERNARD-GUELLE S. (2002) – Modalités d'occupation et d'exploitation du milieu montagnard au Paléolithique moyen : l'exemple du Massif du Vercors (Préalpes du nord), *BSPF* t.99, n°4, p. 685-699.

CARCIUMARU M., MONCEL M-H., ANGELHICU M. & CÂRCIUMARU R. (2002) - The Borosteni-Cioarei Cave (Carpathian Mountains, Romania). Middle archaeological finds and technological analysis of the lithic assemblages". *Antiquity,* 76, p.681-690.

DORONICHEV V.B. (2000) – Lower Palaeolithic occupation of the Northern Caucasus, *ERAUL* 92, p. 67-77.

DORONICHEV V.B. & GOLOVANOVA L.V. (2003) - Bifacial Tools in the Lower and Middle Paleolithic of the Caucasus and their Contexts, In : "Multiples Approaches to the Study of Bifacial Technologies", Soressi M. & Dibble H.L. (Eds), University Museum Publications, Philadelphia, USA.

GOLOVANOVA L.V. (2000) - Late Acheulian of the Northern Caucasus and the problem of transition of the Middle Palaoelithic, ERAUL, 92, In : *Les premiers Hommes aux portes de l'Europe,* Congrès Tbilisi, D. Lorkipanidze *et al*. eds., p. 42-65.

GOLOVANOVA L.V. & DORONICHEV V.B. (2005) - The Middle Palaeolithic of the Caucasus, *Journal of World Prehistory*, vol. 17, n°1, p. 71-138.

GOREN-INBAR N., WERKER E. & FEIBEL C.S. (2002) – *The Acheulian Site of Gesher Benot Ya'aqov, Israël. The Wood Assemblage,* Oxford, Oxbow Books.

KALANDADZE A. N. (1956) - Sur l'histoire de la formation de la société primitive sur le territoire de la Géorgie. *Travaux de l'Institut d'Histoire de l'Acad. Des Sc. De la R. S. S. de Géorgie*, t. 11.

KALANDADZE A. N. (1959) - Resultaty rabot paleoliticheskoy expedicii 1958 g. *Berkhney Ratche I Yogo-Osetii, Tesisy doklodov na nauchnie sessii Instituta istorii AN Gruzii*, Tbilissi, pp. 3-5.

KALANDADZE A. N. (1960) - Resultaty rabot paleoliticheskoy expedicii 1959 g.*na yujnom sklone crednego Caucasa, Tesisy doklodov na nauchnie sessii Instituta istorii AN Gruzii*, Tbilissi, pp. 6-10.

KALANDADZE A. N. (1961) - Resultaty rabot paleoliticheskoy expedicii 1960 g *.na yujnom sklone crednego Caucasa,. Itogi polevich archeologicheskih issledovania na teritorii Gruzinskoy SSR v 1960 g. Tesisy doklodov,* Tbilissi, pp. 3-7.

KALANDADZE A. N. (1962) - Resultaty rabot paleoliticheskoy expedicii 1961 g *.na yujnom sklone crednego Caucasa,. Itogi polevich archeologicheskih issledovania na teritorii Gruzinskoy SSR v 1961 g. Tesisy doklodov,* Tbilissi, pp. 3-6.

KALANDADZE A. N. (1964) - "Etude des monuments de la culture paléolithique ancienne en Géorgie". *VIIéme congrès international des sciences anthropologiques et ethnologiques, " Mezniereba ", Tbilissi.*

KALANDADZE A. N. (1965) - Tsonskaia peshera I ego Kultura. Pesheri Gruzii. *Speleistisheski sbornik*, n°3, Tbilissi.

KALANDAZE A. N. et TUSHABRAMISHVILI D. (1978) - *Tsonskaya peshera, Archeologia i peleogeographia rannego paleolita Krima i Caucasa : Putevoditel*. Moscou, pp. 96-100.

LEVKOSKAÏA G. M. (1980) - Palinologitcheskaïa karakteristika otlejenii v pechtcherak Koudaro I et Koudaro III. *V kn.: " Koudarskié pechtchernié stoïanki v Iougo-Osetii* ", Moscou, Nauka, pp. 129-151.

LIUBINE V. P. (1959) - La station de grottes de haute montagne de Koudaro *Bulletin de la Société Géographique de l'U. R .S. S.*

LIUBINE V. P. (1960) - Monuments du paléolithique inférieure en Ossetie du Sud. *MIA*, t.79.

LIUBINE V. P. (1981) - L'acheuléen de la partie européenne de l'U.R.S.S. et du Caucase (matériaux et quelques problèmes). *Anthropologie, XIX/I, Brno*, pp. 33-46.

LIUBINE V. P. (1989) - "Paleolit Kavkaza (Paleolithic on the Caucasus)." *In*: Boriskovski P. I. (éd), *Paleolit Kavkaza I Sredney Azii (The Paleolithic of the Caucasus and Northern Asia), Nauka, Leningrad*.

LIUBINE V.P. (2002) - *L'Acheuléen du Caucase*, Eraul 93, Université de Liège.

LIUBINE V. P. et LEVKOSKAÏA G. M. (1972) - Pechtechera Koudaro 3. Material i issl. Po arkeologii SSSR, n°185, Moscou, pp. 25-40.

LIUBINE V. P. et BARYCHNIKOV G. F. (1984) - L'activité de chasse des plus anciens habitants du Caucase (Acheuléen, Moustérien). *L'Anthropologie*, Paris, t.88, n°2, pp. 221-229.

LIUBIN V.P. & BOSINSKI G. (1995) – The earliest occupation of the Caucasus region, *in* : *The earliest occupation of Europe*, Proceedings of the European Science Foundation workshop at Tautavel, France, 1993, W. Roebroeks & T. Van Kolfschoten eds., University of Leiden, p. 207-235.

LIUBIN V.P. & BELIAVA E.V. (2004) – *A site of Homo erectus in the Koudaro I cave (Central Caucasus)*, Saint-Petersbourg.

LIUBIN V. P. & BELIAVA E. V. (2006) – *Early Prehistory of the Caucasus*, Saint-Petersbourg.

MOUSKELISHVILI A. (1998) – Les rongeures du Plio-Pléistocene de la Géorgie (Rodentia), Thèse du doctorat de l'Institut de la Zoologie de l'Academie de Sciance de la Géorgie, Tbilissi, 1998, 110 p.

RANOV. V.A & SCHÄFER J. (2000) – The Palaeolithic of the late Middle Pleistocene in Central Asia, 400-100 ka ago, *in* : A. Ronen & M. Weinstein-Evron eds, *Toward Modern Humans. The Yabrudian and The Micoquian, 400-50 k-years ago*, congress University of Haïfa, 1996, Bar International Series 850, p. 77-93.

TUSHABRAMISHVILI D. (1978) - Itogi rabot Tsutskvatskoi I Tsonskoi Arkeologicheskix ekpeditsii za 1976-1977. *Saqartvelos sakelmtsifo Muzeumis Arkeologiuriuri Ekspediciebis Krebuli*. Tbilissi.

TUSHABRAMISHVILI D. (1984) – Paleolit Gruzii, Vestnik Gosudartvenogo museja Gruzii, t. 37-B, Tbilissi, pp. 5-27.

TUSHABRAMISHVILI N. (2002) - *Les Cavernes de la Géorgie. Les sites de l'Homme préhistoriques*. Le Guide, Tbilissi (géorgien, anglais, français).

TUSHABRAMISHVILI N. (2003) - Les industries du Paléolithique inférieur dans le Caucase méridional. *L'Anthropologie*, n°107, Paris, pp. 565-576.

VEKUA A. K., GABELAIA C. D., MOUSKELISHVILI A. T. (1981) – Paleoliticheskaia fauna iz pescher zapadnoy Gruzii, Georgian caves, N 9, Tbilissi, Mecniereba, pp. 38-50.

VEKUA A. K., GABELAIA C. D., MOUSKELISHVILI A. T., MAMATCASHVILI N. S. (1987) K izucheniu Paleoliticheskoi Fauni pozvonochnih pesheri Tsona, *Georgian caves, Speleological transaction 11*, Tbilissi, Mecniereba, pp. 92-100.

VERESCHAGIN N. K. et BARYCHNIKOV G. F. (1980) - "Ostatki mlekopitaïouchtchik v vosochnoï galeréié pechrcheri Koudaro 1". *V kn.: "Koudarskié pechtchernié stoïanki v Iougo-Osetii", Moscou, Nauka*, pp. 51-62.

ZAMIATNINE S. N. (1961) - *Etudes du Paléolithique*, Moscou Leningrad.

Paléolithique moyen

L'APPROVISIONNEMENT EN MATIERES PREMIERES LITHIQUES EN FRANCE SEPTENTRIONALE AU PALEOLITHIQUE MOYEN RECENT

Pascal DEPAEPE

INRAP et CNRS FRE2941 Préhistoire, géomorphologie et Quaternaire
(Université des sciences et technologies de Lille)

***Résumé**: La France septentrionale est une région riche en matières premières lithiques, essentiellement en silex crétacé. Des difficultés de reconnaissance des différents types de silex ont longtemps limité les recherches sur l'acquisition des matières premières, mais une nouvelle méthode d'étude permet maintenant d'aborder ces problèmes. Une étude poussée a été réalisée dans la partie sud-est du Bassin parisien. Il apparaît que la gestion de l'approvisionnement en matières premières est relativement semblable à d'autres régions déjà étudiées (sud-ouest de la France par exemple) : plus le matériau est de source éloignée, moins il est représenté quantitativement et sa représentation se limite aux produits finis. Une différence est cependant importante : les distances d'acquisition sont largement inférieures à celles reconnues dans d'autres régions. Enfin, la question est posée de la validité de la matière première comme marqueur d'extension territoriale.*

***Mots clés**: Paléolithique moyen, Matières premières lithiques, France septentrionale*

***Abstract**: The region of northern France is rich in lithic resources, mainly cretaceous flints. For long, difficulties in the identification of these flint types hindered research on raw material acquisition, but a new method of study now makes it possible to address these issues. A thorough study undertaken in the south-eastern part of the Paris basin shows that the management of raw material procurement there was relatively similar to that identified in other regions already studied (notably south-western France). Basically, the more distant is the source of the raw material, the more rarely it is represented, and only as finished products, in the assemblages in question. An important difference to other regions concerns however the distances of raw material acquisition, which are considerably smaller than elsewhere. This leads us to raise the question of the validity of raw material procurement as an indicator of territorial extent // size*

***Key-words**: Middle Palaeolithic, lithic raw materials, northern France*

LES SITES

Depuis le début des années '90, des sondages systématiques en France septentrionale, et plus particulièrement dans les régions Nord-Pas-de-Calais et Picardie, ont permis la découverte et la fouille de plus d'une trentaine de sites attribuables au Paléolithique moyen (figure 8.1), sur une superficie cumulée d'environ 60.000 m^2 (Depaepe sous presse a). La majorité de ces sites sont situés au sein de dépôts loessiques sur des versants doux ; quelques uns se trouvent en situations différentes : pieds de buttes tertiaires, dolines (plateaux calcaires), contextes alluviaux.

La plupart des sites sont datables du Début Glaciaire weichselien (ISO 5d-5a). Un seul site[1] est attribuable à l'Eemien (ISO 5e), cette rareté étant certainement le résultat de problèmes taphonomiques (destruction des niveaux eemiens lors du début du Weichselien). On constate de plus une évidente concentration lors du sous-stade 5a, en terme de nombre de sites rapporté à la durée de la période (Depaepe sous presse a). En revanche, les stades postérieurs sont nettement moins riches, du moins dans l'état actuel des recherches.

Nombre de ces sites présentent une faible densité de matériel, souvent moins d'une pièce au m^2. Ils se présentent comme une nappe d'artefacts ponctuée de quelques concentrations ou amas de débitage, sans organisation apparente. Néanmoins des études poussée ont mis en évidence l'existence de dynamiques internes perceptibles (Locht 2002 ; Depaepe sous presse b).

Les industries sont majoritairement Levallois, méthode qui reste le fonds commun à la presque totalité des sites toutes périodes confondues. Le débitage laminaire volumétrique est présent durant le stade ISO 5, jusqu'au début du stade ISO 4, mais n'apparaît plus dans les industries postérieures (Depaepe sous presse a ; Locht 2005). Le débitage discoïde est également attesté, quoiqu'en proportion limitée et essentiellement sur le site de Beauvais (Locht 2003). Les outillages sont, pour le stade ISO 5, essentiellement des pièces peu retouchées ; par la suite la retouche devient plus envahissante, recouvrant parfois la majeure partie du support. Les pièces bifaciales sont rarissimes (Depaepe 2001 ; Locht & Antoine 2001). Dans l'état actuel des connaissances est plutôt privilégiée l'hypothèse d'une reconquête du nord de la France après le " coup de froid " du stade ISO 4 par des groupes différents de ceux du stade ISO 5, plutôt que d'une évolution sur place.

[1] Caours (Somme), fouille en cours par Jean-Luc Locht.

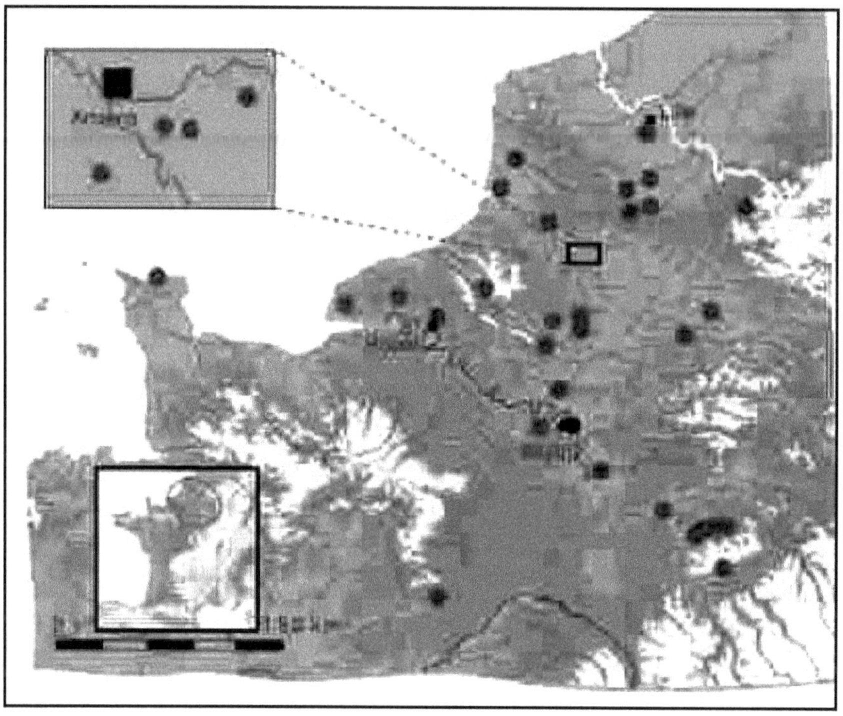

Fig. 8.1 : Carte des sites du Paléolithique moyen récent du nord de la France.

GEOLOGIE REGIONALE : LES ACCES AUX MATERIAUX

La zone concernée par cette étude fait partie du bassin parisien, dont le substrat est majoritairement crétacé. La craie renferme de nombreux bancs siliceux (Turonien, Coniacien, Santonien, Campanien), riches en nodules de dimensions variées mais pouvant atteindre des tailles importantes (Fabre, 2001) Si la récolte de rognons peut théoriquement se faire en contexte primaire ou secondaire, la forte proportion de pièces à cortex crayeux dans les séries archéologiques semble conforter l'hypothèse d'un prélèvement le plus souvent en contexte primaire, sans doute dans ou au pied de talus ou sur les versants abruptes de vallées dissymétriques.

Le centre du bassin parisien (Ile-de-France, sud et est de la Picardie) est recouvert d'affleurements tertiaires renfermant par endroits un silex de qualité variable selon l'étage géologique. Des grès tertiaires se retrouvent également parfois dans ces affleurements. C'est cependant le silex secondaire qui a été le plus largement utilisé.

L'UTILISATION DES MATIERES PREMIERES

Des trois matières premières recensées sur les différents sites, le silex secondaire est très majoritairement le plus utilisé. La moyenne générale des silex secondaires est d'environ 97%, pour 2% pour le silex tertiaire et 1% pour le grès. Ces chiffres peuvent néanmoins varier selon les sites, mais à de rares exceptions près le silex secondaire est toujours très dominant, voire exclusif.

Jusqu'il y a quelques années la distinction entre les silex des étages sénoniens était réputée impossible. Des techniques adaptées permettent maintenant cette distinction (Depaepe, 2003). Les études jusqu'à présent abouties sur les origines des silex secondaires, et donc l'utilisation des différents bancs et les déplacements des artisans, montrent un certain nombre de relations dynamiques concernant le matériau : relations entre la distance du gîte de matière première et la quantité représentée, relations avec le degré d'investissement technique, relations avec le module de certaines pièces, relations avec l'âge des sites.

Une relation forte est celle entre la distance du gîte de matière première et la quantité représentée par matière. On constate une forte décroissance de la représentation d'un matériau selon sa distance d'acquisition, celle là diminuant lorsque celle-ci augmente. Ainsi, pour les sites de la vallée de la Vanne, les artefacts en matériau dont la distance d'acquisition est supérieure à 10 km représentent moins de 5% du total (fig. 8.2), et la très grande majorité du débitage a été réalisée sur du silex strictement local.

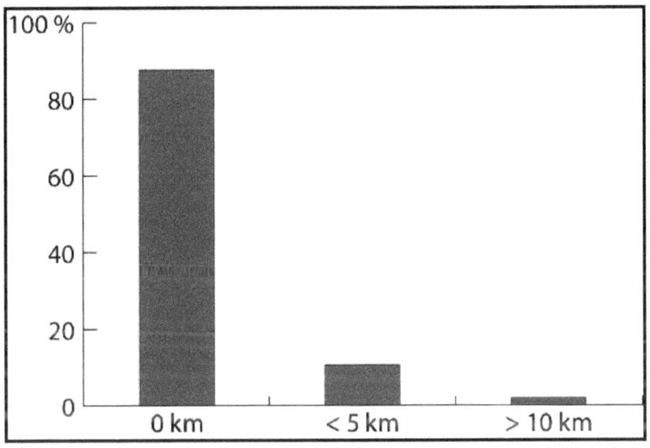

Fig. 8.2 : Quantité de silex selon les distances d'approvisionnement.

La relation matière – investissement technique est évidente : plus la distance est grande, plus les produits importés sont élaborés (tab. 1). L'investissement technique semble lié à la fonction et à la mobilité de certaines pièces (bifaces, racloirs et éclats Levallois de grandes dimensions, lames), préparées en un lieu donné et transportées lors des déplacements comme équipement pour le groupe ou fourniment individuel, mais sans doute vite abandonnées, car elles ne présentent pas ou peu de traces de ravivage.

Une autre relation semble s'affirmer dans l'âge des sites. En effet, nous constatons sur les sites de la vallée de la Vanne (dont la multiplication dans une micro-région permet des comparaisons pertinentes, Depaepe sous presse b) un accroissement des types de matières premières utilisées en fonction de l'âge des sites (tableau 2). Cela suggère une diversification des territoires parcourus et peut-être un accroissement de leurs dimensions.

Tab. 8.1 : Relation distance/techno-typologie.

distances minimum	**<1 km**	**3 à 5 km**	**>4 km**	**>12 km**	**>20 km**	**>20 km**
blocs testés	x					
nucléus non Lev.	x					
façonnage (ébauches ou éclats de taille de biface)	x	x	x			x
nucléus laminaire	x	x	x			
nucléus Lev.	x	x	x			x
produits non Lev.	x	x	x	x		x
produits Lev.	x	x	x	x	x	
outils retouchés	x	x	x	x	x	x

Tab. 8.2 : Relations matière/âge des sites.

ISO	**Sites**	**Santonien (local)**	**Campanien (<5km)**	**Coniacien (<5km)**	**Turonien (env. 20km)**	**Allochtone (?)**	**Tertiaire (>10km)**
5d ?	BGD-C	100					
5d ?	VAP-C	74	26				
5a	BGD-B sud	85,2	11,5			3,3	
5a	MOL Ouest	96,3	2,2	0,7		0,7	
5a	BGD-B est I	89	7,6	3,4			
5a	BGD-B est II	90,5	9,5				
5a	MOL Centre	97,1	2,9				
5a	MOL Est	97,5	1,7	0,8			
5a	BGD-B nord	70,1	23,3	3,6		2,1	
5a	VAP-B sud	96,2	3,8				
5a	VAP-B nord	84,3	7,8	3,9		2	2
4	TOU	90,2	7,6	1,2	0,3	0,6	0,1
4-3	BGD-A	80,5	13,9			2,8	2,8

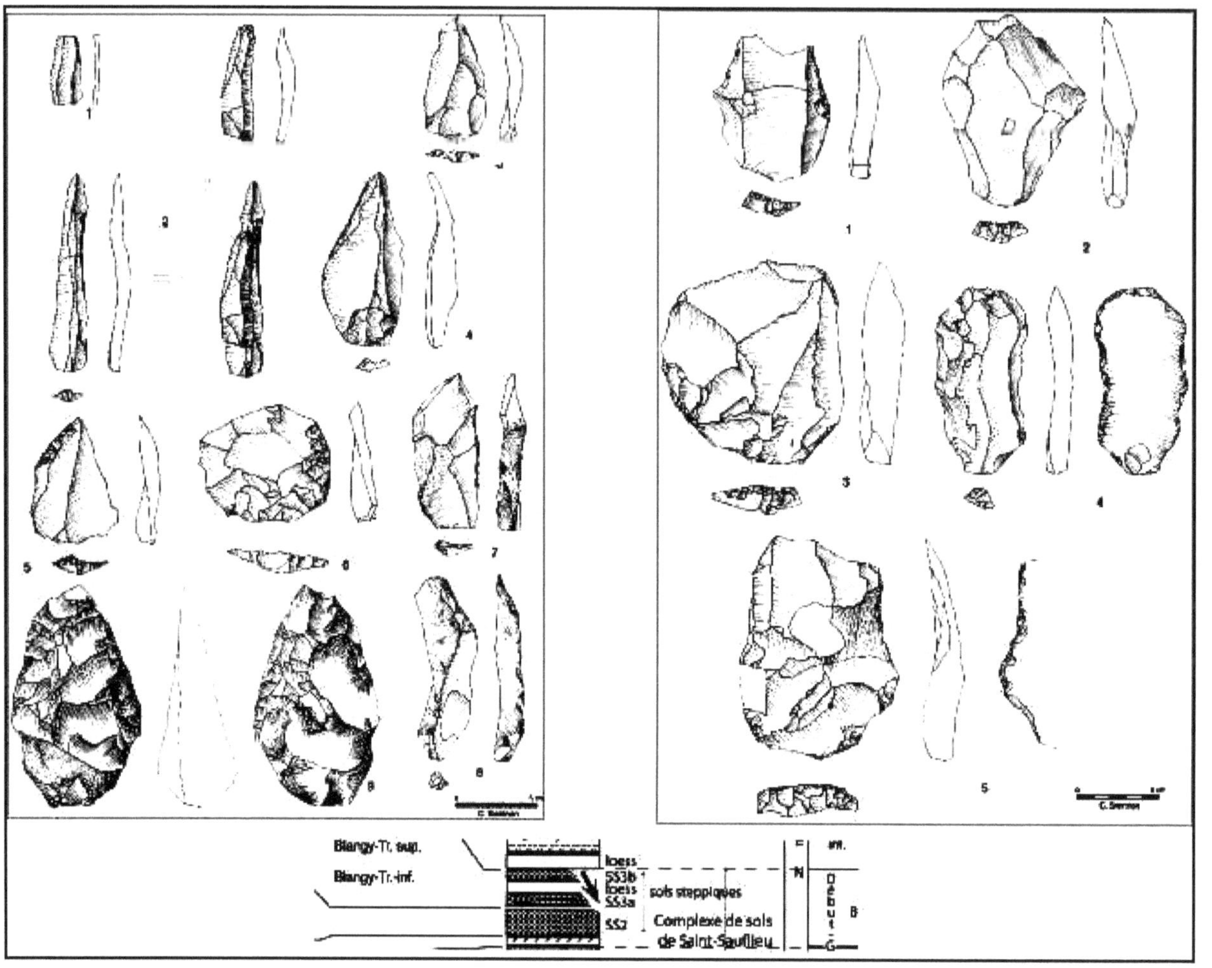

Fig. 8.3 : Comparaison entre le matériel lithique des niveaux inférieur et supérieur de Blangy-Tronville (Somme). On remarque pour le niveau supérieur un accroissement du module, et une réduction de l'éventail technologique (pas de débitage laminaire ni de façonnage).

Enfin il semble exister une relation entre la matière et le module de certaines pièces. Les éclats Levallois du site de Lailly "Tournerie", par exemple, sont en moyenne plus grands lorsqu'ils sont débités à partir de silex non local. Mais il convient de nuancer ce propos dans la mesure où une relation du module de débitage avec l'âge du site est peut-être également à considérer (Locht, 2005), de même qu'avec la fonction du site (sur le site de Blangy-Tronville, le module des produits est différent selon les niveaux alors que rien dans l'environnement ne semble pouvoir l'expliquer – figure 8.3 et Depaepe *et al.*, 1999).

Ces données font apparaître une forte relation entre la distance aux gîtes d'une part, et la quantité et l'élaboration des produits transportés d'autre part. Cette relation est connue dans plusieurs régions : Aquitaine (Geneste, 1988), Europe centrale (Féblot-Augustins, 1997 et 1999), Bassin mosan (Otte & Bonjean, 1998), Suisse (Stahl Gretsch & Detrey, 1999), entre autres. Ce système est donc classique pour le Paléolithique moyen de l'Ouest européen.

L'aspect original en France septentrionale est les courtes distances moyennes entre sites et gîtes, le plus souvent inférieures à 20 km. Mais cette faible distance due sans aucun doute à la richesse locale en matières premières de qualité, ne modifie pas le schéma d'approvisionnement tel que mis en évidence dans d'autres régions.

Se pose néanmoins le problème de la valeur que l'on peut accorder aux études d'approvisionnement en matières premières lithiques dans la définition d'un territoire d'acquisition *sensu lato*, dans cet environnement riche en silex. Il semble que cette valeur soit faible : en effet, dans le cas de la vallée de la Vanne, le territoire exploité si l'on se base sur le seul lithique, est restreint : environ 300 km^2 pour les sites du Weichselien ancien. Le silex paraît être une bien faible voyageur, abandonné ici pour être renouvelé grâce à son abondance en tant que source, et de nouveau abandonné, au gré des déplacements, car dans un environnement riche en silex, on ne se déplace pas pour du silex, on se déplace avec du silex.

Bibliographie

DEPAEPE P. (sous presse a) - Paléolithique moyen récent en France septentrionale : données récentes. In *Middle Palaeolithic Human Activity and Paleoecology: New Discoveries and Ideas*. International Conference Wroclaw, 22-24 June 2006.

DEPAEPE P. (sous presse b) - *Le Paléolithique moyen de la vallée de la Vanne (Yonne) : matières premières, industries lithiques et occupations humaines*. (Mémoires de la Société Préhistorique française)

DEPAEPE P. (2001) - Pour une poignée de bifaces : les industries pauvres en bifaces du Paléolithique moyen de la vallée de la Vanne (Yonne - France). In CLIQUET D. (dir.) *Les industries à outils bifaciaux du Paléolithique moyen d'Europe occidentale*. Actes de la table-ronde internationale de Caen, octobre 1999, p. 135-140 (ERAUL 98).

DEPAEPE P. (2003) - L'utilisation des matières premières au Paléolithique moyen dans la vallée de la Vanne (France). In *Les matières premières lithiques en Préhistoire*. Actes de la table ronde d'Aurillac, p. 123-130 (Préhistoire du Sud-Ouest, supplément 5)

DEPAEPE P., GUERLIN O., SWINNEN C., ANTOINE P. (1999) - Occupations du Paléolithique moyen à Blangy-Tronville (Somme). *Revue archéologique de Picardie*, 3/4, p. 3-21.

FABRE J. (2001) - L'économie du silex dans la moyenne vallée de la Somme au Néolithique final : l'exemple de la minière d'Hallencourt et des sites périphériques. *Revue archéologique de Picardie*, 3/4, p. 5-80.

FEBLOT-AUGUSTINS J. (1997) - *La circulation des matières premières au Paléolithique*. 2 tomes, ill. (ERAUL 75)

FEBLOT-AUGUSTINS J. (1999) - Raw material transport patterns and settlement systems in the European Lower and Middle Palaeolithic: continuity, change and variability. In : ROEBROEKS W., GAMBLE C. (éds). *The Middle Palaeolithic Occupation of Europe*, University of Leiden, pp. 193-214.

GENESTE J.M. (1985) - *Analyse lithique d'industries moustériennes du Périgord : une approche technologique du comportement des groupes humains du Paléolithique moyen*. Thèse de Doctorat. Université de Bordeaux I, 1 vol.

GENESTE J.-M. (1988) - Systèmes d'approvisionnement en matières premières au Paléolithique moyen et au Paléolithique supérieur en Aquitaine. In : Otte M. (éd.), *L'Homme de Néandertal*, 8, p. 61-70.

LOCHT J.-L. dir. (2002) - *Bettencourt-Saint-Ouen (Somme). Cinq occupations paléolithiques au début de la dernière glaciation*. Paris: Maison des Sciences de l'Homme. 176 p., ill. (Documents d'Archéologie Française 90).

LOCHT J.-L. (2003) - L'industrie lithique du gisement de Beauvais (Oise, France) : objectifs et variabilité du débitage discoïde. In Peresani M., *Discoid Lithic Technology. Advances and Implications*, p. 193-208 (BAR S1120).

LOCHT J.-L. (2005) –Le Paléolithique moyen. In Collectif, *La recherche archéologique en Picardie : bilans et perspectives*, p. 27-35 (Revue archéologique de Picardie, n° 3-4). LOCHT J.-L., ANTOINE P. (2001) - Caractérisation techno-typologique et position chronostratigraphique de plusieurs industries à rares bifaces ou amincissements bifaciaux du nord de la France. In *Les matières premières lithiques en Préhistoire*. Actes de la table ronde d'Aurillac, p. 129-134 (Préhistoire du Sud-Ouest, supplément 5)

OTTE M. et BONJEAN D. (1998) - L'occupation interglaciaire : les matériaux lithiques. L'outillage. In : Otte M., Patou-Mathis M. et Bonjean D. (dirs), *Recherches aux grottes de Sclayn. Volume 2 : l'archéologie*, p. 127-180 (ERAUL 79)

STAHL GRETSCH L.-I. et DETREY J. (1999) - *Le site moustérien d'Alle, Pré Monsieur*. Cahiers d'Archéologie jurassienne, 9, 312 p., fig.

APPROVISIONNEMENT EN MATIERES PREMIERES LITHIQUES ET VEGETALES, ET EN RESSOURCES ALIMENTAIRES EN NORMANDIE (FRANCE) ENTRE LE STADE 7 ET LE STADE 3

Dominique CLIQUET

Service régional de l'Archéologie, Direction régionale des Affaires culturelles de Basse-Normandie et PCR " Les Premiers Hommes en Normandie " – 13 bis, rue Saint Ouen - 14052 Caen cedex 04 / UMR 6566 CNRS, Université de Rennes 1, dominique.cliquet@culture.gouv.fr

Résumé : *Les travaux récents effectués sur les sites normands et la reprise de gisements anciennement fouillés, soit une cinquantaine de stations, apportent quelques informations sur les stratégies d'approvisionnement durant la fin du Pléistocène moyen et le début du Pléistocène supérieur. Différents comportements vis à vis de la matière première ont pu être observés selon les espaces géographiques considérés et la structuration naturelle des aires d'occupation.*

Dans le domaine continental, l'homme s'implante sur les gîtes de matières premières, soit sur les argiles à silex (Saint-Brice-sous-Rânes, Mont-Saint-Aignan) ou en bordure de dolines (Evreux " Long-Buisson ", Grossoeuvre). Quelques exemples illustrent des apports de matières premières sous différentes formes (objets isolés, blocs épannelés), dont l'origine n'est pas toujours reconnue (Saint-Brice-sous-Rânes, Ranville, Grossoeuvre, Etoutteville). L'utilisation de matières premières autres que le silex reste aussi exceptionnelle (Radepont).

Dans l'espace littoral et les plaines côtières continentalisées, l'homme collecte presqu'exclusivement les matières premières minérales dans les cordons de galets littoraux, secondairement sur les gîtes de matières premières exondées. Le phénomène semble récurrent durant tout le stade 5, surtout illustré par les sites du nord Cotentin. Le recours aux matériaux de substitution est exceptionnel (Le Rozel, Iles Chausey et Jersey).

Les observations portant sur les ressources alimentaires s'avèrent moins démonstratives, en raison de la non préservation des restes organiques dans la plupart des sites. Cependant, quelques gisements bien documentés (Le Rozel, Ranville) autorisent une approche comportementale.

Par ailleurs, la nature des combustibles prélevés dans l'environnement a pu être appréhendée lors de l'analyse des structures de combustion du site de Saint-Germain-des-Vaux / Port-Racine et témoigne d'une sélection des essences végétales dans certaines aires où les foyers jouent un rôle prépondérant, et de l'utilisation d'algues pour l'alimentation de ces foyers. Cette sélection des combustibles ligneux a aussi été reconnue à Saint-Vaast-la-Hougue / Le Fort.

Mots-clés : *Silex, grès, domaine littoral, domaine continental*

Abstract: *Recent work carried out on Norman sites and the reappraisal of older excavations, totalling around fifty stations, bring us information on supply strategies during the end of the Middle Pleistocene and the early Upper Pleistocene. Different behaviour patterns regarding raw materials have been observed according to the geographical spaces taken into account, and the natural structuration of the occupation areas.*

In the continental area, man frequents/settles on sources of raw materials, either on clay with flint (Saint-Brice-sous-Rânes, Mont-Saint-Aignan) or on the edge of dolines (Evreux,"Long-Buisson", Grossoeuvre, Etoutteville). The use of raw materials other than flint remains as equally exceptional (Radepont).

Observations relating to food resources prove to be less palpable, due to the non preservation of organic matter on most of the sites. A few well documented sites do allow a behavioural approach however (Le Rozel, Ranville).

In the littoral area and on the continentalized coastal plains, man collects mineral raw materials almost exclusively from the littoral pebble banks, secondarily from naturally exposed sources of raw materials. The phenomenon seems recurrent during the entire stage 5, and is particularly illustrated in the north Cotentin. Recourse to substitution materials is exceptional (Le Rozel, the Isles of Chausey and Jersey).

Besides this, the type of fuel matter taken from the environment has been apprehended through the analysis of combustion structures at the Saint-Germain-des-Vaux / Port-Racine site. This bears witness to a selection of vegetal species in certain areas where the hearths play a preponderant role, and to the use of seaweed as fuel for the hearths themselves. This selection of ligneous fuel has also been recognized at Saint-Vaast-la-Hougue / Le Fort.

Key words : *Flint, sandstone, coastal area, continental area*

INTRODUCTION

La Normandie appartient à deux régions géologiques distinctes. La partie occidentale (Cotentin, Bocage Normand) dépend du Massif Armoricain, vaste pénéplaine d'architecture plissée, alors que la Normandie centre-orientale relève du Bassin Parisien, cuvette sédimentaire à structure tabulaire.

C'est dans cette dernière et plus particulièrement en Haute-Normandie que les unités stratigraphiques ont été établies. Plusieurs séquences périglaciaires ont pu être mises en évidence (Bordes 1954, Bourdier 1969, Lautridou, 1985).

Dans le Cotentin, au contraire, la stratigraphie n'est pas fondée sur les lœss, mais sur l'étude des profils littoraux, comme pour le nord de la Bretagne (Monnier, 1980 ; Monnier *et al.*, 1986 ; Hallegouët *et al.*, 1986). Il s'agit de dépôts marins interstratifiés avec des dépôts continentaux. Des corrélations entre la Bretagne, la Normandie et le Nord de la France ont pu être établies (Lautridou & Sommé, 1974).

En Normandie lœssique, la plupart des sites ont été observés sur de faibles surfaces dans le cadre de fouilles programmées ou de sauvetage ; les fouilles préventives n'ont concerné que les gisements les plus récemment exploités : Etoutteville (Seine-Maritime ; Delagnes & Ropars, 1996), Grossœuvre (Eure ; Cliquet *et al.*, 2003), Mauquenchy (Seine-Maritime ; Locht *et al.*, 2001), Mont-Saint-Aignan " La vatine ", Evreux " Le Long-Buisson " ...

A l'exception de rares implantations conservées en dolines, l'essentiel des sites correspond à des occupations de plein air investissant de grands espaces et qui ne comportent que quelques concentrations de produits lithiques dont quelques amas bien circonscrits. Hormis quelques concentrations de produits lithiques (nappes restreintes et amas), les niveaux archéologiques n'ont livré aucune structuration de l'espace témoignant d'aire privilégiée (espace domestiques, foyers, aires de spécificités techniques), la Normandie souffrant par ailleurs d'un déficit de conservation de restes organiques, notamment la faune, à l'exception des formations fluviatiles.

L'essentiel de l'information provient du mobilier lithique et témoigne d'aires occasionnelles de débitage et / ou de façonnage, de sites d'ateliers et plus exceptionnellement d'habitats (Lautridou & Cliquet, 2006).

Les niveaux archéologiques associés aux anciennes formations littorales ne sont représentés que dans les secteurs affectés par l'érosion littorale actuelle, principalement à l'extrémité de la péninsule Cotentinoise. Les travaux récents permettent de mieux appréhender les contextes dans lesquels se sont installés les Paléolithiques au début du Pléistocène supérieur (Coutard & Cliquet, 2005 ; Cliquet & Lautridou, 2005).

L'élément structurant de ces implantations consiste en reliefs, correspondant aux rivages façonnés par les transgressions marines (paléo-falaises, écueils, abris...). Pour le Pléistocène récent, la plupart des implantations se rencontrent associées aux reliefs du paléo-littoral eemien, même lorsque la régression marine libère de grandes plaines littorales rapidement continentalisées en position de golfe (golfe normand-breton). Cependant, les occupations de plein air potentielles qui ont vraisemblablement investi ces grands espaces n'ont pas encore été reconnues. Il est probable que certaines activités ont du s'accomplir sur les paléo-estrans comme semblent l'attester les témoins d'activités liées au feu reconnues au secteur 4 de Port-Racine (Cliquet, 1994) ou de Saint-Vaast-la-Hougue (Fosse, 1989), voire dans les plaines côtières. Par ailleurs, les implantations en pied de reliefs ont souvent favorisé la conservation des espaces structurés (foyers, fosses, amas de débitage...). Cependant les habitats ne livrent qu'exceptionnellement de la faune (Le Rozel, Van Vliet-Lanoë *et al.*, 2006).

L'HOMME, LE SILEX ET LES MATIERES PREMIERES MINERALES

Les rapports entretenus entre l'Homme et la (ou les) matière(s) première(s) lithique(s) ont récemment fait l'objet de travaux universitaires visant à préciser les stratégies d'acquisition et de mise en œuvre des matériaux collectés au Paléolithique (Lasseur *et al.*, 2005). Bien que faisant partie intégrante de la chaîne opératoire de mise en œuvre des matières premières lithiques, l'aspect relatif à l'acquisition des matières premières accuse un net retard en Normandie, par rapport à certains espaces géographiques, tels que le Quercy, le Périgord...

Ce constat a motivé, dans le cadre du projet collectif de recherche " Les Premiers Hommes en Normandie ", le développement d'une thématique consacrée aux matières premières susceptibles d'avoir été utilisées par les préhistoriques, dont les paléolithiques. Une cartographie (S.I.G.) des matériaux accessibles et aptes à être taillés est en cours d'élaboration pour l'ensemble des périodes préhistoriques (Ropars A., Coutard J.-P. et Cliquet D.).

L'espace continental

L'abondance des matières siliceuses dans le Bassin parisien a souvent fait oublier les problèmes d'accessibilité aux matières premières durant le Pléistocène moyen et supérieur (stade 7 à 3 de la chronologie isotopique). Le matériau le plus fréquemment mis en œuvre est le silex. Ce dernier semble avoir conditionné l'établissement des paléolithiques sur les sites d'ateliers de pièces bifaciales des marges du Massif armoricain, sur un lambeau d'argile à silex dans le nord Cotentin et sur les sables du Pliocène qui incorporent des silex à Saint-Julien-de-la-Liègue (Eure) (Cliquet & Lautridou, 1988). Le silex pourrait être à l'origine de certaines implantations, notamment en bordure de doline, comme à Grossoeuvre (Cliquet *et al.*, 2003), Etoutteville (Delagnes & Ropars, 1996), Evreux " le Long Buisson ", ou encore au Pucheuil (Delagnes & Ropars, 1996). De surcroît, la configuration de ces dépressions offrait aux Paléolithiques des abris naturels, notamment par rapport aux vents dominants.

Les roches autres que le silex s'avèrent rares en domaine continental, illustrées par quelques grès sur les sites de Saint-Brice-sous-Rânes (Orne) (Cliquet *et al.*, 2001), de Bons-Tassilly " Le Châtelet " (Calvados) (Kiefer, 2003), de Grossœuvre (Eure) (Cliquet *et al.*, 2003). Seul le site de Radepont (Eure) atteste de l'utilisation du quartzite pour le débitage de produits Levallois et laminaires de " type Paléolithique supérieur ". L'origine de la matière première n'a pu être déterminée (Cliquet, 1998).

Si fréquemment la roche débitée ou façonnée semble locale, ne traduisant pas une recherche de matières premières sur de grandes distances (inférieure à 5 km), quelques sites témoignent d'un apport de matières premières allochtones : silex à Etoutteville, grès et divers silex à Grossoeuvre.

Sur ce dernier site, rapportable à l'Eemien, l'essentiel des matières premières débitées a été collecté sur place, en bordure de la doline ; d'autres ont été rapportées sur le site. Leur mode d'introduction varie : rognons préalablement préparés issus du Bassin de la Seine (vallées de l'Eure et de l'Iton) et éclats Levallois ou pseudo-levallois de grandes dimensions, probablement débités sur les gîtes même de matières premières. Si ces matériaux traduisent des déplacements sur des distances moyennes (20 à 30 km), les silex jaspés pourraient être issus des affleurements du nord du département de l'Orne, situés à 80 km (?).

Seul le site de boucherie de Ranville, daté du stade 7 de la chronologie isotopique (Auguste *et al.*, 2005) s'individualise par l'utilisation de diverses roches locales (silex, grès et quartz) destinées à l'élaboration de l'outillage expédient et de l'outillage lourd et par l'introduction d'éclats prédéterminés, de racloirs et de pièces bifaciales en silex et en grès (à paraître).

En règle général, dans l'espace continental, l'approvisionnement en matières premières s'effectue soit directement sur les lieux d'implantations (ateliers et habitats), soit dans l'environnement immédiat (quelques km). Seuls l'habitat de Grossoeuvre et l'aire de boucherie de Ranville s'individualisent et témoignent de déplacements sur de moyennes distances (20 à 30 km), voire de plus longs parcours (80 km et plus) et de la circulation de certaines pièces : éclats Levallois, racloirs sur les deux sites, nucléus épannelés à Grossoeuvre ,et, pièces bifaciales et un typo-hachereau à Ranville (fig. 9.1).

Implantations littorales

Comme pour les sites de la Normandie "lœssique" et pour les marges orientales du Massif Armoricain normand, le silex est de nouveau la matière première de prédilection.

L'essentiel de notre documentation relève du Pléistocène supérieur et plus particulièrement du stade 5 de la chronologie isotopique, cependant quelques sites se rapportent à la fin du Pléistocène moyen (stades 7 et 6) (Cliquet, 1994 ; Cliquet *et al.*, 2003 ; Coutard & Cliquet, 2005).

Les niveaux archéologiques associés aux anciennes formations littorales se cantonnent à la péninsule cotentinoise et aux plages du Havre. Ce sont principalement des implantations en pied de falaise dans le Cotentin et des occupations qui investissent des paléoestrans sur le littoral haut-normand, en pied des falaises crayeuses du Pays de Caux et au débouché de l'estuaire de la Seine (Watté, 1987).

Si les implantations s'effectuent directement sur les cordons de retrait, ou à proximité immédiate, la régression marine et la continentalisation des paléo-rivages nécessitent des déplacements pouvant atteindre quelques kilomètres pour avoir accès aux sources de matières premières. Malgré cette rareté apparente du silex, les Paléolithiques n'ont utilisé que de manière très anecdotique les roches autres que le silex présentes dans les cordons littoraux (grès, quartz, quarzite). L'emploi de roches filoniennes s'avère très exceptionnel au sein des assemblages lithiques, sauf au Rozel (Van Vliet-Lanöe *et al.*, 2006).

L'accessibilité du silex sous forme de galets marins tient à la configuration même du nord de la péninsule cotentinoise, bordée par la Manche durant tout le dernier glaciaire et le début du Pléniglaciaire. Cette position de cap favorise un réapprovisionnement constant des cordons à proximité relative des reliefs abritant les implantations anthropiques. Il en va différemment dans le golfe normand breton, comme en témoignent les travaux de Monnier (1980) sur la Bretagne, de Callow sur Jersey (Callow et Cornford, 1986) et les investigations conduites par Pruvost (2006) sur l'Archipel de Chausey. En effet, en position de golfe, la ligne de rivage se trouve davantage

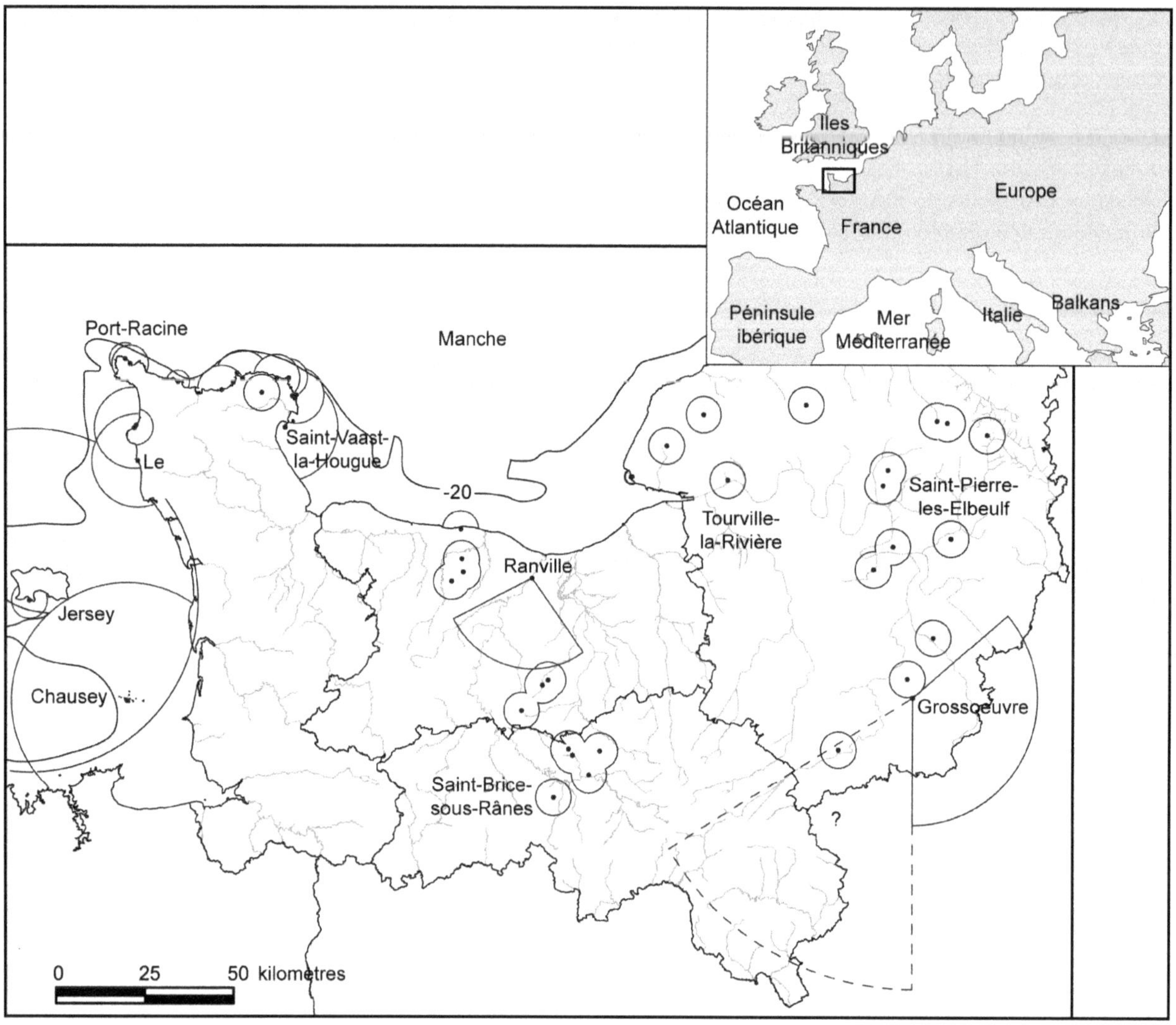

Fig. 9.1 : Cartes de localisation des sites de Normandie et aires de déplacements minimum autour des principaux sites normands, déduites de l'observation des matériaux lithiques et des gîtes potentiels.
Fig. 9.1 : Location map of the Norman sites and the areas of minimum displacement around the principal stations, deduced from the observation of lithic materials and their potential sources.

éloignée des implantations anthropiques, aussi les préhistoriques ont-ils recours à certaines matières premières " de substitution " (grès, quart, quartzite, paléo-laves...).

Par ailleurs, la succession des occupations sur le site de la Cotte de Saint-Brelade à Jersey (Callow et Cornford, 1986) témoigne d'une adaptation de l'homme aux conditions environnementales quant à la collecte et l'utilisation des matières premières mises en œuvre. Les variations du niveau marin font évoluer le statut de l'actuelle Jersey, tantôt insulaire, tantôt continentale. Cette modification de paysage se traduit par des stratégies de collectes de matières premières distinctes. En période interglaciaire, les paléolithiques s'approvisionnent dans les cordons littoraux et privilégient le silex (couche H), alors que les conditions défavorables des débuts glaciaires se traduisent par l'implantation de massifs dunaires et de " nappages " de coulées de heads en contexte froid et humide. Ces formations superficielles masquent les cordons de retrait successifs et imposent d'une part une recherche de matières premières sur une plus grande distance (inférieure à 10 km), d'autre part une diversification des roches utilisées. Ainsi, la relative rareté du silex amène les Paléolithiques à mettre en oeuvre d'autres roches locales, présentes soit dans les cordons littoraux ou les heads, soit à l'affleurement. A la Cotte, le quartz et les grès interviennent dans des proportions variables (couche E).

Dans le " domaine littoral ", l'approvisionnement en matière première semble s'être plutôt exercé sur les paléorivages que sur les rares placages de matières premières siliceuses " continentales " (?). Enfin, rappelons le cas particulier du site de La Mondrée où les modules des enlèvements débités ainsi que l'allure des blocs retrouvés suggèrent un autre mode d'approvisionnement que les cordons littoraux, vraisemblablement des affleurements crétacés aujourd'hui en mer, accessibles à la faveur de la régression (Coutard & Cliquet, 2005).

Les approvisionnements en matières premières s'effectuent donc sur de courtes distances dans le Nord de la presqu'île cotentinoise, les déplacements n'excèdent guère quelques kilomètres, la ligne de rivage se trouvant à environ 2 kilomètres (fig. 9.1). Ces distances s'accentuent dans le Golfe normand-breton à mesure que le climat se dégrade et que la glaciation s'intensifie ; les déplacements peuvent alors atteindre jusqu'à une vingtaine de kilomètres. Sur la côte ouest le silex est plus rare et les rognons de plus petits modules que sur les côtes nord et est, en raison de l'éloignement des sources d'approvisionnement constituées de sédiments jurassiques et crétacés actuellement immergés que les transgressions démantèlent. Cette carence en silex se traduit par la mise en œuvre de roches locales prélevées dans les cordons ou les affleurements.

MATIERES PREMIERES VEGETALES UTILISEES COMME COMBUSTIBLE

Seuls les sites " littoraux " de Saint-Vaast-la-Hougue / le Fort, rapportable au début du dernier glaciaire, et le gisement de Saint-Germain-des-Vaux / Port-Racine dont les occupations principales sont datées d'environ 70 ka (Cliquet *et al.*, 2003) permettent d'effectuer des observations inhérentes à la fonction des foyers et aux combustibles utilisés par les Paléolithiques (Thiébault *et al.*, 1988). Sur ces deux sites, des aires caractérisées par la multiplicité des structures de combustion implantées sur les paléoestrans se démarquent des espaces domestiques liés aux reliefs littoraux. Ces structures de combustion ont livré dans leur remplissage une majorité de charbons de pin sylvestre parfois accompagnés de charbons de bouleau. Cette " sélection " du combustible pourrait être liées à certaines activités mises en œuvre à l'écart des espaces domestiques où les foyers ont été alimentés avec les ligneux environnants sans apparente sélection (charbons de feuillus majoritaires dont le chêne et de résineux).

A Port-Racine, l'abondance de petits galets de silex éclatés par le feu suggère l'utilisation de varech épave comme combustible. En effet, si les algues sèches agglutinent grains de sables et petits galets de granite et de silex, leur utilisation comme combustible dans un foyer initié génère pour les matières minérales un choc thermique qui se traduit par la fragmentation des petits nodules de silex avec projection des éléments. L'abondance de fragments de petits galets dispersés collectés à Port-Racine, sur l'aire d'activité liée au feu autorise le parallèle avec nos expérimentations et laisserait supposer l'utilisation de varech épave comme combustible.

Rien ne nous renseigne sur l'emploi pourtant pressenti de bois flottés.

Quoi qu'il en soit, les structures de combustion des sites de Saint-Vaast et de Port-Racine témoignent de comportements différents vis à vis des " matières premières végétales " utilisées pour l'alimentation des foyers.

A la Cotte de Saint-Brelade les structures de combustions ont été fortement altérées par les phénomènes taphonomiques et ne permettent aucune attribution certaine de combustible en végétal ligneux. Cependant, la récurrence des restes osseux affectés par la combustion induit d'une part l'utilisation d'ossements comme combustible, d'autre part de végétaux pour initier la combustion. Les essences végétales employées, et la nature et la fonction de ces " foyers " demeurent inconnues (Callow & Cornford, 1986).

APPROVISIONNEMENT EN RESSOURCES ALIMENTAIRES CARNEES

Notre documentation concernant les stratégies d'approvisionnement en ressources alimentaires carnées s'avère beaucoup plus lacunaire, en raison des problèmes de conservation des restes organiques dans la plupart des espaces géographiques de l'actuelle Normandie. Si de nombreux sites paléontologiques sont attestés dans la littérature de la fin du XIXe siècle et du début du XXe siècle, rares sont les mentions de sites archéologiques comportant de la faune. En somme seuls quatre gisements semblent pertinents pour aborder les stratégies d'approvisionnement en ressources alimentaires : Ranville dans le Calvados (Auguste *et al.*, 2005), La Cotte de Saint-Brelade à Jersey (Callow & Cornford, 1986), Tourville-la-Rivière en Seine-Maritime (Vallin, 1991 ; Carpentier *et al.*, 1992) et Le Rozel dans la Manche (Van Vliet-Lanoë *et al.*, 2006). Les faunes prises en considération dans ces sites se rapportent à la fin du Pléistocène moyen et au début du Pléistocène supérieur, soit entre les stades 7 et 5 de la chronologie isotopique.

A *la Cotte de Saint-Brelade*, l'archéozoologue Scott (in Callow et Cornford, 1986) énonce, pour les niveaux rapportés au stade 6, l'hypothèse d'un site d'abattage pour la grande faune mammalienne (mammouth et rhinocéros laineux), utilisant la topographie du site (faille). Dans cette fissure, la répartition spatiale des vestiges paraît définir des zones privilégiées de dépôts : accumulations d'omoplates de mammouths le long d'une paroi de la cavité, dans la couche 6, concentrations de crânes de la couche 3 ; elle pourrait traduire une activité humaine vraisemblablement conjointe à celle des carnivores. Dans les deux niveaux, ce sont des rhinoceros sub-adultes et de jeunes mammouths qui ont été retrouvés. Cette faune correspond-elle à une " chasse " sélective ? Aucun élément ne permet de valider cette hypothèse. Ces restes osseux s'accompagnent d'un industrie relativement abondante, plus de 1 100 objets dans la couche 3 ; la quantification s'avère plus délicate pour la couche 6.

A *Ranville* (Auguste *et al.*, 2005) l'assemblage osseux semble se rapporter à une seule occupation relativement brève comme l'attesterait l'étude taphonomique et les remontages anatomiques effectués sur les vestiges issus du réseau karstique. Ce dernier a soutiré peu après son abandon une aire de boucherie se trouvant sur un plateau à la confluence du fleuve Orne et de l'Aiguillon. Les restes collectés correspondent à 22 individus indicateurs d'un milieu en mosaïque de prairie-parc boisé, sous un climat nettement tempéré rapporté au stade 7 sur la base de datations RPE sur émail dentaire (Bahain *et al.*, sous presse). La représentation anatomique montre un profil différentiel entre les individus, ainsi l'éléphant, les équidés (2 chevaux et 4 équidés hydruntins) et les carnivores (1 loup et 1 renard) sont presque exclusivement représentés par des éléments crâniens et/ou du squelette axial alors que les aurochs (3) et les cerfs (9) sont plus diversementillustrés. Cela témoignerait d'un traitement différentiel des animaux, ainsi les quartiers les plus nutritifs de l'éléphant auraient été emportés. Par ailleurs la présence d'os d'aurochs et de cerfs fracturés sur le site même témoigne d'activités de boucherie pratiquées sur place pour au moins ces deux espèces (fig. 9.2 A).

Aucun élément tangible ne nous renseigne sur le mode d'acquisition de l'éléphant (abattage ou charognage ?). Ce phénomène est récurrent sur plusieurs gisements du Paléolithique inférieur et moyen.

Les accumulations fauniques mises au jour sur le site de *Tourville-la-Rivière* demeurent discutées. Pour L. Vallin (1991), le gisement est interprété comme un site de boucherie ou la chasse au cerf s'avère prépondérante, alors que pour P. Auguste (1995) l'accumulation osseuse évoque davantage un dépôt paléontologique. L. Vallin fonde son hypothèse d'une part sur l'association de pièces lithiques et de restes de faune dont certains os fracturés ne pourraient avoir qu'une origine anthropique, d'autre part, sur la représentation des parties anatomiques qui ne répond pas à un modèle de conservation naturel. Si le cerf est dominant, l'assemblage osseux comporte aussi de l'aurochs, de l'équidé et dans une moindre mesure du mammouth et un reste de canidé.

Les stratégies d'acquisition des faunes ne sont pas encore élucidées : chasse, prélèvements effectués sur des animaux " fraîchement " morts (Carpentier *et al.*, 1992)

Au Rozel (Auguste in Van Vliet-Lanoë *et al.*, 2006), la série osseuse est constituée de deux lots, le premier collecté dans l'abri, le second dans la grande dune limitrophe, qui présentent au plan de la représentation taxinomique de nettes similitudes. Dans les deux cas c'est l'aurochs qui domine l'association, suivi du cerf élaphe, puis du cheval, auxquels s'ajoutent, pour l'abri le mégalocéros, et pour la Grande Dune le morse. Sa présence ne s'avère pas être un indicateur de climat froid. En somme, les trois ensembles mammaliens du Rozel témoigneraient donc d'une série d'occupations humaines durant une période tempérée du début glaciaire Weichsélien, dans un environnement de type prairie parc-boisé.

Certaines pièces portent des indices de traitement par l'Homme : fracturations hélicoïdales, points d'impact, stries, ... et aucune marque n'indique l'action d'un carnivore en tant qu'agent accumulateur ou modificateur de l'état initial du dépôt qui serait lié à une acquisition d'origine humaine (fig. 9.2 B).

Par ailleurs, le traitement de boucherie semble avoir été assez systématique pour ces trois espèces, avec récupération du maximum de nourriture, la viande, la langue et la moelle osseuse.

TENTATIVE D'UNE APPROCHE DES COMPORTEMENTS AU TRAVERS DE LA GESTION DES MATIERES PREMIERES, DES COMBUSTIBLES ET DES RESSOURCES ALIMENTAIRES CARNEES

Les observations effectuées sur quelques sites privilégiés permettent une approche palethnographique des occupations.

- A la *Cotte de Saint-Brelade*, la cavité est occupée à plusieurs reprises sur une très longue durée (du stade 8 au stade 5). La pérennité de l'occupation permet

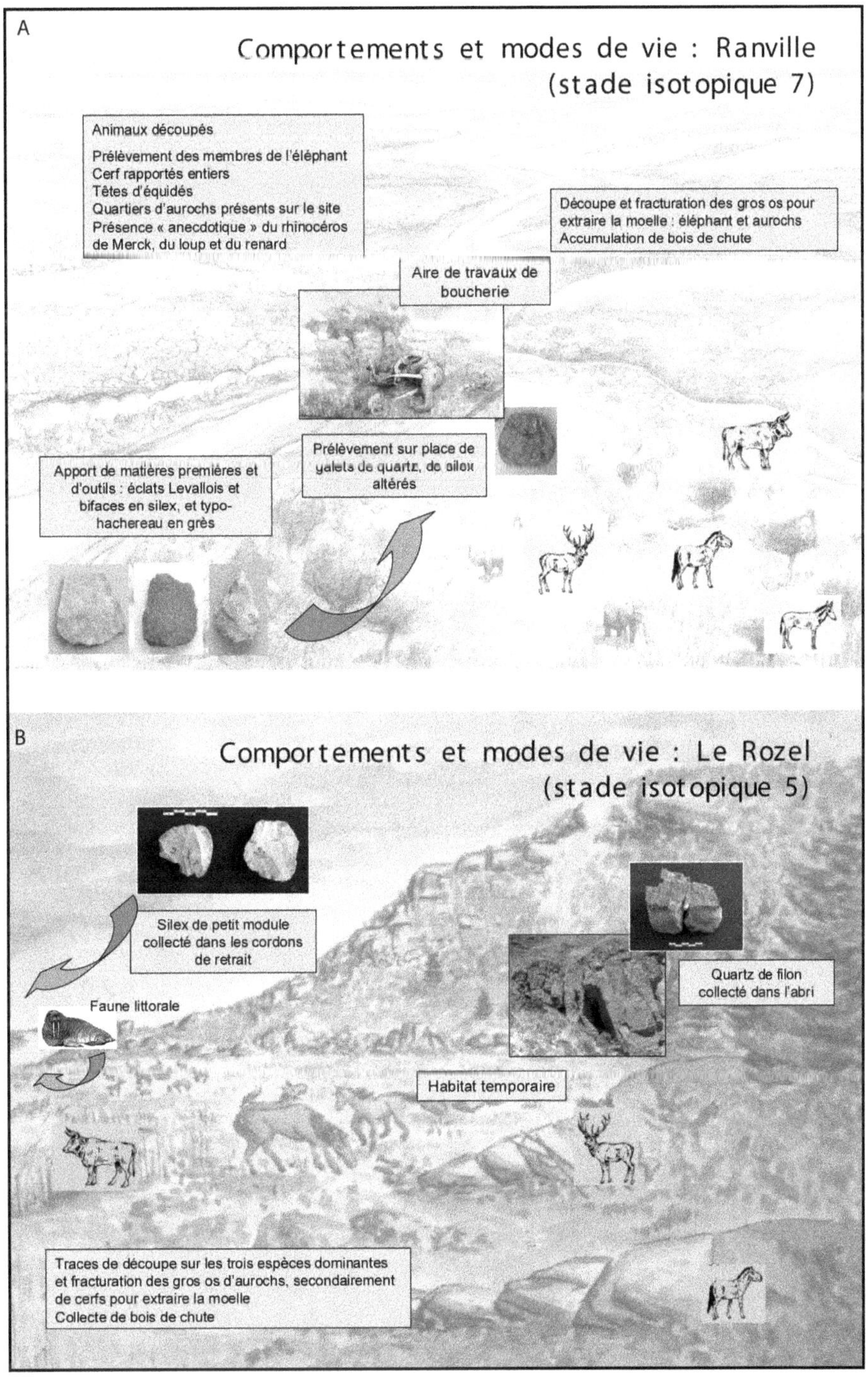

Fig. 9.2 – Vers une approche des comportements au travers de la gestion des matières premières lithiques et des ressources alimentaires carnées – A : Ranville (Calvados) stade isotopique 7 ; B : Le Rozel (Manche) stade isotopique 5.

Fig. 9.2 - Approaching behaviour patterns through the management of lithic raw materials and meat food resources – A: Ranville (Calvados) OIS 7; B: Rozel (Manche) OIS 5.

d'appréhender l'impact des variations climatiques sur le statut de Jersey, notamment l'adaptation aux conditions environnementales. Leur impact sur les stratégies d'acquisition des matières premières (accessibilité et variation de nature des roches disponibles) a eu un impact certain sur les processus techniques mis en œuvre, les emmanchements, l'intensité de la retouche et des réaménagements.

- Si l'analyse des matières premières lithiques autorise ce constat, il en va différemment pour l'acquisition en ressources alimentaires carnées. En effet, les niveaux d'occupation des couches 6 et 3, rapportables au stade 6 de la chronologie isotopique posent le problème de l'acquisition des grands mammifères, le mammouth et le rhinocéros. Selon K. Scott, ces animaux auraient pu être précipités dans la faille puis dépecés pour une consommation en un autre lieu de l'abri. L'abri sert d'habitat à plusieurs reprises avec de vraisemblables aires de boucherie.

- A *Ranville*, l'occupation correspond à une aire de boucherie où les paléolithiques ont procédé à la découpe des grands herbivores et à la récupération de moelle sur les aurochs et les cervidés (vers 230 ka) (fig. 9.2 A). Cependant le processus d'acquisition de l'éléphant n'est pas élucidé. Sur ce site les préhistoriques ont collectés des matières premières dans l'environnement immédiat de l'aire d'activité pour confectionner notamment l'outillage lourd (galets aménagés) et quelques outils expédients de petits modules dans les galets de silex local, dérivés des anciennes nappes alluviales. Parallèlement la variété des matières premières utilisées sur le site atteste de l'apport d'outils (bifaces, racloirs en silex du dogger, typo-hachereau en grès de Mouen) qui témoignent de déplacements sur un territoire d'environ 20 à 30 km de rayon. Par ailleurs, des éclats d'affûtage de pièces bifaciales prouvent l'emport d'au moins deux bifaces hors de l'espace observé. La faune consommée semble correspondre à une seule occupation de fin d'été et/ ou de début d'automne.

- *Au Rozel*, l'Homme s'est installé à plusieurs reprises dans l'abri implanté en pied de falaise (vers 110 ka). Dans cet espace domestique, il a entretenu des foyers, notamment avec de l'if, et a procédé à la mise en œuvre des matières premières lithiques (le silex issu des cordons littoraux se situant plus en aval sur les paléoestrans, et le quartz de filons présent dans l'abri). Dans tous les niveaux d'occupation, les modes d'acquisition semblent différents selon les espèces. Ainsi, les aurochs et les chevaux pourraient avoir été abattus à distance du site et rapportés par quartiers, alors que les cerfs paraissent avoir été rapportés entiers. Les nombreuses fracturations d'os longs et les traces de découpe témoignent d'une récupération maximum de nourriture (fig. 9.2 B). A la faune consommée s'ajoute un fragment mandibulaire de morse ; ce vestige témoigne-il d'une prédation s'exerçant aux dépens du littoral ?

- Sur le site de *Port-Racine* à Saint-Germain-des-Vaux, les paléolithiques ont implanté leurs habitats au pied de falaises et des aires d'activités plus en aval sur les paléo-estrans, il y a environ 70 kans. Les occupations se trouvent alors à proximité du littoral, en raison de la position de cap du gisement. Les matières premières environnantes ont été prélevées : silex dans les cordons littoraux, végétaux ligneux pour l'alimentation des foyers, avec une sélection du pin sylvestre pour entretenir la combustion des foyers aménagés sur l'estran. L'utilisation du varech épave comme combustible est pressentie. A Port-Racine, l'Homme exploite un milieu ouvert sur trois écosystèmes : le littoral, les vallées débouchant sur le rivage et le plateau. La matière première mise en œuvre est uniquement locale et ne comporte que du silex, malgré la présence de grès, microgranites dans les cordons, de dolérites et de quartz filonien à l'affleurement. L'occupation, récurrente pourrait être saisonnière. Du fait de la non conservation des os, les stratégies d'acquisition en ressources alimentaires carnées ne peuvent pas être évoquées.

CONCLUSION

L'analyse des processus d'acquisition et de gestion des matières premières lithiques, végétales et carnées s'avère délicate en Normandie, région où les matières organiques se sont rarement conservées (os, charbons). Cependant de trop rares sites relativement bien préservés nous ouvrent de nouveaux champs d'investigation permettant de mieux appréhender les comportements humains dans leur cadre environnemental. Ce sont les rapports entre l'homme et la matière première minérale qui sont les mieux illustrées, cependant un important travail reste à faire pour ce qui a trait aux gîtes potentiels en matières premières et aux problèmes d'accessibilité à ces sites durant le Pléistocène moyen et supérieur.

Bibliographie

AUGUSTE, P. (1995) – Chasse et charognage au Paléolithique moyen : l'apport du gisement de Biache-Saint-Vaast (Pas-de-Calais). Bulletin de la Société préhistorique française, 92, 2, p.155-167.

AUGUSTE, P.; CLIQUET, D.; HERVIEU, G.; LIOUVILLE, M.; LOUGUET, S.; MONNIER, J.-L. et RORIVE, S. (2005) - Stratégie de subsistance dans l'ouest de la France au Pléistocène inférieur et moyen : acquisition et traitement des matières premières d'origine minérale et animale à Piégu (Côtes-d'Armor), Ranville (Calvados) et au Mont-Dol (Ille-et-Vilaine). In : Molines, N., Moncel, M.-H., Monnier, J.-L. (dir.) - Les premiers peuplements en Europe. (Actes du colloque international de Rennes, 2003). Oxford : Hadrian Books (BAR International Series ; 1364), p. 519-532.

BORDES, F. (1954) - Les Limons quaternaires du bassin de la Seine. Paris, Archives de l'Institut de Paléontologie Humaine 26, 472 p., 175 fig.

BOURDIER, F. (1969) – Etude comparée des dépôts quaternaires des bassins de la Seine et de la Somme. Bull. A.G.B.P., 21, p. 169-231.

CALLOW, P. et CORNFORD, J.M. (1986) – La Cotte de Saint-Brelade (Jersey) 1961-1978. Excavations by C.B.M. Mc Burney. Norwich, Geobooks, 433 p.

CARPENTIER, G.; GUILBAUD, M. et DESCOMBES, J.-C. (1992) - "Un cimetière de mammouth en Normandie". Archéologia, 277, mars 1992, p. 60 - 66.

CLIQUET, D. (1994) - Le Gisement paléolithique moyen de Saint-Germain-des-Vaux / Port-Racine (Manche) dans son cadre régional. Essai palethnographique. Thèse de doctorat, 1992, ERAUL, 63, 648 p.

CLIQUET, D. (1998) - Radepont, une industrie paléolithique originale. In De la préhistoire. Découvertes récentes et anciennes du Paléolithique au Néolithique dans la région de Louviers. Catalogue d'exposition, Musée de Louviers, p.12-15.

CLIQUET, D. et LAUTRIDOU, J.P. (1988) - Le Moustérien à petits bifaces dominants de Saint-Julien de la Liègue (Eure). In : TUFFREAU A. (dir.) - Cultures et industries en milieu lœssique. Actes du Colloque International, Amiens, 1986. Revue Archéologique de Picardie, 1-2, 175-185.

CLIQUET, D. et LAUTRIDOU, J.-P. (2005) – Chronostratigraphie des formations du Pléistocène moyen et supérieur et sites associés en Normandie. In : Molines, N., Moncel, M.-H., Monnier, J.-L. (dir.) - Les premiers peuplements en Europe. (Actes du colloque international de Rennes, 2003). Oxford : Hadrian Books (BAR International Series ; 1364), 53-62.

CLIQUET D.; LAUTRIDOU J.-P.; RIVARD J.-J.; ALIX P.; GOSSELIN R. et LORREN P. (2001) - Les industries à outils bifaciaux du Paléolithique moyen en Normandie armoricaine : l'exemple du site de Saint-Brice-sous-Rânes (Orne – France), in : Cliquet, D. (dir.) - " Les industries à outils bifaciaux au Paléolithique moyen d'Europe occidentale ". (Actes de la Table-ronde Caen 14-15 Octobre 1999). ERAUL, 98, 93-106.

CLIQUET, D.; MERCIER, N.; VALLADAS, L.; FROGET, L.; MICHEL, D.; Van VLIET-LANOË, B. et VILGRAIN, G. (2003) - Apport de la thermoluminescence sur silex chauffés à la chronologie des sites paléolithiques de Normandie : nouvelles données et interprétation. Quaternaire, 14, 1, 51-64.

COUTARD, S. et CLIQUET, D. (2005) – Chronostratigraphie des formations pléistocènes et peuplement paléolithique en contexte littoral (Val de Saire, Normandie). Bulletin de la Société préhistorique française, 102, 477- 499.

DELAGNES, A. et ROPARS, A. (1996) – Paléolithique moyen en Pays de Caux (Haute-Normandie). Maison des Sciences de l'Homme / Paris, Document d'Archéologie Française, n°56, 1996, 243 p.

HALLEGOUËT B. et Van VLIET-LANOË B. (1986) – Les Oscillations climatiques entre 125.000 ans et le maximum glaciaire, d'après l'étude des formations marines, dunaires et périglaciaires de la côte des Abers (Finistère). *Bulletin Association Française pour l'Etude du Quaternaire*, 25-26, 1-2, 127-138.

LAUTRIDOU J.-P. et SOMME J. (1974) - Les lœss et les provinces climato-sédimentaires au Pléistocène supérieur dans le nord-ouest de la France. Essai de corrélation entre le Nord et la Normandie. *Bulletin de l'Association Française pour l'Étude du Quaternaire*, 3-4, p. 237-241.

LAUTRIDOU J.-P. et CLIQUET D. (2006) – Le Pléistocène supérieur de Normandie et peuplements paléolithiques. *Quaternaire*, 17, (3), p. 187-206.

LOCHT, J.-L.; BRENET, M.; FOLGADO, M.; SWINNEN, C. et ANTOINE, P. (2001) – *Le gisement paléolithique moyen de Mauquenchy (Seine-Maritime)*. Document final de synthèse, 28 p., 42 fig.

MONNIER, J-L. (1980) *Le Paléolithique de la Bretagne dans son cadre géologique*. Rennes, Travaux du Laboratoire d'Anthropologie, Préhistoire, Protohistoire et Quaternaire Armoricain, C.N.R.S., 607 p., 250 fig.

MONNIER J.-L. et Van VLIET-LANOË B. (1986) - Les oscillations climatiques entre 125 000 ans et le maximum glaciaire d'après l'étude des coupes du littoral de la Baie de Saint Brieuc. Apport de la lithologie, de la pédologie et de la malacologie. *Bulletin de l'Association Française pour l'Étude du Quaternaire*, 25-26, 1-2, 119-126.

PRUVOST, P. (2006) – Le Paléolithique moyen des Iles Chausey (Manche). In : Collectif (2006), rapport d'activité 2005 du Projet collectif de recherche " Les Premiers Hommes de Normandie ", cinquième année de recherche (coordination D. Cliquet), 27-35.

THIEBAULT, S.; FOSSE, G. et CLIQUET, D. (1988) - Déterminations anthracologiques sur deux gisements moustériens du nord-Cotentin en Normandie.

Bull. du Centre de Géomorphologie du C.N.R.S. Caen, 35, 1988, p. 9-20.

VALLIN, L. (1991) - Un site de boucherie probable dans le Pléistocène moyen de Tourville-la-Rivière (Seine-Maritime) in : *Datation et caractérisation des milieux pléistocènes* ; actes des symposiums 11 et 17 de la 11e RST, Clermont-Ferrand, 1986, Bordeaux, Ed. du CNRS, 1991, p. 241-260 (Cahier du Quaternaire, 16).

Van VLIET-LANOË, B.; CLIQUET, D.; AUGUSTE, P.; FOLZ, E.; KEEN, D.; SCHWENNINGER, J.-L.; MERCIER, N.; ALIX, P.; ROUPIN, Y.; MEURISSE, M. et SEIGNAC, H. (2006) - L'abri sous-roche du Rozel (France, Manche) : un habitat de la phase récente du Paléolithique moyen dans son contexte géomorphologique. *Quaternaire*, 17, (3), p. 207-258.

WATTE, J.-P. (1987) - Gisements paléolithiques des plages du Havre (habitat acheuléen de la "Station Romain") et de Sainte-Adresse (ateliers "clactoniens"), Seine-Maritime. *Annales du Museum du Havre*, 39, 31.

LES INDUSTRIES A COMPOSANTE LITHOLOGIQUE MIXTE AU PALEOLITHIQUE MOYEN DANS LE MASSIF ARMORICAIN (FRANCE) : MISE EN EVIDENCE D'UN COMPORTEMENT ECONOMIQUE SPECIFIQUE

Briagell HUET
UMR 6566 " Civilisations Atlantiques et Archéosciences " du CNRS, Université de Rennes 1, Campus de Beaulieu, 35042 Rennes Cedex, France ; briagellhuet@hotmail.com

Résumé *: Dans le Massif armoricain, plusieurs ensembles lithiques rattachés au Paléolithique moyen témoignent d'une composition lithologique mixte où le silex est associé à un autre type de roche. Leur étude met en évidence l'absence d'une véritable gestion économique différentielle des matières premières exploitées au sein d'une même industrie malgré des aptitudes à la taille et à l'utilisation très différentes. Ces matières premières occupent ainsi des statuts économiques équivalents dans le cadre d'un même ensemble lithique et répondent à des besoins fonctionnels communs. Elles se situent donc dans ce que nous avons défini comme étant une relation de " supplémentarité " économique.*
Mots-Clefs *: Paléolithique moyen, Massif armoricain, industries lithiques, matières premières, comportements techno-économiques.*

Abstract*: In the Armorican Massif, several Middle Palaeolithic industries use a large proportion of alternative raw materials in association with flint. In each of these industries, we can observe the absence of a real differential economy of raw materials in spite of their very different knapping and use properties. Therefore, raw materials play an equivalent economic role and answer common functional needs. To define this relationship between raw materials in a same lithic assemblage, we propose the notion of economic "supplementarity".*
Key-Words *: Middle Palaeolithic, Armorican Massif, lithic industries, raw materials, techno-economic behaviours.*

INTRODUCTION

Les particularités géologiques et géographiques du Massif armoricain (nord-ouest de la France) conditionnent la disponibilité et la répartition des ressources minérales exploitables par l'Homme pour sa production lithique. Elles jouent de ce fait un rôle prépondérant au niveau de la composition lithologique des industries préhistoriques, d'autant plus à une période comme le Paléolithique moyen où la mobilité des populations et leurs échanges sont encore relativement réduits.

A cette époque, et dans la partie bretonne du Massif armoricain, les industries lithiques mettent ainsi en œuvre une quantité importante de roches locales en complément du silex qui reste tout de même le matériau le plus usité à l'échelle régionale. Ce dernier est toujours exploité sous la forme de galets marins récoltés sur le littoral (Monnier, 1980, 1991). Dans l'état actuel de nos connaissances, seuls le grès " lustré ", le microgranite, la dolérite, le tuf volcano-sédimentaire et le quartz occupent une place quantitativement au moins aussi importante que le silex au sein de certaines industries paléolithiques (Monnier, 1980, 1982, 1991). Pour des utilisations occasionnelles, des phtanites, des lydiennes, des rhyolites, des aplites et des grès divers ont également été parfois utilisés.

Il est en fait possible de distinguer trois groupes d'industries au Paléolithique moyen dans le Massif armoricain breton en fonction des matières premières employées et de leurs proportions relatives :

- des industries où le silex est largement dominant (à plus de 80 %) [p. ex. Le Mont-Dol (Ille-et-Vilaine), Tréissény (Finistère), Roche-Tonnerre (Côtes-d'Armor) (Monnier, 1980, 1991)].
- des industries où l'exploitation d'une roche autre que le silex est quasi-exclusive (à plus de 90 %) ; il s'agit des industries du groupe dit " du Bois-du-Rocher " produites presque exclusivement à partir de l'exploitation de grès " lustrés " ou plus justement nommés grès éocènes (Giot, 1944 ; Molines *et al.*, 2003) [p. ex. Bois-du-Rocher et Clos Rouge (Côtes-d'Armor), Kervouster (Finistère) (Monnier, 1980)].
- et enfin, des industries où le silex se trouve associé en proportion plus équitable à une autre matière première. Il s'agit des ensembles lithiques provenant des sites de Roc'h-Gored (Finistère) [31,2[1] % de silex et 68,6 % de quartz filonien (Huet, 2006)], du Goaréva [61,8 % d'éclats en silex et 30,7 % d'éclats en dolérite (Huet, 2006)], de Karreg-ar-Yellan [24,3 % de silex et 73,3 % de microgranite (Huet, 2006)],

[1] Pourcentage d'éclats conservés entiers (bruts, retouchés et façonnés)

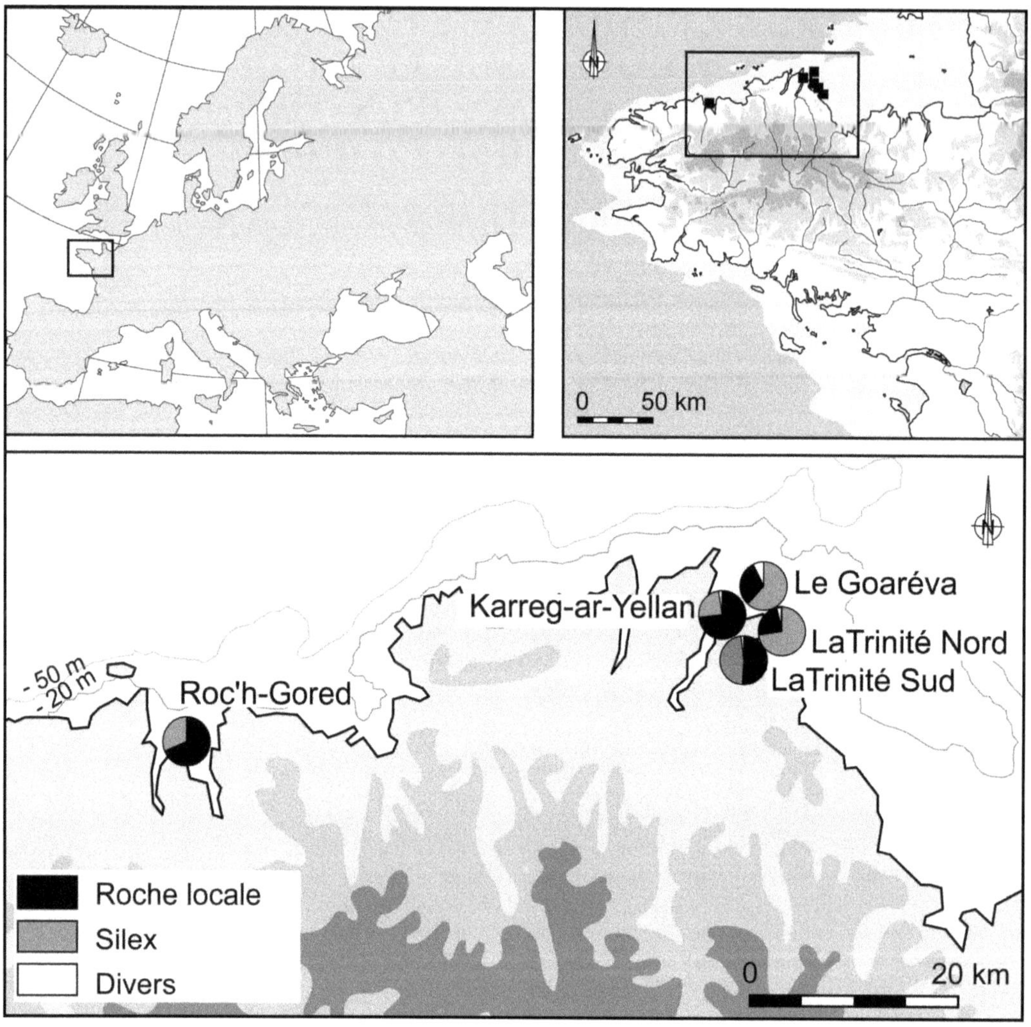

Fig. 10.1 : Carte de localisation des sites étudiés avec la proportion des matières premières lithiques qui y sont exploitées.

de Traou-an-Arcouest (Côtes-d'Armor) [49,9 % de silex et 42,6 % de microgranite (Monnier, 1980)] et enfin de la Trinité dans les Côtes-d'Armor [23,8 % de silex et 72,5 % de tuf kératophyrique sur le site Nord ; 51,1 % de silex et 47,2 % de tuf kératophyrique sur le site Sud (Huet, 2006)] (Fig. 10.1 et 10.2).

Ce sont ces dernières industries dites " à composante lithologique mixte " (Huet, 2002) qui ont attiré plus particulièrement notre attention. Chacune d'elles représente en effet une opportunité exceptionnelle d'observer directement, au sein d'un même assemblage, les modalités de mise en œuvre et de gestion de deux matières premières fondamentalement différentes par un même groupe humain néandertalien. Selon la roche exploitée, le comportement à la taille (débitage, façonnage et retouche) et l'aptitude à l'utilisation vont varier. Il nous paraissait donc particulièrement intéressant d'observer les comportements techniques et économiques adoptés en conséquence, ce qui a mené à l'étude approfondie de cinq de ces industries dans le cadre d'une thèse de Doctorat (Huet, 2006) : Roc'h-Gored, Karreg-ar-Yellan, Le Goaréva et les sites de la Trinité Nord et de la Trinité Sud (Fig. 10.1).

L'étude techno-économique des ces ensembles lithiques a été complétée par la caractérisation des propriétés à la taille et à l'utilisation des matières premières exploitées (Fig. 10.2) à travers trois approches complémentaires que sont la pratique expérimentale de la taille, les essais mécaniques normalisés et l'analyse pétrographique (Huet, 2006). La mise en corrélation des données ainsi obtenues permet de cerner les contraintes techniques et fonctionnelles rencontrées dans le cadre de l'exploita-tion et de l'utilisation de ces matières premières spécifiques pour une meilleure interprétation de l'analyse de ces ensembles lithiques.

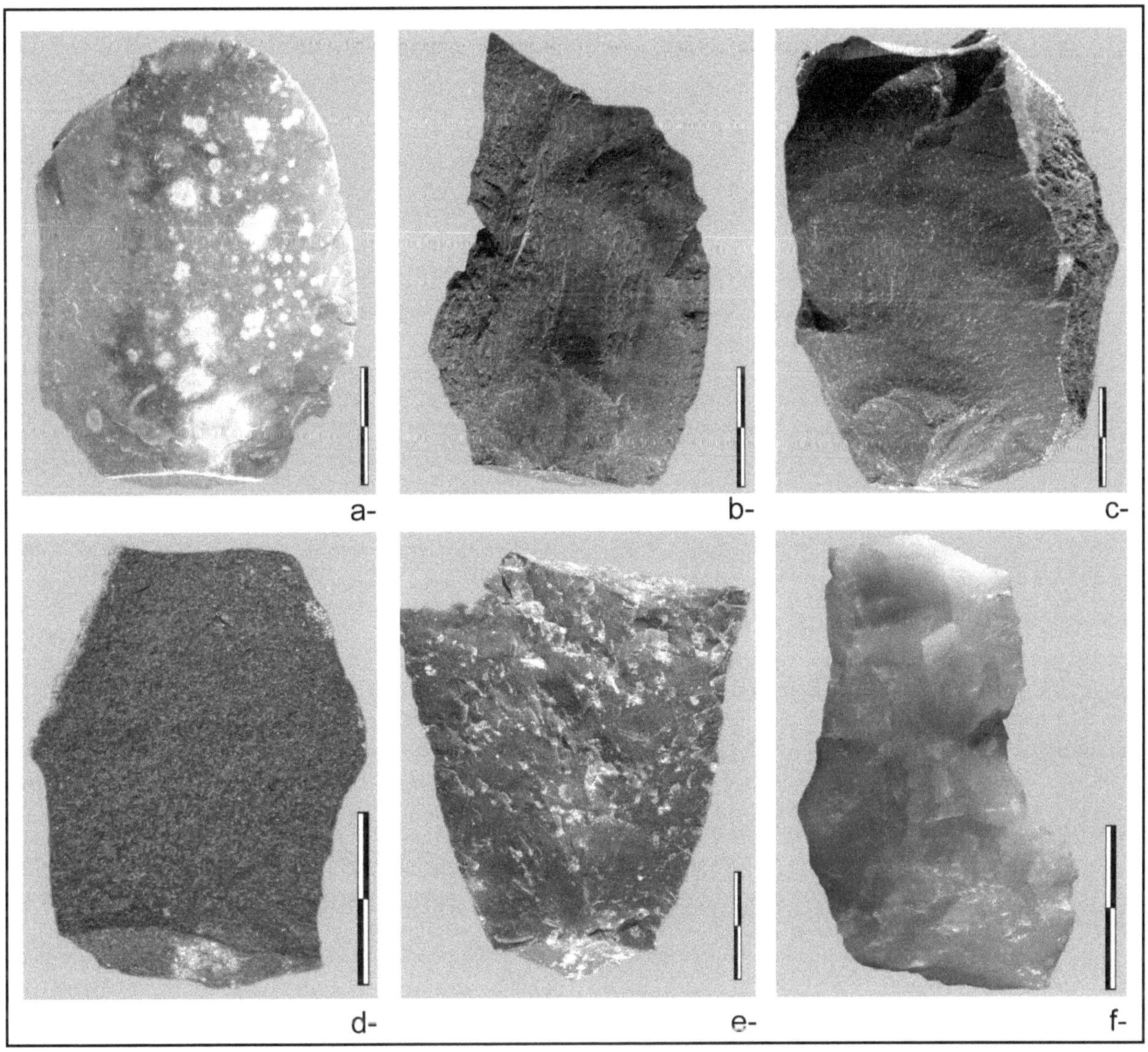

Fig. 10.2 :Aspect macroscopique des matières premières exploitées : a : silex de galet marin ; b et c : tufs kératophyriques; d : dolérite ; e : microgranite ; f: quartz filonien.

CONTEXTE CHRONOLOGIQUE ET ENVIRONNEMENTAL

Implantées sur le littoral nord de la Bretagne actuelle, les occupations ayant livrées ces industries à composante lithologique mixte intègrent un même cadre chronostratigraphique : elles sont toutes rattachées à un Paléolithique moyen récent daté de la fin du dernier interglaciaire *lato sensu* et le début du pléniglaciaire (fin du stade isotopique 5, début du 4), soit aux environs de 80 à 60.000 ans (Monnier *et al.*, 2002 ; Huet et Monnier, à paraître). Les sources d'approvisionnement en silex les plus proches sont constituées par les affleurements crétacés et jurassiques du bassin sédimentaire de la Manche occidentale dont l'accessibilité est étroitement liée à la paléogéographie locale, elle-même dépendante des variations du niveau marin au gré des oscillations climatiques. Or, à l'époque de l'occupation de ces sites, le niveau marin ne permet pas d'y accéder. Il faut alors se tourner vers les cailloutis et les anciens cordons littoraux pour trouver du silex sous la forme de galets ; mais dans le premier cas, la matière première est souvent altérée par le gel et dans le second cas, l'accessibilité des cordons semble compromise par les conditions géodynamiques (enfouissement sous des coulées de solifluxion mises en place lors des épisodes froids des stades précédents ; Monnier *et al.*, 2002). Le recours en grande quantité à des roches autres que le silex au sein de ces industries à composante lithologique mixte pourrait donc être vraisemblablement lié à un problème d'accessibilité du silex au moment de l'occupation des sites.

GESTION DES MATIERES PREMIERES AU SEIN DES INDUSTRIES A COMPOSANTE LITHOLOGIQUE MIXTE

Les modes d'approvisionnement en matières premières

Toutes les matières premières autres que le silex exploitées au sein de chacune des industries à composante lithologique mixte étudiées sont présentes en abondance dans l'environnement immédiat des occupations sous la forme de filons ou d'affleurements. Ceux-ci n'ont cependant pas fait l'objet d'une exploitation directe. Les surfaces naturelles des artefacts indiquent en effet que ces roches ont toujours été récoltées en position secondaire sous la forme de galets et de blocs parallélépipédiques issus de l'érosion de la roche en place. Le silex a également été exploité en position secondaire sous la forme de galets marins récoltés au sein des cordons littoraux.

Les chaînes opératoires d'exploitation de ces matières premières sont représentées intégralement sur l'ensemble des sites. Seuls quelques rares éléments au sein de l'industrie de Karreg-ar-Yellan semblent avoir été introduits directement sous la forme de supports bruts ou retouchés bien qu'il s'agisse de matières premières d'origine locale ou peu éloignée (éclats Levallois en microgranite et silex, racloirs en rhyolite).

Ces ensembles lithiques témoignent donc d'une mobilité relativement réduite des populations qui sont à l'origine de leur formation. Il s'agit d'un cas habituel pour les occupations du Paléolithique inférieur et moyen en Bretagne dont les distances aux sources d'approvisionnement n'excèdent pas 20 km (Monnier, 1989).

Les modes de production des supports

Des activités de façonnage aboutissant à la production de supports bifaciaux et de galets aménagés sont attestées sur tous les sites étudiés, bien que dans des proportions généralement assez faibles par rapport à la place consacrée aux activités de débitage à l'exception notable du site de Karreg-ar-Yellan. Quelque soit le site, le façonnage intéresse toujours les deux matières premières principales et ce, dans des proportions sensiblement identiques.

Les activités de débitage constituent effectivement le principal moyen de production lithique sur tous les sites étudiés et pour chacune des matières premières qui y sont exploitées.

Au sein de chaque industrie à composante lithologique mixte considérée, les deux matières premières principales ont très souvent fait l'objet des mêmes modes de débitage, parfois dans des proportions relatives pratiquement semblables comme au Goaréva (Tabl. 10.1). Quelques différences ponctuelles peuvent tout de même être notées comme par exemple à Roc'h-Gored où le débitage Levallois n'est reconnu que sur du silex, quoique dans des proportions très faibles (1 nucléus, 5 éclats) et le débitage Discoïde exclusivement sur du quartz. Cette dichotomie entre quartz et silex est notamment connue sur le site de La Borde (Jaubert *et al.*, 1990). Cependant à Roc'h-Gored, la mise en œuvre de débitages à plans de fracturation parallèles conceptuellement proches d'un débitage Levallois mais avec un degré de prédétermination moindre n'est pas complètement étrangère à l'exploitation du quartz comme en témoignent un nucléus et quelques éclats clairement issus d'une gestion de surface ; à l'inverse, le silex témoigne d'une exploitation selon des plans de fracturation sécants proches d'un débitage Discoïde unifacial.

Il en est de même à la Trinité Nord où le débitage Levallois n'a été employé que pour l'exploitation du silex et le débitage Discoïde seulement pour le tuf. Mais ces deux matières premières ont par ailleurs toutes deux fait l'objet de débitages directs à plans de fracturation parallèles d'une part, sécants d'autre part. A l'inverse, à la Trinité Sud, la mise en œuvre du débitage Levallois concerne uniquement le tuf, tandis que celle du débitage Discoïde est commune aux deux matières (Tabl. 10.1).

Les productions obtenues à partir de l'une ou l'autre matière première au sein d'une même industrie sont par ailleurs tout à fait similaires, tant du point de vue de la nature et de la proportion des types de produits obtenus, que de leur aspect physique, morphologique et dimensionnel. L'exploitation de deux matières premières différentes au sein de ces assemblages ne vise donc pas l'obtention de supports aux caractères distincts.

En fait, il ressort de l'étude de ces industries que la mise en œuvre d'un type de schéma opératoire n'est pas uniquement liée à la nature de la matière première exploitée et à son aptitude à la taille, du moins au sein de ces assemblages. Il semble que d'autres paramètres rentrent en compte, bien que certains soient, de fait, étroitement liés à la nature de la matière première et c'est pourquoi il nous est parfois difficile de les en distinguer.

La qualité à la taille est bien évidemment très étroitement liée à la nature même de la matière première considérée. Cependant, une même matière première peut offrir des qualités à la taille très variables selon les blocs exploités. Ce n'est donc pas

Tabl. 10.1 : Modes de débitage par matière première pour chaque industrie lithique étudiée.

	Roc'h-Gored		**La Trinité Nord**		**La Trinité Sud**		**Karreg-ar-Yellan**		**Le Goaréva**	
	silex (%)	**quartz** (%)	**silex** (%)	**tuf** (%)	**silex** (%)	**tuf** (%)	**silex** (%)	**micro-granite** (%)	**silex** (%)	**dolérite** (%)
Débitages faciaux parallèles										
Levallois	5,5 (n=1)		11,8			5,3			9,8	20,9
Récurrent à plans de fracturation parallèles		2,8 (n=1)	29,3	49	51,2	32	44,5		25	14
Débitages faciaux sécants										
Discoïde		22,2		23	7,1	21		31,4	1,6	4,7
Récurrent à plans de fracturation sécants	44,5	25	11,8	15	13,1	29	22,2		13	11,6
Débitages faciaux à plans de fracturation mixtes										
Récurrent unifacial								40		
Débitages volumétriques et multifaciaux										
Semi-tournant	39	25	11,8	8,8	15,5		11,1	8,5	9,8	11,6
Unidirectionnel successif								2,9	15	16,3
Multifacial	5,5	25	35,3		13,1	13	22,2	14,3		
Multidirectionnel	5,5			3,8				2,9	26	20,9
Total	100	100	100	100	100	100	100	100	100	100

tant la matière première que la qualité individuelle de ces nodules qui peut jouer un rôle dans le choix d'un schéma opératoire de débitage. Ainsi, la présence récurrente de diaclases au sein du quartz et du microgranite rend leur débitage relativement peu contrôlable, raison peut-être pour laquelle par exemple le débitage Levallois n'a pas été employé pour exploiter ces deux matières premières respectivement présentes à Roc'h-Gored et à Karreg-ar-Yellan. Il faut cependant observer qu'à Karreg-ar-Yellan, contrairement à Roc'h-Gored, le débitage Levallois n'est pas non plus reconnu sur le silex : problème de volume disponible ? de qualité du silex présent ? tradition technique ?

A l'inverse, sur le site de la Trinité Sud, le débitage Levallois, de modalité préférentielle, a pu être mis en œuvre sur des blocs de tufs particulièrement sains et homogènes, tandis que le silex ne témoigne pas de ce mode d'exploitation.

Au Goaréva, la méthode Levallois récurrente est employée pour l'exploitation des deux matières premières, le silex et la dolérite. Il se trouve que la dolérite, bien qu'il s'agisse d'une roche particulièrement tenace à la taille, est par contre bien homogène et comporte rarement des discontinuités (diaclases, fissures). La ténacité de cette roche pouvait ne pas constituer un problème pour des populations néandertaliennes dont la musculature est apparemment plus puissante que la nôtre (p. ex. Voisin, 2004), alors que l'homogénéité et la continuité sont par contre des avantages indéniables pour la mise en œuvre de méthodes de débitage élaborées. La dolérite représente ainsi la matière première qui témoigne de l'exploitation par débitage Levallois la plus importante (Tabl. 10.1).

Le volume des blocs exploités joue également un rôle important. Nous le voyons notamment bien au Goaréva où la dolérite, qui fournit des nodules d'un volume nettement plus important que ceux en silex, a permis la mise en œuvre en plus grande proportion de la méthode Levallois, méthode de débitage relativement dispendieuse en matière première du fait de la mise en forme et de l'entretien qu'elle nécessite. Le silex a, quant à lui, beaucoup plus fréquemment donné lieu à la mise à profit de convexités naturelles en prenant des

Tabl. 10.2 : Contribution des matières premières pour la confection de l'outillage retouché au sein des industries lithiques étudiées.

	Taux de transformation de la série (%)	Représentativité au sein de l'outillage retouché (%)	Taux de transformation global (%)
Roc'h-Gored			
silex	16,7	49,9 (n=50)	8,6
quartz	5,8	50,1 (n=52)	
La Trinité Nord			
silex	8,4	52,6 (n=41)	3,7
tuf	2,3	44,9 (n=35)	
La Trinité Sud			
silex	5,4	74,8 (n=119)	3,8
tuf	2	23,9 (n=38)	
Karreg-ar-Yellan			
silex	3,3	56,5 (n=96)	1,9
microgranite	1,2	39,4 (n=67)	
Le Goaréva			
silex	8,3	66,8 (n=425)	9,2
dolérite	10,1	23,7 (n=151)	

éclats comme supports, évitant ainsi une mise en forme et donc une perte de matière trop importante (débitage récurrent à plans de fracturation parallèles cf. Tabl 10.1). Le volume des nodules est effectivement très étroitement lié, dans le cadre de ces industries, à la nature de la matière première exploitée, puisque les galets de silex sont généralement de faibles dimensions comparativement aux matières premières d'origine strictement locale qui offrent des blocs de toutes dimensions et plus fréquemment de grandes dimensions. Ce paramètre qu'est le volume n'intervient pas uniquement entre matières premières différentes, mais également dans une moindre mesure au sein de chaque ensemble lithologique.

La morphologie des blocs intervient elle aussi dans le choix du schéma opératoire à mettre en œuvre, notamment dans le choix soit d'une gestion de surface (méthode Levallois, débitage facial récurrent), soit d'une gestion à tendance plus volumétrique. Le débitage semi-tournant est ainsi préférentiellement mis en œuvre sur des nodules globuleux, de type galet, tandis que son pendant, le débitage multifacial, tend à être appliqué à des nodules dont la morphologie de départ est plutôt rectangulaire ou du moins offre des dièdres. A la morphologie du bloc peut également s'ajouter le degré d'exploitation du nodule : c'est ainsi que le débitage multifacial d'un nucléus devient progressivement multidirectionnel, le nucléus n'est alors plus conçu en multiples faces mais en multiples pôles exploitables et aboutit à une morphologie plus ou moins globuleuse. Cette sorte de filiation entre le débitage multifacial ou " SSDS " et le débitage multidirectionnel ou " globuleux " a également pu être mise en évidence à Noir Bois (Detrey J., 2000).

La gestion et la transformation des supports

Le taux de transformation par retouche de ces ensembles lithiques est relativement faible dans l'ensemble, de 1,9 % à Karreg-ar-Yellan à 9,2 % au Goaréva (Tabl. 10.2).

Des deux matières premières principales exploitées au sein de ces industries, le silex témoigne d'un taux de transformation toujours plus fort (de 2,7 à 3,6 fois plus élevé selon les sites ; Tabl. 10.2). Sa bonne aptitude à la retouche et à l'utilisation comparativement aux autres roches exploitées semble donc avoir joué un certain rôle, même s'il n'est pas exclusif.

L'industrie du Goaréva constitue toutefois la seule exception dans la mesure où la dolérite, la roche pourtant la moins apte à la retouche et à l'utilisation en position posée parmi celles étudiées, témoigne d'un taux de transformation légèrement plus élevé que celui du silex (pour un nombre d'outils en dolérite néanmoins près de trois fois moins important qu'en silex). Il faut cependant considérer, d'une part, que les outils en dolérite sont presque exclusivement des encoches et des denticulés, types d'outils dont la confection ne nécessite pas une grande qualité de la roche (voire même seuls types d'outils aménageables sur cette roche), et, d'autre part, ces outils trouvent peut-être pour un bon nombre d'entre eux une origine naturelle.

Néanmoins, ces taux de transformation différentiels entre les deux matières premières ne reflètent pas toujours la composition lithologique de l'outillage retouché, puisque, notamment à Roc'h-Gored, La Trinité Nord et à Karreg-ar-Yellan, celles-ci participent presque équitablement à la confection de la panoplie d'outils retouchés si l'on considère le nombre de supports fournis (Tabl. 10.2). La nature lithologique du support ne constitue finalement pas un critère de choix spécifique au niveau de sa sélection en vue d'être retouché. Les sites de la Trinité sont à ce propos assez parlants, puisqu'ils exploitent tous deux la même matière première locale qui est le tuf kératophyrique. Or, nous pouvons observer une participation équitable du silex et du tuf dans la composition de l'outillage retouché de la Trinité Nord, tandis que l'outillage de la Trinité Sud est constitué aux trois-quarts à partir de silex. De même, alors que le quartz n'est pas un matériau spécialement apte à la retouche en général, il prend part à l'outillage retouché de Roc'h-Gored dans des proportions identiques au silex, sans même observer de sélection préférentielle de ces " faciès " les plus finement cristallisés parmi ceux disponibles.

En fait, plus que sa nature lithologique, le principal critère de sélection d'un support en vue d'être retouché et qui ressort de manière relativement claire pour toutes les industries étudiées est celui de ses dimensions : ce sont en effet les supports offrant les plus grandes dimensions disponibles au sein de la série, quelle que soit la matière première, qui ont préférentiellement été sélectionnés. Ce critère de choix est d'ailleurs très souvent observé au sein des ensembles lithiques moustériens, notamment au sein d'autres industries à composante lithologique mixte où il est alors commun à toutes les matières premières exploitées (p. ex. Cârciumaru *et al.*, 2000 ; Matilla, 2004 ; Mora *et al.*, 2004).

Du point de vue des types d'outils confectionnés, chacune de ces industries offre une panoplie d'outils dominée par les racloirs, les encoches et les denticulés, auxquels viennent s'ajouter quelques pièces bifaciales. Ces outils sont confectionnés aux dépens des deux matières premières ; seuls des types d'outils unitaires ou présents en très faible nombre ne sont parfois présents que dans l'un des deux ensembles lithologiques. Ce sont par contre les proportions relatives des types d'outils confectionnés qui diffèrent plus ou moins d'une matière première à l'autre. Les racloirs sont ainsi préférentiellement (mais pas exclusivement) aménagés sur des supports en silex, tandis que les encoches et les denticulés sont plus fréquemment confectionnés aux dépens de l'autre matière première associée. Si le support retouché, quelle que soit sa nature lithologique, présente une bonne aptitude à la retouche du fait de caractères pétrographiques particuliers, il a pu donner lieu à la confection d'outils particulièrement soignés et élaborés comme nous avons pu l'observer au sein de chaque ensemble lithique et plus particulièrement sur le quartz à Roc'h-Gored, à l'exception notable, néanmoins, de la dolérite au Goaréva. L'industrie du Goaréva se distingue en effet nettement des autres ensembles lithiques puisqu'elle est la seule à témoigner d'une nette répartition différentielle des types d'outils en fonction de la nature lithologique du support. Ainsi, la dolérite donne lieu presque exclusivement à la fabrication d'encoches et de denticulés, tandis que le silex sert à la confection de tous les autres types d'outils présents dans l'industrie, en plus d'encoches et de denticulés, et notamment aux racloirs dont aucun exemplaire existe en dolérite (29,6 % de l'outillage retouché en silex). Ce faible investissement technique des outils en dolérite trouve très certainement une raison dans la faible aptitude à la retouche de cette roche, ainsi que dans sa faible résistance à l'usure en utilisation posée (Huet, 2006). Les produits en dolérite ont pu être utilisés préférentiellement bruts ; il n'est d'ailleurs pas impossible que certaines coches et denticulations aient été produites lors de l'utilisation de supports initialement bruts.

La retouche des mêmes types d'outils présente des caractères tout à fait semblables d'une matière première à l'autre malgré les différences d'aptitude à la retouche.

Seul l'outillage retouché de Roc'h-Gored présente une certaine dichotomie dans l'aspect et le type de retouche qui aménage d'une part les outils en silex et d'autre part ceux en quartz. Les outils en silex, et plus particulièrement les racloirs, arborent en effet des caractères dits " Quina " beaucoup plus marqués que sur ceux en quartz (retouche écailleuse scalariforme, amincissements, retouche bifaciale). Cette différence de traitement peut être interprétée comme la conséquence d'une exploitation plus intensive d'une matière première par rapport à une autre notamment dans des situations de pénurie, comme cela a pu être avancé pour d'autres industries (Callow et Cornford, 1986 ; Meignen, 1988 ; Slimak, 1999), mais également comme étant liée à des activités spécifiques (Bourguignon, 1997 ; Lemorini et Alharque, 1998). Pour Roc'h-Gored, plusieurs éléments nous incitent à penser qu'il s'agit probablement du résultat de plusieurs facteurs parmi lesquels la faible aptitude à la retouche du quartz et l'intensité du ravivage des pièces en silex occupent une place importante.

Conclusion synthétique et perspectives

Au sein de ces industries moustériennes à composante lithologique mixte du Massif armoricain, il n'apparaît donc pas de véritable économie des matières premières (au sens de Perlès, 1991) : la mise en œuvre conjointe de matières premières aux aptitudes à la taille et à l'utilisation différentes au sein d'un même ensemble lithique n'aboutit en effet pas à leur gestion différentielle.

L'exploitation de chacune d'elle est néanmoins optimisée en fonction de ses propriétés mécaniques, mais également et surtout en fonction de la morphologie et du volume du nodule exploité, grâce à la mise en œuvre de schémas opératoires adaptés. La gestion technique de chacune de ces matières premières reste cependant peu différenciée au sein d'un même assemblage. Il s'agit plutôt d'adaptations conjoncturelles qui sont le reflet de la grande souplesse technique dont ces populations font preuve. La même optimisation des matières premières peut être observée au niveau de la confection de l'outillage retouché. Bien que chacune d'elles participe à des objectifs fonctionnels communs, les supports qu'elles ont fournis sont gérés de manière rationnelle en fonction de leurs qualités à la retouche et à l'utilisation. Ces populations témoignent d'une très bonne connaissance des ressources minérales qu'elles exploitent et savent les adapter au mieux à leurs besoins.

Les matières premières principales exploitées au sein de ces industries à composante lithologique mixte occupent donc des statuts économiques équivalents et répondent à des besoins fonctionnels communs. Nous pouvons alors définir la relation qu'entretiennent ces matières premières comme étant une relation de " supplémentarité[2] " économique et fonctionnelle (Huet, 2006). La relation inverse, dans le cadre de laquelle l'exploitation de matières premières différentes au sein d'un même assemblage vise l'accomplissement de besoins différents, est quant à elle représentée par la notion de complémentarité économique et fonctionnelle. Des comportements économiques intermédiaires peuvent exister entre ces deux grands pôles, dans un sens comme dans l'autre. Par exemple, au sein d'un même ensemble lithique, l'une des matières premières exploitées peut participer dans une certaine proportion aux objectifs de production visés par l'exploitation de l'autre ou des autres matériaux, tout en remplissant des besoins spécifiques en parallèle. L'industrie de Fonseigner (Dordogne) peut en être un exemple : le quartz y est essentiellement destiné au façonnage de galets aménagés et à l'utilisation en tant que percuteurs " lancés " et " posés ", mais il a également fait l'objet, dans une moindre de mesure, d'un débitage, parfois Levallois, participant ainsi aux objectifs de production préférentiellement visés par la mise en œuvre du silex (Geneste et Turq, 1997).

A l'image de ce qui a pu être observé dans le nord-est du Bassin aquitain (Geneste et Turq, 1997), il semble que l'environnement lithologique dans lequel s'inscrit l'occupation considérée joue un certain rôle dans la mise en œuvre de l'un ou l'autre de ces deux grands modes de gestion économique que sont la " supplémentarité " et la complémentarité. Ainsi, dans des zones pauvres en ressources minérales de bonne qualité à la taille, les matières premières entretiendraient entre elles des rapports de supplémentarité au sein d'un même ensemble lithique [cas du Massif armoricain que nous venons de présenter ou bien des Causses Quercynois (Geneste, 1989 ; Geneste et Turq, 1997 ; Jaubert, 1997)]. Ce mode de gestion économique qu'est la supplémentarité prend alors des airs d'" économie de carence ". A l'inverse, dans les zones riches en matières premières de bonne qualité à la taille, le recours à d'autres types de matières premières, généralement d'origine locale, intervient en complémentarité, pour subvenir à un type de besoin différent (p. ex. Les Tares et le Roc-de-Marsal en Dordogne ; Geneste et Turq, 1997). Cela donne l'impression, en quelque sorte, que la disponibilité en matières premières de qualité libèrerait de certaines contraintes et autoriserait l'expression de besoins plus élaborés ou du moins plus spécialisés. Les occupations localisées dans des zones pauvres en matériaux de bonne qualité à la taille mais qui ont recours à l'importation ou au transport de ce type de matières premières d'origine éloignée constituent, quant à elles, des cas particuliers et semblent relever de modes de gestion économique plus ou moins hybrides (p. ex. la grotte Scladina (Sclayn, Belgique) ; Loodts, 1998 ; Van Der Sloot, 1998).

Notre travail vise désormais à déterminer plus précisément les conditions d'existence de ces modes de

[2] Définitions du Petit Robert :
" Supplément : ce qui supplée, remplace, joue le rôle de "
" Complément : ce qui s'ajoute à une chose pour qu'elle soit complète "

gestion économique des matières premières que sont la " supplémentarité " et la complémentarité et à mettre ainsi en évidence les divers paramètres qui peuvent conditionner leur mise en application en ouvrant ce type d'approche techno-économique à d'autres contextes écologiques *lato sensu*.

Bibliographie

BOURGUIGNON, L. (1997) – *Le Moustérien de type Quina : Nouvelle définition d'une entité technique*. Université de Paris X-Nanterre, Thèse de Doctorat, 2 vol., 738 p.

CALLOW, P. , CORNFORD, J.-M. (1986) *La Cotte de-Saint-Brelade, 1961-1978. Excavations by C.B.M. McBurney*. Geo Books, Norwicha, 433 p.

CARCIUMARU, M. ; MONCEL, M.-H. ; CARCIUMARU, R. (2000) – Le Paléolithique moyen de la grotte Cioarei-Borosteni (commune de Pestisani, département de Gorj, Roumanie). Étude préliminaire de l'industrie lithique. La question des Moustériens sub-carpathiques et de l'occupation des Carpathes. *L'Anthropologie*, 104, p. 185-237.

DETREY, J. (2000) – Étude technologique et typologique. In : AUBRY, D. *et al.*, Dernier cycle glaciaire et occupations paléolithiques à Alle, Noir Bois (Jura, Suisse), *Cahiers d'Archéologie Jurassienne*, 10, p. 108-125.

GENESTE, J.-M. (1989) – Économie des ressources lithiques dans le Moustérien du Sud-Ouest de la France. In : OTTE, M. (éd.), *L'homme de Néanderthal, vol. 6, La subsistance*, Actes du Colloque International de Liège. Liège, ERAUL, 33, p. 75-97.

GENESTE, J.-M. ; TURQ, A. (1997) – L'utilisation du quartz au Paléolithique moyen dans le nord-est du Bassin Aquitain. *Préhistoire Anthropologie Méditerranéennes*, 6, p. 259-278.

GIOT, P.-R. (1944) – Communication sur la répartition des stations Paléolithiques en Bretagne. *Bulletin de la Société Préhistorique Française*, 10-11-12, p. 154-155.

HUET, B., (2002) – Une industrie à composante lithologique mixte : le gisement paléolithique moyen de Goaréva (Ile-de-Bréhat, Côtes-d'Armor). *Bulletin de la Société Préhistorique Française*, 99 : 4, p. 699-716.

HUET, B. (2006) – *De l'influence des matières premières lithiques sur les comportements techno-économiques au Paléolithique moyen : l'exemple du Massif armoricain (France)*. Université de Rennes 1, Thèse de Doctorat, 523 p.

HUET, B. ; MONNIER, J.-L. (à paraître) – Le site paléolithique moyen de Roc'h-Gored (Finistère, France) : étude géologique et archéologique d'une industrie lithique à quartz dominant.

JAUBERT, J. (1997) – L'utilisation du quartz au Paléolithique inférieur et moyen. *Préhistoire Anthropologie Méditerranéennes*, 6, p. 239-258.

JAUBERT, J. ; LORBLANCHET, M. ; LAVILLE, H. ; SLOTT-MOLLER, R. ; TURQ, A. ; BRUGAL, J.-Ph. (1990) – Les chasseurs d'aurochs de la Borde, un site du Paléolithique moyen (Livernon, Lot). *Documents de l'Archéologie Française*, 27, 160 p.

LEMORINI, C. ; ALHARQUE, F. (1998) – L'analyse fonctionnelle rencontre l'analyse zooarchéologique : l'exemple de Grotta Breuil (Mont Circé, Italie). ABACCO, *XIIIe UISPP Congress Proceedings*, Forli, Italie, 8-14 Sept. 1996, 1, p. 1143-1149.

LOODTS, I. (1998) – Une approche comportementale de l'homme de Néandertal. L'industrie lithique de la couche 1A de la grotte Scladina, économie des matières premières et coexistence de chaînes opératoires au Paléolithique moyen récent. In : OTTE, M. ; PATOU-MATHIS, M. ; BONJEAN, D. (éd.), *Recherches aux grottes de Sclayn. Volume 2. L'Archéologie*. ERAUL, 79, p. 69-101.

MATILLA, K. (2004) – *Contribution à l'étude des industries de la Chaise-de-Vouthon, Charente. Techno-typologie et techno-économie du matériel sur galet. Fouilles David (1936-1961), Fouilles A. Debénath (1967-1983)*. Université de Perpignan, Thèse de Doctorat, 340 p.

MEIGNEN, L. (1988) – Un exemple de comportement technologique différentiel selon les matières premières : Marillac, couches 9 et 10. In : BINFORD, L. ; RIGAUD, J.-Ph. (coord.), *L'Homme de Neandertal, vol. 4, La Technique*, Actes du Colloque International de Liège. Liège, ERAUL, 31, p.71-79.

MOLINES, N. ; QUERRE, G. ; MONNIER, J.-L. ; DABARD, M.-P. ; ESTEOULE-CHOUX, J. ; BRAULT, N. ; ROUXEL, T. ; SANGLEBOEUF, J.-C. (2003) – Caractérisation géologique, pétrographique et propriétés mécaniques des " grès lustrés " et autres " quartzarénites " dans le Massif armoricain au Paléolithique inférieur et moyen. Réflexions sur la notion de matériaux de substitution. In : *Les matières premières lithiques en Préhistoire*, Actes de la Table ronde internationale d'Aurillac, Aurillac (Cantal), 20-22 juin 2002. *Préhistoire du Sud-Ouest*, suppl. n° 5, p. 217-225.

MONNIER, J.-L. (1980) – *Le Paléolithique de la Bretagne dans son cadre géologique*. Université de

Rennes I, Thèse de Doctorat ès Sciences, Travaux du Laboratoire d'Anthropologie–Préhistoire–Protohistoire et Quaternaire armoricains, 597 p.

MONNIER, J.-L. (1982) – Le Paléolithique inférieur et moyen en Bretagne. Habitats et économie des matières premières. *Bulletin de l'Association Française pour l'Etude du Quaternaire*, 2-3, p. 93-104.

MONNIER, J.-L. (1989) – Pétrographie des industries et mobilité des populations du Paléolithique inférieur et moyen en Bretagne. *XXIIe Congrès préhistorique de France*, p. 167 171.

MONNIER, J.-L. (1991) – Les matériaux lithiques du Paléolithique du Nord-Ouest de la France : choix et utilisation. In : *La Pierre Préhistorique*, Actes du séminaire des 13 et 14 décembre 1990, Paris, Laboratoire de recherche des Musées de France, p. 45-52.

MONNIER, J.-L. ; CLIQUET, D. ; HALLEGOUËT, B. ; VAN VLIET-LANOË, B. ; MOLINES, N. (2002) – Stratigraphie, paléoenvironnement et occupations humaines durant le dernier interglaciaire dans l'Ouest de la France (Massif Armoricain). Comparaison avec l'interglaciaire précédent. In : TUFFREAU, A. ; ROEBROEKS, W., dir. - *Le dernier Interglaciaire et les occupations humaines du Paléolithique moyen*. Actes de la table ronde INQUA d'Amiens (1997). *Publications du CERP*, Lille, 8, p. 115-141.

MORA, R.; DE LA TORRE, I.; MARTINEZ-MORENO, J. (2004) – Middle Palaeolithic mobility and land use in the southwestern Pyrenees: the example of level 10 in La Roca dels Bous (Noguera, Catalunya, Northeast Spain). In: CONARD, N. J. (ed.), *Settlement Dynamics of the Middle Palaeolithic and Middle Stone Age*. Tübingen: Kerns Verlag, p. 415-435.

PERLES, C. (1991) – Économie des matières premières et économie de débitage : deux conceptions opposées. In : *25 ans d'études technologiques en Préhistoire : Bilan et perspectives*, Actes des XIe Rencontres internationales d'Archéologie et d'Histoire d'Antibes, 18-20 octobre 1990, Juan-les-Pins, éd. APDCA (diffusion CNRS-CRA, Valbonne), p. 35-44.

SLIMAK, L. (1999) – Pour une individualisation des Moustériens de type Quina dans le quart sud-est de la France ? La Baume Néron (Soyons, Ardèche) et le Champ Grand (Saint-Maurice-sur-Loire, Loire), premières données. *Bulletin de la Société Préhistorique Française*, 96 : 2, p. 133-144.

VAN DER SLOOT P. (1998) – Matières premières lithiques et comportements au Paléolithique moyen. Le cas de la couche 5 de la grotte Scladina. In : OTTE, M. ; PATOU-MATHIS, M. ; BONJEAN, D. (éd.), *Recherches aux grottes de Sclayn. Volume 2. L'Archéologie*. ERAUL, 79, p. 115-126.

VOISIN, J.-L. (2004) – L'épaule néandertalienne : identique ou différente de celle de l'homme moderne ? In : VAN STRYNDONCK, M. ; LIVINGSTONE-SMITH, A. (dir.), section 2, Archéométrie, sessions générales et posters, Actes du XIVe congrès UISPP, Université de liège, Belgique, 2-8 septembre 2001. *BAR International Series*, 1270, p. 37-46.

RESSOURCES LITHIQUES ET CIRCULATION DES MATIERES PREMIERES MINERALES AU PALEOLITHIQUE INFERIEUR ET MOYEN EN HAUTE-SAONE : PREMIERS RESULTATS

Agnès LAMOTTE

FRE 2539 " Quaternaire, Préhistoire et Géomorphologie ", Université des Sciences et technologies de Lille. Bat Géographie, avenue Paul Langevin. 59655 Villeneuve d'Ascq

Gilles HUGUENIN

4 rue de Rigny – 70100 Chargey-les-Gray

Résumé *: Conjointement à la reprise d'études de collections lithiques de surface ou de fouille du Paléolithique inférieur et moyen de la Haute-Saône, sont menées des études pétrographiques des séries lithiques. La région Nord de la Franche-Comté est une zone de contact entre la partie orientale du Bassin Parisien, le Sud-Ouest des Vosges, le Nord-Est du Massif-Central et le Nord du Jura. Les roches sédimentaires sont dominantes, mais sont des roches métamorphiques et magmatiques provenant des Vosges et du Morvan sont également présentes. Les matières premières minérales sont donc potentiellement variées. Même si les roches locales dominent (silex secondaire, silex tertiaire, chailles), quelques éléments d'origine un peu plus éloignée figurent systématiquement et généralement en petite quantité dans chaque site paléolithique (grès, quartz, quartzites). La composition pétrographique de chaque série lithique est décrite et la composition techno-typologique est fournie quand cela est possible. Cette étude complète les travaux menés par C. Cupillard sur un certain nombre de stations dans l'ouest de la région. La provenance des matières premières est abordée à plusieurs échelles (locale, semi-locale et/ou régionale) de telle sorte qu'en terme de circulation, des axes privilégiés et des axes d'emprunts secondaires sont proposés pour le Paléolithique moyen nord Franc-comtois.*

Mots-clés *: inventaire matières premières minérales, Est de la France, approvisionnement, circulation, traitement, Paléolithique inférieur, Paléolithique moyen.*

Abstract: *This study is bringing together the Lower and Middle Palaeolithic surface collections and excavated assemblages since 1990 in eastern France, and enabling us to study the different raw material types and the distances that they have been moved from source areas. The region of Franche Comté is a contact region between the eastern part of the Paris basin, south-western part of Vosges mountains, Northern-east part of Morvan mountains and with the Northern part of the Jura mountains. Sedimentary rock dominate in all these regions, but metamorphic and volcanic rocks from the Vosges and Morvan mountains could also be founded. The raw material are therefore quite varied. Although local raw materials dominate the lithic series ((flint and chert), there are also much smaller quantities of other raw materials (quartz, quartzite, grès) from surrounding areas. The raw materials for each lithic assemblage and distances from source area will be described, which will reflect hominid movement. An initial study has been made by Cupillard to the west of our study area, and our analysis will compliment this work. We intend to study the raw material transport at different scales (local, regional, extra-regional) so that principal or secondary axes of movement can be proposed for the Lower and Middle Palaeolithic of northern Franche-Comté.*

Key-words *: raw material take stock, Eastern France, movements and supply, Lower Palaeolithic, Middle Palaeolithic*

CADRE GENERAL

La reprise d'études sur les principales séries lithiques paléolithiques de la Haute-Saône (fig. 11.1) depuis 2 ans et la réalisation d'une campagne de sondages archéologiques sur quelques gisements de plein air, nous ont conduit à nous interroger sur l'approvisionnement et la circulation des matières premières puisque 5 à 7 matériaux différents composent en général les séries lithiques.

Le nord-ouest de la Franche-Comté est une zone de contact entre le Bassin Parisien, les Vosges, le Massif-Central et le Jura (fig. 11.2). Dans ce secteur d'étude, les plateaux de la Haute-Saône représentent la partie septentrionale du fossé bressan qui s'ouvre à l'est sur

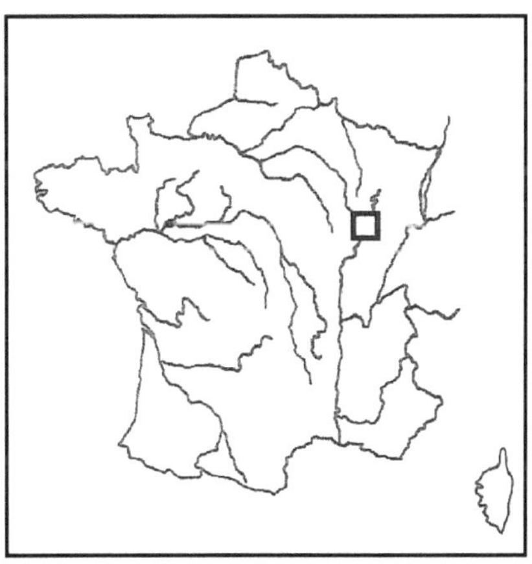

Fig. 11.1 : Localisation du secteur géographique étudié – le bassin supérieur de la Saône.

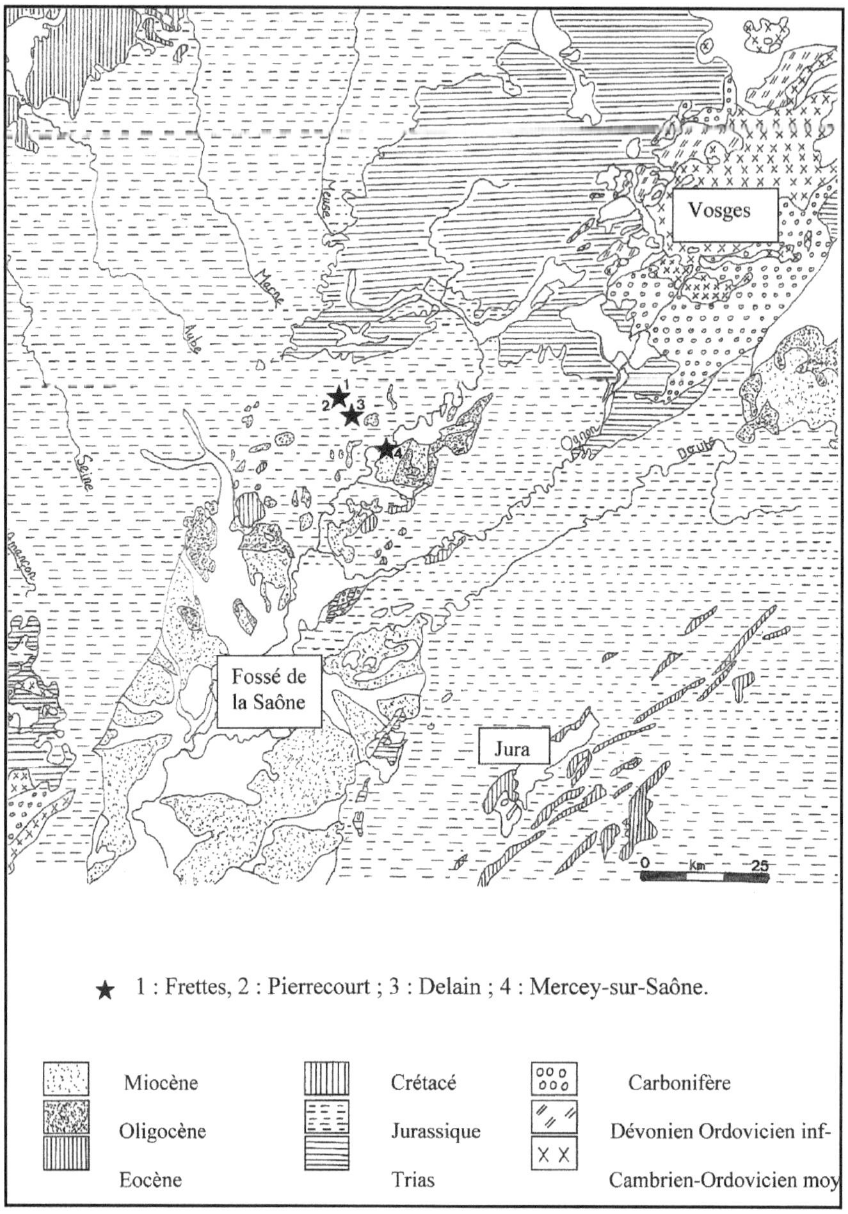

Fig. 11.2 : Ecorché géologique de la région étudiée (d'après A. Lamotte). Source du fond de carte : la carte géologique simplifiée de la France, 1/1.000.000, édition 6 du BRGM révisée, 2004, IGN.

la porte de Bourgogne où des cailloutis alpins témoignent de la dernière liaison fluviale directe (plio-pleistocène) entre l'Alsace et le couloir rhodanien. La subsidence s'est terminée au pliocène et la Saône a encaissé son cours au début du quaternaire dans les dépôts lacustres et fluviatiles. En rive droite, les cours d'eau qui entaillent profondément les plateaux de Champlitte prennent leur source jusqu'au plateau de Langres. Au sud-est les affluents traversent le synclinal de Gray au contact des avant plis jurassiens. Le système de faille brisant le flanc sud-est de l'anticlinal de Bourgogne, se traduit par une succession de petits panneaux inclinés et occupés par le Lias et les différents étages du Jurassique moyen et supérieur. Les dalles calcaires ont parfois subi une évolution karstique avec de grandes cuvettes et des vallées sèches où des formations résiduelles ont pu se conserver.

Au Quaternaire, pendant les périodes glaciaires, les débris provenant du bassin supérieur de la Saône se sont étalés entre Port-sur-Saône et Gray et en s'encaissant pendant les périodes de réchauffement climatique, la rivière y a façonné des terrasses.

Il s'agit donc d'une région lithologiquement diversifiée où la tectonique a crée un grand couloir de circulation, à partir duquel les cours d'eau ont ouvert vers le nord et le sud, des voies de pénétration. Les populations du Paléolithique y ont disposé localement de roches dures siliceuses fournies par les formations jurassiques et oligocènes ainsi que par les dépôts alluviaux dans lesquels elles ont récupéré des quartz et quartzites provenant du massif vosgien. 90 % du potentiel paléolithique se trouve en Haute-Saône (Thévenin & Huguenin, 1966 ; Séara *et al,* 1990 ; Dubois, 1993). Les sites sont localisés près des cours d'eau, mais aussi sur les plateaux dans les zones où affleurent des ressources lithiques de bonne qualité. L'objectif est de leur donner un cadre chronostratigraphique et de définir les matériaux utilisés. Les investigations qui ont été menées concernent des sites de plein air ayant livré une série importante d'artefacts provenant de longues campagnes de prospection ou provenant de fouilles programmées.

POTENTIEL PETROGRAPHIQUE REGIONAL

Le secteur d'étude concerne les plateaux et les collines encadrant la vallée de la Saône entre Gray et Port-sur-Saône, en particulier entre les vallées du Vannon et du Salon sur la rive droite de la Saône. Les reliefs se tiennent au sud-est entre 250 et 280 m d'altitude et se relèvent à l'est de Frettes et de Pierrecourt au dessus de 300 m (butte de la ferme de St-Martin à 362 m). Les méandres de la Saône ont formé des promontoires, en particulier de part et d'autre de la bouche de Mercey-sur-Saône, où les bas de versant sont adoucis par des dépôts alluviaux. En rive gauche, dans les formations oligocènes du bassin de Gray, le relief est moins énergique (plateaux à 230-260 m) jusqu'aux reliefs limitant au sud-est le fossé tertiaire.

Potentiel régional en silex

Les travaux concernant la provenance du silex en Franche-Comté ont été menés par D. Contini. A l'issue de ces recherches de prélèvement et d'identification, l'auteur de l'étude a pu définir 10 sources principales (D. Contini, 1991a et b). Les principales assises ayant fourni ce type de matériaux sont celles du Secondaire (Jurassique) et Tertiaire. Les étages jurassiques, contrairement au Crétacé, ne sont pas reconnus pour l'abondance des faciès à silex mais D. Contini a pu recenser les formations qui en livraient le plus. Ces travaux, montrent dans notre secteur d'étude, un potentiel en silex, correspondant aux types suivants :

- Bajocien : Calcaires de l'Aalénien et du Bajocien qui renferment plusieurs niveaux de silex. La région de Champlitte et en particulier le secteur entre Leffond et Frettes sont constitués du Bajocien et de ses variantes.
- Callovien inférieur : (Dalle nacrée) à rares niveaux à silex (Pierrecourt),
- Argovien : Calcaires à silex : plateau Vesoul, Champlitte (Delain),
- Tertiaire lacustre de Haute-Saône de Mont-les-Etrelles ou Etrelles et la Montbleuse,
- Conglomérats tertiaires,
- Argiles de décalcification : argiles à chailles,
- en provenance des calcaires du Bajocien,
- en provenance des calcaires de l'Argovien.

D'autres silex provenant des formations du Crétacé, du Trias et du Lias sont disponibles à une autre échelle tout autour de notre secteur. Nous les intégrons dans l'éventail des matériaux à reconnaître et à échantillonner, mais un premier tri des collections de surface ou de fouille ne nous a pas permis de confirmer leur présence à ce jour sur les 4 sites concernés par cette étude.

D'après nos observations avec le prélèvement systématique d'échantillons sur tous les types d'affleurements ou carrières, il semblerait que les chailles et le silex tertiaire se présentent surtout sous forme de plaquettes ou de rognons bien calibrés, de forme rectangulaire et souvent peu épais. Les silex identifiés dans l'Oxfordien et le Callovien sont d'un gabarit très différent. Les rognons peuvent être de très grande dimension (au delà de 40 cm) massifs, arrondis et très épais y compris aux extrémités du rognon de telle sorte qu'imaginer l'endroit du test de l'entame est déjà en soit un calcul.

Quant aux rognons provenant du Bajocien/Bathonien supérieur, ils sont variés en morphologie et en taille mais deux grandes catégories peuvent être observées. L'une compte les rognons plutôt globuleux, très épais dans leur centre mais de dimension plus petite que ceux des assises précédentes, avoisinant 20 à 30 cm ou moins (minimum 10 cm). L'autre correspond à des rognons assez allongés, d'épaisseur assez faible et constante sur l'ensemble de la pièce et rentrant dans des formes quadrangulaires. Certains peuvent présenter des angulations naturelles importantes d'un bord à l'autre. La reprise de sondages archéologiques sur ces formations confirment les caractéristiques physiques des rognons décrits pour la première catégorie de rognons. Celle des rognons-dalles calibrés a été plus souvent trouvée à Frettes qu'à Pierrecourt.

Le silex d'Etrelles et la Montbleuse

Ce silex provient des formations lacustres oligocènes occupant l'extrémité nord-est du fossé de la Saône aux alentours d'Etrelles (Contini, 1991a et b). Le bassin tertiaire, en forme de croissant, s'étire du SW au NE sur 35 km entre Velesme et Vaivre. Il est encadré de failles le mettant en contact avec le Jurassique au nord et au sud ou le tertiaire repose parfois en discordance sur le Crétacé. Un petit graben satellite s'ouvre également sur la rive gauche de la Saône au sud du méandre de Motey. Plusieurs faciès de silex ont été identifiés (Affolter, 1991) selon leur position géographique et stratigraphique dans le lac tertiaire (grève, beine, talus et plaine lacustre).

Des études concernant la diffusion de ce silex ont été menées pour le Néolithique. La dispersion pour cette période s'est faite dans un rayon de 40 km avec une extension méridionale sur les bords du lac de Neuchâtel en Suisse (Affolter, 1991b). Dans une auréole de diffusion plus septentrionale au nord de la Saône, ce silex entre dans la composition des industries selon des pourcentages très variables. Prenant une part importante de la composition pétrographique des industries des sites proches de la Saône, entre le Salon et le Vannon, le pourcentage va en décroissant et devient minime au fur et à mesure que l'on se rapproche des stations au substrat jurassique et en contexte de plateau.

Potentiel régional pour les autres roches : les " non-silex "

Les terrasses alluviales

La Saône est le cours d'eau majeur du département. Sa source est localisée à Vioménil, au sud-ouest d'Epinal, au contact des Vosges et des plateaux lorrains à 395 mètres d'altitude et à environ 80 km à vol d'oiseau de notre secteur d'étude (davantage si on tient compte des nombreux méandres du cours de la rivière). Les moyennes terrasses de la Saône sont susceptibles d'avoir fourni des galets de quartz ou de quartzite (Campy & Contini, 1973). Elles ont été alimentées en galets vosgiens lors des glaciations par les langues glaciaires qui ont laissé des moraines entre Epinal et Lure. La Lanterne et la Semouse ont pu alors fournir les nappes alluviales au nord de Port-sur-Saône en roches cristallines et sédimentaires primaire. Perchées entre 20 et 30 mètres au-dessus de la nappe weichsélienne, elles forment des replats étagés dans les rives convexes des méandres. Des dépôts de graviers et de sables siliceux sont visibles à la confluence du Vannon à Membrey et également à celle du Salon à Autet. D'après nos calculs, ces terrasses sont au minimum à 15 km à vol d'oiseau des sites.

Des galets de grès, de quartz et de quartzites de taille importante ont été prélevés par les Hommes préhistoriques, en particulier un quartzite à grain fin qui est un matériau excellent pour la taille. Ce dernier a des teintes très variables allant du gris clair au noir en passant par des couleurs brunes ou violacées foncées. Les variations des teintes sont observées aussi dans les prises d'échantillonnage in situ dans les nappes. Toutefois les couleurs violacées sont plus fréquemment rencontrées dans le Nord du département ce qui correspondrait bien à une alimentation par le grès vosgien au nord et par les formations primaires à l'Est, qu'au niveau de la Saône dans la plaine de Gray.

Dans les Vosges, de nombreux gisements à bifaces, galets aménagés et hachereaux sont connus, publiés ou non (Huguenin, 1972 ; Guillaume et Meunier, 1978) et témoignent de l'utilisation massive de ce matériau au Paléolithique inférieur et moyen.

Les affluents de la rive droite de la Saône (Salon, Vannon, Gourgeonne) proches des sites de Frettes, Pierrecourt ou Delain, prennent leur source dans un substrat jurassique ou liasique et parcourent les plateaux calcaires. Les cartes géologiques n'y précisent pas de lambeaux de terrasses ni de formations résiduelles alluviales siliceuses. Ces cours d'eau n'ont pu en aucun cas fournir des grès, quartz ou quartzite. En dehors des anciennes terrasses alluviales, le massif des Vosges et le massif de la Serre restent les deux entités géologiques les plus proches pour fournir ce genre de matériau.

COMPOSITION PETROGRAPHIQUE DES INDUSTRIES LITHIQUES

Selon les sites 5 à 6 types de matériaux participent à la composition des industries lithiques (tab. 11.1 et 11.2). Toutes les roches, exceptés les grès et les quartz, sont reconnues pour leur qualité mécanique de taille, notamment les silex, chailles et quartzites à grains fins.

Sur les quatre sites étudiés, trois d'entre eux comptent une matière première locale dominante avec près de 85 % des artefacts : silex bajocien/bathonien pour les sites de Pierrecourt et Frettes, silex tertiaire pour le site de Mercey-sur-Saône. Un seul de ces quatre sites admet deux matières premières entrant pour 25 à 55 % de la composition pétrographique. Il s'agit du site de Delain où les chailles et le silex tertiaire dominent les autres matériaux. Quels que soient les sites, les quartz constituent entre 1 à 4 % des artefacts, soit un pourcentage très infime mais très homogène. Les quartzites figurent parmi la catégorie la plus homogène avec un taux compris entre 6 et 7 % pour trois des quatre sites étudiés. Ils font défaut à Delain, alors que le site est relativement proche de la confluence du Salon provenant des plateaux jurassiques et de la Saône recelant ce type de matériau.

Tab. 11.1 : Composition pétrographique des séries lithiques des sites du Paléolithique inférieur et moyen de Haute-Saône.

Matière première minérale	Mercey-sur-Saône	Pierrecourt	Frettes	Delain
Silex secondaire (Bathonien)	□	■	■	□
Silex secondaire (Callovien)	-	□	□	-
Chaille	□	□	□	■
Silex tertiaire	■	□	□	■
Quartz	□	□	□	□
Quartzite	□	□	□	□

□ présence attestée en petite quantité
■ présence attestée en grande quantité

Tab. 11.2 : Composition pétrographique en pourcentage des séries lithiques des sites du Paléolithique inférieur et moyen de Haute-Saône.

	Mercey-sur-Saône	Pierrecourt	Frettes	Delain
Silex secondaire (Bajo/Bathonien)	2 %	88,8 %	86 %	14 %
Silex secondaire (Callovien)	-	2 %	1 %	-
Silex tertiaire	84,9 %	0,1 %	1 %	55,9 %
Quartz	2 %	1 %	4 %	1 %
Quartzite	7 %	6 %	7 %	0,1 %
Chaille	4 %	2 %	0,1 %	26 %
Indéterminé	0,1 %	0,1 %	1 %	3 %

Le silex du Callovien est absent dans deux sites sur quatre. Il n'est présent qu'en très faible quantité là où il est décompté, alors qu'il est affleurant dans le substrat. Il est aussi plus utilisé dans le site de Frettes qu'à Pierrecourt mais les pièces sont altérées et désilicifiées. A l'occasion de nos premiers échanges de lithothèque (L. Jaccottey), certains silex calloviens présents à Frettes (lignes ou passées marron foncé bien litées et opposées au fond blanchâtre du calcaire silicifié) ne sont pas sans rappeler ceux trouvés dans le massif de la Serre près de 50 km au Sud du secteur étudié. Les études à venir devraient préciser ces observations. Parmi les matériaux encore indéterminés, figurent aussi des roches telles que des radiolarites, grès roses, chailles ou silex jurassiques ou tertiaires insuffisamment décrits. Le plus grand nombre d'indéterminés est recensé à Delain avec près de 3% .

Mercey-sur-Saône

Le site a été découvert dans les années 1967 par F. Rigolot, il est localisé au sommet d'un promontoire abrupt dans un méandre de la Saône (0,4 km). Les cours d'eau affluents provenant des assises jurassiques sont distants de 2 à 3 km du site (rive droite : le Vannon, le Salon). Le site de Mercey-sur-Saône se présente comme un des sites les plus anciens de la région. Depuis les années 80, Gilles Huguenin et Frédéric Galtier ont contribué, de par leurs ramassages très méticuleux, à mettre en évidence une zone particulièrement dense et unique sur un rayon de 50 m autour de la cote 237. Après une première série de 800 artefacts environ étudiés et publiés (Huguenin, 1988 ; Huguenin et Rigolot, 1971) ce sont près de 3.000 artefacts qui sont disponibles et étudiables maintenant. Il semble, à ce jour, sur le terrain que le site s'épuise.

Généralités de la série lithique

Dans un premier décompte détaillé par catégorie (Huguenin, 1988), la série lithique se compose d'une quinzaine de bifaces, de quelques galets aménagés, de nombreux nucleus et outils sur éclats, d'éclats et de débris de tous genres (60 % d'entre eux mesurent moins de 40 mm). Les rognons et plaquettes de silex bruts de taille figurent aussi dans l'inventaire. Nucleus et outils sur éclats représentent 7 % de la série, les bifaces environ 1,3 % ce qui correspond, en moyenne générale, à ce que l'on trouve dans un décompte intégral d'une série homogène provenant de fouille.

Il pourrait s'agir d'une station de l'Acheuléen supérieur.

Les bifaces (nb = 13) sont polymorphes. Il n'y a pas de forme dominante et ces outils sont numériquement équitablement répartis (nb = 2) entre les types abbevilliens, lancéolés, amygdaloïdes, cordiformes typiques, cordiformes allongés, partiellement cordiformes et un biface subtriangulaire. Globalement les formes acheuléennes sont dominantes. L'outillage sur éclat, avec près de 40 racloirs, est du Paléolithique moyen. A leurs côtés on note la présence d'une pointe moustérienne et d'une limace. Aucun ramassage ne fait état de l'existence de pointe Levallois alors que des nucleus attestant cette technique sont présents sur place. Une revue récente du matériel montre même que les talons à chapeau de gendarme sont recherchés. Dans le reste de l'outillage léger retouché ne figurent pas de denticulés et les encoches sont peu nombreuses (nb=5). Au contraire, les outils de type Paléolithique supérieur figurent dans la série avec 4 burins typiques et 3 grattoirs atypiques.

Matière première locale et composition pétrographique de l'industrie

On peut considérer que le silex tertiaire représente, à 85 %, les autres matériaux débités ou façonnés. Cette origine est attestée entre autres par la présence de sections d'oogones de Characées (Affelder, 1991). Un silex sur plaquette gris de très bonne qualité et des silex à patine variable de provenance précise encore inconnue, mais appartenant probablement aux assises jurassiques, constituent 6 % de l'éventail lithique. Quartz, quartzites constituent les 9 % manquants.

Sur place affleure le Porlandien (J6). C'est un calcaire dur dont la partie supérieure est plus marneuse et grumeleuse. On observe plusieurs zones d'affleurement dans le secteur sans que l'on sache si elles ont pu fournir du silex.

Dans un rayon de 4 à 15 km se trouvent des faciès plus ou moins riches en silex. Le Kimméridgien (J5b) constitué de calcaires blancs et jaunâtres, de calcaires marneux et de marnes. On le trouve également sur l'autre rive de la Saône. De larges affleurements de cet étage sont aussi disponibles à 12 km environ au SW ou à 9 km au NE du site.

L'Oligocène (mIII-IV) correspond à des calcaires siliceux et à des calcaires marneux en plaquettes. Il affleure au mininum à 3 km à l'Est du site, de même que des calcaires à conglomérats et tufs à végétaux. Ce faciès a fourni en grande quantité des silex de qualité variable ainsi que des plaquettes et rognons de grande dimension.

Des alluvions anciennes sont présentes sur de grandes superficies, livrant un cortège de quartz, quartzites et grès à 1,8 km à l'Est, 3,5 km au Nord, 4 km au Sud-Ouest du site.

Sur le site de Mercey-sur-Sâone le potentiel pétrographique est donc constitué de silex jurassiques (rares affleurements), de silex tertiaires et de galets de lithologie variée provenant des terrasses de la Saône. Les populations préhistoriques, à proximité de la vallée de la Saône, se servaient dans les gisements de roches siliceuses, en limitant leurs déplacements à une douzaine de kilomètres dans le cas des silex tertiaires.

Pierrecourt

Le site de Pierrecourt est localisé sur un plateau karstique dominé à l'est par des reliefs plus élevés : plateaux et monts d'environ 360 m d'altitude (Mont Jevin, plateau de Velleguibelle). Aucun cours d'eau n'est présent à moins de 5 kilomètres ; le Salon est à 6 km au sud-ouest, le Vannon est à 7 km à l'est et se perd localement (pertes du Vannon). La Saône, au sud-est est distante de 15 km. Ce site est prospecté depuis près de 30 ans par G. Huguenin. C'est surtout sur le pourtour de la doline principale que les concentrations d'artefacts sont visibles en particulier sur le versant exposé à l'est. Une campagne de sondages menée en 2006 a permis de confirmer l'extension du site et de faire des observations stratigraphiques.

A ce jour ce sont près de 1.500 nucleus préférentiel de toute taille qui sont étudiables, 300 outils à bords convergent, un débitage orienté sur la production d'éclats préférentiels de toute taille. Toute la chaîne opératoire est présente sur place dans des dimensions évoquant une réduction poussée sur place. Les talons des éclats sont facettés, la technique d'obtention de talons ou d'éclats à chapeau de gendarme est bien identifiée y compris sur les plus petits éclats. Les sondages positifs confirment les observations de surface et ont permis de localiser des zones très riches en nucleus et d'autres excentrées associant débitage et outillage sur éclat. Un très grand nombre d'éclats de petite dimension est à rattacher à la séquence de facettage des plans de frappe des nucleus. Aux nucleus Levallois, on peut ajouter quelques nucleus discoïdes, pyramidaux et quelques rares laminaires.

Matière première locale et composition pétrographique de l'industrie

Sur les site (carte géologique de Champlitte, 1/50.000) le substrat est constitué de formations appartenant au Jurassique moyen et plus particulièrement aux étages du Bathonien supérieur et Callovien inférieur (calcaires grenus, dalle nacrée). Dès 500 m au nord du site, on trouve les calcaires compacts du Bathonien moyen. De 1 à 3 km le Bajocien supérieur (J1) est susceptible d'avoir fourni du silex. Les reliefs comme le Mont Jevin à 3-4 km de Pierrecourt correspondent aux marnes et aux calcaires argileux du Callovien. A la même distance affleurent aussi les calcaires argileux à chailles de l'Argovien inférieur : calcaire à silex dans le faciès Franc-comtois. Ce calcaire renferme également des débris de coquilles silicifiées, de véritables nodules silicifiés en calcédonite et des silex. L'altération et la décalcification des calcaires de cette formation ont donné naissance à d'abondants placages d'argiles à chailles. Le potentiel direct en matière première, pour ce site, est donc constitué de silex fourni par le Bajocien, le Bathonien et le Callovien ainsi que des chailles provenant également de ces formation (fig. 11.3). Naturellement, les Quartz, quartzites, grès et les silex tertiaires sont absents dans un périmètre proche.

Frettes

Le site de Frettes est localisé au lieu dit " La Combe aux Barbeux " et découvert par le Docteur Bouchet dans les années 1900. Redécouvert en 1962 par A. Thévenin et G. Huguenin, prospecté dans les années 1975 par P. Garnier, les caractères dominants de l'industrie ont pu être publiés à plusieurs reprises (Bouchet, 1900 ; Garnier, 1975, 1976 ; Thevenin et Huguenin, 1966, Campy, 1985 ; Huguenin, 1988). La situation topographique du gisement est celle d'un versant de plateau à dénivellé très faible orienté à l'Est. La collection de G. Huguenin, issue d'un ramassage méticuleux depuis une trentaine d'années, est constituée de 5.424 artefacts.

Les principales orientations typologiques et technologiques de la série lithique sont les suivantes : le débitage à Frettes est essentiellement Levallois. Malgré la variété des méthodes utilisées, les produits prédéterminés sont d'une grande régularité dimensionnelle. L'outillage sur éclat (nb = 1281) est composé par d'un taux très élevés en racloirs (simples et transversaux dominants suivis des racloirs doubles, convergents et déjetés). Les racloirs à dos aminci et les limaces tendant vers des formes foliacées à section asymétrique sont présents avec des pourcentages non-négligeables. Des bifaces (d'aspect micoquien) peuvent aussi se présenter sous des formes diminutives (prondniks). On relève la rareté des couteaux à dos, des denticulés ainsi que des outils de type Paléolithique supérieur.

L'industrie de Frettes correspondrait globalement à celle du Moustérien de type Quina-Ferrassie défini par Bordes (1984) et dont on rappellera toutefois les principaux éléments diagnoses comme la forte proportion de racloirs, dont certains spéciaux comme les racloirs à

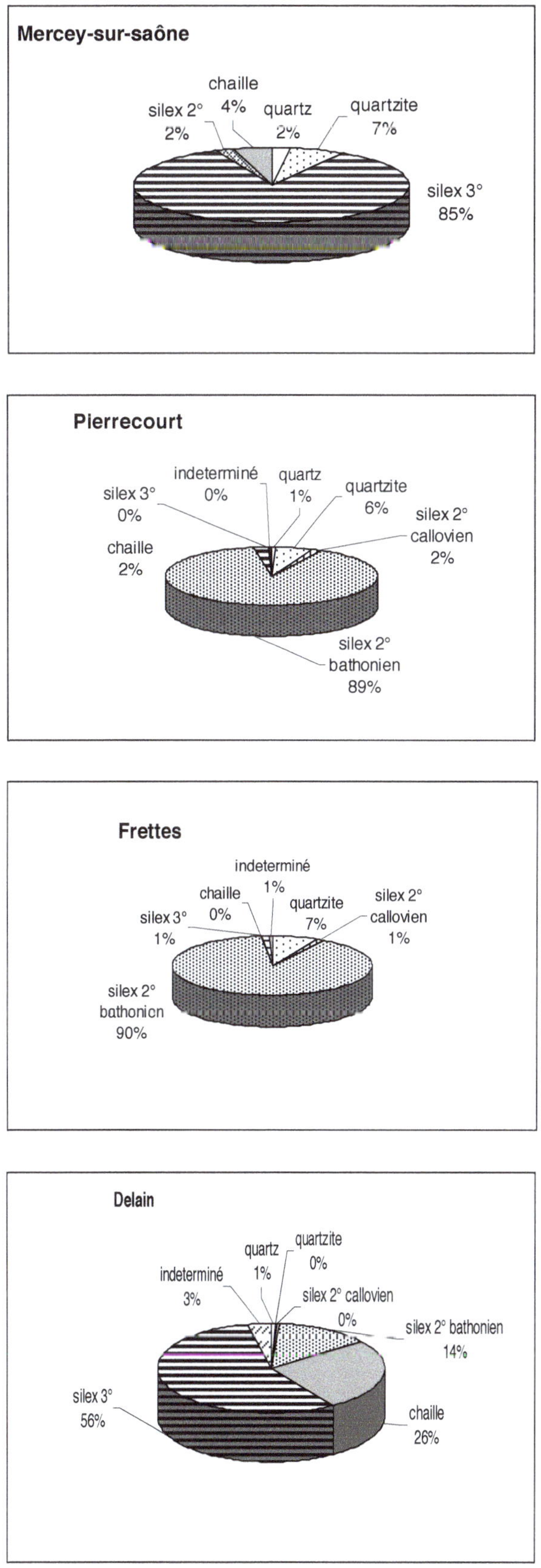

Fig. 11.3 : Diagrammes sectoriels : Mercey, Delain, Frettes, Pierrecourt.

retouche biface, les racloirs transversaux et les limaces. Dans la tentative de définition de faciès régionaux, on précise aussi l'existence de bifaces (Bordes, 1953 ; Amiot et Etienne, 1982).

A l'issue de cette prospection de plusieurs dizaine d'années a eu lieu en 1990 et 1991 une campagne de fouilles sur place avec la collaboration de M. Campy, J.-L. Deherripont, J. Detrey, D. Morin et G. Huguenin. Le contenu scientifique de la fouille n'a jamais été publié mais la reprise complète de l'étude (stratigraphie, industrie lithique : remontages, répartition spatiale...) est en cours de révision et de publication (Lamotte *et al*, 2007 à paraître). Une campagne de sondages archéologique a été menée en juillet 2006, 500 m au sud du site, de l'autre côté du chemin de remembrement et à mi-chemin du site de Pierrecourt , afin d'en saisir l'extension.

Matière première locale et composition pétrographique de l'industrie

Le substrat local est constitué de calcaires compacts que constitue l'étage du Bathonien moyen (J2b). Deux kilomètres plus à l'Est affleurent les calcaires micritiques du Bathonien inférieur et du Bajocien supérieur. Au Sud on retrouve les formations de Pierrecourt à savoir les calcaires grenus (dalle nacrée) du Bathonien supérieur-Callovien inférieur (J2c3a).

Un peu plus loin affleurent le Bajocien supérieur et le Bathonien inférieur regroupés sous J1c2a et le Bajocien moyen et inférieur (Calcaire gris à polypiers avec quelques lits marneux riches en Brachiopodes ainsi que des bancs de calcaires fins renfermant des silex (J1b)). Toujours dans un même rayon d'éloignement kilométrique on rencontre le Callovien supérieur-Oxfordien inférieur (J3c4 : marnes et calcaires argileux présentant d'importantes variations de faciès dans ce secteur). Enfin les chailles provenant de l'Argovien inférieur (J5a) sont aussi disponibles dans ce proche domaine de 2 à 4 km.

Le potentiel direct sur place est donc constitué de silex du Secondaire (Bajocien, Bathonien, Callovien) et de chailles. Dans l'éventail pétroarchéologique figurent aussi des quartz, quartzites et silex tertiaire. Des quartz ont pu être piégés dans les dépressions karstiques pliocènes. Pour ce site aussi, il est donc question d'élucider le transport des matières qui ne sont pas strictement locales.

Delain

Le site de Delain (canton de Dampierre-sur-Salon) à mi-chemin entre la vallée de la Saône et des gisements de Frettes et de Pierrecourt, se situe à 10 km à vol d'oiseau au Sud-Est des deux sites et à 7 km de la Saône. Les deux concentrations principales se localisent au sommet d'un plateau étroit vers 245 m d'altitude et à mi-pente sur le versant exposé au Sud-Est.

Le matériel lithique provient des collections de R. et D. Simmonet (de 1984 à l'actuel). Dès les premières prospections les auteurs ont mis en évidence la présence importante des bifaces de type ficrons, lancéolés ou micoquiens, mais aussi de bifaces cordiformes allongés ou même discoïdes (Huguenin, 1988). Ces outils en chaille sont accompagnés de nucleus en chaille et en silex du Jurassique. L'outillage sur éclat est composé de nombreux racloirs simples ou doubles, principalement sur des silex tertiaires, mais d'autres matériaux ont aussi été choisis comme support minéral. Le site déclaré Acheuléen moyen sur une lecture typologique des rares bifaces existants (Huguenin, 1988) tend après reprise du matériel à être attribué au Micoquien (Lamotte *et al,* 2005).

Matière première locale et composition pétrographique de l'industrie

Sur place, le substrat est constitué de marnes et calcaires oolithiques de l'Oxfordien supérieur qui fournissent en abondance des chailles. A moins de 2 km affleurent trois autre types de matériaux à savoir les calcaires micritiques de l'Oxfordien supérieur ; l' Oxfordien moyen et un faciès rauracien intermédiaire.

Dans un rayon de 2 à 4 km affleure l'Argovien inférieur et supérieur (calcaires argileux à chailles et calcaires à débris silicifiés) considéré comme un calcaire à silex dans le faciès Franc-comtois. L'altération et la décalcification des calcaires de cette formation ont donné naissance à d'abondants placages d'argiles à chailles. L'Argovien inférieur affleure d'Est en Ouest au Sud de Champlitte sous forme de lambeaux constituant les rebords de plateaux vers 300 m d'altitude où il est présent selon un axe Nord-Sud entre Pierrecourt et Margilley sur de plus grandes superficies sur la rive gauche du salon et au niveau du sommet de plateaux ou de collines (altitude NGF 350 m environ).

On constate donc sur place un potentiel pétrographique essentiellement basé sur l'Oxfordien : un calcaire à silex de l'Argovien et chailles. Seul le silex provenant du Bajocien peut avoir été transporté sur une distance voisine de 14 km.

L'éventail pétroarchéologique des séries lithiques de Delain, quelles que soient les concentrations, est constitué de silex bathonien/bajocien (14 %), de silex tertiaire (56 %), de chaille (26 %) et en infime quantité le quartz (1 %), le quartzite (0,1 %) et les indéterminés (grès, radiolarites ?) (fig. 11.3).

Tab. 11.3 : Sélection pétro-typo-technologique des principaux gisements de Haute-Saône.

	Silex secondaire		Chaille	Silex tertiaire	Quartz	Quartzite
	Bajo/Bath	Callovien				
Mercey						
Bifaces/galet am	-	-	-	■	■	■
Débitage	■	-	■	■	-	■
Outillage/éclat		-	-	■	-	-
Pierrecourt						
Débitage	■	■	■	■	-	■
Outillage/éclat	■	■	-	■	■	■
Frettes						
Bifaces	■	-	■	-	-	-
Débitage	■	■	■	■	-	-
Outillage/éclat	■	■	■	■	■	■
Delain						
Bifaces	-	-	■	-	-	-
Débitage	■	-	■	■	■	■
Outillage/éclat	■	-	■	■	-	-

□ présence attestée en petite quantité
■ présence attestée en grande quantité

PEUT-ON PARLER D'UNE SELECTION PETRO-TYPO-TECHNOLOGIQUE ?

Un décompte très rapide des principales catégories de vestiges lithiques nous permet de dresser le tableau qui suit (tab. 11.3). Dans toutes les séries le quartzite est introduit sous forme d'éclats (éclats entiers ou fracturés, couteaux à dos naturel) ou d'outillage retouché (racloirs simples, racloirs doubles, encoches). En aucun cas nous n'avons pu décompter de nucleus ou de bloc brut de taille ou testé. Pour cette matière première, il peut donc y avoir un lien entre l'éloignement des principales sources (15 km au minimum) et le fait que les pièces soient décortiquées ou introduites finies. Le quartz n'est présent sous forme de galets entiers qu'à Delain, ailleurs on ne trouve que des éclats de taille variable très souvent épais. De nombreuses encoches sont réalisées sur ce support.

Le silex tertiaire est présent dans toutes les catégories de vestiges à Mercey-sur-Saône et à Delain. Par contre sur les sites les plus éloignés, à Frettes et Pierrecourt, il est introduit fini sous forme de racloirs simples ou racloirs doubles convergents.

La chaille est utilisée à des degrés divers selon les sites. Importante dans les collections de Delain, elle est largement utilisée pour de grands nucleus et les bifaces ; plus rarement pour l'outillage léger où elle est remplacée par le silex tertiaire. A Frettes, bien qu'introduite dans toutes les catégories de vestiges, elle n'intervient qu'en faible pourcentage, mais des bifaces ont pu être réalisés à partir de ce matériau.

Le silex callovien n'est présent que sur deux des quatre sites. Mal défini à Pierrecourt, il l'est davantage à Frettes. Aucun nucleus n'a peu être retrouvé. Les artefacts sont tous introduits finis sous forme d'éclats plus larges que longs à Pierrecourt avec peu d'outillage. Au contraire à Frettes, les produits sont presque tous laminaires. Des encoches et des racloirs peuvent avoir été façonnés sur ce type de matériau.

Enfin les silex bajociens/bathonien sont présents dans toutes les catégories de vestiges pour les sites de Frettes et Pierrecourt où ils sont directement présents dans le substrat. A Mercey, ils constituent quelques éclats de débitage. Ils sont mieux représentés à Delain où de nombreux nucleus épais et parfois demi-pyramidaux sont présents. Dans ce matériau, les éclats sont de grande dimension.

Dans la caractérisation des industries, on observe que les bifaces sont réalisés sur des chailles (Delain, Frettes), sur des silex bajociens/bathonien (Frettes), sur les silex tertiaires (Mercey-sur-Saône). On ne trouve pas de bifaces en silex callovien, quartz ou quartzite.

Les nucleus correspondent massivement au matériel disponibles dans les affleurements situés à proximité (silex tertiaire pour Mercey ; chaille et silex bathonien pour Delain, silex bathonien pour Frettes et Pierrecourt).

Toutes ces données, dans le cadre d'études approfondies, seront détaillées par catégories d'outils et de type de débitage, afin de définir l'influence d'un matériau sur une méthode de façonnage ou de débitage ou l'inverse. A priori, dans ce premier examen des données, il semble y avoir une sélection pétro-techno-typologique par catégorie d'artefacts et par matériau, mais au cas par cas, en pourcentages variables selon les sites (tab. 11.3).

LA CIRCULATION DES MATIERES PREMIERES DU PALEOLITHIQUE INFERIEUR A LA FIN DU PALEOLITHIQUE MOYEN : BILAN DES 4 SITES

L'étude de ces quatre sites majeurs sera développée et complétée par les données fournies par d'autre stations de plein air, notamment des sites à bifaces de la vallée de la Saône. A l'occasion de ce premier bilan, nous pouvons constater qu'aucun site ne se compose par l'emploi d'une unique matière première. La région dispose de matériaux divers silex et " non-silex ", et cet éventail pétrographique se retrouve dans la composition des séries selon des pourcentages variables et des distances n'excédant pas 50-70 km.

La seule station pouvant appartenir au Paléolithique inférieur est celle de Mercey-sur-Saône. Cette station aux nombreux bifaces de grande dimension et de morphologie variée est localisée sur le sommet d'une rive abrupte de méandre, à 300 mètres environ de la Saône. Les matériaux utilisés sont variés dans un rayon de moins de 2 km (silex et chailles provenant des assises du Secondaire, galets fluviatiles). Au sud, les silex des formations lacustres oligocènes sont d'excellente qualité : ceux de Mont-les-Etrelles. On peut considérer que l'exploitation du territoire correspondant est essentiellement locale (fig. 11.4).

Si on considère la station de Pierrecourt appartenant au Paléolithique moyen : station ou atelier Levallois, les matériaux utilisés sont au nombre de 6. Les principaux matériaux utilisés sont disponibles dans un rayon de 5 km. Les moins abondants sont de bonne qualité (quartz, quartzites et silex tertiaires) et ont fait l'objet d'un transport compris entre 15 à 40 km, voire davantage pour les quartz et quartzites. On peut cependant considérer que l'échelle des déplacements reste locale à semi-locale. Les cheminements évidents ont suivi les combes permettant de gagner les vallées principales. Pour les sites voisins de Frettes et Delain, il suffit de suivre les combes d'Ambresse, pantalon du Gelot, du bas, du Ru et les Grandes Combes pour rejoindre le Salon à l'ouest de Delain. En longeant le Salon sur 6 km on atteint alors la Saône. Un autre parcours est aussi possible, par le plateau et la combe des Charmes, au Nord-Est entre Argillières et Fouvent, sur une distance de 5 km. Ensuite en suivant le Vannon sur 10 km, on arrive dans la vallée de la Saône.

Sur les sites de Frettes et de Delain que l'on peut mettre dans la phase finale du Paléolithique moyen, on a affaire à des matériaux strictement locaux : la chaille pour Delain, le silex Bajocien/Bathonien pour Frettes. Néanmoins, le site de Delain intègre une deuxième matière première numériquement importante qui est le silex tertiaire du bassin de Mont-les-Etrelles. Cette introduction s'explique certainement parce qu'on se rapproche de la confluence du Salon et de la Saône, ce qui par conséquent, a facilité l'accès à cette matière première reconnue d'excellente qualité. Au contraire, pour Frettes à plus de 30 km de cette source de matériau, le silex tertiaire est présent dans les mêmes proportions que ceux des " non-silex " récoltés au hasard de déplacement, ou faisant partie d'une " réserve " minimale de matériau constituée lors de grands déplacements. Pour ces deux stations chronologiquement proches, les trajets, les itinéraires empruntés n'ont certainement pas été les mêmes : Delain est proche du Salon, alors que Frettes est excentré sur les plateaux entre le Salon et le Vannon dépourvu de matériaux tertiaires.

Du Paléolithique inférieur au Paléolithique moyen, pour les sites retenus, on peut donc considérer , comme l'ont montrées de nombreuses études déjà entreprises dans ce domaine (Feblot-Augustin 1997, 1999 ; Affolter 1991 ; Geneste 1988 ; Turq, 1989, 1993), que les trajets d'approvisionnement de matières premières minérales se sont progressivement allongés depuis le Paléolithique inférieur. Au cas par cas, il se peut qu'il y ait des variantes dans le mode d'approvisionnement et la circulation d'un type de matière première. Tantôt la corrélation pétrographie-typo-technologie est mise en valeur dans la composition de la série lithique (site de Delain), tantôt les matériaux disponibles à proximité entrent dans la composition des séries dans des pourcentages infimes et sans réelle fonctionnalité dans le débitage et l'outillage. Dans ce cas l'aspect culturel et la connaissance du territoire de façon à constituer un fond de réserve ou d'appoint sera admis. Les matériaux récoltés restent dans une aire régionale plus ou moins fréquentée. Les introductions d'origine vosgiennes en particulier ont été effectuées par les cours d'eau en période de refroidissement climatique.

A l'avenir (projet PCR 2007-2010), les séries lithiques feront l'objet d'une étude approfondie par type de matière première en corrélation avec la typologie et la technologie des systèmes existants (façonnage de l'outillage lourd et léger, débitage et identification des complexes " non Levallois " tels que d(D)iscoïde, SSDA, laminaire, Quina...). Parmi les travaux à venir,

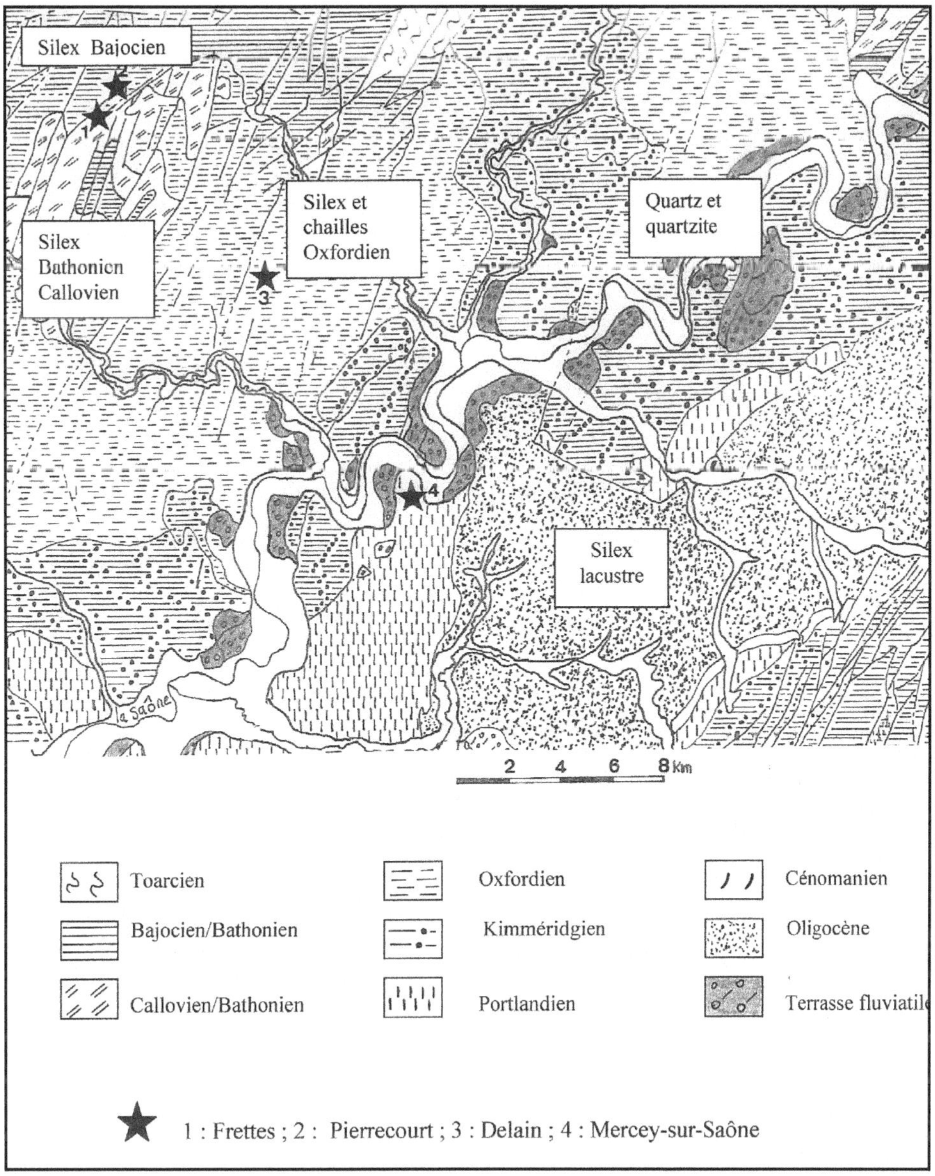

Fig. 11.4 – Matières premières minérales disponibles et distance aux sites préhistoriques de la région étudiée (d'après A. Lamotte). Source des fonds de cartes géologiques : les cartes de Guy, Gray, Champlitte, Port-sur-Saône, 1/50.000, BRGM, IGN).

les sites de la rive gauche de la Saône (synclinal faillé de Gray) méritent une attention particulière dans le domaine de la recherche d'autres affleurements plus proches des méandres des rivières et la circulation des roches de bonne qualité.

Remerciements

Nous tenons à remercier Bernard Hallégouët, maître de conférence à l'Université de Bretagne occidentale pour s'être impliqué sur le terrain au début du projet dans le domaine de la pétrographie et en géomorphologie. Nous le remercions ainsi que Michel Campy, professeur émérite en Géologie pour la relecture et les corrections de tout genre apportées à cet article.

Merci à Nick Ashton du British Muséum de Londres pour les modifications relatives à la rédaction du résumé.

Bibliographie

AFFOLTER, J., 1991, L'étude pétrographique du silex. In : *Silex à fleur de sol, l'exploitation de la matière première dans la région d'Etrelles (Haute-Saône)*, p. 20-23

AFFOLTER, J., et CUPILLARD, Ch., 1991, The flint antrops of the Haute-Saône (France). Tertiary Bassin (early Oligocene) : geology, petrography and prehistory. *In : VI° flint international symposium of Madrid*, 1991, p. 121-124.

AMIOT, C., 1979, La station acheuléenne des "Murots" à Pierrecourt. *Revue Archéologique de l'Est*, t. 30, p. 7-24.

AMIOT, C., et ETIENNE, J.-C., 1982, Une industrie moustérienne à Villegusien (Haute-Marne). *Prehistoire et Protohistoire en Champagne-Ardenne.*, n°6, p. 13-30.

BORDES, F., 1953, Essai de classification des industries moustériennes. *Bulletin de la Société Préhistorique Française*, t. 50, p. 457-466.

BORDES, F., 1984, *Leçons sur le Paléolithique*. T.2 : *le Paléolithique en Europe*. Paris : C.N.R.S, 459 p., 239 fig. (cahiers du Quaternaire n°7).

BOUCHET, Dr., 1900, La station moustérienne de Frettes (Haute-Marne). *Bulletin de la Société Grayloise d'Emulation*.

CAMPY, M., et CONTINI, D., 1973, Terrasses alluviales et cours ancien de la Saône en Haute-Saône. *Annales scientifiques de l'université de Besançon, Géologie*, 3° série, fasc. 19 bis, p. 225-233.

CAMPY, M., 1982, Le Quaternaire franc-comtois. Essai chronologique et paléoclimatique. *Thèse de Doctorat es-sciences naturelles*.Faculté des Sciences de Besançon. 575 p.

CAMPY, M,. 1985, Informations archéologiques de la circonscription de Franche-Comté. *Gallia préhistoire*, Tome 28, fasc. 2, p. 243-247.

CARTE Géologique de Gray – 3ème édition – 1/80.000. Editions du BRGM.

CARTE Géologique de Champlitte-le-Prélot – 1/50.000. Editions du BRGM.

CONTINI, D., 1986, Notice explicative de la Carte géologique de Champlitte-et-le-Prélot (Haute-Saône) — 1/50.000. Edition du BRGM.

CONTINI, D., 1991a, Les matières siliceuses en Franche-Comté. In : *Silex à fleur de sol, l'exploitation de la matière première dans la région d'Etrelles (Haute-Saône)*, p. 20-23.

CONTINI, D., 1991b, Géologique et archéologie : le lac tertiaire de Haute-Saône. In : *Silex à fleur de sol, l'exploitation de la matière première dans la région d'Etrelles (Haute-Saône)*, p. 16 -19.

CUPILLARD, C., 1991, Le Paléolithique moyen en Franche-Comté. In : *Silex à fleur de sol, l'exploitation de la matière première dans la région d'Etrelles (Haute-Saône)* .p. 32-37.

CUPILLARD, C., 1991, L'économie de la matière première sur les affleurements de silex de Haute-Saône. In : *Silex à fleur de sol, l'exploitation de la matière première dans la région d'Etrelles (Haute-Saône)* .p.38-40.

DUBOIS, Ph., 1993, Le Paléolithique inférieur et moyen en Franche-Comté. Essai de synthèse. *Rev. Archéo. Est*, 44/2, p. 247-260.

FEBLOT-AUGUSTIN, J., 1997, *La circulation des matières premières au Paléolithique.*, Liège, ERAUL, n°75, 2 tomes.

FEBLOT-AUGUSTIN, J., 1999, Raw material transport patterns and settlement systems in the European Lower ans Middle palaeolithic : continuity, change and variability. In *The middle Palaoeolithic occupation of Europe, W. Roebroeks and W. Gamble Ed. University of Leiden*, p. 193-214.

GARNIER, P., 1975, Coup d'oeil sur l'industrie moustérienne du Plateau de Langres et du Sud Haut-Marnais. *Travaux de 1974 de la Société d'études et de recherches préhistoriques des Eyzies*, n°24, p. 1-11.

GARNIER, P., 1976, Essai sur la typologie du Paléolithique inférieur de la région de Langres. *Travaux de 1976 de la Société d'études et de recherches préhistoriques des Eyzies*, n°26, p. 108-122.

GENESTE, J.-M., 1988, Systèmes d'approvisionnement en matières premières lithiques au Paléolithique moyen et au Paléolithique supérieur en Aquitaine. In *L'homme de Néandertal*, 8, M. Otte éd., p. 61-70.

GUILLAUME, C., et MEUNIER, M., 1978, La station atelier à quartzites du Paléolithique moyen de Provenchère-les-Darnay " Z Haut-de-Thiebaut " (Vosges). *Bulletin de la Société Préhistorique Française*, T. 75, fasc. 11-12, p. 472-486.

HUGUENIN, G., 1972, Nouvelles stations à quartzites paléolithiques dans le département des Vosges. *Bull. Soc. Préhist.Fr*, , Tome 69, n°6, p. 167-171, 4 fig.

HUGUENIN, G., 1987, *Le Peuplement humain du bassin supérieur de la Saône au Paléolithique inférieur et moyen : étude technique et typologique du matériel lithique découvert en surface*. Thèse de l'Ecole Pratique des Hautes Etudes, Sciences de la terre et de la vie, III° section, 462p.

HUGUENIN, G,. 1988, *Le peuplement humain du bassin supérieur de la Saône au Paléolithique inférieur et moyen*. SALSA, Vesoul, 373 p, 144 fig. (Archéologie 1)

HUGUENIN, G., et RIGOLOT, F., 1971, Une station paléolithique inédite à Mercey-sur-Saône. *Bulletin de la Société Préhistorique Française*, t. 68, n°5, p. 140-144.

LAMOTTE A., HUGUENIN, G., et SIMONNET, D., 2005, A propos de la découverte de nombreux indices micoquiens à Delain (Haute-Saône, France). *Notae Prehistoricae*, 25, p. 9-15, 2 fig.

MILLARD, A., 1890, Les silex et les quartzites paléolithiques de Fédry. *Bulletin de la Société d' Agriculture de la Haute. Saône*, p. 37 à 42.

SEARA, F., TASSI, K., et THEVENIN, A., 1990, Le peuplement préhistorique du Nord-Ouest de la Haute-Saône. In : *L'étude d'un pays comtois : la Vôge et la dépression vosgienne*.

THEVENIN, A., et HUGUENIN, G., 1966, Nouveaux témoins du Paléolithique moyen dans le bassin supérieur de la Saône. *Bulletin de la Société d'Histoire Naturelle du Doubs*, n°60, fasc 1, p. 31-38.

TURQ, A., 1989, Exploitation des matières premières lithiques et exploitation du sol : l'exemple du Moustérien entre Dordogne et Lot. In INQUA *Colloque du comité français de l'union internationale pour l'étude du Quaternaire. Variations des paléo-milieux et peuplement préhistorique*. Paris, CNRS, Centre régional de publication de Bordeaux, p. 179-204., cahiers du quaternaire, 13.

TURQ, A., 1993, L'approvisionnement en matières premières lithiques au Moustérien et au début du Paléolithique supérieur dans le Nord-Est du Bassin Aquitain (France). In : *Cabrera-Valdes V. (Ed) : el origen del hombre moderno en el suroeste de europ. Madrid, Universidad Nacional de Educacion a Distancia*, 315-325.

GESTION DES RESSOURCES LITHIQUES AU PALEOLITHIQUE MOYEN DANS UNE HALTE DE CHASSE SPECIALISEE SUR LE RENNE: LES PRADELLES (MARILLAC-LE-FRANC, CHARENTE)

Liliane MEIGNEN
UMR 6130 du CNRS, Valbonne, France

Sandrine COSTAMAGNO
UMR 5606 du CNRS, Toulouse, France

Cédric BEAUVAL
Archéosphère, Talence, France

Laurence BOURGUIGNON
INRAP GSO, Pessac, France

Bernard VANDERMEERSCH
Madrid, Espagne

Bruno MAUREILLE
UMR 5199 du CNRS, Bordeaux, France

Résumé *: Les niveaux inférieurs du gisement des Pradelles, en Charente, ont livré de faibles densités de matériel lithique qui contrastent avec l'abondance en restes osseux, très majoritairement du Renne. Les études techno-économiques réalisées sur ces assemblages de type Quina ont mis en évidence des stratégies de gestion des matières premières, qui suggèrent des occupations de brèves durées en relation avec des expéditions répondant à des besoins spécifiques (task -specific location). Les différences observées dans le traitement des matériaux importés (silex du Crétacé) et celui des matériaux locaux, de moindre qualité (silex du Jurassique) soulignent les capacités d'anticipation des Néandertaliens. La confrontation de ces résultats avec les données archéozoologiques a permis de préciser le fonctionnement de ce site au sein du territoire. En effet, les recherches effectuées sur les restes osseux, très abondants, ont permis de conclure à l'existence probable d'une chasse spécialisée sur le Renne, avec traitement de la viande pour consommation différée. Ce cas d'étude illustre parfaitement la nécessaire complémentarité des approches technologiques et archéozoologiques, entre autres, dans la définition des territoires, fonction des sites et schémas de mobilité des chasseurs-cueilleurs du Paléolithique.*
Mots clés *: Stratégies de subsistance, techno-économie, fonction de site, mobilité, territoire, comportement des néandertaliens, matières premières, Moustérien, France*

Abstract: *In the lower levels of Les Pradelles, in Charentes, very low densities of lithic artefacts are in contrast with large quantities of bone remains, mostly reindeer. The introduction of finished tools (made on non local, high quality flint from the Cretaceous outcrops) highly curated in the site, together with an expedient strategy on strictly local flint, suggest short term occupations, probably in relation with a " task specific location " in a logistical system. Faunal studies confirm this hypothesis. The large bone sample underlines the preponderance of hunting activities repeatedly during the Fall. Intense butchering activities took place on the site as demonstrated by the abundance of filleting marks. Lithic and faunal data indicate that this location should be considered as a seasonal temporary camp devoted to reindeer meet processing for delayed consumption and possibly meat storage.*
Key Words: *Subsistence strategies, lithic technological organization, site function, mobility pattern, settlement pattern, Neandertal behavior, raw material, Mousterian, France*

Depuis une dizaine d'années, les approches inter-disciplinaires, qui intègrent les données acquises dans le registre des productions lithiques et de la subsistance sur la base d'un même outil d'analyse, le concept de chaîne opératoire, se sont largement développées (Brugal, 1995 ; Boëda, Geneste & Meignen, 1990 ; Creswell, 1982 ; Karlin, Bodu & Pelegrin, 1991 ; Lemonnier, 1986, 1992). Ce concept repose sur l'idée que les activités humaines participent d'un système dynamique dans lequel les différentes phases d'exploitation des ressources (acquisition, production/traitement, utilisation/ consommation, rejet) sont réalisées, en des lieux et des temps différents, lors des déplacements des groupes (Geneste, 1988 ; 1990, 1991 ; Henry, 1989, 1995 a,b). Si l'on se place donc en un point du territoire des chasseurs-cueilleurs paléolithiques (le site), l'identification des éléments importés, exportés ou abandonnés sur place, en terme d'outillage lithique et de faune (éléments squelettiques), permet d'évaluer comment ce site s'articule au sein d'un système plus large d'occupation du territoire.

Les référentiels ethnographiques, à condition de les manier avec précautions, peuvent aider à la compréhension des schémas d'occupation et de mobilité des Paléolithiques (Henry, 1998).

Les schémas de mobilité des chasseurs-cueilleurs sont généralement décrits en terme de mobilité résidentielle plus ou moins marquée (" circulating " *versus* " radiating " mobility, ou " forager adaptation " *versus* " collector adaptation ", " opportunistic " *versus* " logistical organization ") (Binford, 1980 ; Butzer, 1982 ; Jochim 1976 ; Kelly 1995 ; Mortensen, 1972). Dans le premier schéma (" circulating/forager/opportunistic "), les déplacements sont fréquents. Les groupes exploitent les ressources dans l'environnement immédiat de leur lieu de campement résidentiel et se déplacent quand elles sont épuisées. Les déplacements résidentiels, qui concernent tout le groupe, sont donc fréquents (" high residential mobility "). Les camps résidentiels sont occupés assez brièvement (quelques jours à quelques semaines) par des groupes humains en général de faible taille. La plupart des ressources exploitées proviennent de l'environnement immédiat du camp résidentiel, les " expéditions " de collecte/chasse effectuées dans cette zone sont brèves, ne laissant donc pas de traces identifiables (faible visibilité de ces lieux d'activités). Le second schéma (" radiating/collector/ logistical ") est fondé sur l'existence d'un campement résidentiel plus stable dont l'approvisionnement est assuré par des expéditions logistiques réalisées par de petits groupes sur des sites temporaires périphériques (" task specific locations " : sites temporaires d'activités spécialisées). Ces campements satellites, situés à distance du camp principal, permettent d'exploiter un environnement plus large que dans le schéma précédent (au delà du " foraging radius ", environ 10 km). Le petit groupe parti en expédition peut y séjourner plusieurs jours. Dans un tel système d'occupation du territoire où les ressources sont rapportées au camp résidentiel principal, les occupations peuvent être plus longues et durer quelques semaines à plusieurs mois. La mobilité résidentielle dans ce cas est–globalement plus faible.

On peut donc, de façon schématique, opposer un système où les groupes se déplacent vers les ressources à un système où les ressources sont apportées vers le groupe au complet. Ces schémas sont fortement influencés par les disponibilités en ressources alimentaires principalement qui varient souvent de façon saisonnière.

Les données ethnographiques (voir références in Kuhn 1995), en particulier les travaux de Bamforth (1991) et Binford (1978b), montrent que les schémas de mobilité sont diversifiés, non rigides et peuvent changer au cours d'un cycle annuel et d'un endroit à l'autre du territoire pour un même groupe de chasseurs-cueilleurs. Ces notions doivent donc être manipulées avec précautions lors des interprétations de l'organisation des populations paléolithiques basées sur des données archéologiques le plus souvent fragmentaires et imprécises. Pourtant comme l'ont déjà signalé différents auteurs (Binford, 1989 : 37 ; Conard, 2001 ; Geneste, 1985 ; Henry, 1998 et références citées ; Hovers, 1997 ; Kuhn, 1995), c'est dans ce domaine qu'il faut avancer pour réfléchir aux interactions entre homme et environnement, aux relations entre pratiques techniques, stratégies d'exploitation et réseaux d'occupations des territoires.

Concernant l'application de ces notions aux chasseurs-cueilleurs du Paléolithique, une nouvelle voie de recherche a été apportée par les travaux de Kuhn (1992, 1995) qui a introduit la notion de "technological provisioning" (au sein de laquelle il reconnaît différentes stratégies d'approvisionnement des activités techniques). Partant du principe que le but de tout système technique est de mettre à disposition les outils, là où, et au moment où l'on en a besoin, cette notion permet d'évaluer le degré d'anticipation développé dans la production, le transport et l'entretien des outillages. Ce concept recoupe de fait des notions plus couramment citées dans la littérature telles que celles de " curation " et " expediency " (Binford, 1977, 1979). Sur le matériel archéologique, ces stratégies peuvent être identifiées sur la base des études techno-économiques (distances et formes sous lesquelles les différentes matières premières ont été introduites sur le site) (Kuhn, 1993).

Kuhn distingue deux modes principaux d'approvisionnement qui permettent de disposer des outils au moment voulu. La première est basée sur l'approvisionnement des activités par les individus du groupe (" provisioning of individuals "), c'est-à-dire qu'ils transportent toujours avec eux un équipement minimum qui permet de répondre aux besoins dès qu'ils se présentent. Ce sont soit des outils spécialisés si des besoins précis ont été prévus à l'avance (activités de chasse, par ex.), soit des outils aux diverses potentialités. Ces panoplies d'outils transportés font l'objet de soins et d'entretien systématiques. La seconde stratégie (" provisioning of place ") repose sur l'apport, sur le lieu d'occupation, des matériaux qui seront nécessaires à la fabrication des outillages pour différentes activités (blocs de matières premières et/ou outillages). Cette option suppose donc la connaissance à l'avance du moment et de la durée des activités et repose sur une certaine stabilité des occupations.

L'importance relative de ces deux modes d'approvisionnement est fonction du degré de mobilité résidentielle des groupes (Kuhn, 1995) et donc, pour partie, des durées d'occupation.

Ainsi les sites de courtes durées d'occupations livreront des assemblages où les produits importés jouent un rôle prépondérant, tandis que les occupations de longue durée seront marquées par des apports de matières premières locales débitées sur place. Plus la durée d'occupation d'un site s'accroît, plus les déchets de fabrication des outillages en matières premières locales s'accumulent, plus les produits importés sont " noyés " et ne représentent qu'une très faible part des outillages présents (Kuhn, 1995).

Identifier ces stratégies sur le matériel archéologique aide donc à comprendre les schémas d'occupation du territoire, ou du moins à tester si les schémas reconnus chez les Néandertaliens sont proches des modèles actuels, ou si au contraire, il nous faut en proposer de nouveaux. Indirectement ce sont également les capacités d'anticipation des Néandertaliens qui peuvent être discutées. Il s'agit donc d'une méthode complémentaire de la notion de chaîne opératoire développée précédemment, en ce sens que, basée sur les mêmes données, elle va plus loin en terme d'interprétation anthropologique (schémas de mobilité, organisation du territoire).

Nous avons testé ces approches sur le site des Pradelles. Les résultats obtenus permettent d'évaluer la place de ce site dans l'organisation du territoire d'exploitation de ces groupes de Néandertaliens et de discuter du schéma de mobilité de ces chasseurs de rennes.

PRESENTATION DU SITE

Le gisement des Pradelles est situé sur la commune de Marillac-le-Franc en Charente. Une série de campagnes de fouilles a été réalisée par Vandermeersch entre 1967 et 1980. Actuellement, le gisement fait l'objet d'une reprise des travaux en fouille programmée dirigée par Maureille (Beauval, *et al.* 2002).

Le gisement correspond à une ancienne galerie karstique ; les occupations humaines se situent dans une vaste dépression liée à l'effondrement du toit de cette ancienne galerie. Le remplissage archéologique qui s'étend sur près de 5 mètres d'épaisseur repose sur des dépôts argilo-limoneux stériles d'origine fluviatile endokarstique (Couchoud in Maureille 2002). Les douze niveaux préalablement individualisés par Vandermeersch peuvent être, d'après les nouvelles études géologiques, rapportés à huit faciès sédimentologiques. A l'exception du faciès de base, tous ont livré, en quantité plus ou moins importante, une industrie moustérienne et des vestiges osseux. Les premières études géologiques menées par Debenath (1974) indiqueraient des dépôts contemporains du Würm ancien supérieur (stade isotopique 4 et/ou 3). Des datations ESR en cours sur des dents de chevaux et de grands bovidés devraient permettre une estimation plus sûre de l'âge de ces dépôts.

Le matériel présenté provient des fouilles réalisées par Vandermeersch. L'étude taphonomique menée sur les vestiges fauniques montre que dans les niveaux supérieurs (couches 5 à 3 = faciès 6 et 7), le site a fonctionné comme tanière de carnivores. L'histoire taphonomique des niveaux de l'ensemble moyen (couches 6 à 8 = faciès 4, 5 et 8) est, dans l'état actuel des recherches, difficile à reconstituer. En effet, si les hommes et les carnivores sont intervenus sur les assemblages, il n'est toutefois pas possible d'évaluer leur ordre d'intervention (Costamagno *et al.*, 2005). La présente étude repose donc sur les niveaux de base (couches 9 et 10 = faciès 2a et 2b) qui sont les seuls à avoir livré des accumulations d'origine anthropique sûre.

STRATEGIES D'ACQUISITION ET GESTION DES OUTILLAGES LITHIQUES

L'étude détaillée des assemblages lithiques a déjà été publiée antérieurement (Meignen 1988, Meignen & Vandermeersch, 1986). Dans cet article, nous ne reprenons que les informations concernant les stratégies d'acquisition et de gestion des différentes matières premières utilisées pour la fabrication des outillages ; ces données techno-économiques fournissent des indications sur le statut du site et les schémas de mobilité des groupes.

L'outillage lithique, dans les deux couches étudiées, est très peu abondant ; compte-tenu des volumes fouillés, la densité en produits lithiques est remarquablement faible (couche 9 : 93 pièces>2 cm /m3 ; couche 10 : 45 /m^3), traduisant la faible intensité des activités de production.

Les assemblages étudiés sont tout à fait comparables dans les deux niveaux (Meignen, 1988). Les outillages retouchés sont largement dominés par les racloirs

Tab. 12.1 : Composition technologique et typologique des séries en silex local et non local des industries des couches 9 et 10.

	Silex local				**Silex non local**			
	couche 9	**n= 374**	**couche 10**	**n= 483**	**couche 9**	**n= 58**	couche 10	n= 27
ts produits débitage	293	78,3%	375	77,6%	30	51,7%	4	14,8%
éclats corticaux	147	39,3%	207	42,8%	5	8,6%	3	11,1%
outils retouchés	71	20%	110	22,8%	28	48,3%	23	85,2%
nucléus	5	1,3%	24	4,7%	1	1,7%	0	0
outils retouchés	N=71		N=110		N=28		N=23	
racloirs	45	63,4%	52	47,3%	24	85,7%	20	87%
ret. Quina et 1/2 Quina	23	51,1%	24	46,1%	12	50%	16	80%
racl. Simples convexes	15	33,3%	30	55,8%	10	41,7%	10	50%
racl. Transversaux	11	24,4%	9	17,3%	14	58,3%	7	35%
encoches et denticulés	21	29,6%	38	31,8%	3	10,7%	3	13%

(69,6% des outils retouchés en c.9 ; 52,9% en c.10), comportant de fortes proportions de racloirs simples (respectivement 36,6% et 55,5% des racloirs) et transversaux (respectivement 35,2% et 22,2% des racloirs). La retouche Quina (retouche écailleuse scalariforme) est fréquemment utilisée pour l'aménagement des racloirs (52% en c.9 ; 55,5% en c.10). Les supports d'outils présentent les caractéristiques morphologiques typiques des produits obtenus lors de la mise en œuvre de la méthode Quina: éclats courts épais, souvent corticaux, à talons lisses et larges, présentant une section transversale triangulaire, une caractéristique que l'on peut mettre en relation avec l'organisation du débitage de type Quina (Bourguignon, 1996, 1997 ; Turq, 1989). Les deux assemblages (couches 9 et 10) appartiennent donc, sans conteste, à un Moustérien de type Quina.

Ces deux assemblages montrent l'emploi de matériaux différents dans la fabrication des outillages. Ils sont constitués de deux ensembles débités dans des silex de qualité et de provenance différentes.

Le premier ensemble, quantitativement le moins abondant, mais qui atteint cependant des proportions non négligeables (de l'ordre de 15%) en couche 9 (tab. 12.1), est un outillage conçu dans des silex d'origine non locale, présentant une bonne aptitude à la taille. Ils proviennent d'affleurements du Crétacé, appartenant soit au Turonien-Sénonien de Charente dont les gîtes se situent à des distances de l'ordre de 20-35 km vers le sud-ouest, soit au Sénonien de Dordogne, provenant de distances supérieures à 30 km vers le sud (déterminations Park *in* Delagnes *et al.* 2006) (fig. 12.1).

Ces matériaux, transportés sur des distances assez importantes, ont été introduits, dans le site, sous forme de produits finis (grands éclats ou produits déjà retouchés), comme le montrent les fortes proportions de pièces retouchées (48,3% en c.9 ; 85,2% en c.10), la quasi-absence de nucléus (un seul, très petit, en couche 9) et les faibles proportions de sous-produits de débitage. Parmi ces derniers, les éclats corticaux sont très peu abondants, et les éclats ordinaires, souvent de petites dimensions, correspondent surtout aux déchets de réaffûtage/recyclage des outils introduits. Ces panoplies d'outils importés sont constituées très majoritairement de racloirs (85,7% des outils en c.9 ; 87% en c.10) souvent aménagés par retouches Quina et 1/2 Quina (50% des racloirs en c.9 ; 80% en c.10). Ces racloirs ont été fréquemment réutilisés et réaffûtés dans le site même, comme l'atteste la présence de racloirs, transversaux principalement, arrivés à un stade d'exhaustion poussé (fig. 12.2, n°1, 4) et d'éclats de " réavivage " caractéristiques (fig. 12.3). Ces derniers ont, eux-mêmes, été parfois utilisés comme supports de nouveaux outils (petits racloirs ; fig. 12.3, n°5,6) (un processus décrit sous le terme de " ramification " par Bourguignon, Turq et Faivre 2004). Des outils que l'on nomme typologiquement " racloirs transversaux+encoche " (fig. 12.2, n°1) résultent de l'enlèvement (au stade final) de tels éclats aux caractéristiques morphologiques aisément identifiables (et d'ailleurs

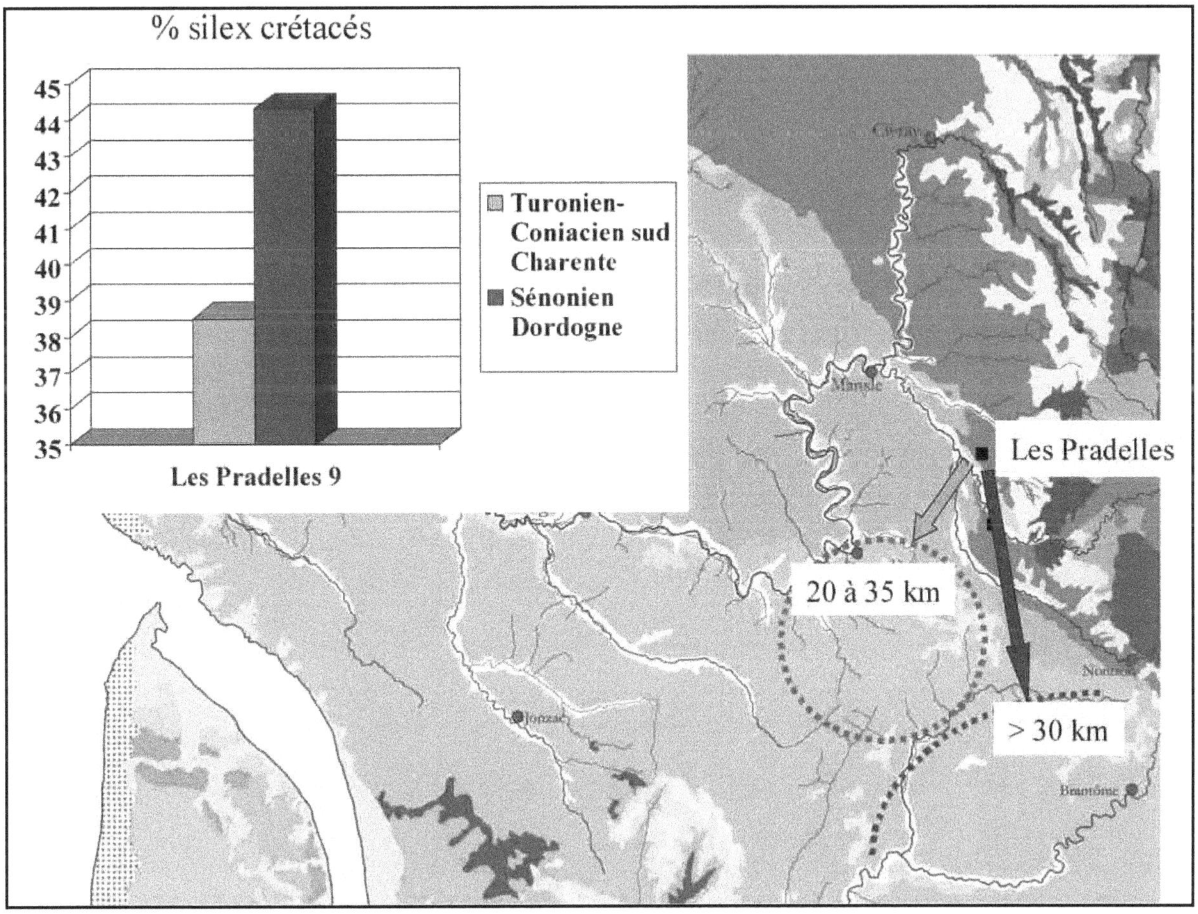

Fig. 12.1 : Les Pradelles, couche 9 : proportions, origines et distances minimales d'acquisition des matériaux allochtones (in Delagnes *et al.* 2006).

reconnus dans divers sites du Moustérien de type Quina : Espagnac (Jaubert 2001), Combe-Grenal (Lenoir 1986)). Ils correspondent fort probablement à un racloir jouant un rôle, au stade final, dans la production de supports. L'ensemble de ces données indique donc un recyclage et un entretien particulier pour cette panoplie d'outils importés conçus dans un matériau de qualité. Ces objets sont introduits sous forme de grands supports, matrices polyvalentes (Bourguignon *et al.* 2006) qui peuvent être transformées en outils (racloirs) et/ou produire des supports à retoucher.

Ils fonctionnent donc comme une sorte de réserve de matière première que les Paléolithiques transportaient avec eux lors de leurs déplacements. Ce fait évoque ce que Binford décrit chez les chasseurs-cueilleurs actuels sous le terme de " personal gear " (Binford 1979). Les racloirs ont fréquemment été identifiés, dans de nombreuses industries du Paléolithique moyen, comme des outils " mobiles ", transportés par les groupes de chasseurs-cueilleurs d'un site à l'autre (e.g. Féblot-Augustins, 1997, 1999 ; Geneste, 1985, 1988 ; Turq, 1990, 2000), mais aux Pradelles, le phénomène de " recyclage " de ces outils est remarquablement intense.

Vis à vis du second ensemble de matériaux, les comportements sont très différents. De loin le plus abondant (84,2% en c.9 ; 92,2% en c.10), même si en valeur absolue les quantités de matériel restent assez faibles (tab. 12.1), ce second ensemble a été débité, sur place, dans un silex local fortement diaclasé, de mauvaise qualité. Il comporte de nombreux produits de débitage (éclats corticaux et éclats ordinaires), qui constituent approximativement les 3/4 du matériel, ainsi qu'une proportion non négligeable de nucléus, attestant de la production de ces outillages dans le site. Les produits retouchés sont beaucoup moins abondants que pour les matériaux importés (20% en c.9 ; 22,8% en c.10). Ils comportent de nombreux racloirs, mais ceux-ci ne sont généralement pas réaffutés ; en particulier, les éclats de réavivage/recyclage caractéristiques de cet entretien ne sont pas présents. Ces racloirs

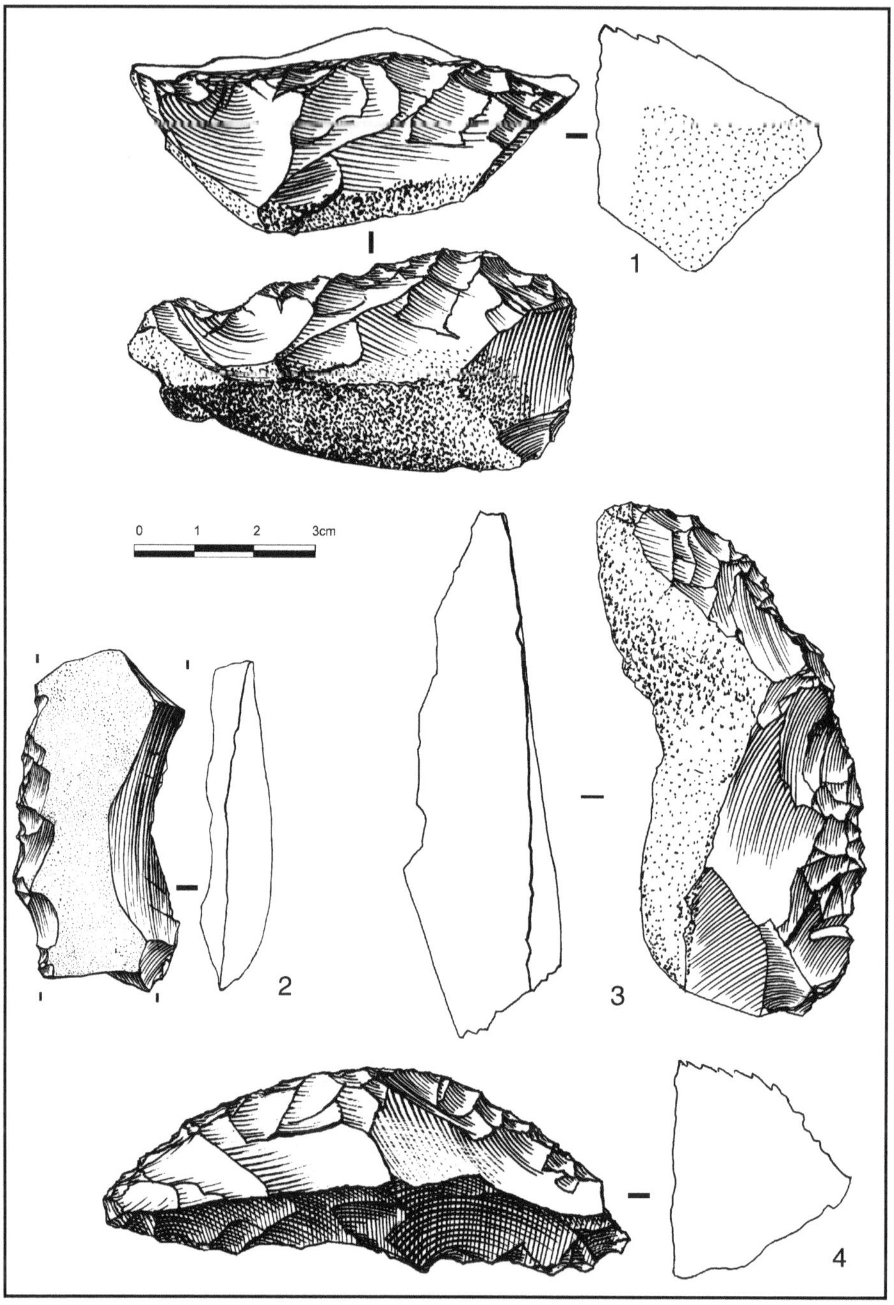

Fig. 12.2 : outillages des Pradelles (dessin M. Reduron) ; 1-racloir transversal + encoche, retouches Quina, poussé à exhaustion ; 2-denticulé ; 3-racloir simple convexe, retouches Quina ; 4-racloir transversal, retouches Quina, poussé à exhaustion.

en silex local ne semblent pas avoir été intensement utilisés. Par ailleurs, ces outillages retouchés comportent un ensemble d'outils peu élaborés (becs+encoches+denticulés), présents dans des proportions non négligeables (29,6% en c.9 ; 31,8% en c.10) (fig. 12.2, n°2) ; ces objets sont généralement considérés comme des outils expédients. Il a, en effet, été démontré, dans de nombreux sites moustériens, que ces outils qui circulent peu sont le plus souvent fabriqués dans des matériaux locaux en réponse à des besoins immédiats (Geneste, 1985, 1988 ; Moncel, Patou-Mathis et Otte, 1998 ; Van Der Sloot, 1998).

Les panoplies d'outils observées en couches 9 et 10 comportent des outillages appartenant aux mêmes traditions techniques, les faibles différences observées dans la composition techno-économique de ces deux séries sont probablement dues à des durées d'occupa-

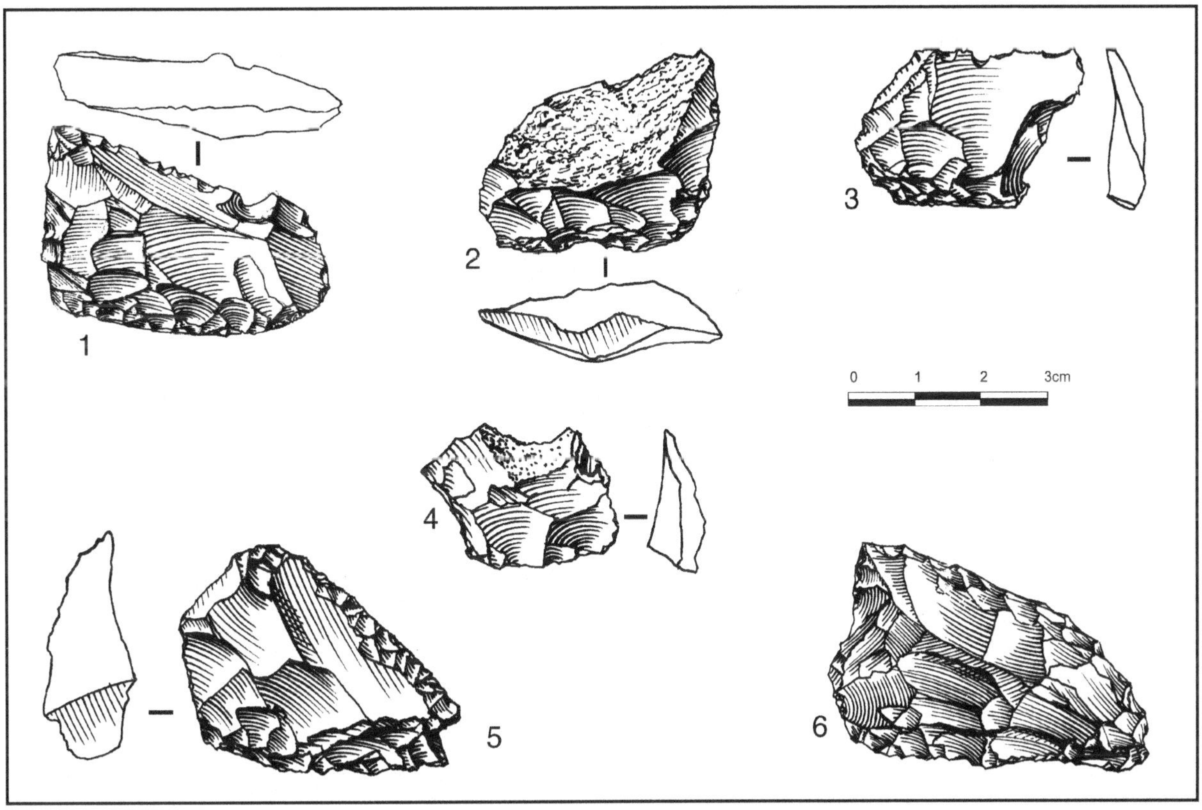

Fig. 12.3 : éclats de réaffûtage de racloirs Quina, n° 5 et 6 repris en racloir (dessin M. Reduron).

tion légèrement différentes. Les résultats obtenus indiquent dans les deux niveaux, de la part des néandertaliens, une gestion différentielle des matériaux utilisés pour fabriquer les outillages, en relation avec une anticipation des besoins. Compte-tenu de la qualité médiocre des matériaux locaux, des outillages déjà élaborés dans un silex de qualité ont été introduits comme équipement personnel, ensuite spécialement entretenus, recyclés, certains d'entre eux jusqu'à exhaustion. Un large complément a été assuré, quand nécessaire, par un débitage sur place, dans un matériau de moindre qualité, en vue de fabriquer des outils parfois moins élaborés, et, dans tous les cas, non recyclés. La composition de l'outillage lithique indique à la fois une stratégie d'entretien ("curation strategy " Binford, 1979) pour les outillages transportés et un comportement d'expédient pour la composante fabriquée sur place. La combinaison de ces deux modes d'approvisionnement (" provisioning of individuals, provisioning of places "), semble traduire un certain degré de prévision (apport d'un outillage de qualité) en même temps qu'une certaine flexibilité vis à vis de la situation à gérer sur le site. Le développement non négligeable d'une composante strictement locale dans ces outillages, en particulier dans la couche 10, suggère une occupation un peu plus longue que prévu, qui a pour conséquence de minimiser l'importance relative des débris provenant de l'entretien des panoplies d'outils apportés (cf Kuhn, 1995 : 29).

STRATEGIES D'ACQUISITION ET GESTION DES RESSOURCES ANIMALES

Dans le cadre de cet article, les assemblages fauniques font l'objet d'une présentation succincte. Pour une discussion sur les agents à l'origine des accumulations osseuses, le lecteur se reportera à l'article publié dans *Archaeofauna* (Costamagno *et al.*, 2005) et, concernant le détail des études archéozoologiques, à la publication dans *Journal of Anthropological Archaeology* (Costamagno *et al.*, 2006).

La fréquence relativement importante des traces de carnivores affectant les ensembles ossseux des couches 9 et 10 (17,8% en c.9 ; 27,1% en c.10) est imputable, selon les études taphonomiques, à un charognage par les carnivores des ossements délaissés par les néandertaliens, après abandon du site (Costamagno *et al.*, 2005). La forte densité des restes osseux, très majoritairement des ongulés, comparée à celles des vestiges lithiques indique donc qu'une large part des activités menées sur le site étaient dévolues à la chasse et/ou au traitement des proies abattues par les néander-

Tab. 12.2 : Dénombrement des taxons présents dans les couches 9 et 10 (NRD : nombre de restes déterminés et NMI : nombre minimum d'individus).

	Niveau 9			Niveau 10		
	NRD	% NRD	NMI	NRD	% NRD	NMI
Panthera spelaea	1	0,1	1	-	-	-
Canis lupus	3	0,3	1	11	1,8	2
Vulpes/Alopex	-	-	-	7	1,1	3
Crocuta spelaea	8	0,9	2	7	1,1	4
Bos/Bison	39	4,4	4	54	8,8	4
Rangifer tarandus	800	89,7	33	477	78,1	22
Cervus elaphus	2	0,2	1	2	0,3	2
Equus caballus germanicus	39	4,4	5	48	7,9	6
Marmota marmota	-	-	-	2	0,3	1
Total	892	100	47	608	100	44

taliens. Que ce soit en nombre de restes ou en nombre minimum d'individus, le renne domine large-ment les spectres fauniques, en particulier dans la couche 9 où il représente près de 90% des restes déterminés (tab. 12.2). Le cheval et les grands bovidés arrivent, respectivement, en deuxième et troisième position. L'indice de Shannon[1] qui permet de mesurer la diversité taxonomique des ensembles osseux est faible pour les deux couches (couche 9: 0,233; couche 10: 0,364), caractérisant des ensembles osseux peu diversifiés.

Aux Pradelles, comme à Pincevent ou Verberie (Enloe, 2003), le degré d'usure des dents déciduales de renne ne présente pas de continuum : les dents sont soit peu usées, soit très fortement, sans intermédiaire entre les deux, témoignant ainsi d'une acquisition saisonnière de cette proie. En comparaison avec les données obtenues sur ces sites magdaléniens du Bassin parisien, les hauteurs de couronne pourraient correspondre à des animaux abattus à la fin de l'été ou à l'automne (Costamagno *et al.*, 2006). Sur la base du nombre minimum d'individus, le poids de viande potentiellement exploitable est d'environ 7 et 6 tonnes dans les couches 9 et 10. L'épaisseur des dépôts suggère des occupations successives au sein d'un même niveau, diminuant, de fait, le nombre de carcasses relatives à chaque occupation et donc la quantité de ressources nutritives disponibles. Pour autant, la surface fouillée est tellement faible par rapport à l'étendue totale du gisement que l'estimation du nombre minimum d'individus est vraisemblablement largement en deçà du nombre de carcasses originellement présentes dans les niveaux.

[1] Indice de Shannon = $-\sum p_i \ln p_i / \ln S$ avec $p_i = NISP_i/NISP$, i correspond à un taxon donné et S est le nombre de taxons d'ongulés présents dans l'assemblage

Les profils squelettiques témoignent, de manière générale, d'une sur-représentation des os longs, indiquant l'introduction de carcasses incomplètes sur le site (Costamagno *et al.*, 2006). Par ailleurs, dans la couche 9, la sous-représentation de l'humérus et du fémur et, dans la couche 10, celle des os longs des membres postérieurs (fémur et tibia), par rapport à leur indice d'utilité nutritive, pourrait résulter d'un transport sélectif de ces ossements, riches en moelle et viande, dans le camp principal (fig. 12.4) (Costamagno *et al.*, 2006).

Les carcasses de rennes désarticulées sur le site de boucherie primaire puis introduites sous forme de portions squelettiques sur le site ont fait l'objet d'activités de boucherie intenses comme l'attestent, notamment, les traces de découpe qui sont présentes sur près de la moitié des restes d'os longs (37,3% en c.9 ; 44,4% en c.10). Aux Pradelles, l'abondance des stries de boucherie sur les fragments de diaphyses moyennes des os longs charnus semble attester d'un prélèvement de la viande quasi -systématique. La fragmentation très importante des ensembles osseux est, en grande partie, imputable à l'extraction de la moelle par les néandertaliens. La présence de nombreuses traces de percussion au niveau des premières et deuxièmes phalanges atteste d'ailleurs d'une exploitation intensive de cette substance (Costamagno *et al.*, 2006).

Aux Pradelles, la prépondérance du renne corrélativement au grand nombre de carcasses soulève la question de la mise en œuvre de stratégies de chasses collectives par les néandertaliens (voir Costamagno *et al.*, 2006 pour une discussion plus détaillée sur le sujet). Les études ethnologiques montrent que les chasses collectives sont généralement organisées pour faire face à des

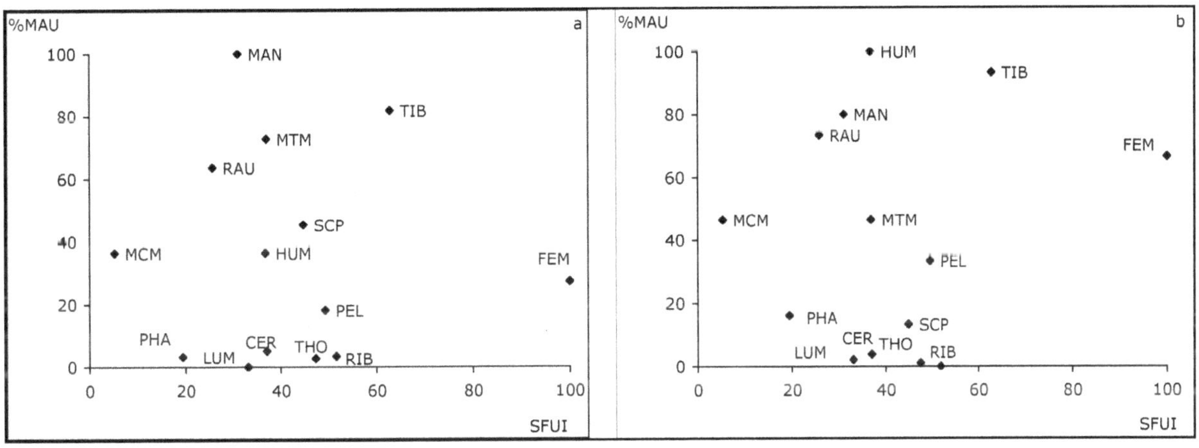

Fig. 12.4 : Abondance des éléments squelettiques de rennes (% MAU) en fonction de leur utilité nutritive (SFUI (Metcalfe et Jones 1988) : a- couche 9, b- couche 10 (MAN : mandibule, RIB : côtes, CER : vertèbres cervicales, THO : vertèbres thoraciques, LUM : vertèbres lombaires, SCP : scapula, HUM : humérus, RAU : radio-ulna, MCM : métacarpien, PEL : pelvis, FEM : fémur, TIB : tibia, MTM : métatarsien, PHA : phalanges).

besoins particuliers comme le stockage de la viande pour l'hiver ou bien encore le réapprovisionne-ment en peau (Driver, 1990; Binford, 1978b). Selon Enloe et David (1997), la saison est donc un facteur critique permettant de comprendre l'exploitation du renne. Aux Pradelles, les données sur les saisons d'abattage du renne restent à compléter mais, dans l'état actuel des recherches, les animaux semblent avoir été abattus durant l'automne. Or c'est la période la plus propice à la mise en œuvre des grandes chasses collectives. En effet, les rennes regroupés en larges hardes sont en bonne condition physique. Ils peuvent donc être abattus en nombre et le surplus de viande, ainsi obtenu, stocké pour l'hiver à venir (Driver, 1990). Lors de l'abattage simultané de nombreuses proies, les carcasses font l'objet d'un traitement logistique se traduisant par un rejet systématique de certaines parties sur le site de boucherie primaire (Binford, 1978b; Speth, 1983; Wheat, 1972). Aux Pradelles, l'introduction préférentielle des os longs des membres sur le site irait donc dans le sens d'un abattage de plusieurs rennes au cours d'un même épisode de chasse. La consommation différée de certains éléments squelettiques semble étayée par les données disponibles. Certaines portions charnues sous-représentées par rapport à leur indice d'utilité nutritive pourraient en effet avoir été transportées sur un autre gisement. L'abondance des stries de décharnement et la sous-représentation des côtes sont souvent considérées comme une indication de stockage (Enloe, 2003; David & Enloe, 1993). Les assemblages osseux étudiés des Pradelles présentent ces deux caractéristiques mais la sous-représentation des côtes pourrait être liée à une destruction *in situ* de ces portions ou à leur abandon sur le site d'abattage. De la même façon, les ossements pourraient avoir été décharnés dans le seul but d'être fracturés pour récupérer la moelle (Costamagno, 2001). Il est bien évident qu'en l'absence de structures spécifiques, le stockage de la viande est particulièrement difficile à mettre en évidence.

DUREES D'OCCUPATION ET FONCTION DU SITE

Les résultats obtenus lors des études techno-économiques sur le lithique et archéozoologiques apparaissent très largement complémentaires et la confrontation des deux permet d'avancer une hypothèse sur le fonctionnement du site.

Les très faibles densités d'outillage lithique suggèrent des occupations temporaires, successives, de courtes à assez courtes durées. Dans le cas présent, il est clair que même si la production d'outillages sur place est proportionnellement non négligeable, elle représente toujours de faibles quantités de déchets. Les temps d'occupation ne sont donc pas très prolongés (cf. Kuhn, 1995). Par ailleurs, l'absence de structuration spatiale au niveau du site, et en particulier l'absence de foyers (et même d'os brûlés), est cohérente avec l'idée d'occupations brèves. En effet, les études ethnographiques montrent que la complexité de l'organisation spatiale des activités est directement liée aux temps d'occupation, bien marquée dans les campements résidentiels du système logistique par exemple (Binford, 1983 ; O'Connell, 1987). Inversement, les sites de courte occupation montrent peu d'aménagements. Le charognage par les carnivores des parties délaissées par les néandertaliens conforte l'hypothèse d'occupations brèves.

Concernant la gestion des outillages lithiques, les groupes de chasseurs-cueilleurs moustériens des Pradelles, en provenance semble t-il des régions sud et sud-ouest, ont transporté avec eux sur des distances supérieures à 20-30 km, une panoplie d'outils (" personal gear " (Binford, 1977; 1979)) fabriqués dans un silex présentant une bonne aptitude à la taille. Ces outils ont été recyclés, comme le montrent le fort degré d'exhaustion des racloirs et les éclats de réaffutage. Cet apport de " matrices " pouvant être utilisées comme outils ou comme source de matière première pour d'autres petits outils est complété par un débitage, sur place, au moment des besoins (" on the spot "), d'une matière première de qualité moindre.

En général, une telle stratégie reposant sur l'introduction d'outils prêts à l'emploi et pour lesquels une maintenance est assurée (" curation behavior") va de pair avec des sites d'occupations de courtes durées. C'est le cas en particulier des sites d'activités temporaires au sein desquels le temps imparti à la préparation des outils est limité. Dans les populations de chasseurs-cueilleurs actuels, ce type de comportement est généralement observé sur les sites d'activités " extractives " (exploitation matières animales : chasse et traitement de viande), que ce soit dans les contextes de forte mobilité (" circulating mobility "/ " opportunistic strategy ") ou dans le cas des expéditions logistiques des groupes de plus faible mobilité (" radiating mobility "/ " logistical strategy " ; Binford, 1978a, 1980). Aux Pradelles, l'abondance des restes osseux comparativement aux vestiges lithiques montre qu'une grande part des activités réalisées sur le site est en relation avec l'animal. D'après les études archéozoologiques, ces activités ont trait principalement au traitement des rennes abattus par les néandertaliens. Les activités de boucherie apparaissent intenses comme le montre le fort degré d'exploitation des carcasses (récupération de la viande et des tendons, fragmentation prononcée des os longs pour l'obtention de la moelle). Les faibles durées d'occupation suggérées par la composition de l'outillage lithique semblent incompatibles avec une consommation sur place de la totalité des ressources alimentaires obtenues par le biais des chasses successives. Dans ce contexte, l'abondance des stries de boucherie qui témoigne d'un prélèvement quasi-systématique de la viande semble valider l'hypothèse d'un stockage de la viande en vue d'une consommation différée. Cette préparation était également destinée à réduire le coût du transport des ressources alimentaires vers le lieu d'habitation principal. Ces données sont en cohérence avec les observations faites par Binford (1980 : 10) qui décrit la préparation de la viande dans le but d'une consommation ultérieure au sein de campements temporaires, ces activités laissant une quantité importante de " déchets " dans lesdits campements.

Dans la mesure où les occupations certes d'assez courte durée ont malgré tout laissé des traces d'activités marquées (nombre élevé de rennes abattus, intensité des traces de découpe traduisant une activité intense de préparation de la viande), l'hypothèse d'un site d'activités spécialisées appartenant à un système de mobilité logistique apparaît la plus vraisemblable.

Le site des Pradelles peut donc être considéré comme un camp temporaire saisonnier pour le traitement de la viande de rennes. Les occupations se déroulaient à l'automne, probablement intégrées dans un système de mobilité logistique, du moins durant cette période de l'année. En effet, comme rappelé au début de cet article, les données ethnographiques montrent qu'un même groupe de chasseurs-cueilleurs peut, à différents moments de son cycle annuel, adopter des systèmes de mobilité distincts. L'existence de ce campement temporaire de toute évidence spécialisé dans les activités de préparation de la viande n'est donc qu'un reflet partiel de la mobilité des groupes ayant occupé la région.

CONCLUSION

L'intérêt de confronter les données provenant des études du lithique et de la faune sur la base d'un même outil d'analyse (concept de chaîne opératoire) n'est sans doute plus à démontrer ; l'étude présentée ici en est un nouvel exemple. Dans le cas des Pradelles, les analyses techno-économiques du matériel lithique avaient suggéré l'hypothèse d'un site temporaire d'activités spécialisées que l'étude archéozoologique a confirmée et largement précisée.

L'idée d'une organisation des territoires de chasseurs-cueilleurs néandertaliens est sans doute de mieux en mieux acceptée. De nombreux chercheurs ont identifié différents types de sites (sites d'abattage, sites de boucherie, ateliers, sites d'occupation courte, sites d'occupation longue) dans lesquels des activités spécifiques ou, au contraire, des activités variées (activités liées à obtention/traitement des ressources, activités de maintenance) ont été mises en évidence, même si le choix du vocabulaire les désignant n'a pour l'instant fait l'objet d'aucun consensus (Conard, 2001). Une structuration de l'espace régional fait donc désormais partie des aptitudes que l'on reconnaît aux Néandertaliens, même si certains chercheurs restent encore sceptiques sur cette notion.

Le retour de façon répétitive et, à une saison donnée, dans le site des Pradelles, pour des activités d'exploitation/traitement des rennes abattus lors de chasses probablement collectives, de même que les stratégies de gestion des matières premières qui restent les mêmes durant toutes ces occupations indiquent une utilisation structurée de l'espace régional au sein duquel les ressources animales et minérales sont connues et évaluées selon leurs potentialités. Ces chasses probablement destinées à la confection de surplus alimentaires pour l'hiver témoignent d'une anticipation des besoins alimentaires de la part des groupes néandertaliens.

L'occupation répétitive des Pradelles, toujours à la même saison et pour des activités de même type, laisse supposer que ces chasses d'interception à l'automne focalisées sur le renne faisaient partie intégrante de la gestion de ce territoire par les néandertaliens. Toutefois il n'y a aucun élément qui permette d'avancer que l'économie de subsistance de ces hommes était basée sur ce seul gibier durant toute l'année. Le reste de l'année, en effet, en fonction des ressources disponibles, ces groupes pouvaient pratiquer des chasses sur un gibier plus diversifié.

Bibliographie

BAMFORTH, D., 1991. Technological organization and hunter-gatherer land-use: a California example. *American Antiquity* 56, 216-234.

BEAUVAL, C., BOURGUIGNON, L., COSTA-MAGNO, S., COUCHOUD, I., MARQUET, J.-C., MAUREILLE, B., MEIGNEN, L., MANN, A.E., TEXIER, J.-P., VANDERMEERSCH, B., 2002. Recent discoveries of Neandertal remains from Les Pradelles (Marillac-le-Franc, Charente, France). *Abstracts for the Paleoanthropological Society Meetings. Journal of Human Evolution* 42, A5-A6.

BINFORD, L.R., 1977. Forty-seven trips: a case study in the character of archaeological formation processes. In: *Wright, R.V.S. (Ed.), Stone Tools as Cultural Markers. Australian Institute of Aboriginal Studies, Canberra*, pp. 24-36.

BINFORD, L.R., 1978a. Dimensional analysis of behavior and site structure: learning from an Eskimo hunting stand. *American Antiquity* 43: 330-361.

BINFORD, L.R., 1978b. Nunamiut Ethnoarchaeology. Academic Press, New York.

BINFORD, L.R., 1979. Organization and formation processes: looking at curated technologies. *Journal of Anthropological Research* 35: 255-273.

BINFORD L.R. 1980. Willow smoke and dogs'tails : hunter-gatherer settlement systems and archaeological site formation. *American Antiquity* 45(1):4-20.

BINFORD, L.R., 1983. In *Pursuit of the Past. Thames and Hudson, New York*.

BINFORD, L.R., 1989. Isolating the transition to cultural adaptations: an organizational approach. In: Trinkaus, E. (Ed.) *The Emergence of Modern Humans. Biocultural Adaptations in the Late Pleistocene. Cambridge University Press, Cambridge* : 18-41.

BOËDA, E., GENESTE, J.-M., MEIGNEN, L., 1990. Identification de chaînes opératoires lithiques du Paléolithique ancien et moyen. *Paléo* 2, 43-80.

BOURGUIGNON, L., 1996. La conception de débitage Quina. *Quaternaria Nova* 6, 149-166.

BOURGUIGNON, L., 1997. *Le Moustérien de type Quina: nouvelle définition d'une entité technique*. Thèse de doctorat, Université de Paris X, Nanterre.

BOURGUIGNON L., DELAGNES A., MEIGNEN L., 2006. Systèmes de production lithique, gestion des outillages et territoires au Paléolithique moyen : où se trouve la complexité ? In: Astruc L., Bon F., Lea V., Milcent P.-Y., Philibert S., (eds.) *Normes techniques et pratiques sociales : de la simplicité des outillages pré- et protohistoriques. Actes des XXVIe rencontres internationales d'archéologie et d'histoire d'Antibes, 20-22 octobre 2005. Antibes: APDCA*. p 75-86.

BOURGUIGNON L., TURQ A., FAIVRE JP., 2004. Ramifications des chaînes opératoires: spécificité du Moustérien ? *Paléo* 15:37-48.

BRUGAL JP. 1995. Archéologie et zoologie pour un nouveau concept, la paléoéthologie humaine. *Préhistoire Anthropologie Méditerranéennes* 4:17-26.

BUTZER K. 1982. *Archaeology as Human Ecology*. Cambridge: Cambridge University Press.

CONARD, N., 2001. Advances and problems in the study of Paleolithic settlement systems. In: *Conard, N. (Ed.), Settlement Dynamics of the Middle Paleolithic and Middle Stone Age. Kerns Verlag, Tübingen*, VII-XX.

COSTAMAGNO, S., 2001. Exploitation de l'Antilope saïga au Magdalénien en Aquitaine: méthodes d'étude et applications archéologiques. *Paléo* 13, 111-127.

COSTAMAGNO, S., BEAUVAL, C., LANGE-BADRE, B., VANDERMEERSCH, B., MANN, A., MAUREILLE, B., 2005. Homme ou carnivores? Protocole d'étude d'ensembles osseux mixtes: l'exemple du gisement moustérien des Pradelles (Marillac-le-Franc, Charente). *Archaeo-fauna*, 14 : 43-68.

COSTAMAGNO S., MEIGNEN L., BEAUVAL C., VANDERMEERSCH B., MAUREILLE B., 2006. Les Pradelles (Marillac-le-Franc, France): a

Mousterian reindeer hunting camp ? *Journal of Anthropological Archaeology* 25 : 466-484.

CRESSWELL, R.C., 1982. Transferts de techniques et chaînes opératoires. *Techniques et Culture* 2 : 143-163.

DAVID, F., ENLOE, J.G., 1993. L'exploitation des animaux sauvages de la fin du Paléolithique moyen au Magdalénien. In: Desse, J., Audoin-Rouzeau, *F. (Eds.), Exploitation des Animaux Sauvages à travers le Temps. XIII[éme] Rencontres Internationales d'Archéologie et d'Histoire d'Antibes, APDCA-CNRS, Sophia Antipolis*, pp. 29-47.

DEBENATH, A., 1974. *Recherches sur les terrains quaternaires charentais et les industries quileurs sont associées*. Thèse de Doctorat d'Etat, Université de Bordeaux I, Bordeaux.

DELAGNES A., FEBLOT-AUGUSTINS J., MEIGNEN L., PARK S.J., 2006. L'exploitation des silex au Paléolithique moyen dans le Bassin de la Charente: qu'est-ce qui circule, comment...et pourquoi ? *Bulletin de l'Association des Archéologues de Poitou-Charentes* 35:15-24.

DRIVER, J.C., 1990. Meat in due season: the timing of communal hunts. In: *Davis, L.B., Reeves, B.O.K. (Eds.), Hunters of the Recent Past. Unwin Hyman, London* : 11-33.

ENLOE, J.G., 2003. Acquisition and processing of reindeer in the Paris Basin. In: *Costamagno, S., Laroulandie, V. (Eds.), Mode de Vie au Magdalénien: les Apports de l'Archéozoologie. BAR International Series 1144, Oxford* : 23-31.

ENLOE, J.G., DAVID, F., 1997. *Rangifer* herd behavior: seasonality of hunting in the magdalenian of the Paris basin. In: *Jackson, L.J., Thacker, P.T. (Eds.), Caribou and Reindeer Hunters of the Northern Hemisphere. Avebury Press, Aldershot* : 52-68.

FEBLOT-AUGUSTINS, J., 1997. *La circulation des matières premières au Paléolithique*, ERAUL, 75, Liège.

FÉBLOT-AUGUSTINS, J., 1999. Raw material transport patterns and settlement systems in the european Lower and Middle Palaeolithic: continuity, change and variability. In: *Gamble, C. (Ed.), The Middle Palaeolithic occupation of Europe. University of Leiden, Leiden* : 193-214.

GENESTE, J.-M., 1985. *Analyse lithique d'industries moustériennes du Périgord: une approche technologique du comportement des groupes humains au Paléolithique moyen*. Thèse de doctorat, Université Bordeaux I, Bordeaux.

GENESTE, J.-M., 1988. Systèmes d'approvisionnement en matières premières au Paléolithique moyen et au Paléolithique supérieur en Aquitaine. In: *Otte, M. (Ed.) L'Homme de Néandertal. La Mutation. ERAUL 35, Liège* : 61-70.

GENESTE, J.-M., 1990. Territoires de circulation au Paléolithique inférieur et moyen. *Bulletin de la Société d'Anthropologie du Sud-Ouest* 25 : 13-30.

GENESTE, J.-M., 1991. L'approvisionnement en matières premières dans les systèmes de production lithique: la dimension spatiale de la technologie. In: *Technologia y Cadenas Operativas Liticas. Treballs d'Arqueologia, Enero*, pp. 2-31.

HENRY, D., 1989. Correlations between reduction strategies and settlement patterns. In: *Henry, D., Odell, G. (Eds.), Alternative Approaches to Lithic Analysis. Archeological papers of the American Anthropological Association, Washington D.C.* : 139-155.

HENRY, D., 1995a. The influence of mobility levels on Levallois point production, Late Levantine Mousterian, Southern Jordan. In: *Dibble, H., Bar-Yosef, O. (Eds.), The Definition and Interpretation of Levallois Technology. Prehistory Press, Madison Wisconsin* : 185-200.

HENRY, D.O., 1995b. *Prehistoric Cultural Ecology and Evolution. Insights from Southern Jordan*. Plenum Press, New York and London.

HENRY, D.O., 1998. Intrasite spatial patterns and behavioral modernity: indications from the Late Levantine Mousterian rockshelter of Tor Faraj, Southern Jordan. In: *Akazawa, T., Aoki, K., Bar-Yosef, O. (Eds.), Neandertals and Modern Humans in Western Asia. Plenum Press, New York/London* : 127-142.

HOVERS, E., 1997. *Variability of Levantine Mousterian Assemblages and Settlement Patterns: Implications for Understanding the Development of Human Behavior*. Ph.D. dissertation, Hebrew University, Jerusalem.

JAUBERT J. (dir.) 2001. Un site moustérien de type Quina dans la vallée du Célé (Pailhès à Espagnac-Sainte-Eulalie, Lot). *Gallia-Préhistoire* 43 :1-99.

JOCHIM M. 1976. *Hunter-Gatherer Subsistence and Settlement : a predictive model*. New York: Academic Press.

KARLIN, C., BODU, P., PELEGRIN, J., 1991. Processus techniques et chaînes opératoires. Comment les préhistoriens s'approprient un concept élaboré par les ethnologues. In: *Balfet, H. (Ed.) Observer l'Action Technique: Des Chaînes Opératoires, pour quoi Faire ? CNRS, Paris* : 101-117.

KELLY, R.L., 1995. *The foraging spectrum: diversity in hunter-gatherer lifeways*. Smithsonian Institution Press, Washington, D.C.

KUHN, S.L., 1992. On planning and curated technologies in the Middle Paleolithic. *Journal of Anthropological Research* 48, 185-213.

KUHN, S.L., 1993. Mousterian technology as an adaptative response: a case study. In: *Peterkin, G.L., Bricker, H.M., Mellars, P. (Eds.), Hunting and Animal Exploitation in the Later Palaeolithic and Mesolithic of Eurasia* : 25-32.

KUHN, S.L., 1995. *Mousterian Lithic Technology. An ecological Perspective*. Princeton University Press, Princeton.

LEMONNIER, P., 1986. The study of material culture today: toward an anthropology of technical systems. *Journal of Anthropological Archaeology* 5 : 147-186.

LEMONNIER, P., 1992. *Elements for an Anthropology of Technology*, Ann Arbor.

LENOIR, M. 1986. Un mode d'obtention de la retouche "Quina" dans le Moustérien de Combe-Grenal (Domme, Dordogne). *Bull. Soc. Anthrop. Sud-ouest* XXI(3):153-160.

MAUREILLE, B., 2002. *Les Pradelles (Marillac-le-Franc). DFS de fouille programmée*. Service Régional de l'Archéologie Poitou Charente.

MEIGNEN, L., 1988. Un exemple de comportement technologique différentiel selon les matières premières: Marillac, couches 9 et 10. In*: Otte, M. (Ed.) L'Homme de Néandertal, vol. 4, La Technique. ERAUL 31, Liège* : 71-79.

MEIGNEN, L., VANDERMEERSCH, B., 1986. Le gisement moustérien de Marillac (Charente) couches 9 et 10. Caractéristiques des outillages. Economie des matières premières. In: *Préhistoire de Poitou Charentes. Problèmes actuels. 111 Congrès des Soctés savantes, Editeurs du 111^{éme} CTHS* : 135-141.

METCALFE, D., JONES, K.T., 1988.– A reconsideration of animal-part utility indices. *American Antiquity* 53, p. 486-504.

MONCEL, M.-H., PATOU-MATHIS, M., OTTE, M., 1998. HALTE DE CHASSE AU CHAMOIS AU PALEOLITHIQUE MOYEN: LA COUCHE 5 DE LA GROTTE SCLADINA (SCLAYN, NAMUR, BELGIQUE). IN: BRUGAL, J.-P., MEIGNEN, L., PATOU-MATHIS, M. (Eds.), Economie Préhistorique: Les Comportements de Subsistance au Paléolithique. *XVIII^{éme} Rençontres Internationales d'Archéologie et d'Histoire d'Antibes, APCDA-CNRS, Sophia Antipolis* : 291-308.

MORTENSEN, P., 1972. Seasonal camps and Early villages in the Zagros. *In: Ucko P, Tringham R, Dimbleby GW, (Eds.). Man, Settlement and Urbanism. London: Duckworth*. p 293-297

O'CONNELL, J.F., 1987. Alyawara site structure and its archaeological implications. *American Antiquity* 52, 74-108.

SPETH, J., 1983. *Bison Kills and Bone Counts: Decision Making by Ancient Hunters*. University of Chicago Press, Chicago.

TURQ, A., 1989. Approche technologique et économique du faciès Moustérien de type Quina: étude préliminaire. *Bulletin de la Société préhistorique française* 86 : 244-256.

TURQ, A., 1990. Exploitation des matières premières lithiques dans le Moustérien entre Dordogne et Lot. In: *Séronie-Vivien, M.R., Lenoir, M. (Eds.), Le Silex de sa Genèse à l'Outil, tome II. CNRS, Paris* : 415-427.

TURQ, A., 2000. *Paléolithique inférieur et moyen entre Dordogne et Lot*. SAMRA, Les Eyzies.

VAN DER SLOOT, P., 1998. Matières premières lithiques et comportements au Paléolithique moyen: le cas de la couche 5 de la grotte Scladina. In: *Otte, M., Patou-Mathis, M., Bonjean, D. (Eds.), Recherches aux Grottes de Sclayn: l'Archéologie, vol.2., ERAUL, Liège* : 115-126.

WHEAT, J.B., 1972. The Olsen Chubbuck Site: A Paleo Indian Bison Kill. *American Antiquity* 37 : 1-181.

ESPACE MINERAL ET ESPACE DE SUBSISTANCE AU PALEOLITHIQUE MOYEN DANS LE SUD DU MASSIF CENTRAL FRANÇAIS : LES SITES DE SAINTE-ANNE I (HAUTE LOIRE) ET DE PAYRE (ARDECHE)

Jean-Paul RAYNAL

Paul FERNANDES

Carmen SANTAGATA

Jean-Luc GUADELLI

Université de Bordeaux I, UMR 5199 PACEA, IPGQ, Bâtiment B18, avenue des Facultés, 33405 Talence cedex, France

Marie-Hélène MONCEL

Marylène PATOU-MATHIS

Département de Préhistoire, Muséum National d'Histoire Naturelle, Paris, France

Philippe FERNANDEZ

Laboratoire des Sciences de la Terre, Université de Lyon I, France

Ivana FIORE

Soprintendenza Speciale al Museo Nazionale Preistorico Etnografico "L. Pigorini"
Sezione di Paleontologia del Quaternario e Archeozoologia,
P.le G. Marconi 14, 00144 Roma, Italia

Résumé : *Les niveaux d'occupation humaine de la grotte de Sainte-Anne I, située en moyenne montagne, sont datés des stades isotopiques 7 et 6. Ceux du site de Payre, grotte puis abri sous roche situé en bordure de la vallée du Rhône, sont datés des stades isotopiques 7 à 5. L'étude des matières premières de l'unité archéostratigraphique J1 de Sainte-Anne I met en évidence des collectes majoritaires aux environs immédiats du site (matériaux volcaniques et la plupart des silex), mais aussi un espace d'approvisionnement complémentaire (silex) relativement vaste, alors que celui proposé pour le niveau Gb de Payre est plus restreint. Les hommes ont vraisemblablement parcouru les biotopes locaux autour de Payre, plateau, versant et vallées de la Payre et du Rhône, où cervidés, bovidés et équidés ont été les les plus abondamment exploités. A Sainte-Anne I, ce sont les équidés qui dominent les assemblages mais d'une façon générale, les espèces collectées reflètent une mosaïque de milieux contrôlée par la géomorphologie qui corrobore l'image renvoyée par les matières premières : reliefs cristallins pour le renne, plateaux basaltiques pour les équidés, falaises pour le bouquetin, vallées boisées pour le cerf et le chevreuil. Les secteurs parcourus par les occupants des deux sites ne montrent pas véritablement de différence significative de comportement, tant pour l'approvisionnement en matières premières que pour la chasse ou le charognage des grands mammifères et les différences paraissent plus dépendre du contexte géologique et topographique. La manière d'exploiter un " territoire " par les occupants des deux sites obéirait donc sensiblement aux mêmes règles au cours des stades isotopiques 7 et 6.*

Mots-clés : *Paléolithique moyen ancien, matières premières, grands mammifères, territoires exploités, circulations*

Abstract : *Sainte Anne I cave, situated in middle mountains of the Velay, was occupied during isotopic stages 7 and 6. Payre, a cave then a shelter is located on the border of the Rhône valley and was inhabited during isotopic stages 7 to 5. The study of archaeostratigraphical unit J1 at Sainte-Anne I reveals that volcanic rocks and most of the flint types were gathered in the close neighbourhood of the site but some distant sources were exploited also. In unit Gb at Payre, the collection area was not as extensive. Humans probably wandered across local biotopes around Payre, plateau, slopes and valleys of the Payre and Rhône rivers, where cervidaes, bovids and equids where mainly hunted. At Sainte-Anne I, equids are dominant but in general, the collected species witness a mosaic of environments controlled by geomorphology that confirms the view given by raw material: crystalline reliefs for reindeers, basaltic plateaus for equids, cliffs for wild goat, wooden valleys for deers and roedeers. The exploitation of the subsistance territory is quite similar, as well in the raw material collecting as in the hunting of large mammals and the differences seem more linked to the geological and topographic context. Rules for exploiting a "territory" seem thus to be shared by different groups during isotopic stages 7 and 6.*

Key-words : *Early Middle Palaeolithic, raw materials, large mammals, gathering territories, circulations*

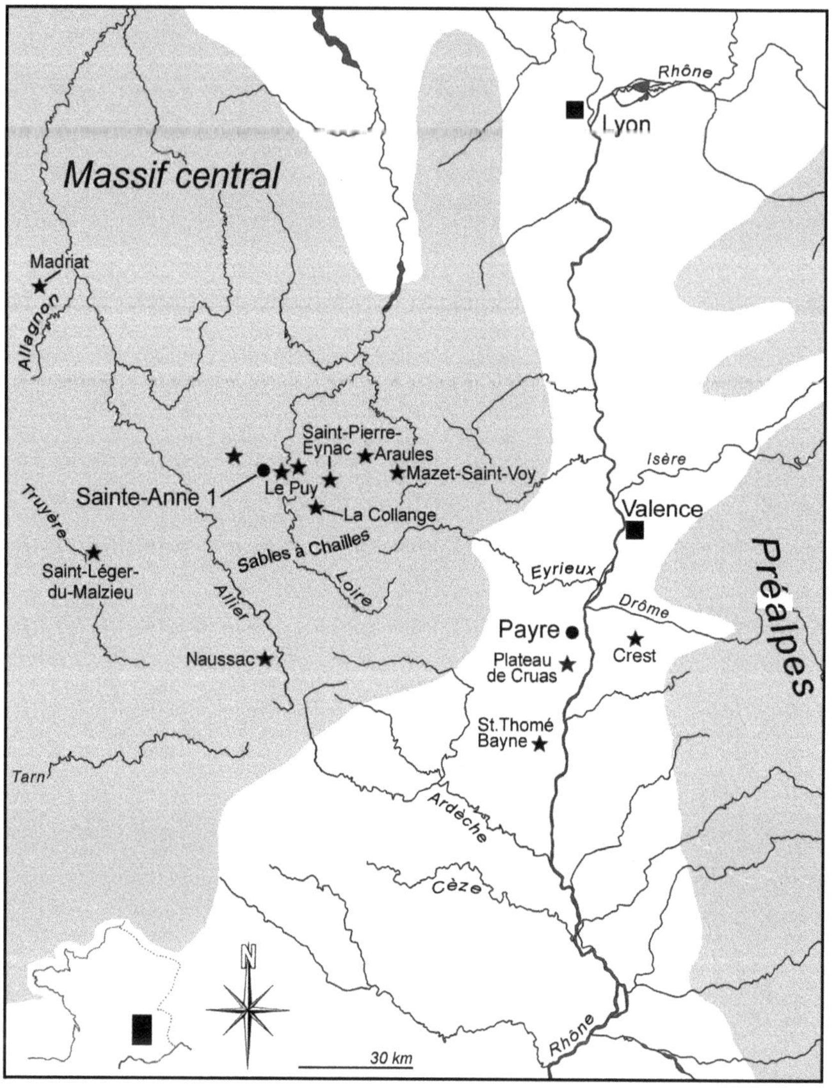

Fig. 13.1 : Les sites étudiés et les principales ressources minérales utilisées.

INTRODUCTION

Dans le sud-est du Massif central, les sites de Sainte-Anne I (Haute-Loire) et de Payre (Ardèche) ont tous deux livré des niveaux d'occupation du Paléolithique moyen ancien. Ils sont datés entre les stades isotopiques 7 et 5. La grotte de Sainte-Anne I est localisée en moyenne montagne, dans le Velay, alors que la grotte-abri de Payre est située en bordure de la vallée du Rhône (fig. 13.1). La comparaison de deux sites dans des contextes géologiques et topographiques très différents, mais relativement proches dans le temps, permet de discuter de la variabilité des comportements des Néandertaliens, de leurs choix et des réponses adoptées selon les différences de milieux. Pour ce faire, deux aspects ont été abordés : 1) l'espace minéral d'appro-visionnement en matières premières, 2) l'espace de subsistance sur la base de l'exploitation des grands mammifères. L'identification de ces deux espaces parcourus est un moyen indirect d'estimer la mobilité des groupes humains néandertaliens ayant occupé les deux sites et de contribuer ainsi au débat sur leurs options de gestion de l'environnement et la définition de leurs territoires (Binford, 1978, 1983, 1987 ; Kuhn, 1995).

PRESENTATION DES SITES

Sainte-Anne I

Les premières manifestations du Paléolithique moyen pour le moment connues en Haute-Loire ont été découvertes dans la grotte de Sainte-Anne I à Polignac (Raynal, 1988, 1989 ; Raynal *et al.*, 1996, 2005 ; Raynal, 2007). La cavité s'ouvre à 790 m d'altitude,

Fig. 13.2 : Le versant des Costes vu de Sinzelles vers le sud-est : la grotte de Sainte-Anne I est située au pied du flanc sud-ouest du massif de Sainte-Anne.

sur le flanc sud du massif de brèches surtseyennes du volcan de Sainte-Anne, en rive gauche de la Borne, affluent de la Loire (fig. 13.2). Plusieurs ensembles archéologiques séparés par des effondrements de voûte et de parois ont été reconnus dans le remplissage. La sédimentation (Raynal et Bertran, 2007) a été ici le produit d'une cryoclase active de la roche encaissante et d'une intense gélivation secondaire des produits clastiques en ambiance froide et humide, accompagnée par la mise en place de gros éboulis de décompression et de plaquettes de roche relativement minces. Dans les unités J1 et J2, on observe en lame mince des indices de fluage du matériel et de gel profond ayant affecté le sédiment postérieurement à sa mise en place. Les spectres polliniques confirment l'alternance de phases relativement douces avec des conditions très rigoureuses et steppiques (Paquereau, 2007).

À part la présence du Bouquetin, attendue dans un paysage escarpé tel que celui des environs immédiats de Sainte-Anne I, la faune (Guadelli, 2007) traduit également l'existence de conditions très froides au moment du dépôt de l'unité E1 (*Rangifer tarandus et Capra ibex* dominants), alors que celles qui devaient régner au cours du dépôt des unités J1 et J2 devaient l'être un peu moins (*Equus caballus* et *Rangifer tarandus* dominants mais présence de *Cervus elaphus* et de *Capreolus capreolus)*. Les Carnivores sont très rares (1 Blaireau – *Meles meles*, 1 Loup – *Canis lupus*, 1 Renard commun – *Vulpes vulpes*). Dans la couche J2 figurent également le Mammouth *(Mammuthus primigenius*) et le Rhinocéros laineux *(Coelodonta antiquitatis*). D'un point de vue paléontologique, l'attribution des restes de Chevaux à *Equus caballus* ne pose pas de problème et les dimensions de certains os pourraient indiquer la sous-espèce *E. cab. piveteaui* caractéristique du stade isotopique 6 (130.000 à 188.000 ans avant le présent).

Des dates ont été obtenues par la méthode dite de la RPE à partir d'émail de dents de chevaux (Rhodes, 2007).

Avec une large incertitude et en acceptant un modèle particulier d'enrichissement des vestiges en Uranium dit "modèle d'enrichissement récent", elles situent les occupations J1 et J2 dans les limites des stades isotopiques 6 et 7, seule hypothèse d'ailleurs compatible avec les données paléontologiques et archéologiques (fig. 13.3).

La série lithique de l'unité archéostratigraphique la plus récente (niveau J1) est majoritairement constituée de matières volcaniques (différentes variétés de basaltes, phonolites et trachy-phonolites) et en moindres proportions de silex et quartz. Les hommes ont utilisé un débitage organisé - discoïde dans plusieurs variétés et parfois Levallois - associé à des

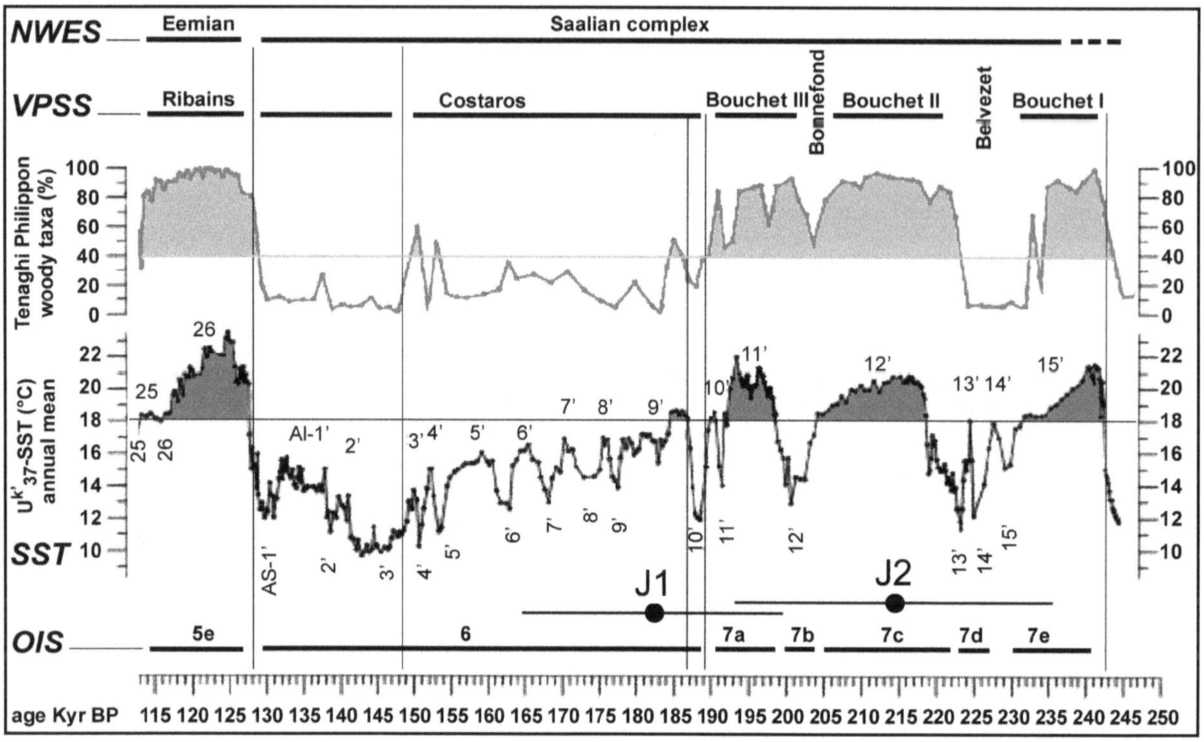

Figure 13.3 - Position supposée des unités J1 et J2 de Sainte-Anne 1 dans la climatochronologie des stades isotopiques 6 et 7 d'après les premières dates par résonance paramagnétique électronique (RPE) (hypothèse haute). Estimation de la température des eaux de surface en Méditerranée occidentale (SST sur le diagramme) comparée à la courbe des taxons arboréens de la longue séquence continentale de Tenaghi Philippon, à la séquence stratigraphique pollinique du Velay (VPSS sur le diagramme) et à la terminologie stratigraphique classique de l'Europe du Nord-Ouest (NWES) (d'après Martrat *et al.*, 2004, modifié).

chaînes mixtes de débitage et/ou de façonnage, peu représentées (Santagata *et al.*, 2002 ; Santagata, 2006 ; Santagata et Raynal, 2007 a,b,c).

Les outils bifaciaux (fig. 13.4) ne représentent qu'une très faible partie de la série récoltée, la production de grands éclats aménagés en hachereaux atypiques est exceptionnelle face à la production massive d'éclats caractéristiques des chaînes opératoires classiques, adaptées cependant aux matériaux particuliers travaillés. Il s'agit là d'un système technique à faible investissement et à forte productivité (Bourguignon *et al.*, 2006), avec une normalisation sensible du plein débitage.

Payre

Le site de Payre est l'un des rares gisements de la moyenne vallée du Rhône datés des stades isotopiques 7 et 5 selon les analyses radiométriques ou paléoenvironnementales.

L'étude des différentes phases du remplissage permet de constater que les hommes ont occupé une grotte qui s'est effondrée avec le recul du versant. Pourtant, ces hommes sont revenus régulièrement dans ce même lieu alors qu'il n'offrait plus qu'un abri-sous-roche, indifférents apparemment à sa morphologie, mais intéressés peut-être beaucoup plus par sa fonction d'abri, sa position et ce que pouvait fournir l'environnement aux abords du lieu. Le gisement est situé au sud de Valence, en bordure de la rive droite de la vallée du Rhône, en position de promontoire sur le rebord d'un plateau calcaire de 200 à 300 m d'altitude. Cette situation paraît avoir attiré fortement les Pré-Néandertaliens puisqu'elle se retrouve à l'identique aux grottes de Soyons.

La séquence sédimentaire de cinq mètres d'épaisseur, datée par Uranium-Thorium et Resonnance Electronique de Spin sur ossements, dents et plancher stalagmitique (Masaoudi *et al*, 1997 ; Moncel *et al.*, 2002) et par Thermoluminescence (H. Valladas *et al.*, inédit), peut se résumer comme suit (fig. 13.5) :

- dépôt d'un plancher stalagmitique sur les deux bords de la cavité, durant le stade isotopique 7,
- un premier dépôt (G) d'argile orangée fortement caillouteuse et daté du stade isotopique 7 par TL se

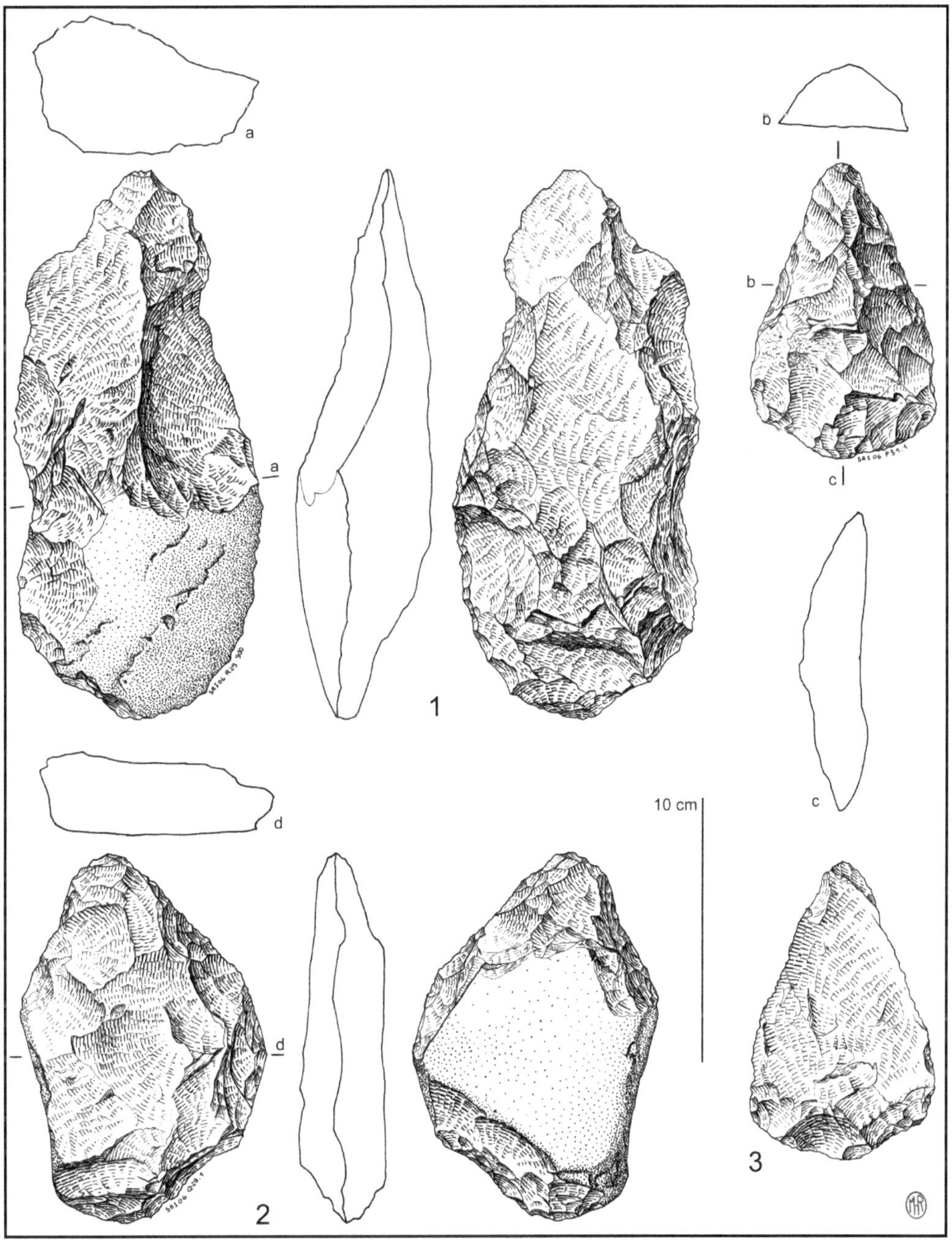

Figure 13.4 - Sainte-Anne I, unité J1, fouilles 2006, pièces bifaciales en roches volcaniques. 1, biface partiel en lave trachytique ; 2, biface partiel en lave mésocrate fluidale ; 3, biface partiel sur éclat de basalte peu porphyrique (dessins M. Hirbec-Raynal).

dépose dans une cavité. Il renferme deux phases majeures d'occupation humaine avec des restes humains (Moncel & Condémi, 1996, 1997). Les données fournies par les micromammifères attesteraient d'un climat froid et sec au moment de la mise en place des dépôts, pas nécessairement contemporains des restes osseux qui peuvent être intrusifs (El Hazzazi, 1998 ; Desclaux, *in* Moncel *et al.*, 2002),

– un second dépôt (ensemble F) de même type et de même âge, mais grisâtre, se met ensuite en place dans la grotte corrélativement à de nouvelles occupations humaines, et une forte fréquentation animale. Les pollens indiquent un environnement semi-forestier à tendance méditerranéenne (Kalaï *et al.*, 2001). Ce résultat est quelque peu en contradiction avec les données enregistrées par la microfaune qui attestent d'un climat toujours froid et

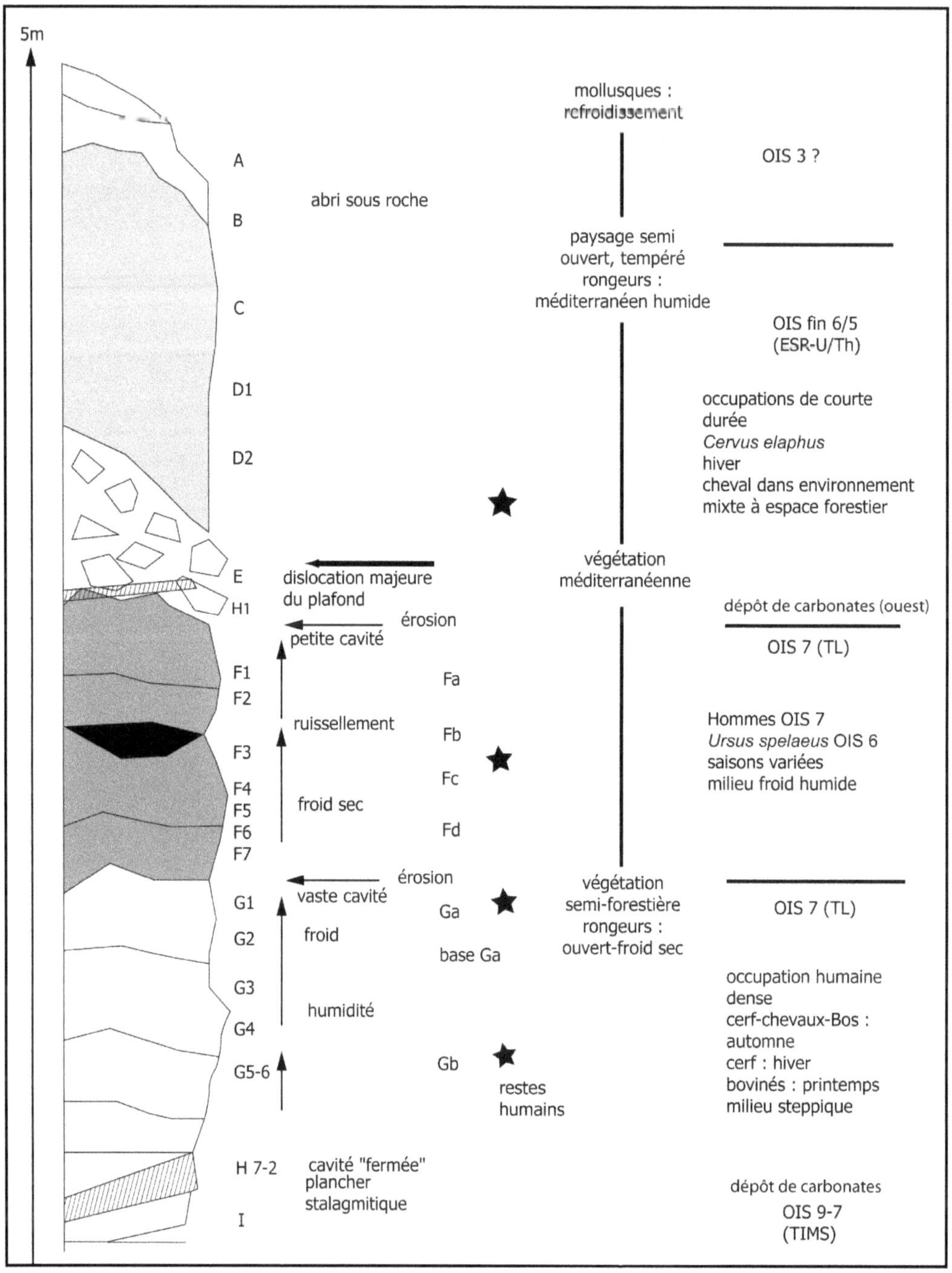

Fig. 13.5 : Séquence d'occupation du site de Payre : cadres bio et chronstratigraphiques.

sec (sélection des espèces par des rapaces, migration des restes osseux ?). Les caractéristiques morphologiques et biométriques des rhinocéros (*Stephanorhinus hemitoechus* et de *Stephanorhinus kirchbergensis)* de Payre sont propres à celles des rhinocéros de la fin du Pléistocène Moyen et du début du Pléistocène Supérieur (stades isotopiques 7 à 5) (d'après F. Lacombat, sous presse). Dans l'ensemble F a été déterminé le genre *Hemitragus* (animal sensible au froid qui semble disparaître avant la dernière glaciation) (d'après E. Crégut-Bonnoure, sous presse) et un Ursidé qui ne présente aucun caractère d'*Ursus deningeri,* mais par contre tous ceux d'*Ursus spelaeus* (d'après P. Auguste, sous presse). Les spectres fauniques et l'ensemble de ces données conduisent à placer l'ensemble G à la fin de l'avant-dernière glaciation (contemporain du stade isotopique 6) et l'ensemble F durant le Dernier Interglaciaire (contemporains du stade isotopique 5e),

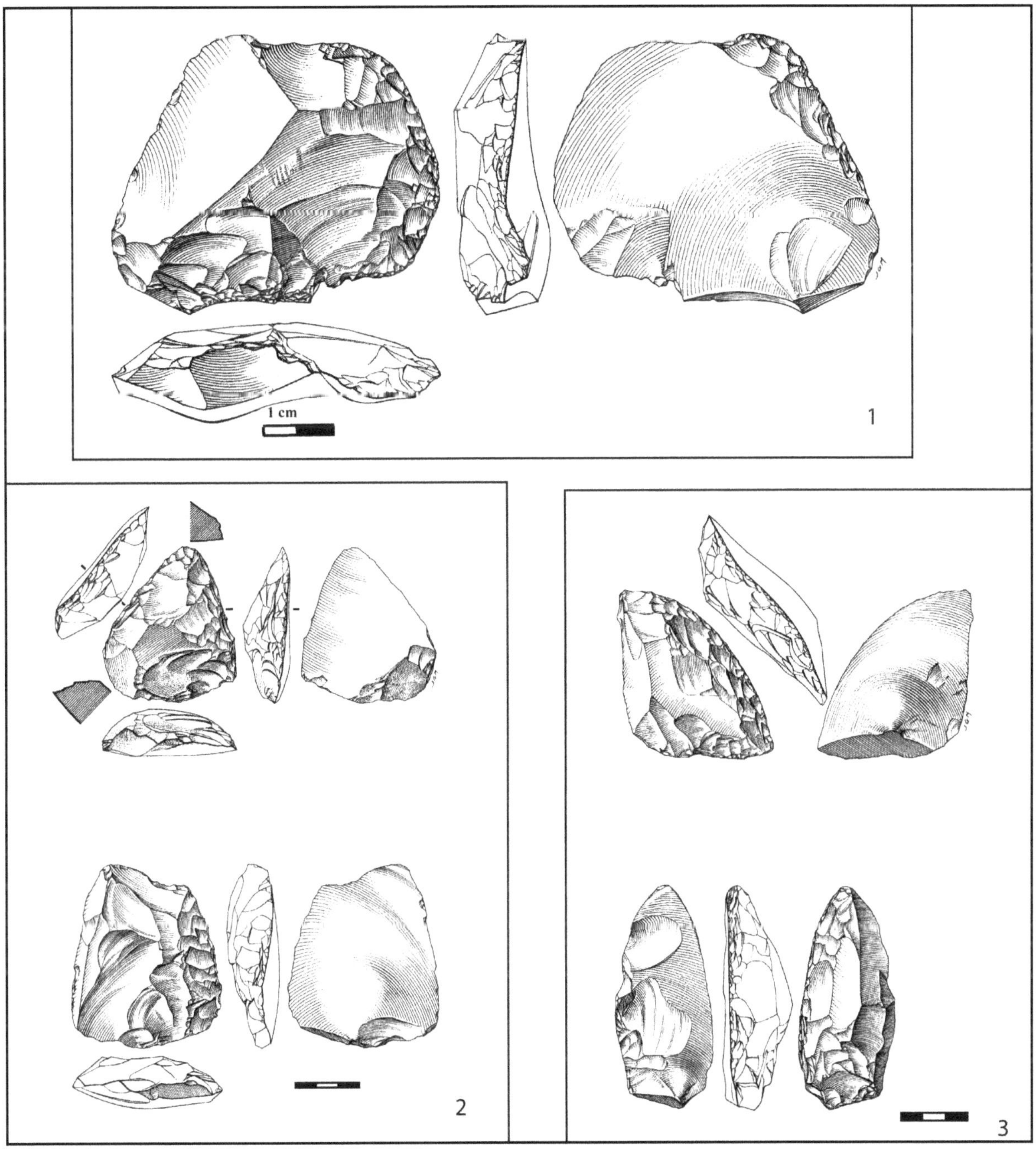

Fig. 13.6 : Payre, niveau Gb, artefacts en silex, 1, racloir latéral ; 2, outil convergent et racloir latéral ; 3, racloir oblique et outil convergent (dessins J-G. Marcillaud).

- un éboulement massif du plafond a lieu au cours de la fin du stade 6 ou du début du stade isotopique 5 (amas de cailloutis et de blocs de l'ensemble E). Les pollens et la microfaune indiquent un environnement plus tempéré,
- le plafond recule de plus en plus et la dernière grande phase d'apport sédimentaire s'effectue en partie à l'air libre (ensembles C et D). L'homme fréquente encore le lieu et ceci durant le début du stade isotopique 5 (U/Th et ESR sur dents d'herbivores), stade 5e selon les analyses fauniques.

La série lithique de l'unité la plus ancienne (niveau Gb) est composée essentiellement de silex, et en moindres proportions de quartz, basalte, calcaire et quartzite. Le mode de débitage est de type discoïde, et le débitage a eu lieu sur place principalement sur des éclats (chaîne opératoire complète) (fig. 13.6). Le

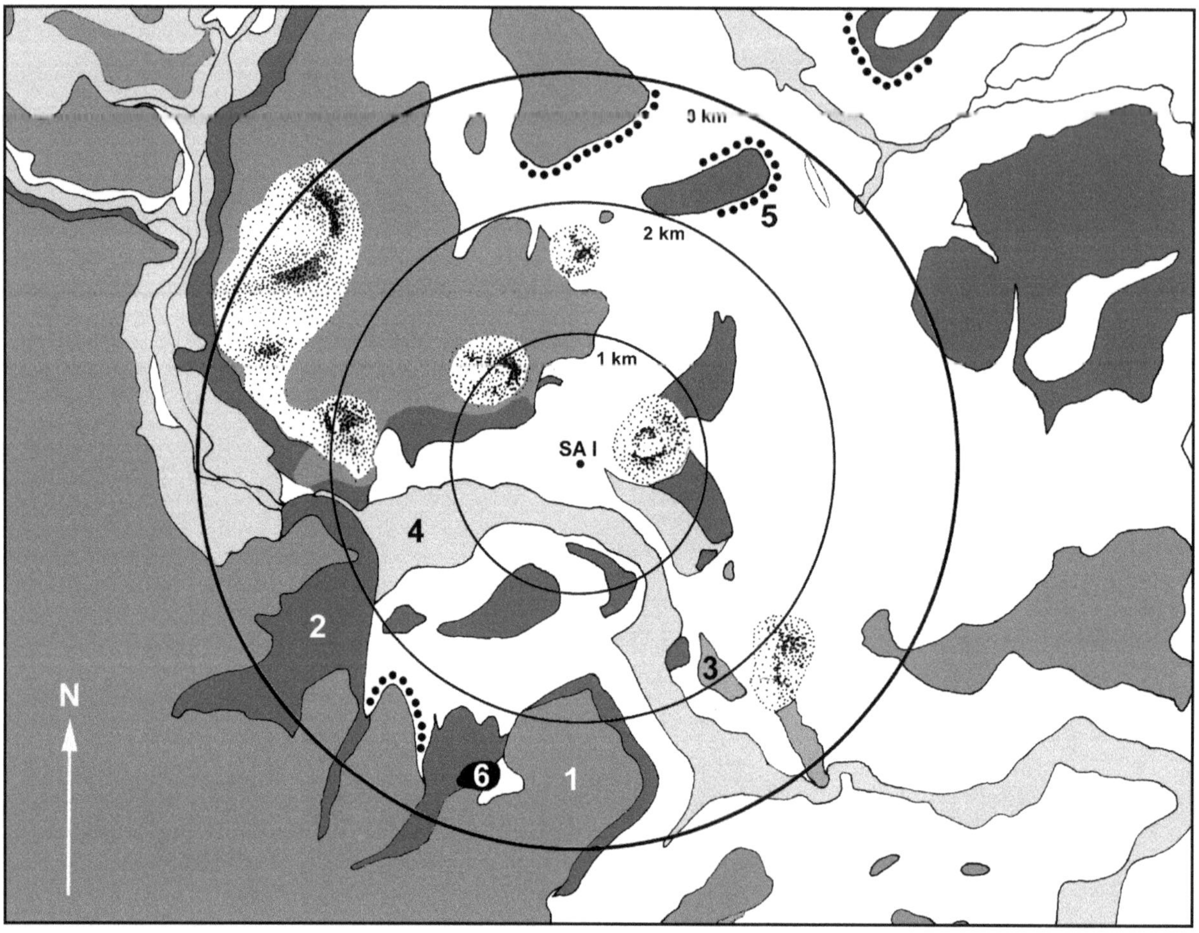

Fig. 13.7 : Roches volcaniques disponibles dans l'environnement immédiat du site de Sainte-Anne 1. 1 : basaltes du Pléistocène ancien. 2 : basaltes pliocènes. 3 : basaltes miocènes. 4 : alluvions et formations de versant inscrits dans le réseau d'entailles. 5 : alluvions anciennes sous coulées du Pléistocène ancien et du Pliocène. 6 : basalte du Pléistocène récent (contours d'après Girod et Bouiller, 1979 et Mergoil et Boivin, 1993).

façonnage est peu représenté par quelques outils façonnés et quelques grands éclats aménagés (outils unifaciaux et bifaciaux) en particulier en quartzite. Le traitement du silex indique un faible investissement (apport des éclats d'un poste de débitage à l'extérieur ?) pour une forte productivité.

ESPACE MINERAL

Sainte-Anne I

L'essentiel des matériaux utilisés par l'homme et abandonnés au sein de l'unité archéostratigraphique J1, outre quelques quartz d'origines filoniennes et alluviales, appartient aux roches éruptives (basaltes et trachy-phonolites) (Kieffer et Raynal, 2007) qui étaient facilement accessibles dans l'environnement immédiat du site, principalement dans les alluvions anciennes sous-basaltiques et les lits de la Borne et de la Loire (fig. 13.7) ; pourtant, les nucléus ont été complètement épuisés. De façon générale, toutes matières confondues, la chaîne opératoire s'est déroulée sur le site même, mise à part une préparation partielle des blocs les plus volumineux (Santagata et Raynal, 2007 a, b, c).

Les objets en silex révèlent un spectre relativement large de ressources locales (rayon de 1 à 17 km), régionales (rayon de 17 à 66 km) et plus lointaines : vingt-six types génétiques ont été identifiés (Fernandes *et al,* 2006, Fernandes et Raynal, 2006, 2007) (fig. 13.8).

On note l'écrasante majorité de pièces appartenant aux différents sous-types de F3 (436 objets, dont 174 F3b, 200 F3c, 62 F3d), silex lacustres oligocènes du bassin du Puy (collectés en position sub-primaire et secondaire). Loin derrière, se placent les types F36 (61 objets) et F36a (4 objets), collectés en position secondaire *cf.* Bilhac (bassin du Puy). En troisième

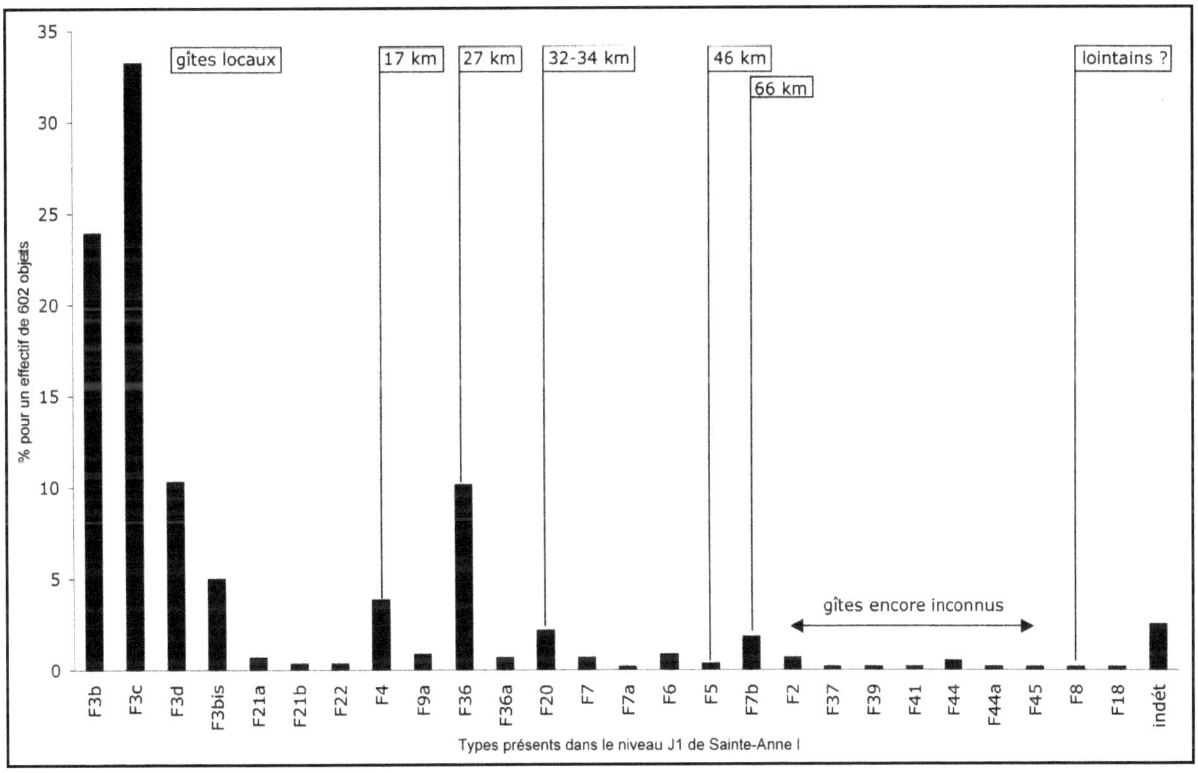

Figure 13.8 : Evaluation des déplacements d'après l'étude des silices du niveau J1.

position, on trouve encore un silcrète local, celui de La Collange F4 (23 objets), à néo-cortex indiquant une collecte en position sub-primaire et secondaire.

En quatrième position, on trouve deux types dont la provenance exacte est inconnue : il s'agit des silex lacustres F3 bis (30 objets) et F 45 (1 objet), qui semblent provenir également du bassin du Puy ; leurs néo-cortex indiquent un ramassage en position sub-primaire et secondaire. Le type F20 *cf.* Mazet-Saint-Voy, se trouve en cinquième position (13 pièces) et les néo-cortex indiquent une collecte dans les alluvions plio-quaternaires. On rencontre ensuite les types F7 et F7a (5 objets), génétiquement proches des plaquettes du Mazet-les-Crozes : la morphologie de leurs néo-cortex indique un ramassage dans des alluvions plio-quaternaires, identiques à celles préservées sous des coulées basaltiques sur les communes du Monteil et de Chaspinhac, en bordure du bassin du Puy ; il s'agit, comme pour F36 ou F20, d'un type génétique identifié dans la zone régionale, mais collecté dans différentes formations superficielles, le plus souvent à l'intérieur même du bassin du Puy-en-Velay. Viennent ensuite plusieurs types provenant des formations communément appelées *sables à chailles*, F21a (4 objets) et F21b (2 objets), F22 (2 objets), F39 oolithique (1objet) et F37 à hyphes mycéliens (1 objet) : il s'agit essentiellement de cherts ou de silex jurassiques. Les types F44, F44a (3 objets), F41 et F8 (1 objet) sont en cours de détermination. Les silices hydrothermales *cf.* Saint-Pierre-Eynac sont représentées par le F9a (5 objets), les néo-cortex indiquant une collecte dans les colluvions et le réseau alluvial. On trouve encore deux ressources régionales le type F2, une arkose silicifiée et le type F5 de Saint-Léger-du-Malzieu (2 objets) dont les néo-cortex indiquent une collecte en position sub-primaire à 44 kilomètres de la grotte. Le type F7b (11 objets), collecté à soixante-six kilomètres du site, en position sub-primaire dans la pénéplaine de Madriat (Puy-de-Dôme) est la source régionale la plus lointaine qui ait été identifiée. Une seule source exogène a été caractérisée : F18 (1 objet), silex marin collecté en position secondaire. Le type F6 (5 objets au moins), indiscutablement d'origine marine du Crétacé inférieur, était supposé exogène de part sa nature, mais il a été récemment retrouvé à moins de trente-quatre kilomètres de la grotte dans les dépôts miocènes de Naussac : il constitue donc une ressource régionale, moins éloignée que celle de Saint-Léger du Malzieu ; les néocortex identifiés pour ce type dans l'unité J1 sont de type alluvial ancien, tout à fait semblables à ceux des galets du site de Naussac. L'étude précise de la morphologie des surfaces néo-corticales pré-dépositionnelles des objets taillés a donc permis de préciser l'étendue minimale du "domaine vital" en évitant le piège d'une attribution fondée sur les seules

Tab. 13.1 : Types de silex observés dans le niveau J1 de Sainte-Anne I (Haute-Loire).

Type	Origine	Sphère	Localité-type	Habitus	Neo-cortex	Effectif
F3 b,c,d	Sannoisien	locale	Bassin du Puy	rognons	colluvial, alluvial	406
F36, F36a	Miocène	régionale	Araules	rognons, fragments, galets	alluvial ancien, alluvial	65
F4	Miocène	locale	La Collange	nodules, fragments, galets	colluvial, alluvial ancien	23
F3bis	Sannoisien	locale	?	fragments	colluvial, alluvial	30
F20	Miocène	régionale à locale	Mazet-Saint-Voy	fragments, galets	colluvial, alluvial	13
F7, F7a	Miocène	régionale	Mazet-Les-Crozes	fragments	colluvial, alluvial	5
F7b	Miocène	régionale	Madriat	fragments	colluvial	11
F21a	Jurassique	locale	*sables à chailles*	galets	alluvial ancien	4
F21b	Jurassique	locale	*sables à chailles*	galets	alluvial ancien	2
F22	Jurassique	locale	*sables à chailles*	galets	alluvial ancien	2
F9a	Miocène	régionale	Saint-Pierre-Eynac	fragments	colluvial	5
F5	Sannoisien	régionale	Saint-Léger-du-Malzieu	fragments	?	2
F8	?	?	?	galets	alluvial ancien	1
F18	?	?	?	galets	alluvial	1
F6	Crétacé inférieur	régionale	Naussac	galets	alluvial ancien	5
F37	?	?	?	galets	alluvial ancien	1
F39	Jurassique	?	?	?	?	1
F41	Miocène	?	?	?	?	1
F44, F44a	?	?	?	?	?	4
F45	Oligocène	?	?	fragments	colluvial	1
F2	Oligo-Miocène	?	?	fragments	?	4

déterminations pétrographique et/ou micropaléontologique.

Tous les types de silex n'ont pas été débités de la même façon et en quantité identique sur le site (Santagata et Raynal, 2007c) :

- les types locaux abondants (F3b, F3c, F3d) ont été débités/façonnés *in situ*, sauf dans la phase d'acquisition et de dégrossissage,
- des types locaux peu abondants (F36/F36a) ont été débités plus ou moins *in situ*,
- d'autres types, régionaux ou exogènes, ont été débités et/ou utilisés hors du site.

L'analyse technique a montré qu'il existe des nucléus franchement Levallois en silex local du bassin du Puy (F3b) dans leur dernier état d'exploitation (hiérarchisation des surfaces, préparation du plan de frappe, mise en forme de la surface de débitage). Toutefois, pour les variétés du même silex local, F3c et surtout F3d, on ne se situe pas dans un cadre franchement Levallois.

L'analyse des produits indique une gestion opportuniste strictement liée aux supports à utiliser, comprenant même les plaquettes de faible épaisseur (1 cm) et les petits galets. La gestion technique des nucléus a été finalisée pour utiliser toute la longueur et la largeur du support. Les plaquettes ont été utilisées jusqu'au bout ; le débitage de la matière est généralement conduit de manière unipolaire, mais on a parfois changé de pôle de percussion : gestion bipolaire opposée ou bipolaire orthogonale. Le but a été de produire le plus grand nombre d'éclats à partir de supports très petits : les éclats sont donc presque toujours déjetés sur la surface de débitage, parfois inclinés sur la charnière du nucléus pour l'entretien des convexités latérales et parfois distales. Ce type de nucléus indique l'utilisation de la matière jusqu'à épuisement, par l'adoption d'une gestion technique sans gaspillage pour produire le nombre d'éclats le plus élevé possible. Dans ce cas, la

Tab. 13.2 : Types de silex observés dans le niveau Gb de Payre (Ardèche).

Type	Origine	Localité-type	Eloignement	Habitus	Neo-cortex	Effectif
F14	Barrémien supérieur	plateau de Cruas	moins de 10 km au sud	fragments, rognons de formations primaires	surface, colluvial, alluvial	228
F34	Bédoulien	plateau de Cruas	moins de 10 km au sud	galets, fragments de rognons	alluvial, colluvial, surface	94
F33	Barrémien	Saint-Thomé, Dayne, plateau de Cruas	moins de 30 km au sud	galets fragments de rognons	alluvial, colluvial, surface	36
F120	Tithonien	Site de Payre	local	fragments de galets de formations primaires	colluvial, alluvial	8
F124	Cénozoïque	Montchamp, Chabanas	20-50 km au sud	fragments de rognons de formations pirmaires	colluvial, alluvial	7
F122	Cénozoïque	?	moins de 60 km au sud ?	rognons	surface, alluvial	2
F127	Cénozoïque	?	?	fragments de rognons de formations primaires	colluvial	2
F121	Crétacé	Alpes ? rives du Rhône ?	?	galets	alluvial	2
F126	?	?	?	formations primaires	surface	2

production n'a pas nécessité de mise en forme, mais les éclats sont en même temps prédéterminés et prédéterminants.

On a donc l'impression que l'on ne peut pas rattacher la technique utilisée dans l'unité J1 à un schéma opératoire précis, mais qu'il convient plutôt de parler ici de gestion opportuniste de la matière et de la prise en compte de certain caractères de latéralisation pour utiliser au mieux les plaquettes et les petits galets de silex.

La même observation peut être faite pour la retouche : si la production d'outils-racloirs sur des supports de moyenne épaisseur (6-15 mm) a été privilégiée, il n'a pas été opéré de choix par rapport à la morphologie et à la technologie des supports à retoucher. Le taux de transformation des supports est peu élevé. Les racloirs, de morphologie variée, sont accompagnés de denticulés, d'encoches et de quelques becs.

Payre

Le silex représente 85 à 90% des séries. Les autres types de roches ont été collectés sous forme de galets ou apportés sous forme d'éclats de taille variée (basalte et roches volcaniques diverses, calcaire marneux gris ou beige, calcaire siliceux, calcaire noir et calcaire des niveaux jurassiques, quartz filonien et hyalin (cristal de roche), quartzite brun rouge, micaschiste, grès).

Le basalte, le quartz, le quartzite et le calcaire ont donc pu être ramassés dans des zones très proches du gisement, récupérables dans le lit de la Payre ou sur ses terrasses bordant le versant au pied du site. Les galets de quartzite et de calcaire siliceux sont disponibles dans la vallée du Rhône, actuellement visibles en surface sur les terrasses du Rhône que l'on retrouve à proximité de la confluence Rhône-Payre.

L'étude détaillée des matières siliceuses n'a été réalisée à ce jour que pour le niveau Gb (tableau 13.2). À partir de l'attribution géologique des silex et de l'aspect du néo-cortex, il est possible de proposer des lieux de collecte pour cette occupation (= types gîtologiques).

Les plus nombreux sont :

type F14 : ce faciès du Barrémien supérieur a été récolté sous forme de fragments de rognons ou de bancs en priorité sur le plateau de Cruas, à proximité du site (malgré des stigmates observés à la surface des pièces archéologiques). Quelques éléments ont été ramassés dans des colluvions et des alluvions plus éloignées du gîte.

type F34 : ce silex du Bédoulien ou Barrémien supérieur a été récolté en fragments de rognons à la surface du plateau, où il est actuellement le type le mieux représenté, et sous forme de galets du réseau hydrographique proche de Cruas.

type F14 bis : provenant du Barrémo-Bédoulien sans distinction. Il a été récolté en divers points, le plus souvent sous forme de fragments de rognons,

type F33 : ce faciès du Barrémien supérieur a été récolté sous forme de galets ou de fragments de rognons dans le réseau hydrographique, au pied du plateau de Bayne ou sur le plateau au sud du Teil à environ 30 km.

Les plus rares sont :

type F120 : Tithonien, récolté sous forme de fragments diaclasés autour du site,

type F124 : il s'agit d'un silex lacustre bioclastique à *Chara*, à la texture proche de celle des silex stampiens de la rive gauche, dans la zone d'Autichamp. Il a été récolté sous forme de fragments de bancs, rarement de galets, dans des colluvions et des alluvions. Toutefois, ceux qui portent des traces de transport alluvial peuvent provenir de la confluence Drôme-Rhône, à moins de 5 km du site. L'étude microscopique en cours permettra de déterminer définitivement l'origine exacte de ces quelques objets très altérés. Il semble qu'il n'existe pas de silex tertiaires du même type, en position primaire, à ce niveau de la rive droite du Rhône, dans les calcaires à Hélicidés de la zone de Rochemaure (Elmi *et al.*,1996).

type F121 : Crétacé supérieur, d'origine alpine, peut-être récolté dans le lit du Rhône.

type F122 : silcrètes cénozoïques à la texture proche de ceux des niveaux stampiens de la rive gauche, dans la région de La Roche-sur-Grane. Ils ont été ramassés dans des colluvions et dans des alluvions, sans doute eux aussi sur la rive gauche, à environ 20 km vers l'est du site.

type F127 : silex cénozoïque à gastropodes, proche de celui des formations lacustres de la rive gauche, *cf* La Roche-sur-Grane, collecté en position sub-primaire.

type F126 : silex du Jurassique supérieur, *packstone* à intraclastes roulés, dont l'origine est encore incertaine, collecté en position sub-primaire.

L'essentiel du matériel observé provient donc du plateau méridional de Cruas, en surface ou dans le réseau hydrographique, entre 5 et 15 km du gisement. La vallée du Rhône, pourtant toute proche, n'aurait été que modestement fréquentée si l'on ne considère que les seules provenances des matières premières (fig. 13.9). Les analyses en cours permettront de déterminer si les hommes n'ont fréquenté que la rive droite du Rhône, selon des déplacements nord-sud sur une soixantaine de kilomètres jusqu'aux limites du Gard, ou s'ils ont également circulé sur l'autre rive du Rhône. La majorité du silex est donc locale, voire semi-locale (20 km). Les pièces rares proviennent sans doute de zones proches mais impliquant le franchissement du Rhône. Les hommes sont allés ramasser leur silex dans plusieurs types de formations superficielles, circulant sur le plateau et le long du réseau hydrographique. Cette circulation est orientée vers le sud, la grotte-abri étant positionnée à la limite nord des terrains sédimentaires qui livrent le plus grand nombre de zones à silex, expliquant logiquement ce flux d'approvisionnement. La diversité des lieux d'approvisionnement doit être observée sous deux angles :

- les hommes ont récupéré du silex lors d'autres activités de subsistance. Ceci pourrait expliquer la relative mauvaise qualité de certains rognons ou galets qui ont été ramassés d'une manière opportuniste selon des critères de forme (surfaces formant des plans de frappe naturels) ou d'aspect (fragments de rognons roulés ou non roulés),
- les hommes ont volontairement fréquenté des zones différentes pour s'approvisionner en silex qui présentaient le même aspect macroscopique. Si cette hypothèse est juste, il faudrait envisager une faible disponibilité en silex, ce qui n'est pas le cas. Il est donc probable que les divers lieux de collecte ont été fréquentés lors d'autres activités.

Selon les types de silex, les chaînes opératoires sont complètes ou partielles :

- pour les silex les plus rares (types F120 à F127), les chaînes opératoires de débitage sont partielles. Ces types sont représentés sous la forme de quelques pièces, éclats corticaux ou non corticaux, la plupart mesurant entre 20 et 60 mm. Ce sont très rarement des outils (un racloir, une pointe, un denticulé). L'observation de cortex fluviatile et de cortex de colluvions indique un prélèvement dans tous types de milieux, en bordure du Rhône, soit sur la rive droite (20 à 30 km), soit vers l'est sur la rive gauche (20 km). Ces matériaux rares proviendraient, au plus, de 30 km au sud et à l'est,
- pour les silex les plus fréquents (types F14, F34, F33, F14bis), les différentes étapes de la chaîne opératoire de débitage sont représentées, avec une production abondante de petites dimensions (20-40 mm). L'observation de cortex d'origine fluviatile et de colluvions indique un ramassage dans des conditions variées, même si le plateau méridional de Cruas et ses abords sont fréquentés en priorité.

Les trois types de silex ne paraissent pas avoir connu le même type de gestion :

- le type F14 est le plus abondant, récolté sur le plateau. Les artefacts bruts et retouchés sont de

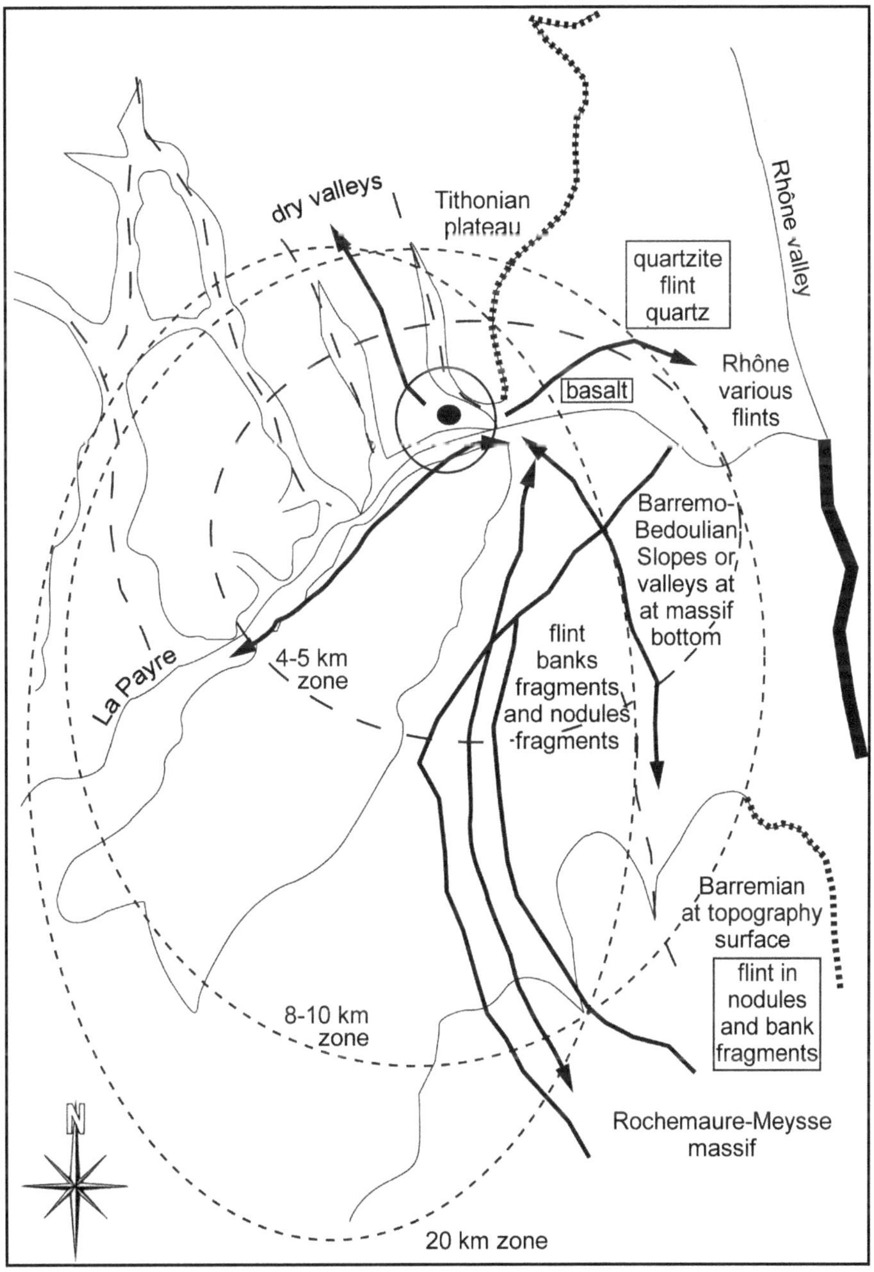

Fig. 13.9 : Evaluation des déplacements d'après l'étude des silices du niveau Gb et zones de collecte.

dimensions variécs. Ils ont été obtenus principalement à partir de petits fragments de rognons. Il en est de même pour le type 34 récolté sur le versant du plateau. La chaîne opératoire a pu être mise en oeuvre intégralement dans le site (production et consommation des produits),

- le type F33 provient de la zone la plus éloignée (environ 30 km). Il est représenté par des artefacts de petite taille et quelques éclats bruts et retouchés de grande taille. Les outils façonnés sont sur les éclats les plus grands. Le biface le plus grand de la série est également façonné dans ce type de silex, de même que deux rognons entamés de relative bonne qualité. Étant disponible sous forme de grands fragments de rognons, à l'inverse des silex des types F14 et F34, cette matière première a pu servir à produire surtout de grands éclats destinés à devenir des outils et des nucléus pour débiter de petits éclats dans le site. Les grands éclats, les grands outils, les nucléus et le biface auraient été importés. Des rognons entiers ont également été rapportés de cette zone éloignée. La chaîne opératoire serait dissociée spatialement (distance du site, grands fragments de rognons).

Parmi les 180 pièces d'origine encore incertaine, un très grand nombre d'artefacts, en particulier les très petits éclats et un des rognons entamés, ont été identifiés comme provenant du Barrémo-Bédoulien, donc des mêmes secteurs.

ESPACE DE SUBSISTANCE

Sainte-Anne I

Seuls 978 restes osseux de l'unité J1 de la grotte de Sainte-Anne 1 ont été analysés du point de vue taphonomique, mais ils représentent néanmoins un échantillon important (Fiore et Tagliacozzo, 2007).

Parmi les ongulés, ceux majoritairement représentés sont les équidés (*Equus caballus* et *Equus* sp.) avec 39 restes (56,5%), tandis que le Cerf (*Cervus elaphus*), le Renne (*Rangifer tarandus*) et le Bouquetin (*Capra ibex*) sont rares. Les rares restes de carnivores sont attribués au Loup (*Canis lupus*) et au Renard (*Vulpes vulpes*). Les équidés sont surtout représentés par des dents isolées (NR 20), mais 3 fragments de mandibule sont aussi présents ; tous ces éléments appartiennent à des individus adultes. Le squelette post-cranien est représenté par des os de l'extrémité des membres (os carpiens et tarsiens, calcanéum, astragale, phalange III), par un atlas, un fragment de scapula, un de fémur et quatre de tibia.

Les restes indéterminés, sur la base de l'épaisseur des diaphyses et de leurs dimensions, ont été rapportés à la taille des animaux. En général ce sont des fragments de diaphyse et l'élément anatomique a rarement été reconnu. A la différence de ce que l'on observe pour les restes déterminables, dominés par les équidés, les éléments indéterminés se rapportent à des mammifères de taille moyenne (21,9%, cervidés-capridés) tandis que ceux attribuables à des mammifères de grande taille (dimension du cheval) sont plus rares (9,2%). Parmi les restes des animaux de grande taille, il y a deux humérus, trois tibias et deux corps vertébraux, tandis que parmi ceux de taille moyenne, à part les éléments des membres, il a été reconnu un fragment de scapula, quatre de vertèbres et six de côtes. De plus, 7 fragments de fortes dimensions évoquent le Rhinocéros. Les fragments indéterminés et inutilisables pour définir la taille de l'animal sont très nombreux (56,7%).

La reconstruction des techniques de boucherie et d'exploitation des animaux est limitée par la faible présence de restes post-crâniens déterminés, par la forte fragmentation et par la mauvaise conservation des surfaces osseuses. Les restes déterminables sont en effet rares (7,1%) et sont le plus souvent des fragments de dents, tandis que les portions d'os longs ayant conservé au moins une partie d'épiphyse sont quasiment absents. Différents agents sont à l'origine de ces modifications : abrasions dues aux mouvements dans le dépôt sableux, bords émoussés sous l'action de l'eau, fragmentation en " assiettes " avec amortissement des fissures au voisinage des portions articulaires, fracturations en baguettes et fissurations, débitage de la dentine en petits polyèdres, tous typiques de l'action du gel. Malgré cette mauvaise conservation des restes osseux et de leurs surfaces, il est néanmoins possible, en de rares cas, de déceler des traces d'activité anthropique : stries d'instruments lithiques liées aux actions de décarnisation sur les ossements de Cheval, points d'impacts et cônes de percussion résultant de la fracturation des os.

Les données à notre disposition ne nous permettent pas, pour le moment, d'avancer une hypothèse sur l'organisation des activités à l'intérieur de la grotte et sur la sélection des portions de carcasses introduites. Une hypothèse, suggérée par la majorité de restes appartenant à des animaux de taille moyenne, pourrait indiquer un transport de carcasses complètes à l'intérieur de la grotte ou de grandes portions d'animaux de grande taille (Santagata *et al.*, 2007).

Les chevaux devaient être abondants sur les plateaux basaltiques du Devès occidental et oriental, les rennes sur les espaces cristallins et cristallophyliens du Livradois-Forez et de la Margeride, les bouquetins sur tous les versants rocheux abrupts et les revers de plateaux, cerfs et chevreuils dans les espaces-refuges boisés des vallées. Cette distribution concorde avec l'espace minéral suggéré par l'outillage lithique (fig. 13.10). L'examen des statistiques climatiques actuelles montre que l'espace parcouru s'inscrit au sein des zones les plus accueillantes de la Haute-Loire en été : Val d'Allier, bassin du Puy, vallée de la Loire. Les gîtes de silex du Malzieu et de Naussac sont situés en hiver dans les domaines les plus enneigés. Les faunes associées aux industries indiquent pour la plupart, avec des nuances, des climat globaux froids. En toute logique, les occupations n'ont donc pu intervenir que durant la bonne saison. Les hommes ont collecté des silex sur au moins trente-six gîtes sub-primaires et secondaires différents identifiés par leurs signatures altéro-détritiques ; le faible volume des matériaux plus ou moins lointains introduits dans le site démontre que cette multiplicité gîtologique reflète plus un espace parcouru pour d'autres activités qu'une organisation systématique de collecte minérale : cette dernière ne privilégie que les seules ressources locales, toutes roches confondues. C'est donc l'emplacement du site qui a été, dans ce cas précis, privilégié et c'est autour de cette base que se sont organisées les activités saisonnières, dans un environnement parfaitement connu (Raynal *et al*, 2007).

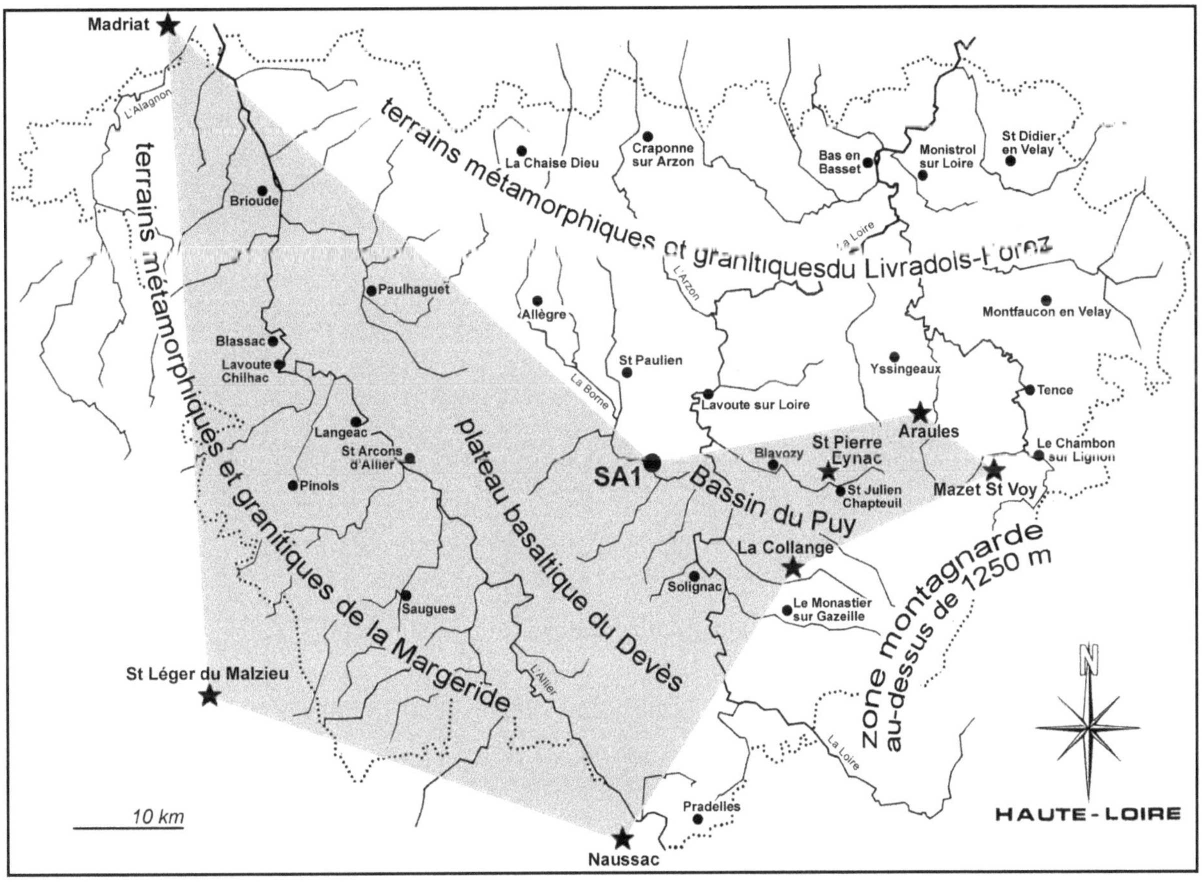

Fig. 13.10 : Espace minéral minimum parcouru par les occupants de la grotte de Sainte-Anne I (unité J1) au sein d'une aire de subsistance aux reliefs diversifiés et aux potentialités variées.

Payre

Les résultats des différentes méthodes paléoécologiques et taphonomiques ont permis de constater qu'il y a peu de variation entre les trois ensembles (fig. 13.3).

Parmi les 15.983 restes osseux découverts dans l'ensemble D, 1.123 ossements de grands mammifères appartiennent à au moins 75 individus. Les espèces dominantes sont le Cerf (212 ossements appartenant à au moins 11 individus) et l'Ours des cavernes (189 restes d'au moins 8 individus qui sont morts lors de leur hibernation). Les Néandertaliens ont pratiqué une (ou des) chasse(s), en période hivernale, orientée(s) vers le Cerf élaphe et, plus précisément, vers des hardes de mâles adultes. Les autres herbivores, hormis le Sanglier, ont été consommés par l'Homme (chasse ou charognage opportuniste). À ces espèces, il faut ajouter l'Ours brun, qui a peut-être été chassé par l'homme notamment pour sa fourrure. Le traitement de la plupart de ces animaux débutait sur le lieu de chasse, puis les quartiers étaient transportés jusqu'à l'abri où ils étaient désarticulés et décharnés.

L'ensemble F a livré 27.039 restes de grands mammifères dont 2.289 ont été identifiés. Le spectre faunique montre une grande diversité taxinomique ; 26 espèces dont 13 herbivores, 12 carnivores (46,8%), 1 rongeur de grande taille et 2 lagomorphes. Les ours des cavernes dominent nettement (avec 986 restes correspondant à au moins 22 individus). D'après les résultats de l'analyse des restes d'ours des cavernes et de leur éthologie, on peut avancer l'hypothèse de plusieurs cycles d'occupations ursines de la grotte durant des périodes hivernales successives (d'après P. Auguste, sous presse). D'autres carnivores, notamment des loups, y sont également venus plusieurs fois, après les occupations des ours et des hommes. Parmi les herbivores, le cerf est l'espèce dominante avec 343 restes appartenant à au moins 16 individus, de tous âges, abattus probablement au sein de hardes composées de femelles et de jeunes. Les Hommes ont chassé également des chevaux (6 individus) et des bovinés (Bison et Aurochs, 4 individus), notamment en automne (groupes composés de femelles et de jeunes). En outre, ils ont chassé ou charogné (dans ce cas avec pour certains d'entre eux un accès rapide à la carcasse) : 2 rhinocéros des steppes et 3 rhinocéros de forêt, 4 thars, 4 chevreuils, 2 daims, 2 jeunes proboscidiens et 1 chamois.

D'après la conservation de leurs éléments squelettiques, la plupart de ces animaux, exceptés quelques cerfs et un boviné, ont été apportés sous forme de quartier puis traités secondairement sur le site.

Au total, 12.294 restes de grands mammifères ont été découverts dans l'ensemble G, dont 941 ont pu être totalement identifiés. Parmi ceux-ci, les herbivores prédominent, les carnivores sont diversifiés, mais ne sont représentés que par un très faible nombre d'éléments squelettiques. Les plus abondants sont l'Ours des cavernes (53 restes appartenant à au moins 7 individus) et le Renard commun (40 ossements d'au moins 5 individus).Certains de ces ours sont morts durant leur hibernation. La présence de stries de charriage suggère qu'une (ou des) occupation (s) ursine(s) a (ont) été postérieure(s) à celle(s) des hommes. Par contre, les renards ne sont pas morts au terrier. D'après la conservation des éléments anatomiques, l'hypothèse de la récupération par l'Homme de fourrures d'ours et de renard est envisageable (avec conservation des crânes).

Les Hommes ont pratiqué des chasses orientées vers le Cerf (235 ossements appartenant à au moins 11 individus), le Cheval (118 restes d'au moins 8 individus) et les Bovinés (bisons et aurochs, 124 restes d'au moins 8 individus). Ils ont abattu des individus issus de hardes mixtes (Cerf, Boviné) ou de groupes familiaux composés de femelles et de jeunes (Cheval, Boviné) ou tué des animaux solitaires (notamment un aurochs mâle) et ce à différentes saisons de l'année (à la fin de l'été et en hiver pour les cerfs, en automne pour les chevaux et en automne et au printemps pour les bovinés). Ils ont également chassé ou charogné des rhinocéros (137 ossements appartenant à au moins 6 Rhinocéros de forêt et 1 Rhinocéros de prairie). Par contre, les ossements des espèces minoritaires (Chevreuil, Bouquetin, Daim, Chamois, Mégalocéros, Sanglier, Lapin) peuvent résulter de chasses ou de charognages par des carnivores ou par l'homme.

Seul le Cerf semble bénéficier d'un traitement complet dans le site. Par contre, le traitement, pour des chevaux et des bovinés a débuté sur le lieu de chasse (dépeçage) et s'est poursuivi sur ou à proximité du site (peut-être en terrasse). Par contre, les chevaux et les bovinés ont été dépecés sur le lieu d'abattage et ramenés au campement sous forme de quartiers. Par ailleurs, un fragment de défense de Proboscidien a probablement été apporté par l'homme.

Quelle que soit la période, le site peut être assimilé à un campement saisonnier de chasse aux grands mammifères (orientée principalement vers le cerf en D, vers le cerf, le cheval et les bovinés en F et G) et à un site de consommation de gibiers diversifiés (Patou-Mathis et Lamarque *in* Moncel *et al.*, 1993, 2000; Bouteaux, 2003 ; Dasheck, 2002 ; Julien, 2003). Sa situation, sur un promontoire et à un carrefour de biotopes, en faisait un lieu favorable à la pratique d'activités cynégétiques. De plus, la proximité de la rivière, la Payre, constitue un terrain privilégié de capture (chasse et/ou charognage) de gros animaux comme les rhinocéros. Dans tous les ensembles, de nombreux ossements présentent des marques de calcination. Il semble donc que les Néandertaliens ont utilisé l'os comme combustible, bien qu'une seule petite lentille cendreuse ait été identifiée, au sommet du niveau Ga (témoins de vidange de foyers disparus ?). Les occupations humaines, en D et en F, apparaissent récurrentes et saisonnières. Pour l'ensemble G, nous pouvons envisager, d'après la saison d'abattage des différentes espèces, soit une occupation unique pendant une grande partie de l'année et chasses d'un gibier relativement diversifié, soit plusieurs phases d'occupations de courte durée et saisonnières, avec des chasses orientées vers une espèce.

CONCLUSION : A SAINTE-ANNE I ET PAYRE, DES REGLES COMMUNES POUR EXPLOITER UN TERRITOIRE

Les secteurs parcourus par les occupants de Sainte-Anne I et de Payre ne montrent pas véritablement de différences significatives tant au niveau de l'approvisionnement en matières premières que dans la chasse ou le charognage des mammifères. Les différences paraissent plus dépendre du contexte géologique et topographique. La manière d'exploiter un " territoire " obéirait donc sensiblement aux mêmes règles. Il n'en reste pas moins que le nombre de sites disponibles dans le sud du Massif central pour documenter cette très longue période des stades isotopiques 7 et 6 reste tout à fait insuffisant et que l'approche palethnographique territoriale reste tout à fait conjecturale.

Dans les deux sites, l'étendue de la zone où les matériaux ont été collectés est vaste. Ces matériaux ont été plutôt traités sur place. Les roches de provenances très lointaines sont très peu nombreuses. A-t-on dans ce cas des arguments pour dire que la mobilité annuelle est plutôt réduite, avec des occupations stables et des déplacements saisonniers avec une anticipation sous la forme d'une collecte de roches au cours d'autres activités ?

Si l'on se réfère aux observations ethnologiques, un lien a été constaté entre la mobilité du groupe, le nombre de lieux d'approvisionnement et les provisions individuelles (Kühn, 1995). Plus la mobilité est grande et le temps d'occupation est court, plus la panoplie de l'outillage est grande et peu variée (pièces légères, retouchées et pouvant être transportées). S'il y a relative stabilité dans les occupations et faible mobilité générale du groupe, il y a au contraire une multipli-cation des lieux de collecte autour de l'habitat. Les pièces exotiques sont alors plus rares.

Les niveaux d'occupation J1 de Sainte-Anne I et Gb de Payre rentreraient dans ce dernier cas de figure, bien que, pour Payre, la panoplie de l'outillage se réduit à des racloirs, des pointes et quelques gros outils et correspondrait plutôt au modèle où les changements fréquents de lieux de vie impliquent une panoplie d'outillage peu variée. Signalons toutefois que la fréquence des pièces retouchées dans ce site se limite à 10-15% de la série en silex.

Quoi qu'il en soit, dans les deux sites, une anticipation existe puisque les ressources locales sont à l'évidence très bien connues du groupe qui n'importe que de très rares matériaux exotiques, mais pas toutefois à Saint-Anne (J1) sous forme de " matrices polyvalentes aux larges potentialités " comme observé souvent dans le Paléolithique moyen plus récent (Bourguignon *et al.*, *op. cit.*), ceci bien entendu sous réserve d'une bonne représentativité de la série étudiée. En revanche, à Payre, ces matrices sont arrivées sur place, comme en témoigne l'usage systématique dans le niveau Gb d'éclats comme support de débitage. Si l'on considère à Payre la réoccupation régulière des lieux, une anticipation d'un autre type a pu exister, par exemple avec une accumulation de matériel de réserve qui peut être récupéré lors d'autres activités comme l'attestent les rognons de silex à peine entamés et abandonnés dans la cavité.

Néanmoins, pour les deux sites étudiés, cette parfaite connaissance de vastes territoires, jointe à la probabilité de contacts entre groupes et d'échanges de matières, que l'opinion générale semble vouloir souvent dénier aux Néandertaliens en lui préférant l'hypothèse de longs déplacements, est un comporte-ment classique de chasseurs-cueilleurs dont la modernité est à souligner.

Bibliographie

BINFORD, L.R. - 1978 *Nunamiut Ethnoarchaeology*. New York, Academic Press.

BINFORD, L.S. - 1983 *In pursuit of the past*. Londres, Grande-Bretagne, Thames and Hudson.

BINFORD L.R. - 1987 "Searching for camps and missing the evidence?: another look at the Lower Paleolithic," in O. Soffer, ed., *The Pleistocene Old World. Regional Perspectives*, New York, Plenum Press: 17-31.

BOURGUIGNON L., DELAGNES A., MEIGNEN L., 2006 – Systèmes de production lithique, gestion des outillages et territoires au Paléolithique moyen : où se trouve la complexité ? *Normes techniques et pratiques sociales de la simplicité des outillages pré- et protohistoriques*, XXVIè rencontres internationales d'archéologie et d'histoire d'Antibes, sous la direction de L. Astruc, F. Bon, V. Léa, P.Y. Milcent, S. Philibert, Editions APDCA, Antibes, 75-86.

BOUTEAUX A. (2003) - Etude archéozoologique du site de Payre en Ardèche, Colloque C3.1, UISPP Liège, *Le rôle de l'environnement dans les comportements des chasseurs-cueilleurs préhistoriques,* Patou-Mathis M. et Bocherens H. (Eds), Bar Series 1105, p. 99-110.

DASCHEK E. (2002) – *Apport de la taphonomie à la compréhension des comportements de subistance au Paléolithique moyen : application à l'ensemble G du site de Payre (Ardèche, France)*, mémoire de maîtrise, Université Paris I, 117 p.

EL HAZZAZI N. (1998) - *Paléoenvironnement et chronologie des sites du Pléistocène moyen et supérieur : Orgnac 3, Payre et l'Abri des Pêcheurs (Ardèche, France) d'après l'étude des rongeurs*, Doctorat du Museum National d'Histoire Naturelle, 246 p.

ELMI S., BUSNARDO R., CLAVEL B., CAMUS G., KIEFFER G., BERARD P., MICHAËLY B., 1996 - *Notice Explicative, Carte géologique France (1/ 50.000), feuille Aubenas (865).* Orléans : BRGM, 170 p. Carte géologique par Kerrien (coord.), Elmi, Busnardo, Camus, Kieffer, Moinereau, Weisbrod (1989).

FERNANDES P., RAYNAL J.-P., 2006 – Pétroarchéologie du silex : un retour au sources. *Comptes Rendus Palevol, 5*, n°6, Elsevier, Masson SAS, Paris, 829-837.

FERNANDES P., RAYNAL J.P., 2007 - Pétroarchéologie du silex. *in :* Raynal J.P. (dir.), *Sainte-Anne 1, Sinzelles, Polignac, Haute-Loire. Le Paléolithique moyen de l'unité J1*, Les Dossiers de l'Archéo-Logis, n°3, Archéo-Logis/CDERAD, Laussonne, 59-98,

FERNANDES P., RAYNAL J.-P., MONCEL M.-H., 2006 - L'espace minéral au Paléolithique moyen dans le sud du Massif central : premiers résultats pétroarchéologiques. *Comptes Rendus Palevol, 5*, n°8, Elsevier, Masson SAS, Paris, 981-993

FIORE I. et TAGLIACOZZO A., 2007 – Analyse taphonomique préliminaire des restes de grands mammifères. *in :* Raynal J.P. (éd.), *Sainte-Anne 1, Sinzelles, Polignac, Haute-Loire. Le Paléolithique moyen de l'unité J1*, Les Dossiers de l'Archéo-Logis, n°3, Archéo-Logis/CDERAD, Laussonne, 191-200.

GIROD M. et BOUILLER R., 1979 - *Carte géologique de la France à 1/50.000, feuille Le Puy n°791.* Carte et notice de 31 p., B.R.G.M. ed., Orléans.

GUADELLI J.L., 2007 – Etude paléontologique des grands mammifères. *in :* Raynal J.P. (dir.), *Sainte-Anne 1, Sinzelles, Polignac, Haute-Loire. Le Paléolithique moyen de l'unité J1*, Les Dossiers de l'Archéo-Logis, n°3, Archéo-Logis/CDERAD, Laussonne, 165-190.

JULIEN M-A. (2003) – *Nouvelle méthode d'analyse des os longs. Application à la couche D du site de Payre (Ardèche, France),* mémoire de maîtrise, Université de Paris I, 105 p.

KALAI C., MONCEL M-H. et RENAULT-MISKOVSKY J. (2001) - Le Paléoenvironnement végétal des occupations humaines de la grotte de Payre à la fin du Pléistocène moyen et au début du Pléistocène supérieur (Ardèche, France), *Trabajos de Prehistoria,* Madrid, Espagne, 58, n°1, p. 143-151.

KIEFFER et RAYNAL, 2007 – Pétroarchéologie des roches volcaniques. *in :* Raynal J.P. (éd.), *Sainte-Anne 1, Sinzelles, Polignac, Haute-Loire. Le Paléolithique moyen de l'unité J1*, Les Dossiers de l'Archéo-Logis, n°3, Archéo-Logis/CDERAD, Laussonne, 47-58.

KUHN, S.L. (1995). *Mousterian Lithic Technology. An Ecological Perspective.* Princeton : Princeton University Press.

MARTRAT Belen, GRIMALT J.O., LOPEZ-MARTINEZ C., CACHO I., SIERRO F.J., FLORES J.A., ZAHN R., CANALS M., CURTIS J.H., HODELL D.A., 2004 - Abrupt Temperature Changes in the Western Mediterranean over the Past 250,000 Years. *Science*, 306, 3 december 2004, 1762-1765.

MASAOUDI H., FALGUERES C., BAHAIN J-J. et MONCEL M-H. (1997) - Datation du site Paléolithique moyen de Payre (Ardèche) : nouvelles données radiométriques (méthodes U/Th et ESR), *CRAS*, t.324, série IIa, p.149-156.

MERGOIL J. et BOIVIN P., 1993 - Le Velay. Son volcanisme et les formations associées. Notice de la carte au 1/100.000. *Géologie de la France*, BRGM ed., n° 3, 3-96.

MONCEL M-H. et CONDEMI S. (1996) - Découverte de dents humaines dans le site Paléolithique moyen de Payre (Ardèche, France), *CRAS*, t.322, série IIa, p.251-257.

MONCEL M-H. et CONDEMI S. (1997) - Des restes humains dans le site Paléolithique moyen ancien de Payre (Ardèche) : dents et pariétal. Nouvelles découvertes de 1996, *BSPF,* t.94, n°2, p.168-171.

MONCEL M-H, DEBARD E., DESCLAUX E., DUBOIS J-M., LAMARQUE F., PATOU-MATHIS M. ET VILETTE P. (2002) - Le cadre de vie des hommes du Paléolithique moyen (stades isotopiques 6 et 5) dans le site de Payre (Rompon, Ardèche) : d'une grotte à un abri-sous-roche effondré, *BSPF*, t.99, n°2, p.249-275.

PAQUEREAU M.M., 2007 – Analyse palynologique préliminaire. *in :* Raynal J.P. (dir.), *Sainte-Anne 1, Sinzelles, Polignac, Haute-Loire. Le Paléolithique moyen de l'unité J1*, Les Dossiers de l'Archéo-Logis, n°3, Archéo-Logis/CDERAD, Laussonne, 41-42.

RAYNAL J.P., 1988 - Paléoenvironnements et chronostratigraphie du Paléolithique moyen dans le Massif Central français. Implications culturelles. *in l'Homme de néandertal, vol. 2, L'environnement*, ERAUL Ed., Liège, p. 113-145.

RAYNAL J.P., 1989 - Le Paléolithique moyen d'Auvergne et Velay. *in Le temps de la Préhistoire,* Tome 1, Société Préhistorique Française, Edition Archéologia, p. 252-253.

RAYNAL J.P., 2007 – Contexte archéologique et physiographie. *in :* Raynal J.P. (dir.), *Sainte-Anne 1, Sinzelles, Polignac, Haute-Loire. Le Paléolithique moyen de l'unité J1*, Les Dossiers de l'Archéo-Logis, n°3, Archéo-Logis/CDERAD, Laussonne, 15-30.

RAYNAL J.P. et BERTRAN P., 2007 – Propriétés de l'encaissant et processus sédimentaires. *in :* Raynal J.P. (dir.), *Sainte-Anne 1, Sinzelles, Polignac, Haute-Loire. Le Paléolithique moyen de l'unité J1*, Les Dossiers de l'Archéo-Logis, n°3, Archéo-Logis/CDERAD, Laussonne, 31-40.

RAYNAL J.P., LE CORRE-LE BEUX M., SANTAGATA C., FERNANDES P., GUADELLI J.L., FIORE I., TAGLIACOZZO A., LEMORINI C., RHODES E.J., BERTRAN P., KIEFFER G., VIVENT D., 2005 - Paleolithique Moyen dans le sud du Massif central : les données du Velay (Haute-Loire, France). *in* Molines, N., Moncel, M-H., & Monnier, J.-L. (Eds), *Les premiers peuplements en Europe: -- Colloque international: Données récentes sur les modalités de peuplement et sur le cadre chronostratigraphique, géologique et paléogéographique des industries du Paléolithique ancien et moyen en Europe (Rennes, 22-25 septembre 2003),* BAR Publishing, Oxford.

British Archaeological Reports, International Series / S1364, 173-201.

RAYNAL J.P., MAGOGA L., BULLE T., GUADELLI J.L., MAIGNE S., 1996 - Quelle Préhistoire ancienne en basse Auvergne et Velay ? *in L'Acheuléen dans l'Ouest de l'Europe*. Actes du colloque de Saint-Riquier, 1989. Publications du CERP, n° 4, 1996, 115-127.

RAYNAL J.P., SANTAGATA C., FERNANDES P., GUADELLI J.L., FIORE I., KIEFFER G., RHODES E.J., BERTRAN P., PAQUEREAU M.M., SEGUY R., BINDON P., TAGLIACOZZO A., 2007 – Conclusions générales. *in :* Raynal J.P. (éd.), *Sainte-Anne 1, Sinzelles, Polignac, Haute-Loire. Le Paléolithique moyen de l'unité J1*, Les Dossiers de l'Archéo-Logis, n°3, Archéo-Logis/ CDERAD, Laussonne, 261-265.

RHODES E.J., 2007 – Initial Electron Spin Resonance dating results. *in :* Raynal J.P. (éd.), *Sainte-Anne 1, Sinzelles, Polignac, Haute-Loire. Le Paléolithique moyen de l'unité J1*, Les Dossiers de l'Archéo-Logis, n°3, Archéo-Logis/CDERAD, Laussonne, 43-46.

SANTAGATA C., 2006 - Systèmes de production en roches volcaniques, quartz et silex du Paléolithique moyen ancien à bifaces du site de Sainte-Anne I (Haute-Loire, France). *Normes techniques et pratiques sociales de la simplicité des outillages pré- et protohistoriques*, XXVIè rencontres internationales d'archéologie et d'histoire d'Antibes, sous la direction de L. Astruc, F. Bon, V. Léa, P.Y. Milcent, S. Philibert, Editions APDCA, Antibes, 87-92.

SANTAGATA C. et RAYNAL J.P., 2007a – L'industrie en roches volcaniques. *in :* Raynal J.P. (éd.), *Sainte-Anne 1, Sinzelles, Polignac, Haute-Loire. Le Paléolithique moyen de l'unité J1*, Les Dossiers de l'Archéo-Logis, n°3, Archéo-Logis/ CDERAD, Laussonne, 103-130.

SANTAGATA C. et RAYNAL J.P., 2007b – L'industrie en quartz. *in :* Raynal J.P. (éd.), *Sainte-Anne 1, Sinzelles, Polignac, Haute-Loire. Le Paléolithique moyen de l'unité J1*, Les Dossiers de l'Archéo-Logis, n°3, Archéo-Logis/CDERAD, Laussonne, 131-144.

SANTAGATA C. et RAYNAL J.P., 2007c – L'industrie en silex. *in :* Raynal J.P. (éd.), *Sainte-Anne 1, Sinzelles, Polignac, Haute-Loire. Le Paléolithique moyen de l'unité J1*, Les Dossiers de l'Archéo-Logis, n°3, Archéo-Logis/CDERAD, Laussonne, 145-164.

SANTAGATA C., RAYNAL J.P., KIEFFER G., 2002 - Une industrie du Paléolithique moyen en roches éruptives dans la grotte de Sainte-Anne I (Polignac, Haute-Loire, France). *In Hommes et volcans : de l'éruption à l'objet*, XIVth Congress UISPP, Liège, ss la dir de RAYNAL J.P., ALBORE-LIVADIE C., PIPERNO M., Les Dossiers de l'Archéo-Logis n° 2, CDERAD ed., 41-48.

SANTAGATA C., RAYNAL J.P., GUADELLI J.L., FERNANDES P., FIOREE I., 2007 – SIG intra-site et analyse de la distribution spatiale des vestiges. *in :* Raynal J.P. (éd.), *Sainte-Anne 1, Sinzelles, Polignac, Haute-Loire. Le Paléolithique moyen de l'unité J1*, Les Dossiers de l'Archéo-Logis, n°3, Archéo-Logis/CDERAD, Laussonne, 201-260.

AIRES D'APPROVISIONNEMENT EN MATIERES LITHIQUES ET EN RESSOURCES ALIMENTAIRES DANS LES NIVEAUX MOUSTERIENS ET EPIGRAVETTIENS DE L'ABRI TAGLIENTE (VERONE, ITALIE) : UNE DIMENSION " LOCALE "

Marta ARZARELLO
Stefano BERTOLA
Federica FONTANA
Antonio GUERRESCHI
Ursula THUN HOHENSTEIN
Dipartimento di Biologia ed Evoluzione, Università degli Studi di Ferrara, C.so Ercole I d'Este 32, 44100 Ferrara – Italie e-mail: marta.arzarello@unife.it

Jérémie LIAGRE
Rue de Babylone, 13, 2800 Chartres - France

Peretto CARLO
Antonio ROCCI RIS
Dipartimento di Anatomia, Farmacologia e Medicina Legale, Università degli Studi di Torino, C.so Massimo d'Azeglio 52, 10126 Torino - Italie

Résumé *: L'Abri Tagliente est caractérisé par des dépôts attribuables au Moustérien, à l'Aurignacien et à l'Epigravettien. Les matières premières lithiques utilisées sont disponibles dans un rayon de quelques kilomètres autour du site. Les différents types de silex ont été traités de façon différente au Paléolithique moyen et supérieur aussi bien en terme d'approvisionnement que de technologie. Les faunes chassés par les Néanderthaliens est constituée majoritairement par des ongulés de forêt. La chasse des animaux provenant d'un environnement ouvert devient plus importante pendant les phases les plus froides. Au Tardiglaciaire, on observe des fluctuations dans les pourcentages entre la faune de climat froid et la faune de climat tempéré.*
Mots clés *: Moustérien, Epigravettien, massif calcaire, matières premières, chasse*

Abstract *: The stratigraphic series brought to light at Riparo Tagliente contains Mousterian, Aurignacian and Epigravettian deposits. Lithic raw materials are available within a range of a few kilometres from the site. The various types of flints were exploited in different ways during the Middle and Upper Palaeolithic both in terms of provisioning strategies and technology. Faunas hunted by the Neanderthals belong especially to forest ungulates. The hunting of open environment species becomes more important during the coldest phases. Concerning the Late Glacial we can observe fluctuations in the percentages of cold and temperate climate faunas.*
Key-words*:Mousterian, Epigravettian, limestone plateau, raw material, hunting*

INTRODUCTION

L'Abri Tagliente est situé dans le massif pré-alpin des Monts Lessini, sur le flanc gauche d'une vallée d'origine alluviatile, la Valpantena, dans le bourg de Stallavena, sur la commune de Grezzana (Vérone, Italie). L'abri s'ouvre quelques mètres au-dessus des alluvions de fond de vallée, à la base du versant ouest du mont Tregnago, au pied d'une paroi rocheuse constituée de calcaires oolithiques de l'ère Jurassique, à une altitude d'environ 250 mètres au-dessus du niveau de la mer.

Le site occupe une position géographique et topographique stratégique ayant favorsé l'occupation humaine pendant de long périodes au cours du Paléolithique, au moins à partir de la fin du stade isotopique 4. Les Monts Lessini, compris entre la vallée de l'Adige et la Val d'Illasi sont composésd'une table de calcaire de forme trapézoidale, faiblement inclinée vers le sud, articulée par une série de dorsales et de vallées disposées en éventail en direction de la plaine. A partir de la plaine, ils se développent autant que dorsales de colline; vers le nord, les reliefs augmentent en altitude et s'élargissent et les vallées deviennent plus étroites; en remontant encore, les vallées sont moins profondes et les reliefs se rencontrent en constituant un ample haut-plateau (les hauts Lessini, à des altitudes comprises entre 1.300 e 1.865 m au dessus du niveau de la mer). Tout au nord, la Vallée des Ronchi sépare les Monts Lessini des Piccole Dolomiti.

A l'intérieur des Lessini, la Valpantena s'ouvre vers le sud à partir de la plaine avec une largeur de presque trois kilomètres à son embouchure. Cette ample vallée dévient plus étroite progressivement vers le Nord et devient large moins de un kilomètres, à 8 kilomètres et se réduit à peu de centaines de mètres à 12 kilomètres de distance de la plaine (de Franceschi *et al.*, 2005).

L'abri Tagliente, situé à 12 km environ de l'embouchure de la vallée, occupe une position intermédiaire entre la plaine et le sommet du haut plateau. Il se trouve donc à la charnière entre une large variété de situations morphologiques différentes, le passage de l'une à l'autre se situant à quelques kilomètres seulement : la plaine, le fond de vallée, les versants rocheux, le sommet du haut plateaux. Ces situations topographiques correspondent bien sûr à une mosaïque de paysages naturels différents, caractérisés par une variété de ressources animales et végétales plus ou moins grande, variant selon les périodes et, par conséquent, selon les conditions du climat. Actuellement la végétation présente une zonation altitudinale dans laquelle on distingue : une bande inférieure sub-méditerranéenne, avec *Quercus* et *Carpinus* dominants, une bande de montage caractérisé par des forets de *Fagus*, et une bande supérieure dominée par les arbustes et les herbacés de haute montagne (*Pinus mugus*, rhododendron, myrtille etc.).

On peut ajouter une abondance en ressources lithiques et minérales qui caractérise le massif. Du point de vue géologique les Monts Lessini sont constitués d'un complexe de blocs tectoniques de calcaires mésozoïques, dont la morphologie est fortement influencée par des phénomènes à la fois fluviaux et karstiques, ces derniers étant dominants dans la partie la plus élevée du haut plateau (de Franceschi *et al.*, 2005). La plupart des roches calcaires présentes, tel qu'il sera décrit plus en détail dans le paragraphe suivant, contient des silex de qualité plus au moins adaptée à la taille. La présence de sédiments ocracés à l'intérieur de cavités karstiques représente un autre caractère typique du territoire.

GEOLOGIE DU TERRITOIRE ET LOCALISATION DES AFFLEUREMENTS SILICEUX AUTOUR DU SITE

Les Monts Lessini, et le groupe du Mont Baldo, constituent la partie occidentale des "Préalpes Vénitiennes". Ils sont subdivisés, selon des critères géographiques, géologiques et tectoniques en trois secteurs distincts : oriental, central et occidental. L'aire comprise entre la Val d'Adige et la Valpantena se trouve dans le secteur occidental. Elle est constituée par plusieurs formations rocheuses, dont l'âge varie entre le Trias supérieur et l'Eocène supérieur; ces affleurements appartiennent à la série dite "Vénitienne" (Bertola, 2001) (fig. 14.1).

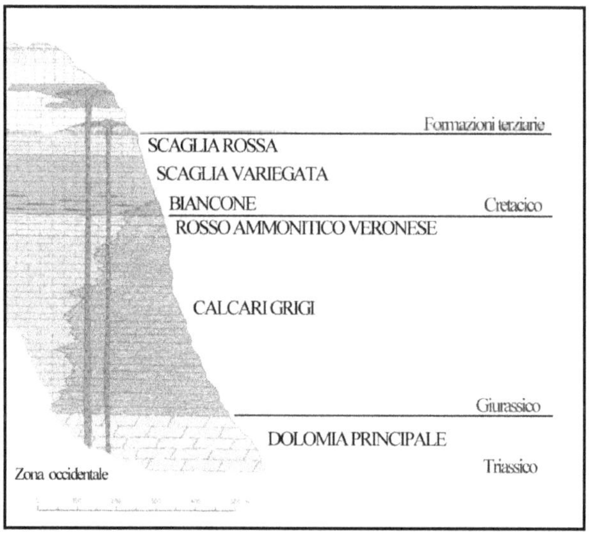

Fig. 14.1 : Formations à silex de la série " Veneta " des Monts Lessini (d'après Arzarello, 2003)

- La *Formation du Rosso Ammonitico* a un faible intérêt archéologique archéologique puisqu'elle ne contient pas de silex aptes à la taille.
- La *Formation de Tenno* (ou silex " *organogena* "; *Calcari Grigi*) est constituée de deux litho-facies caractéristiques : des marnes et des calcaires marneux, et une unité sableuse. Le silex est assez fréquent, localement abondant, et se présente entre ces deux faciès, sous la forme de nodules sombres de couleur variant de "gris-noir" à "brun-rouille". Cette formation est présente sur un versant de la Vallée d'Adige, avec une épaisseur d'une cinquantaine de mètres et sur le versant Est de la Valpantena jusqu'en fond de vallée, à diverses altitudes plus ou moins élevées. De nombreux nodules de très bonne qualité et intégrité ont pu être recueillis à plusieurs endroits et dans les divers torrents secondaires des versants. L'intérêt des nodules de silex de Tenno dans la zone des Monts Lessini est lié à leur composition presque toujours homogène, en raison de leur situation à l'intérieur des couches argileuses qui les protègent des perturbations et de l'environnement élastique dans lequel ils se forment. L'avantage de cette matière première est multiple, d'une part elle se trouve en abondance, de l'autre, les gîtes renferment des blocs entiers de très bonne qualité, de grandes dimensons et, enfin, ces gîtes se

situent à une très faible distance de l'abri, dans un rayon d'environ 10 Kms dans la Valpantena.

- La *Formation du Biancone* est la formation géologique la plus présente dans la région. Elle est composée de nodules de silex de couleur marron-rosé-jaune à la base, qui s'éclaircit vers le gris transparent avec des nuances de violet, puis s'obscurcit de plus en plus vers le sommet en gris-obscur. Cette formation du Crétacé inférieur est présente sur toute la plaque de Trento (Lessini, Asiago, Feltre ...) et elle est omniprésente également dans la vallée, à quelques mètres ou quelques km aux alentours de l'abri, aussi bien sur le versant Est que le versant Ouest, en position primaire mais aussi en position secondaire. Le torrent Tregnago qui passe directement en face de l'abri fournit sporadiquement (encore actuellement) des blocs de ce silex, ainsi que d'autres matières premières décrites. Le type gris-obscur en particulier se retrouve, en position primaire, en haut de la stratigraphie, dans les localités de Bosco Chiesanuova et de Cerro.
- La *Formation de la Scaglia Variegata* est composée de silex de couleur verte à texture opaque marneuse typique et verdâtre-orange ou verdâtre-grise. La localisation précise de ce silex du Crétacé moyen est encore à rechercher dans la vallée de l'abri Tagliente. Cependant, géologiquement parlant on connaît son lien étroit avec la Formation du Biancone et l'on peut donc supposer qu'il se trouve en position primaire non loin des gîtes, à quelques mètres près, et bien sûr, en position secondaire dans la vallée aussi fréquemment que les autres matières premières.
- *Le silex de la Scaglia Rossa* contient des calcaires marneux rouges ou roses compactés, stratifiés et très riches en foraminifères planctoniques. A l'intérieur de cette formation, on distingue différents niveaux. Le silex est brun-rougeâtre et n'est présent que dans la partie inférieure où se trouvent des calcaires de couleur rouge-brique, bien stratifiés et diaclasés. Les nodules ou blocs se retrouvent le plus souvent sous forme de plaquettes que l'on peut recueillir dans les affleurements. Ils sont de petite dimensions, en comparaison avec les silex du Tenno et du Biancone. On ne connait pas de gîte primaire dans la vallée elle-même ; son origine reste donc encore inconnue. Cependant les géologues connaissent très bien son existence dans la Valpolicella et dans les autres vallées jouxtant la zone de l'abri Tagliente. La zone d'approvisionnement probable, même la plus lointaine, ne dépasse jamais une journée de marche (aller-retour).
- La Formation tertiaire est la plus récente de la région des Monts Lessini, composée de silex gris-clair qui ressemble au Biancone, mais avec un cortex micritique assez fracturé. Il s'agit d'un silex très compact et grossier proche du silex sombre de la formation de Tenno. Pour l'instant il n'est pas présent dans le site, malgré une grande quantité naturelle présente dans l'environnement proche de l'abri.

LA SEQUENCE STRATIGRAPHIQUE

L'histoire géologique de l'abri prend naissance dans la phase finale de l'interglaciaire Riss-Würm (stade isotopique 5e) grâce à l'action érosive du torrent qui a percé la roche calcaire jurassique, accompagnée de phénomènes de gélifraction (Bartolomei *et al.*, 1982).

Depuis 42 ans, les recherches archéologiques conduites annuellement sur le site (dont la présence fut signalée en 1958 par Monsieur Tagliente) ont permis de mettre en évidence deux séries de dépôts anthropiques, séparées par une surface d'érosion, l'une faisant référence au Würm inférieur-moyen (environ 60.000 à 30.000 ans B.P.) composée par des industries moustériennes et aurignaciennes et l'autre datant du Tardiglaciaire würmien avec des industries de l'Epigravettien récent. Les dépôts Tardiglaciaires sont également séparés au sommet des dépôts holocènes par une seconde surface d'érosion.

L'unité stratigraphique inférieure (Cremaschi in Bartolomei *et al.*, 1982) a un épaisseur de 2,80 m et arrive jusqu'au socle. Elle commence avec des " terres rouges " d'origine colluviale qui proviennent de l'érosion des sols à l'extérieur de l'abri et qui correspondent à la phase initiale du Würm (unité 1a, couches de 53 a 44). Lors de ce dépôt le climat devait être caractérisé par des hivers froids et humides et par des étés arides (Bartolomei *et al.*, 1984).

Les autres niveaux de la série inférieure (couches de 43 à 25) constituent l'unité 1b ; les couches de 43 à 40 sont caractérisées par des apports cryoclastiques et témoignent d'une détérioration climatique qui a déterminé l'effondrement de la voûte et des parois de l'abri. La partie supérieure de la série moustérienne (couches de 39 à 31) est constituée par des apports loessiques intercalés avec des petits niveaux de cailloutis. Le loess atteste la présence d'un environnement périglaciaire aride, alors que le cailloutis est caractéristique d'un contexte toujours glacial mais plus humide.

Les couches de 30 à 25 possèdent les mêmes caractéristiques que ce que l'on vient de décrire et sont interrompues au sommet, par un intervalle de stabilité qui détermine l'arrêt de l'apport éolien. Le dépôt a subi par la suite une phase d'érosion fluviatile.

L'industrie aurignacienne à lamelles Dufour de la couche 25 peut être considérée comme un bon indicateur chronologique et donc le phénomène pédogénétique qui caractérise le sommet du dépôt et qui la contient peut être mis en relation avec l'interstade d'Arcy (Bartolomei *et al.*, 1984).

La série supérieure s'appuie sur une superficie d'érosion du torrent et sur un banc de graviers. Elle possède une épaisseur irrégulière, mineure dans la partie interne de l'abri et majeure dans la partie externe, où elle rejoint les 2 mètres. Cette série est constituée d'une prédominance d'apports cryoclastiques et d'un très grand apport anthropique.

Sur la base des analyses sédimentologiques et paléoenvironnamentales, nous avons pu distinguer deux sous-unités. La première (couches 18 à 15) est composée d'une brèche rougeâtre à matrice loessique. Le spectre pollinique a mis en évidence une prédominance d'herbacées (*Graminacae, Chenopodiacae, Leguminosae*); les arborés comprenant *Pinus silvestris-mugo*, *Juneperus* sont rares, ce qui indique donc un climat aride et froid. L'analyse malacologique et celle des micromammifères (les rongeurs, sont représentés par les espèces dominantes *Microtus arvalis-agrestis*, Microtus nivalis, *Arvicola* et *Pitymys savii*; les insectivores, représentés par *Sorex* et *Talpa* sont assez rares) suggèrent un environnement steppique et des conditions climatiques froides.

La seconde sous-unité (couches 14 à 5) est formée par des roches clastiques à angles vifs, d'une maigre matrice limoneuse-sableuse et des dépôts anthropiques. Une sédimentation loessique est présente jusqu'aux couches 10; ensuite la matrice fine est constituée de colluvions. L'analyse pollinique de ces couches présente un pourcentage d'arborés tournant autour de 50%; les genres dominants sont *Pinus*, *Salix*, *Betula*, *Tilia*, *Corylus*, *Quercus*, *Ulmus*, *Alnus*; les herbacées augmentent en variétés. D'après l'analyse malacologique les espèces xéro-thérmophiles dominent et correspondant à une amélioration climatique; puis les espèces méso-hygrophiles indiquent l'apparition d'un milieu boisé près de l'abri et une augmentation de l'humidité; enfin, pour les couches supérieures , l'apparition des espèces némorales suggèrent un climat sub-continental semblable à l'actuel.

Les datations disponibles correspondent aux données géostratigraphiques et paléo-environnamentales permettant d'attribuer la fréquentation de l'abri au Tardiglaciaire dans un intervalle chronologique qui s'étendrait de la fin du Dryas ancien (couches 18-11), à la fin de l'interstade du Bölling ancien (couches 10-8), jusqu'au Dryas moyen-début Alleröd.

LA SEQUENCE MOUSTERIENNE

Exploitation des matières premières siliceuses

Les Néanderthaliens ayant occupé l'abri ont collecté la matière première, un silex de très bonne qualité, quasi exclusivement en position secondaire, aussi bien dans le Progno qui coule à quelques mètres de l'abri que dans de formations détritiques.

Les fréquences relatives de chaque type de silex correspondent à celles que l'on peut retrouver à l'intérieur du torrent aujourd'hui encore : le silex du Biancone et celui du Tenno sont, dans la plupart des cas, fréquents et se présentent sous la forme de galets de dimensions variant de quelques centimètres à plusieurs dizaines de centimètres. Le silex de la Scaglia Variegata et de la Scaglia Rossa, par contre, sont moins fréquents et caractérisés par des galets de dimensions plus petites.

Dans les niveaux supérieurs (37-34), quelques nombreux rognons de silex du Biancone ont été collectés en position primaire, probablement dans une formation située à quelques kilomètres du site.

D'un point de vue générale, il est possible d'affirmer que la matière première la plus utilisée est le silex du Biancone suivi du silex du Tenno et par ceux de la Scaglia Variegata et de la Scaglia Rossa ; leurs pourcentages relatifs correspondent à la fréquence de chaque type de silex dans le Progno (fig. 14.2).

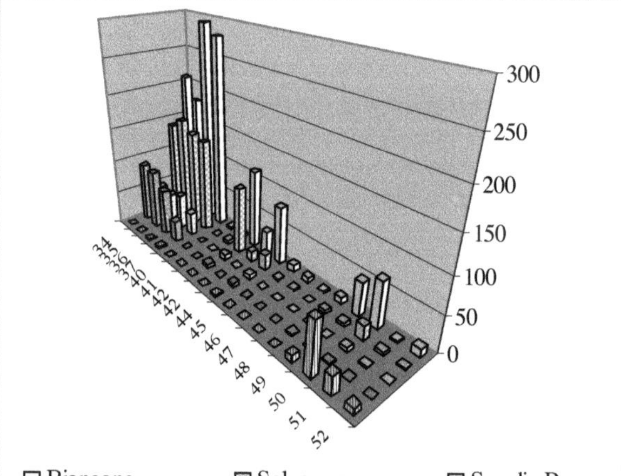

Fig. 14.2 : fréquences relatives des différentes matières premières au sein des différentes couches.

L'approvisionnement en matière première est donc local (maximum 1 km) et, seulement dans de très rares

Tab. 14.1 : Composition faunique faite sur la base du NRDt et du NMI classés par couche.

TAXON	Couche 35		Couche 36		Couche 37		Couche 40		Couche 41		Couche 42		Couches 44-52	
	NRDt	**NMI**	**NRDt**	**NMI**	**NRDt**	**NMI**	**NRDt**	**NMI**	**NRDt**	**NMI**	**NRDt**	**NMI**	**NRDt**	**NMI**
Lepus sp.			1	1	1	1								
Marmota marmota	4	1	15	2	24	2	5		6		3		5	1
Canis lupus	3	1	2	1	1	1	8		2		1		41	2
Vulpes vulpes			3	2			3		1		1		53	2
Ursus sp.	2	1	2	1			3						4	1
Panthera sp.													1	1
Martes martes													1	1
Meles meles											1		6	1
Canidae	1										1		39	
Felidae											2			
Carnivorae					4		1		3		3		81	
Equus sp.	1	1					1							
Sus scrofa					2	1	2		5		2		3	1
Alces alces			4	1	2	1					1		2	1
Cervus elaphus	8	1	38	1	14	1	11		15		24		26	2
Capreolus capreolus	79	2	137	2	108	2	10		13		14		161	2
Capra ibex	4	1	17	1	14	2	1						6	1
Rupicapra rupicapra	5	1	31	2	2	1							1	1
Bos sp.					7	1								
Artiodactyla	4		20		5		78		83		49		100	
Aves	3		6		2		2		12		9		27	
Total	**114**	**9**	**276**	**14**	**186**	**15**	**125**		**144**		**111**		**557**	**17**

cas, il a été possible de mettre en évidence une relation entre le choix de la matière première et la méthode de débitage utilisée pour son exploitation. On a pu observer une choix spécifique de la matière première, le silex du Tenno, liée à la morphologie des rognons seulement pour le débitage laminaire présent dans les couches supérieures (Arzarello & Peretto, 2005). Le silex du Tenno, en effet, est caractérisé par des rognons ovoïdales et allongés aptes à l'initialisation du débitage laminaire sans avoir la nécessité de créer une crête.

Exploitation des ressources alimentaires

L'étude archéozoologique réalisée sur la faune permet d'effectuer des considérations sur le comportement des Néanderthaliens aussi bien sur les stratégies de subsistance (Aimar *et al.*, 2000; Thun Hohenstein *et al.*, 2000, 2001, 2005, 2006; Thun Hohenstein, 2004) que sur les aires exploités pour la chasse. Il ne faut oublier que le haut degré de fragmentation des ossements, dû aux activités anthropiques et aux phénomènes post-dépositionels, a permis d'arriver à des degrés de détermination assez bas (tab. 14.1).

Les données palynologiques (Cattani in Bartolomei *et al.*, 1982, 1984; Cattani & Renault-Miskovsky, 1989) et l'étude des micromammifères (Bartolomei, in Bartolomei *et al.*, 1982, 1984) indiquent la présence d'un environnement ouvert de prairie arboré continentale qui, dans les couches sommitales de la séquence moustérienne (couches 35-31), devient plus humide et tempéré. Les restes de macro vertébrés appartiennent surtout aux ongulés (chevreuil, cerf et plus rarement sanglier), qui s'accordent bien avec un environnement de foret, et à des espèces typiques de la montage (chamois, marmotte et bouquetin). De plus, on souligne la présence de rare restes d'élan et de bovidés (tab. 14.1).

En ce qui cncerne le cadre des espèces chassées (surtout chevreuil, cerf et bouquetin), les conditions climatiques-environnementales ont permis aux Néanderthaliens l'accès à une importante variété d' animaux, ceci grâce à la position géographique du site au milieu du croisement entre le milieu de plaine et le milieu de montagne.

LA SEQUENCE EPIGRAVETTIENNE

Exploitation des matières premières siliceuses

Les données concernant l'exploitation des matières premières silicieuse à l'Epigravettien récent proviennent de l'analyse des unités stratigraphiques 10a, 10b et 10c datées respectivement de 12.650±160, 13.070± 170 et 13.270±170 ans B.P. non calibrés, et de l'unité stratigraphique 11 (Fontana *et al.*, 2002; Guerreschi *et al.*, 2004; Liagre, 2000-2001; 2005).

Les quatre unités examinées sont constituées par de gros amas composés principalement de pièces lithiques, se développant, dans l'aire externe à l'abri sur une épaisseurs remarquable (15-20 cm environ) à l'intérieur de sols limoneux peu consistants (fig. 14.3). Les trois premières unités (10a, b, c), identifiées au moment des opérations de fouille comme étant des ateliers de taille ou "officine litiche", aussi bien que la dernière (US 11) semblent correspondre, d'après les études récentes, à des aires d'accumulation de déchet auxquels peuvent s'ajouter des activités occasionnelles de taille sur place (Liagre, 2005, Fontana *et al.*, in press). Elles sont composées par un nombre très élevé de pièces lithiques témoignant du déroulement d'activités de débitages intenses dans le site.

Les séries lithiques des US 10a, b et c sont représentées dans leur ensemble par 45.981 éléments ; concernant l'US 11 on a analysé, du point de vue techno-économique, une surface-échantillon d'environ 4 m^2 pour un total de 2.521 artefacts. La production lamino-lamellaire constitue l'activité principale dans les quatre unités et toutes les phases du débitage y sont présentes : un nombre remarquable de nodules et de blocs testés, de nombreuses pièces corticales et de mise en forme, un pourcentage élevé de pièces d'entretien et de maintien du débitage, et, enfin, de nombreux nucléus; au contraire les produits apparaissent peu représentés.

Du point de vue de l'approvisionnement on note l'exploitation d'une grande variété de matières premières: il s'agit des silex du Biancone, de la Scaglia Rossa, de la Scaglia Variegata et du Tenno, selon des proportions correspondant *grosso modo* à la fréquence des litotypes présents dans le territoire environnant

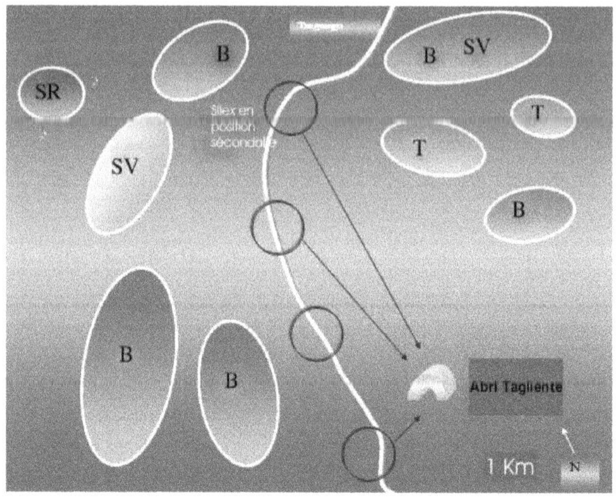

Fig. 14.3 : Schéma d'hypothèse de la provenance des matières premières siliceuses exploitées à l'abri Tagliente [**B** : Biancone ; **SR** : Scaglia Rossa ; **SV** : Scaglia Variegata ; **T** : Tenno] (dessin Liagre, 2004 : d'après communications personnelles des géologues S. Bertola et C. Isotta).

l'abri. Les silex exploités ont été récoltés aussi bien en position primaire (affleurements et détrite rocheux: 39,8 %) que secondaire (sols résiduels: 39,8, dépôts d'alluvion : 15,8%) et leur présence est documentée dans un rayon d'environ 15 kilomètres du site, entre la Valpantena et la Valle di Mizzole, dans une bande nord-sud comprise entre Boscochiesanuova et Grezzana, la zone d'approvisionnement probable ne dépassant jamais une journée de marche (aller-retour). Malgré la présence de grandes quantités de galets et de blocs roulés de silex dans le torrent situé à quelques mètres du site, la qualité et la morphologie des blocs présents – ne correspondant pas totalement aux exigences des tailleurs épigravettien – les ont mené à s'approvisionner également dans d'autres endroits, notamment le long des parois escarpées des versants et sur le sommet du haut-plataeu. En effet, à la base des versants de la Valpantena, les conoïdes détritiques contiennent des rognons de silex provenant des parois rocheuses: en particulier, sur le versant opposé à l'abri, se touve un affleurement de Biancone, tandis que la récolte des blocs à l'intérieur des sols et des puits karstiques s'effectuait surtout sur le sommet du haut-plateau, où la présence de "terres rouges" résiduelles contenant des silex est très fréquente.

Du point de vue des caractères lithologiques, l'exploitation de deux silex de la Formation du Biancone, de couleur beige ou grise, est dominante dans toutes les unités examinées (> 70 % de l'ensemble du matériel taillé) tandis que les matières premières composées par les silex appartenant aux autres formations constituent le reste de l'exploitation (Scaglia Variegata: 13,6%;

Calcari Grigi: 2,3%; Scaglia Rossa: 1,5%), leur présence étant quantitativement moins importante (Liagre, 2005 ; Arzarello *et al.*, 2006).

Enfin, d'après les données élaborées pour les unités 10a, b et c la mise en relation des modules des produits avec les différentes lithologies utilisées a permis de mettre en évidence des choix de matières premières sensiblement différenciées par rapport aux différents objectifs de taille (Liagre, 2005).

En général, les objectifs de l'exploitation des silex consistent en l'élaboration de quatre supports laminaires rectilignes (grandes lames, lames moyennes, petites lames et lamelles), avec, parfois, l'abandon des nucléus selon un seuil dimensionnel volontaire; à ceux-ci s'ajoute une production occasionnelle de petits modules au profil courbe. Une production opportuniste d'éclats laminaires courts et d'éclats aux formes indéfinis est également présente.

En ordre d'importance, les lamelles sont dominantes, suivies par les lames moyennes, les lames/lamelles courbes, les petites lames e les lames larges. Respectivement par support débité, le poucentage exprimé des matières premières illustre que les silex du Biancone et de la Scaglia Variegata sont utilisés indifféremment pour la production de toutes les catégories de supports (en particulier pour les lames moyennes et les lamelles) ; en revanche on observe que le silex de Tenno est débité majoritairement en vue de produire des grandes lames (lame larges) et des lamelles et le silex de la Scaglia Rossa est plutôt utilisé pour l'obtention de supports de petites dimensions (petites lamelles, lamelles, lames/lamelles courbes). Ces choix sont apparemment liés à la qualité et à la morphologie des blocs : les silex du Cretacé (Biancone, Scaglia Variegata, Scaglia Rossa), microcristallines et vitreuses sont des bonnes matières premières pour la taille mais se retrouvent souvent accompagnées par des diaclases naturelles, provoquant une réduction importante des dimensions des blocs utilisables; en particulier le silex de la Scaglia Rossa qui se retrouve généralement sous la forme de blocs de petite dimension. Le silex de Tenno (Calcari grigi) en revanche, à grain plutot grossier, possède une réponse moins élastique à la taille mais se trouve sous la forme de nodules intègres.

Exploitation des ressources alimentaires

L'étude archéozoologique et taphonomique est encore en cours et donc, seulement des donnés préliminaires sont disponibles. De plus les restes osseux sont caractérisés par une fracturation élevée, comme pour les niveaux moustériens, ce qui complique beaucoup la détermination spécifique.

Les *taxa* identifiés sont des lagomorphes (lièvre commune et lièvre blanc), des rongeurs (marmotte et castor), des carnivores (ours, loup, renard, glouton, martre, blaireau, lion, lynx et chat sauvage), des artiodactyles (sanglier, aurochs, bison, chevreuil, bouquetin, cerf, chamois et élan) et des périssodactyles (âne sauvage).

Dans les couches inférieures, corrélables au Dryas I, dominent les animaux de climat froid qui indiquent une chasse dans des espaces ouverts de prairie alpine et des espaces ouverts de plaine.

Dans les couches supérieures, le climat devient plus tempéré et un environnement forestier se développe, phénomène attesté aussi par les espèces chassés par l'homme : cerf, chevreuil, sanglier.

CONCLUSIONS

En conclusion, la provenance des matières premières siliceuses, repérées aussi bien en position primaire que secondaire, est exclusivement locale. Parmi le matériel étudié il n'y a aucun indice d'importation de matières premières exogènes provenant d'affleurements situés à plus de 15 kilomètres du site. Il faut quand même souligner que si toutes les variétés des matières premières exploitées sont repérables aux alentours du gisement, elles sont aussi bien présentes sur un territoire beaucoup plus vaste au sein des Lessini. Les groupes épigravettiens et moustériens qui ont occupé l'abri Tagliente se sont donc installés directement au cœur d'un environnement naturel très favorable du point de vue de l'accès aux matières premières silencieuses de bonne qualité, et, par conséquent, favorable à une intense activité de taille et de production de supports lithiques.

En ce qui concerne les différences entre les données respectives issues de l'analyse respectivement des niveaux de la série inférieure et de ceux de la série supérieure, on peut souligner que si au Moustérien le silex était récolté à quelques mètres de l'abri, à l'Epigravettien le territoire d'approvisionnement devient plus ample, différencié et spécifique. Egalement, pour le Moustérien, une vraie relation entre matière première et méthode de débitage n'est pas confirmée, tandis qu'à l'Epigravettien la relation dévient beaucoup plus évidente. Enfin, les derniers *Homo sapiens* qui ont occupé l'abri ont exploité de façon beaucoup moins intensive la matière première par rapport aux Néanderthaliens.

De la même façon, la position géographique du gisement, situé au croisement de différents biotopes (plaine, fond de vallée, versant rocheux, sommet du haut-plateau) a favorisée l'approvisionnement en ressources alimentaires à l'intérieur d'un territoire relativement peu étendu, tout en considérant des variations sensibles en relation avec les différentes phases climatiques.

Sur la base des considérations que l'on vient de présenter, c'est-à-dire d'après les seules données issues de l'analyse des séries lithiques et fauniques, nous pouvons affirmer que le territoire exploité par les différents groupes humains qui se sont installés dans l'abri ne devait pas être particulièrement étendu, et cela surtout en vertu de la richesse en ressources naturelles offerte par le territoire environnant. Certainement il faut aussi considérer que tant à l'Epigravettien qu'au Moustérien, ce site devait faire partie d'un système d'occupation du territoire beaucoup plus complexe s'articulait sur des rythmes de mobilité divers selon les différentes phases d'installation.

De ce point de vue, concernant l'Epigravettien, un indice très clair de l'existence de déplacements ou de contacts sur de longs parcours est attesté par la présence d'une riche collection (jusqu'à présent composées de plus de 700 éléments) de coquilles marines de provenance méditerranéenne et d'un exemplaire fossile dont la présence la plus proche du site est signalée à l'extrémité occidentale des Lessini et dans quelques localités de la Vénétie orientale (Gurioli, 2006).

Bibliographie

AIMAR, A., THUN HOHENSTEIN, U., GIACOBINI, G. & PERETTO, C. (2000) - Studio tafonomico dei reperti faunistici provenienti dai livelli musteriani del Riparo Tagliente (VR). *Atti del II Convegno Nazionale di Archeozoologia*, Asti 1997, pp. 107-110, Forlì.

ARZARELLO, M., (2003) - *Contributo allo studio del comportamento tecno-economico dell'uomo di neandertal: l'industria litica della serie musteriana del Riparo Tagliente (Stallavena di Grezzana, VR, Italia)"*. Tesi di Dottorato, Università di Ferrara 300 pp.

ARZARELLO, M. PERETTO, C. (2005) - "Données nouvelles sur les caractéristiques et l'évolution tecno-économique de l'Industrie moustérienne du Riparo Tagliente (Verone, Italie) ; *Colloque International : Données recents sur les Modalités de peuplement et sur le cadre chronostratigraphique, géologique et paléogeogrphique des industries du Paléolithique inferieur et moyen en Europe*, BAR International Series S1364. pp. 281-289.

ARZARELLO, M.; BERTOLA, S.; FONTANA, F.; GUERRESCHI, A.; LIAGRE, J.; PERETTO, C. (2006) - Modalità di approvvigionamento delle materie prime nel sito di Riparo Tagliente (Stallavena di Grezzana, Verona). *Quali differenze nei comportamenti tecno-economici tra Musteriano ed Epigravettiano? Materie Prime e scambi nella Preistoria Italiana. Atti della XXXIX Riunione Scientifica dell'Istituto Italiano di Preistoria e Protostoria*, Firenze: I , pp. 357-361.

BARTOLOMEI, G. [et al.] (1984) - Paleolitico e Mesolitico. In: A. Aspes (ed.), "*Il Veneto nell'antichità. Preistoria e Protostoria*", vol. 2: 167-319. Banca Popolare di Verona.

BARTOLOMEI G. [et al.] (1982) - I depositi würmiani del Riparo Tagliente. *Annali dell'Università di Ferrara* XV, 3(4): 51-105.

BERTOLA, S. (2001) - *Contributo allo studio del comportamento dei primi gruppi di Homo sapiens sapiens diffusi in Europa. Sfruttamento della selce, produzione dei supporti lamellari, confezione delle armature litiche nel sito aurignaziano della Grotta di Fumane nei Monti Lessini (Verona).* Consorzio Universitario BO - FE - PR, Tesi di Dottorato, Ferrara.

CATTANI, L. ; RENAULT-MISKOVSKY, J. (1989) - La réponse des végétations aux variations climatiques quaternaires autour des sites archéologiques du sud de la France et du nord de l'Italie. *"Il Quaternario", II (2).* pp. 147-170.

DE FRANCESCHI, P.F, DE FRANCESCHI, G, SUARO, V (2005) – Il Valon del Molera : l'alpe dei Lessini. *Lessinia ieri oggi e domani,* Quaderno culturale n° 2: 11-20.

FONTANA, F.; BERTOLA, S.; BONCI, F.; CILLI, C.; LIAGRE, J.; LONGO, L.; PIZZIOLO, G.; THUN HOHENSTEIN, U.; GUERRESCHI, A. (sous presse) - The first occupation of the Southern Alps in the Late Glacial at the site of Riparo Tagliente (Verona, Italy). Detecting the organisation of living-floors through a G.I.S. integrated analysis of technological, functional, palaeoeconomic and spatial attributes. *Grimaldi S., Perrin T., (eds.) Mountain environments in Prehistoric Europe. Pro-ceedings of the XV U.I.S.P.P. Congress, Lisbon, 3-9 September 2006, Colloquium 31,* B.A.R. International Series.

FONTANA, F. [et al.] (2002) - Riparo Tagliente. La serie epigravettiana, in ASPES A. (Ed.), Preistoria Veronese. Contributi e aggiornamenti, *Memorie del Museo Civico di Storia Naturale di Verona*, 2^ serie, sez. Scienze dell'Uomo, 5, pp. 42-47.

GUERRESCHI, A., FONTANA, F., LIAGRE, J. (2004) - Epigravettian and Mesolithic sites of the

Veneto area. Riparo Tagliente. Mondeval de Sora, in Bietti A. *et alii*, *Inorganic raw materials economy and provenance of chipped industry in some stone age sites of Northern and Central Italy*, Collegium Anthropologicum, 28, 1, PP. 49-51.

GURIOLI, F. (2006) - *Il trattamento delle materie dure animali nel Paleolitico superiore dell'Italia nord-orientale. Sfruttamento a fini alimentari, tecnologici e simbolici.* Tesi di dottorato, Consorzio Universitario di Bologna, Ferrara, Padova.

LIAGRE, J. (2000-2001) - *Riparo Tagliente (Verona, Italia). Analyse techno-économique de l'industrie lithique de l'Epigravettien final: exemple du silex " organogena "*, DEA de Préhistoire, Archéologie, Histoire et Civilisations de l'Antiquité et du Moyen-Age. Université de Provence. pp. 94.

LIAGRE, J. (2005) - *Gestion de l'activité de taille et de l'espace domestique au Tardiglaciaire en Italie nord orientale. Analyse des " Officine Litiche " de l'abri Tagliente (Vénetié).* Université AIX-MARSEILLE I, Université de Provence, Ecole doctorale N° 355 " Espace, Culture et Sociétés, Formation doctorale : Préhistoire, pp. 380

THUN HOHENSTEIN, U. [et al.] (2000) – Taphonomic analysis of the Faunal Remains from Layer 35 of the Mousterian levels at Riparo Tagliente (Verona, Italy). *Atti del II Congresso Internazionale CNR*, Parigi 1999, Éditions Elsevier, I, Parigi. pp. 323-326.

THUN HOHENSTEIN, U. [et al.] (2001) - New contribution to the taphonomic analysis of the faunal remains from the Mousterian levels of Riparo Tagliente (Verona). *Atti del XIII Congresso degli Antropologi Italiani*. pp. 39-44.

THUN HOHENSTEIN, U. (2004) – Lo sfruttamento delle risorse animali provenienti dai tagli 40 e 41 dei depositi musteriani di Riparo Tagliente (Verona). *Rivista di. Scienze Preistoriche.*, 54, Firenze. pp. 557-567.

THUN HOHENSTEIN, U.; PERETTO, C. (2005) - Faunal exploitation in the Middle Palaeolithic: evidences from Riparo Tagliente (Verona, Italy). *Actes du Colloque International: Donnees recents sur les modalites de peuplement et sur le cadre chronostratigraphique, geologique et paleogeographique des industries du Paleolitique inferieur et moyen en Europe*, Bar International Series 1364, Oxford. pp. 261-267.

THUN HOHENSTEIN U. (2006) – Strategie di sussistenza adottate dai Neandertaliani nel sito di Riparo Tagliente (Prealpi venete). In Sala B. e Tecchiati U. (eds.) *Archaezoological studies in honour of Alfredo Riedel*. Soprintendenza Archeologica del Trentino Alto Adige. Bolzano. pp. 31-38.

DONNEES PRELIMINAIRES SUR DES AIRES D'APPROVISIONNEMENT ET DE SELECTION DES MATIERES PREMIERES LITHIQUES DANS LES OCCUPATIONS DU PLEISTOCENE MOYEN DU NIVEAU TD10-1

Maria D. GARCÍA-ANTÓN TRASSIERRA

Marina MOSQUERA MARTÍNEZ

Àrea de Prehistòria-IPHES (Institut Català de paleoecologia Humana i evolució social). Departament d'Història i Geografia, Universitat Rovira i Virgili, Plaça Imperial Tàrraco 1, 43005 Tarragona, Espagne

E-mails: madolores.garciaanton@urv.cat, marina.mosquera@urv.cat

Résumé *: Le site de Gran Dolina se situe dans le complexe karstique de la Sierra de Atapuerca au NE de Burgos.*
Les datations par RPE et U-Th du niveau TD10-1ont donné un âge moyen pondéré de 372 ± 33ka. Le sous-niveau le plus ancien est interprété comme une occupation de type campement résidentiel.
Pour mieux appréhender, les systèmes d'exploitation et de gestion de l'environnement mis en œuvre par ces groupes humains, il est nécessaire de comparer les matières premières mis au jour dans le sous-niveau archéologique avec les roches présentes (ou absentes) à l'intérieur d'une aire géographique de 20 km² environ.
Mots-clés *: Pléistocène moyen, approvisionnement, sélection des matières premières, Gran Dolina, Sierra de Atapuerca*

Abstract: *Gran Dolina site is a cave into the karstic system of Sierra de Atapuerca, located at NE the city of Burgos.*
The dates by RPE and U-Th of the Level TD10-1 have a ponderated averaged date of 372 ±33ka.
This sublevel is situated at the bottom of TD10-1, and it has been interpreted as a base camp.
In order to approach to the environmental exploitation and supply systems performed by these groups, it is important to cross data between present days availability, quantity and quality of raw materials in a 20 km² surrounding area, and the evidences offered by the archaeological excavations at this sublevel.
Keywords: *Middle Pleistocene, procurement, raw materials selection, Gran Dolina, Sierra de Atapuerca*

INTRODUCTION

Ces dernières décennies, les études concernant les matières premières ont connu une nette évolution dans les problématiques développées. Les premières recherches se sont concentrées sur la localisation des gîtes (Luedtke, 1979 ; Seronie-Vivien & Seronie-Vivien, 1987), puis certains travaux se sont intéressés à la mobilité des matières premières et à son implication sur les comportements humains (Geneste, 1989; Féblot-Augustins, 1999) jusqu'à, plus récemment, la recherche concernant une éventuelle sélection des matériaux (Shelley, 1993, p.58-60; Stout *et al.*, 2005, p.366).

Les procédés de sélection des matériaux, seront abordés après une analyse exhaustive des dépôts secondaires présents aux alentours des sites. Cette analyse a permis de développer quelques paramètres d'intérêt sur les ensembles lithiques, ainsi que sur les qualités des matériaux qu'elles contiennent.

La finalité de cette étude, est d'appréhender les différentes procédures de sélection des matériaux par les groupes humains pendant le Pléistocène moyen au centre nord de la Péninsule Ibérique. Pour cela, nous avons analysé un ensemble lithique du site de Gran Dolina, qui appartient au complexe archéo-paléontologique de la Sierra de Atapuerca.

LA GRAN DOLINA

Située dans la Sierra de Atapuerca a 15 km à l'est de la ville de Burgos, (fig. 15.1) les sites se trouvent a un carrefour de biotopes présentant une grande richesse biologique (Diez & Rosell, 1998, p. 368) et une diversité lithologique. Cela a permis la survivance des groupes humains tout au long du Pléistocène dans un même environnement. Les sites appartiennent à un réseau karstique, ce qui a contribué à une bonne préservation des ensembles archéologiques, depuis la fermeture des cavités, jusqu'au début du XXème siècle, date à laquelle les gisements ont été découverts, lors de la construction d'un chemin de fer.

Le site de Gran Dolina est une de ces cavités localisées dans la "Trinchera del Ferrocarril". D'une épaisseur de 19 mètres, il comprend 11 niveaux lithostratigraphiques qui s'échelonnent du Pléistocène inférieur au Pléistocène supérieur. Le niveau TD11, archéologiquement stérile, clôture la séquence (Mallol, 2004, p. 167-168).

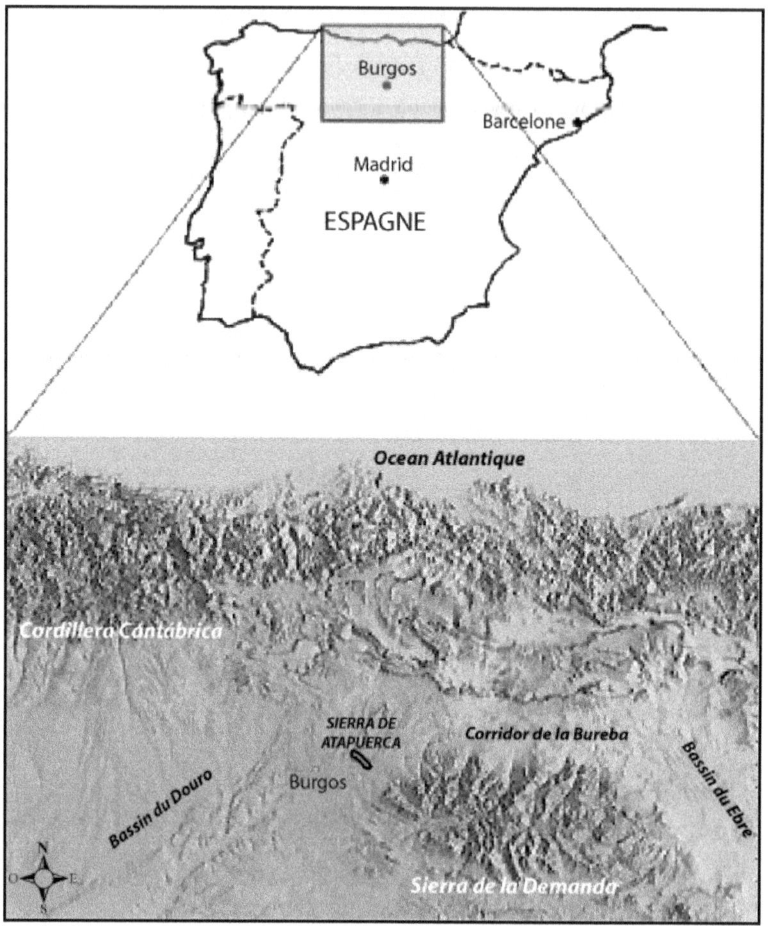

Fig. 15.1 : Localisation de la Sierra de Atapuerca (Extrait de la Carta Digital de España. Servicio Cartográfico del Ejército).

Le niveau TD10

Le niveau TD10 subdivisé en 4 unités lithostratigraphiques a une épaisseur de 2 mètres. Les datations de ce niveau lui confèrent un âge pondéré de 372±33 k.a. (Falguères *et al.*, 2001, p.74). Le sous-niveau TD10-1, d' un mètre d'épaisseur, est le plus récent niveau et l'unique fouillée à l'heure actuelle.

La totalité du matériel archéologique de ce sous-niveau est en cours d'analyse. Nous disposons ainsi uniquement des données provenant de l'analyse archéozoologique, tracéologique et technologique des vestiges mis au jour lors des fouilles anciennes et du sondage vertical. Les analyses réalisées par, Marina Mosquera (1995), Josep M[a] Vergès (1996), Eudald Carbonell *et al.* (2001) et Xose Pedro Rodríguez (2004) sur les ensembles lithiques de cette sous-niveau mettent en évidence l'existence de chaînes opératoires complètes sur presque toutes les matières premières et des remontages. D'un autre côte, les donnés tracéologiques révèlent la présence du travail du bois et des peaux ainsi que la découpe de viande. Le travail du bois, par exemple, a été identifié sur les tranchants des pièces denticulées. L'existence d'un outil emmanché a aussi été reconnue (Carbonell *et al.,* 1998, p.415; Márquez *et al.,* 2001, p.295).

L'analyse de la faune récupérée lors des fouilles anciennes, permet d'envisager une grande diversité écologique, avec l'identification de 7 espèces de carnivores et 7 espèces d'herbivores (tab. 15.1, extrait de Rosell, op. cit., p.96). L'analyse archéozoologique dès restes fauniques, (Díez, C., 1993; Rosell, J., op. cit, 119-183) montre un accès des carnivores à la cavité après son abandon par les groupes humains, sans rendre évidente la compétition entre ces derniers et les carnivores. Il y a une chasse spécialisée évidente, orientée vers l'acquisition d'individus adultes d'équidés, de cervidés et de grands bovidés. L'introduction des animaux dans la cavité est réalisée selon deux modèles : dans le cas des animaux de petite et moyenne taille il y a une introduction intégrale des carcasses avec un dépouillement, un dépeçage et une

Tab. 15.1 Taxons d'espèces présentes au sub-niveau TD10- 1 (Donnés extrait de Torres, 1987; Morales *et al*, 1987; García *et al*, 1999; Made, 1999, 2001).

Carnivores	Hervibores
-*Ursus arctos*	-*Stephanorhinus cf. Hemitoechus*
-*Canis lupus ssp.*	-*Sus scrofa*
-*Vulpes sp.*	-*Cervus elaphus*
-*Panthera leo fossilis*	-*Equus sp*
-*Pantera gombaszoegensis*	-*Dama dama clactoniana*
-*Lynx spelaea*	-*Megalocerinii*
-*Felis sylvestris*	-*Bos/ bison sp.*

éviscération à l'intérieur. Mais avec les animaux de grande taille, il y a une introduction partielle représentée seulement par les crânes et les extrémités. Les procédés de dépouillement, de dépeçage, et d'éviscération ont eu à l'extérieur de la cavité.

Les résultats obtenus par l'analyses des vestiges archéozoologiques et lithiques nous ont amené à interpréter ce sous-niveau comme un possible campement résidentiel (Aguirre, 1998, p.40; Enamorado, p. 194; Díez et Rosell, 1998, p. 381-382; Mallol, op. cit. p.406-407; Mosquera, 1995, p. 245-246; García-Antón *et al.*, 2002, p. 53; Rodriguez, op. cit. 2004).

METHODOLOGIE

Cette étude a été réalisée sur un échantillon de vestiges provenant des fouilles modernes, à la base du sous-niveau TD10-1. L'échantillon est situé au NE de la cavité parmi les lignes 18 et 22 et depuis la paroi Nord jusqu'à la ligne transversale des I, ou la densité des restes est de 264 pièces par mètre carré. La densité importante de vestiges associés aux autres donnés préliminaires, comme la quasi absence des processus de piétinement et la présence de nombreux remontages, semblent être des arguments pour localiser le campement résidentiel décrit dans des travaux antérieurs à cet endroit de la cavité.

Jusqu'à présent, les études réalisées sur les matières premières lithiques et leurs sources d'approvisionnement se sont cantonnées aux gîtes en position primaire, tout en signalant l'existence de dépôts secondaires comme une source d'acquisition de ces groupes humaines. (Mosquera *et al.*, 1997, p. 562; Gábarró *et al.*, 1999, p. 295-296; García-Antón *et al.*, 1998, p. 57-58; García-Antón op. cit., 2002, p. 46-47).

Pour évaluer l'existence d'une éventuelle sélection des matières premières par les groupes humains du Pléistocène moyen qui ont occupé la cavité de Gran Dolina, nous avons appliqué la méthodologie suivante.

Au sein de l'ensemble archéologique, nous avons analysé touts les restes supérieurs à 20mm, en recherchant le type de roche et en évaluant leur qualité. Pour la caractérisation de l'industrie, nous avons utilisé les catégories structurelles du système logique analytique (Carbonell *et al.* 1982; Carbonell *et al.* 1992.).

Les prospections se sont concentrées sur le bassin de drainage de la rivière Arlanzón. Le bassin inclut trois bassins subsidiaires importants pour cette étude, celui du fleuve Cueva-Salgüero, celui du fleuve Pico et celui du fleuve Vena (fig. 15.2). Un prélèvement des sédiments du bassin a été réalisée en 2003 et 2005, depuis la source de la rivière d'Arlanzón jusqu'a la ville de Burgos où se jettent les Vena et Pico.

Lors de ce prélèvement nous avons tenu compte des changements qui ont pu intervenir dans le panorama lithologique tout au long des 300.000 dernières années. Pour cette raison nous avons fait l'échantillonnage lithologique des nappes alluviales anciennes de la rivière de l'Arlanzón, ainsi que dans un affleurement de formation *Arenas de Utrillas*, avec des sondages mécaniques qui ont récupéré l'échantillon à l'intérieur des barrages fluviatiles (ou des dépôts secondaires). L'échantillon obtenu contient une quantité approchant les 50 litres d'argiles, de sables et de graviers quartzeux. Les échantillons ont ensuite été tamisés pour séparer les fractions granulométriques, et pour récupérer la fraction grossière nécessaire à cette étude. Nous avons relevé les dimensions des galets et leur composition pétrographique, en ajoutant des données concernant leur aptitude à la taille (ténacité, clivages, etc.). Ce corpus de caractéristiques est suffisant pour identifier précisément les différentes nappes alluviales de l'Arlanzón utilisées comme sources d'approvisionnement. Afin d'élargir les données géologiques, nous l'avons complété par un travail de terrain sur la lithologie de la Sierra de la Demanda et de ses environs.

CONTEXTE GEOLOGIQUE

Cette zone est localisée dans la partie nord-orientale du bassin tertiaire du Douro, limitée au nord par la Sierra de Ubierna et au sud par la Sierra de la Demanda. Au centre, se situe la Sierra de Atapuerca et son réseau karstique renfermant les différents gisements.

La rivière Arlanzón, est un affluent du Douro. Elle prend sa source à 1.700 m d'altitude sur le versant sud du pic San Millán qui culmine à 2.131 m. Le lit de la rivière est fortement encaissé dans le substrat rocheux

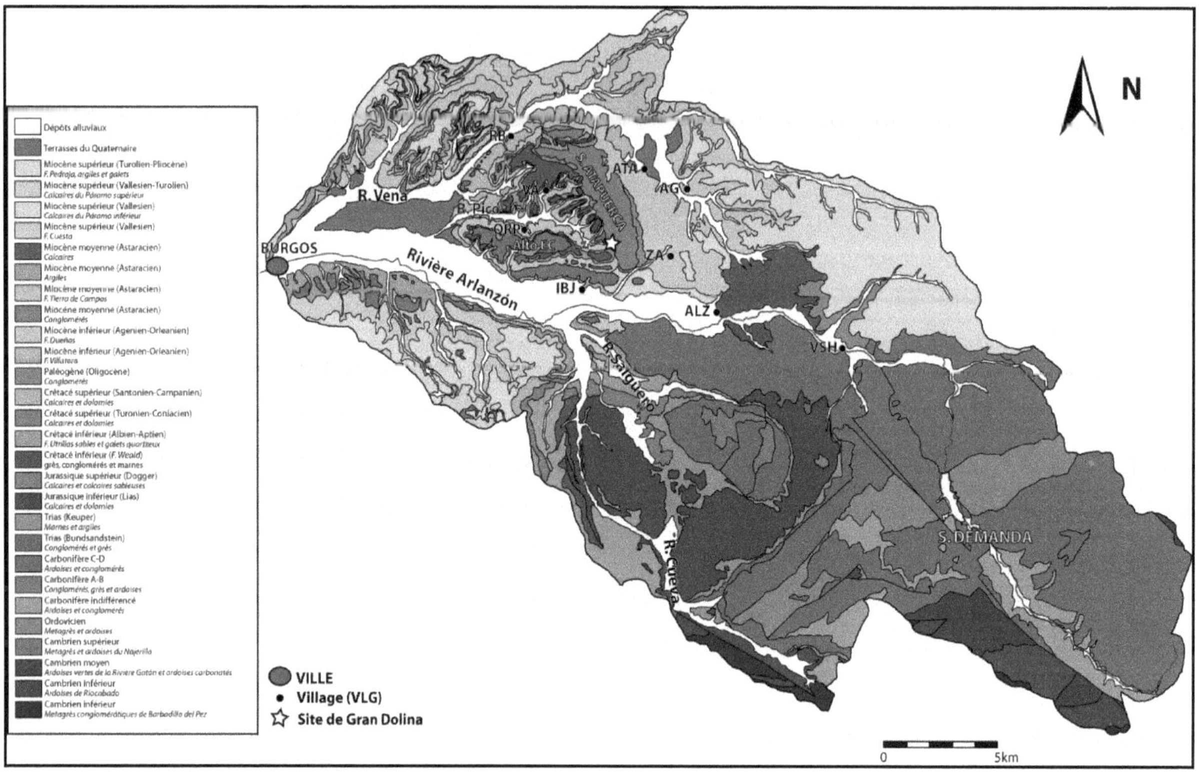

Fig. 15.2 : Carte géologique du bassin de drainage de la rivière Arlanzón de sa source à la ville de Burgos. Alto EC, Alto Escampa Colina. Peuplements: RB, Rubena; ATA, Atapuerca; AG, Agés; VA, Villalval; QRP, Quintanilla Río-Pico; ZA, Zalduendo; IBJ, Ibeas de Juarros; ALZ, Arlanzón; VSH, Villasur de Herreros.

de la Sierra de la Demanda et ses premiers dépôts alluviaux se situent près du village de Villasur de Herreros.

La Sierra de la Demanda (fig. 15.2) est constituée par les formations paléozoïques, entourées des sédiments mésozoïques. Il y a prédominance de dépôts cambriennes parmi les dépôts paléozoïques, constitués par des formations quartzeux détritiques qui ont un faciès carbonaté à la limite du Cambrien inférieur et moyen (Colchen, 1974). L'Ordovicien s'appuie de façon concordante sur le Cambrien. Sur cette coupe se déposent en discordance les niveaux Carbonifères d'origine organogène et détritique. Les faciès principaux du Cambrien de la Sierra de la Demanda présents dans cette zone (Colchen, op.cit. pp. 45-65; Boquera *et al.*, 1978., p. 6-11) sont les suivants :

- Cambrien inférieur, faciès Barbadillo del Pez (FBBP) avec de grès et méta-grès conglomératiques et faciès schisteuse de Riocabado (FRCB).
- Cambrien moyen faciès de Río Gatón (FRG) avec des grès et schistes et faciès des schistes et calcschistes de Mansilla.
- Cambrien supérieur faciès détritique des alternances grèso-schisteuses du Najerilla (FAN).

Vers l'ouest de la Sierra de la Demanda, apparaît aussi une bande de matériaux Mésozoïques déposés en discordance. Ces dépôts sont limités à l'Ouest par des dépôts tertiaires du bassin du Douro et au Nord par le tertiaire du corridor de la Bureba, qui relie les bassins tertiaires du Douro et du Ebre.

A l'Ouest, le Mésozoïque présente des niveaux triasiques du Buntsandstein et du Keuper (argiles, grès bigarrés et conglomérés), des Jurassiques avec des dolomies, calcaires et calcaires marneux (présent dans le bassin de la rivière Cueva) et des Crétacés (grès et galets quartzeux de la formation *Arenas de Utrillas*, calcaires et calcaires marneux fossilifères) (Garía de Domingo *et al.*, 1997, p. 16-27). En bordure Nord ; le Crétacé présente des dépôts du faciès Weald avec des grès,des conglomérats (gravier <50 mm) et des marnes (Olivé *et al.*, 1990, p. 9).

La Sierra de Atapuerca correspond a une structure d'anticlinaux du Mésozoïque orientés NNW-SSE, qui se détache sur des terrains tertiaires du bassin du Douro. L'âge de ses niveaux comprend les faciès fin jurassiques (Purbeck-Weald) et le Crétacé. Les phénomènes d'érosion et de dissolution qui ont affecté la surface de la Sierra de Atapuerca ont mis au jour le

Fig. 15.3 : Affleurements siliceux des alentours du site de Gran Dolina. A) Silex Astaracien des alentours Zalduendo; B) Silex Astaracien du Plateau Villalval-Rubena; C) Silex Astaracien du *Alto de Escampa Colina* et D) Silex du Crétacé, surface Turonien-Coniacien de la Sierra de Atapuerca.

substrat calcaire du Turonien-Santonien (Zazo *et al.*, 1987). Ce dernier contient des nodules de silex de près de 20 cm de longueur (García-Antón, 1998, p. 50).

Les dépôts tertiaires qui apparaissent dans le bassin de l'Arlanzón appartiennent au bassin endoréique du Douro. Pendant l'Astaracien supérieur s'est formé un niveau de calcaires marneux, qui, aux bordures ouest de la Sierra de Atapuerca, se transforme en calcaires micritiques avec la présence de plusieurs blocs siliceux métriques (García-Antón, op.cit., p.50; García-Antón *et al.* Op.cit., 47). Cet étage géologique apparaît à la surface de l'actuel plateau de Villalval-Rubena qui s'étendait jusqu'au versant Sud-Est de la sierra de Atapuerca. À cet endroit, des blocs de silex affleurent dans la zone ou les calcaires astaraciens ont disparu du fait de l'érosion (fig. 15.3) (Benito, 2004, p.113-115).

Au Nord de la Demanda sont localisés les dépôts deltaïques miocènes du faciès Pedraja. Le cours d'eau a creusé le Paléozoïque du massif primaire Ibérique, en laissant un éventail deltaïque à son embouchure. C'est la raison pour laquelle le faciès Pedraja contient une plus grande diversité lithologique parmi ses graviers que les dépôts fluviatiles de l'Arlanzón.

Le réseau fluviatile du bassin du Douro a commencé son encaissement pendant le Quaternaire. Le réseau fluviatile de l'Arlanzón, à la sortie de la Sierra de la Demanda, a formé une vallée dissymétrique qui comporte des terrasses en gradin en rive droite et des escarpements qui placent les dépôts de terrasse en haut de la rive gauche (Benito & Pérez-González, 2002; Benito, 2004, p. 164-167).

La rivière Vena contourne la Sierra de Atapuerca par son versant NNE depuis sa source, dans le Dépôt de Pedraja, situé au pied de La Sierra de la Demanda jusqu'à son embouchure, près du village de Burgos. Elle transporte des galets quartzeux originaires du faciès Pedraja et des graviers calcaires mésozoïques et tertiaires en plus grande proportion que la rivière Arlanzón.

La rivière Pico, moins développée que les fleuves précédents, a sa source sur le versant Sud-Ouest de La Sierra de Atapuerca et s'encaisse dans une vallée étroite qui traverse les plate-formes calcaires de l'Astaracien situées en rive droite. En amont du bassin, les dépôts sont calcaires et se chargent de dépôts quartzeux au fur et à mesure que le fleuve creuse les hautes terrasses de l'Arlanzón à la proximité des villages de Quintanilla Río-Pico et de Villalval.

Nous avons intégré à cette étude des prélèvements provenant de six terrasses de la rivière Arlanzón. Trois d'entre elles appartiennent au Pléistocène inférieur et trois autres au Pléistocène moyen. Mais dans tous les échantillons, nous n'avons pas observé le même volume de charge. Ainsi, les terrasses de +50m et +33-35m (altitude par rapport au niveau d'étiage du fleuve) ont apporté une quantité de 15 et 13 galets dont la longueur est supérieure à 64mm par échantillon de 50 litres. Pour remédier à cette pauvreté numérique de galets, nous avons décidé de traiter comme des entités l'ensemble des terrasses. Le premier ensemble regroupe les nappes des +70-75 m, +60-65 m et +50 m, en englobant les données des hautes terrasses. Le second ensemble regroupe les caractères des nappes de +38-40 m, +33-35 m et +18-22 m qui appartiennent aux terrasses du Pléistocène moyen.

Les morphométries des galets sont similaires au sein des deux ensembles (fig. 15.4) et présentent des morphologies ellipsoïdes (Krumbein, 1941). Si, en ce qui concerne les hautes et moyennes terrasses, le facteur forme (F= (a-b)/(a-c)) (Sneed & Folk, 1958) montre des indices similaires, en revanche, le facteur isométrique (S=c/a) selon lequel les deux ensembles appartiennent à la même catégorie, comporte une petite différence au sein de l'ensemble du Pléistocène inférieur avec des morphologies légèrement plus sphériques (tab. 15.2). Cependant, les morphométries des galets observés à la formation *Arenas de Utrillas* sont très proches de celles décrites dans l'ensemble du Pléistocène inférieur.

Dans les différentes terrasses étudiées (tab. 15.3 ; tab. 15.4), il y a une prédominance des grès à grain fin et très fin. Cependant, leur faible degré de compaction, associé à la présence de pans de clivages, les rendent inapte à la taille. À l'instar des grés, les métagrès présentent une granulométrie fine et des pans de clivages. Les roches les plus appropriées à la taille contenues dans les terrasses sont des orthoquartzites, des grès quartzites très compacts présentant de ciment siliceux. Lors de leur débitage, ils présentent les

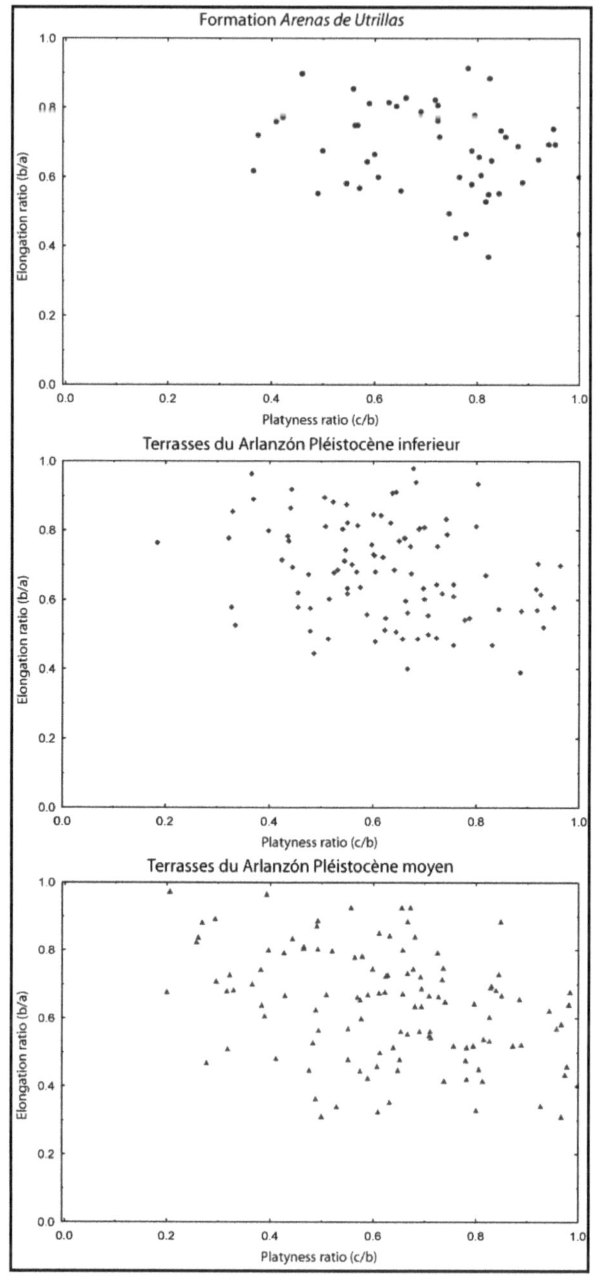

Fig. 15.4 : Morphométrie des galets récoltés dans les dépôts secondaires.

mêmes propriétés mécaniques que les métaquartzites. Néanmoins, ce type de roche est assez rare dans les terrasses de l'Arlanzón. La plus grande partie se trouve dans les faciès du Cambrien FAN sur le versant Nord-Est de La Sierra de la Demanda.

Les restes des roches identifiées, sont de, grès quartzite, des microconglomérats, et des quartz qui ne sont pas aptes à la taille, à la fois par la grosseur de leur grain, qui oscillent parmi les tailles moyennes (exception faite du grès quartzite), et par la présence de

Tab. 15.2 : Morphométrie des galets récoltés aux dépôts secondaires.

		Formation *A. de Utrillas*	Hautes Terrasses	Moyen Terrasses
*Facteur F	Moyenne	0.627	0.625	0.598
(F= (a-b)/(a-c))	Médiane	0.629	0.543	0.625
*Facteur S	Moyenne	0.474	0.432	0.389
(S=c/a)	Médiane	0.475	0.421	0.390

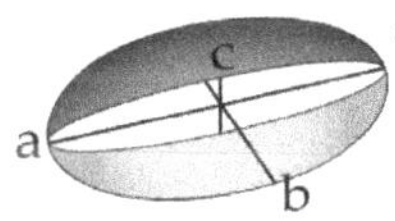

* Les facteurs F et S font référence aux axis des galets

(Voir dessin)

Tab. 15.3 : Relation entre catégories structurelles et types de roches (entre parenthèses, nombre de galets récoltés à chacun des dépôts secondaires, ** TF = très fin; F=fin; M=moyen, *irrégulier non conchoïdal).

Pléistocene Inférieur	**Taille du grain**			**Cassure**				**Aptitude de taille**		
	**TF	**F	**M	irrégulier	conchoïdal	*irrégulier	Clivages	mauvais	acceptable	bon
Grès (75)	66%	19%	15%	43%	57%	-	72%	56%	40%	4%
Microcongloméré (1)	-	-	100%	-	100%	-	100%	-	100%	-
Metagrès (9)	100%	-	-	56%	44%	-	78%	44,5%	44,5%	11%
Orthoquartzite (10)	70%	30%	-	-	100%	-	30%	-	50%	50%
Grès quartzite (4)	50%	25%	25%	25%	75%	-	75%	50%	50%	-
Quartz (1)	-	-	100%	-	-	100%	100%	100%	-	-
Pléistocene Moyen	**Taille du grain**			**Cassure**				**Aptitude de taille**		
	**TF	**F	**M	irrégulier	conchoïdal	*irrégulier	Clivages	mauvais	acceptable	bon
Grès (51)	41%	31%	28%	31%	69%	-	59%	39%	45%	16%
Microcongloméré (3)	-	-	100%	-	100%	-	67%	-	100%	-
Metagrès (29)	79%	17	4%	24%	76%	-	66%	31%	52%	17%
Orthoquartzite (15)	60%	27%	13%	7%	93%	-	80%	-	40%	60%
Grès quartzite (17)	70%	12%	18%	6%	94%	-	88%	18%	70%	12%
Quartz (2)	-	-	100%	-	-	100%	-	-	100%	-
Formation Arenas de Utrillas	**Taille du grain**			**Cassure**				**Aptitude de taille**		
	**TF	**F	**M	irrégulier	conchoïdal	*irrégulier	Clivages	mauvais	acceptable	bon
Orthoquartzite (6)	-	67%	33%	50%	50%	-	83%	33%	67%	-
Quartzite (41)	59%	39%	2%	-	100%	-	76%	31%	49%	20%
Quartz (4)	-	50%	50%	25%	-	75%	100%	100%	100%	-

clivages internes aux galets. Les quartz, les schistes et les ardoises sont principalement représentés par des graviers dont les plus grandes longueurs sont inférieures à 2 cm.

Il semble évident qu'il existe une différence concernant le type de matières premières disponibles dans les terrasses au Pléistocène inférieur et au Pléistocène moyen. Ainsi les terrasses du Pléistocène moyen ont perdu les apports du Carbonifère C-D et ont gagné des matériaux provenant des séries cambriennes FAN et FBBP (fig. 15.5). Ces dernières n'ont pas été identifiées dans les matériaux des hautes terrasses. Il est probable que cette particularité soit liée à l'encaissement de l'Arlanzón au Pléistocène inférieur dans les matériaux mésozoïques et cénozoïques des alentours de La Sierra de la Demanda.

VARIETE DE ROCHES IDENTIFIEES AUX DEPOTS SECONDAIRES

Les différentes variétés de roches ont été triées selon leur faciès d'origine aussi bien dans l'échantillon

Tab. 15.4 : Roches identifiées dans les comptages des terrasses et groupes par origines.

Hautes Terrasses	Grès		Metagrès		Orthoquartzite		Grès quartzite		Microconglоméré		Quartz filonien		Totale	
Trias	1	1,0%	0	0%	0	-	0	-	0	-	0	-	1	1%
Demanda Indet.	0	-	0	0%	0	-	0	-	0	-	1	1,0%	1	1%
Ordovicien	19	19,0%	8	8%	0	-	0	-	0	-	0	-	27	27%
Carboniférè C-D	38	38,0%	0	-	0	-	0	-	0	-	0	-	38	38%
Carboniférè Ind.	14	14,0%	0	-	4	4%	1	1%	1	1%	0	-	20	20%
Cambrien FAN	2	2,0%	1	1%	6	6%	0	-	0	-	0	-	9	9%
Cambrien FRG	1	1%	0	-	0	-	3	3%	0	-	0	-	4	4%
Cambrien FBBP	0	-	0	-	0	-	0	-	0	-	0	-	0	
	75	75,0%	9	9,0%	10	10,0%	4	4%	1	1%	1	1,0%	100	

Moyennes Terrasses	Grès		Metagrès		Orthoquartzite		Grès quartzite		Microconglоméré		Quartz filonien		Totale	
Trias	0	-	0	-	0	-	0	-	0	-	0	-	0	-
Demanda Indet.	0	-	0	-	0	-	0	-	0	-	2	1,7%	2	1,7%
Ordovicien	17	14,5%	13	11,1%	0	-	1	0,9%	0	-	0	-	31	26,5%
Carboniférè C-D	10	8,5%	0	-	0	-	6	5,1%	0	-	0	-	16	13,7%
Carboniférè Ind.	12	10,3%	3	2,6%	2	1,7%	4	3,4%	3	2,6%	0	-	24	20,5%
Cambrien FAN	4	3,4%	5	4,3%	13	11,1%	3	2,6%	0	-	0	-	25	21,4%
Cambrien FRG	5	4,3%	0	-	0	-	3	2,6%	0	-	0	-	8	6,8%
Cambrien FBBP	3	2,6%	8	6,8%	0	-	0	-	0	-	0	-	11	9,4%
	51	43,6%	29	24,8%	15	12,8%	17	14,5%	3	2,6%	2	1,7%	117	

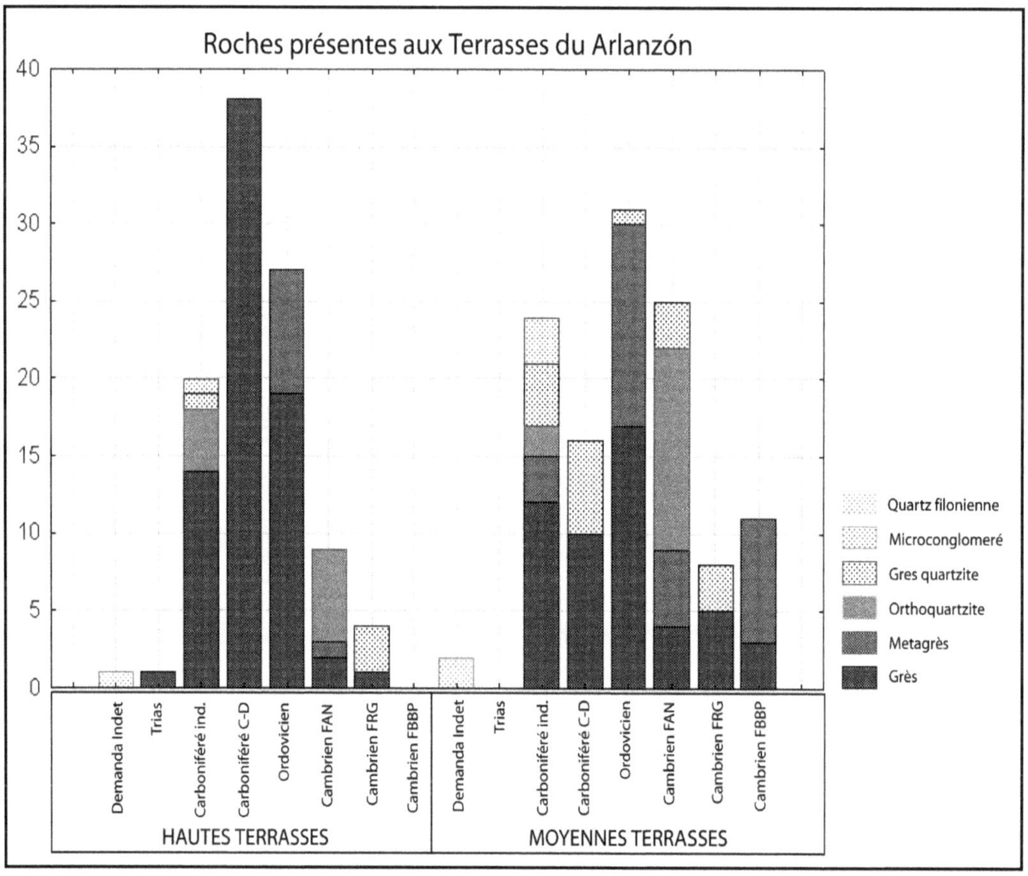

Fig. 15.5 : Nature et origine des galets récoltés sur les terrasses (roches présentes sur les terrasses du Arlanzón).

géologique que dans la série archéologique. Ces faciès, dans beaucoup de cas, présentent une variabilité lithologique telle, qu'ils peuvent contenir trois types différents de roches selon les changements structuraux et les degrés de métamorphisme du dépôt qui peut modifier la texture finale des roches. Les caractéristiques des roches de chacun des groupes se décrivent de la manière suivante :

- Faciès Barbadillo del Pez (FBBP) du Cambrien inférieur, qui contient des métagrès, des grès qui oscillent entre les grain fin et les microconglomérats et quelque métaquartzites. Les roches de ce faciès présentent des colorations allant du gris clair verdâtre au vert foncé, à cause de la présence de la chlorite dans sa composition pour un bas degré de métamorphisme (Colchen, op.cit., p. 92-95). Ils présentent un fort pourcentage de micas, bien que le quartz détritique soit le principal minéral de ces grès.
- Faciès de la rivière Gatón (FRG). Du Cambrien Moyen, ces roches sont des grès quartzites de couleur blanchâtre à grain moyen ou gros, cimentés dans de nombreux cas, de carbonates (Colchen, op.cit, 105-112). Il contient aussi des ardoises carbonatées non identifiées lors de l'échantillonnage de la rivière Arlanzón.
- Faciès des alternances du Najerilla (FAN). Il appartient au Cambrien supérieur, et comporte surtout des orthoquartzites et des grès quartzites très compacts avec un ciment siliceux, non métamorphisé. La coloration est homogène, allant du gris foncé au gris marron. Le grain est fin, luisant vitré et il présente une texture saccharoïde à cassure conchoïdale évidente. Il est composé essentiellement de grains du quartz détritique des micas qui peuvent ou non être ordonnés.

Dans l'Ordovicien, nous avons identifié un type de métagrès et d'orthoquartzite peu représenté dans les ensembles analysés. Assez similaire aux matériaux de la FBBP, il ne contient cependant pas de chlorite qui entraîne une coloration blanchâtre avec la présence de granules de biotites noires et des hématites.

Dans le bassin de drainage de l'Arlanzón, il y a seulement deux séries carbonifères importantes. Dans le deux cas, il s'agit de conglomérats (Boquera *et al.*, 1978, p. 12-14).

La série du Carbonifère indifférencié apparaît bien représentée dans ce bassin avec un puissant développement en hauteur. On parle d'une séquence de grès, microconglomérés et conglomérés. La série est constituée par des grès quartzite-orthoquartzites de couleur blanche. Leur coloration n'est pas homogène à cause d'un fort rubanement que ces roches présentent et qui teinte en rouge une partie de l'affleurement. Ce fort rubanement de matrice sableuse s'observe aussi dans galets polymictiques contenus dans le conglomérat de cette série et se manifeste avec une bordure bien développée d'altérations orangées (≤5cm) qui permettent d'identifier les matériaux de cette série. Les grès quartzites rougeâtres de cette série sont très compacts à cause du ciment siliceux. La taille du grain oscille entre les moyens et les gros et la texture est saccharoïde. Il présente une cassure conchoïdale, bien que les bulbes soient parfois difficiles à identifier. Les conglomérats, contiennent des galets d'orthoquartzites des séries des Najerilla présentant une coloration marron, des galets de grès blancs et orangés et aussi des quartzites blancs de bonne fracture et de texture saccharoïde. Dans presque 90% des cas, les roches échantillonnées de cette série ont une importante bordure rubanée.

La série du Carbonifère C-D contient des ardoises, du charbon et des conglomérats polymictiques. La matrice de ces derniers est un grès de couleur orangée, peu compact et très friable. Une importante partie des galets présente des fractures tectoniques contenant des oxydes de fer qui rend difficile l'obtention de produits technologiques. Les conglomérats comportent des grès et des quartzites, avec une prédominance des premiers.

La formation *Arenas de Utrillas* est un faciès détritique qui appartient au début du Crétacé (étage Albien-Aptien). Sa matrice comporte des sables quartzeux non compacts, des argiles ponctuelles et des galets quartzeux hétérométriques. Ce faciès comporte deux types de roches ; les quartz et les quartzites. Les quartz sont filoniens avec d'importants cristaux d'aspect laiteux ou hyalin et sont à cassure conchoïdale irrégulière. Les quartzites de ce dépôt sont des métaquartzites dans plus de 90% des cas. Leur coloration est diversifiée, de vert foncé à rouge. Ils sont très vitrés, avec un grain fin, et à cassure conchoïdale très nette. Cependant, ils présentent de nombreuses diaclases internes qui les rend inapte à la taille.

À ce groupe, nous avons inclus le quartz indifférencié de La Sierra de la Demanda qui est présent en plus ou moins grande proportion dans toutes ses séries paléozoïques. Ce type de quartz est laiteux avec une croissance qui comble les fractures tectoniques et dont les cristaux coexistent avec d'autres espèces de minéraux comme les carbonates, les oxydes de fer (limonites et hématites) ou biotites.

L'ENSEMBLE ARCHEOLOGIQUE

Au sein du sous-niveau TD10-1, un total de 1.518 pièces a été analysé selon le type de matière première

Tab. 15.5 : Relation entre catégories structurelles et types de roches (entre parenthèses, les pourcentages font référence a deux groupes : le premier regroupe les deux types de silex avec une nombre de 1.056 pièces ; le deuxième regroupe les restes des roches avec un nombre de 462 pièces. Abréviations : Gr, Grès ; Mcg, Microconglomèré ; GQt, grès quartzite ; OQt orthoquartzite ; Qt, quartzite ; Qz, quartz ; FRG, faciès Cambrien Rio Gatón ; FBBP, faciès Cambrien Barbadillo del Pez ; FAN, faciès Cambrien alternances du Najerilla ; DMD, Demanda.*silex 1=silex Turonien-Coniacien ; silex 2= silex Astaracien).

	Carbonifère Indifférencie				Carbonifère C-D				Ordovicien				FRG		FBBP				
	Mcg	GQt	OQt	Qt	Gr	Mcg	GQt	OQt	Gr	MGr	GQt	OQt	Gr	GQt	Gr	MGr	GQt	OQt	Qt
BN(a)	3	0	0	0	0	0	0	0	0	0	0	0	0	0	2	0	0	0	0
BN(b)	1	1	0	0	0	0	0	0	0	0	0	0	0	0	0	0	0	0	0
BN(c)	6	1	0	0	0	0	0	3	2	0	0	0	7	0	1	2	4	0	0
BN(d)	2	6	2	0	0	0	1	2	1	0	0	1	3	0	0	0	0	0	0
BN1GE	1	0	2	2	0	0	0	0	0	0	0	0	0	0	3	7	3	0	0
BN2GE	2	0	2	0	0	0	0	0	0	0	0	0	0	0	2	0	0	0	1
BN1GC	0	1	0	0	0	0	0	0	0	0	0	0	0	0	0	1	0	0	0
BN2GC	1	0	13	1	0	1	0	0	2	0	1	0	0	0	31	2	6	0	4
BP	8	5	11	17	0	0	1	0	0	0	1	0	0	1	54	4	5	0	12
BPF	0	0	2	9	1	0	0	0	0	0	0	1	0	0	20	1	5	1	8
FBP	0	0	1	5	0	0	0	0	0	0	0	0	0	0	11	3	1	0	0
Frags	0	0	0	1	0	0	0	0	0	1	0	0	0	0	1	0	0	0	1
Indeter	0	0	0	0	0	0	0	0	0	0	0	0	0	0	1	0	0	0	0
TOTALES	24	14	33	35	1	1	2	5	5	1	2	2	10	1	126	20	24	1	26
%	1,6%	0,9%	2,2%	2,3%	0,1%	0,1%	0,1%	0,3%	0,3%	0,1%	0,1%	0,1%	0,7%	0,1%	8,3%	1,3%	1,6%	0,1%	1,7%
	7,0% (22,9%)				0,6% (1,95%)				0,7% (2,16%)				0,7% (2,38%)		13,0% (42,6%)				

	FAN	F. Utrillas		DMD	*Silex 1	*Silex 2	Ind_Ct	TOTAL	
	OQt	Qt	Qz	Qz					
BN(a)	0	0	0	0	0	0	0	5	0,3%
BN(b)	0	0	0	0	0	0	0	2	0,1%
BN(c)	1	0	0	0	0	0	1	28	1,8%
BN(d)	0	1	1	0	0	0	0	20	1,3%
BN1GE	2	1	1	1	13	7	0	43	2,8%
BN2GE	1	0	1	0	2	27	0	38	2,5%
BN1GC	0	0	0	0	1	0	0	3	0,2%
BN2GC	16	16	6	1	36	107	0	244	16,1%
BP	13	28	5	0	128	532	0	825	54,3%
BPF	6	14	3	0	12	64	0	147	9,7%
FBP	2	2	1	0	16	54	0	96	6,3%
Frags	0	1	3	1	12	31	0	52	3,4%
Indeter	0	0	0	0	0	14	0	15	1,0%
TOTALES	41	63	21	3	220	836	1	1518	
%	2,7%	4,2%	1,4%	0,2%	14,5%	55,1%	0,1%		
	2,7% (8,87%)	5,5% (18,2%)		0,2% (0,44%)	14,5% (20,83%)	55,1% (79,17%)	0,1% (0,22%)		

et leur catégorie structurelle. Cependant, l'analyse technologique réalisée sur cet ensemble est actuellement en cours d'étude et nous ne disposons pas encore de données précises concernant les méthodes de débitage employées, ni même sur les caractéristiques définitives des ensembles lithiques. Toutefois, les catégories structurelles utilisées comportent suffisamment d'informations pour nous permettre d'élaborer une évaluation préliminaire des matières premières utilisées de cet ensemble (tab. 15.5).

Comme dans les autres sites préhistoriques de La Sierra de Atapuerca (Carbonell *et al.*, 1999, p. 659; Garcia-Antón *et al.*, op.cit, 47-49) il existe dans le sous-niveau TD10-1, une prépondérance numérique du silex sur les autres roches. Cette sur-représentation du silex est aussi perceptible au sein du panel de matières premières présentes dans l'environnement proche du site.

Les silex Astaraciens représentent 55,1% de l'échantillon et ceux du Turonien-Coniacien, 14,5%. Les chaînes opératoires de ces deux types de silex sont complètes. Cependant, les proportions des produits relevant des premières phases d'exploitation des blocs sont plus importantes pour les silex du Turonien-Coniacien que pour les silex astaraciens. La taille et la morphologie initiale de ces roches ont pu jouer un rôle important sur les modalités de transport de ces deux types de matériaux.

Dans l'ensemble, il existe aussi des types de roches de nature quartzeuse qui englobent des quartz, des grès et des quartzites de types variés. En recentrant l'analyse sur ces roches, nous nous approchons des critères de sélection que nous voulons préciser. Pour cela, nous avons isolé les donnés obtenues du reste de l'ensemble lithique, pour éviter le " bruit " qu'a engendré la présence des silex lors du traitement statistique.

Nous avons identifié 23 types de roche de nature quartzeuse en distinguant 8 ensembles lithologiques selon la zone d'origine. Ces 23 types correspondent à six roches différentes : grès, métagrès, microconglomérat, grès quartzite, orthoquartzite et quartzite. Les cinq premières sont des grès que nous avons pu différencier à partir de leurs caractéristiques texturales et de leur composition minérale. Dans le cas du métagrès, sa distinction a pu être effectuée par le degré de métamorphisme (fig. 15.5). Ces roches peuvent aussi se diviser en deux groupes selon leur cohésion. Un premier groupe réunirait les roches tenaces ou très tenaces (l'orthoquartzite, le quartzite et le quartz) présentant une bonne ou moyenne aptitude à la taille, et dans le second les roches peu tenaces (le grès, le métagrès, le grès quartzite et le microconglomérat) qui sont le moins apte à la taille.

Dans le premier groupe, les différents éléments de la chaîne opératoire sont présents dans des proportions similaires. L'unique différence observée est la présence de manuports et de BN(d) en orthoquartzite uniquement. Parmi les trois matériaux du premier groupe, le quartzite est celui qui est le plus fréquemment utilisé. Il est suivi par l'orthoquartzite avec qui il partage des propriétés mécaniques et des aptitudes à la taille similaires. Le quartz est le matériau le moins bien représenté.

Au sein de ces différents matériaux, nous avons identifié des nucléus de première et deuxième génération, ainsi que des outils dominés par les outils de deuxième génération.

Dans le second groupe, le grès représente 9,4% du total de l'ensemble lithique. Le grès le plus fréquemment utilisé appartient au faciès Barbadillo del Pez avec un 8,3% du total de l'ensemble. Les éléments en grés des catégories structurelles sont assez semblables à ceux des matériaux du premier groupe et plus différents que ceux des autres matières premières du second groupe. Ainsi, la fréquence plus importante de possibles *manuports* observé dans ce groupe est représenté par les grès du FRG qui ont beaucoup de similitudes avec l'ensemble des microconglomérats qui comporte de nombreux galets ou fragments de galets.

Les roches peu tenaces, exception du faite du grès, présentent deux chaînes opératoires différentes. Le métagrès et le grès quartzite comporte les même types de produits : outils sur galet et manuports. Même si parmi les grès quartzite, il existe des outils ou BN2GC, qui ne sont pas représentés dans le métagrès. Le microconglomérat a été utilisé préférentiellement comme percuteurs et manuports, mais il est aussi représenté par 3 nucléus : un de premier génération, deux de deuxième génération et un outil retouché ou BN2GC.

CONCLUSIONS

La première conclusion est que les roches contenues dans les nappes alluviales de l'Arlanzón ne sont pas les mieux représentées dans l'ensemble archéologique étudiée.

De plus, le contenu lithologique des terrasses ne coïncide pas avec les proportions des roches sélectionnées par les groupes humaines qui ont occupé le sous-niveau TD10-1. Il existe une stratégie de sélection qui privilégie les roches présentes sur le versant sud/sud-ouest de la Sierra de Atapuerca (Terrasses de l'Arlanzón) pour l'utilisation de galets comme manuports et percuteurs, et pour une partie plus restreinte, celle de galets en roches tenaces orientée vers la production de supports. Cependant, dans la série Cambrien du Najerilla (FAN) qui contient divers types des roches, seuls les orthoquartzites de très bonne qualité ont été sélectionnés pour être débités ou façonnés et non pour leur utilisation comme percuteur. Néanmoins, la série la plus utilisée est le Cambrien de faciès Barbadillo del Pez (FBBP) qui représente 13% du total des restes lithiques récupérés, mais est inexistant dans les hautes terrasses. Les roches de cette série, les grès, le métagrès et le grès quartzite ont été sélectionnées de façon plus systématique, aux détriments des roches les plus aptes à la taille tels que les orthoquartzites et quartzites de meilleur qualité. Une partie de la chaîne opératoire de l'ensemble des matériaux originaires de la série Cambrien FBBP est quasiment identique à celle des silex du Turonien-Coniacien.

Néanmoins, tous les matériaux ne proviennent pas uniquement de cette aire d'approvisionnement. En effet, la présence au sein du niveau archéologique de roches issues de la formation *Arenas de Utrillas* suggère une fréquentation du versant Nord nord-est de la Sierra de Atapuerca.

De plus, les matériaux des séries Cambriennes FAN et FBBP sont aussi présents dans les dépôts du faciès Miocène de Pedraja. Étant donné que ces matériaux sont très bien représentés dans l'ensemble archéologique (tab. 15.5), il semble logique de penser qu'une partie de ces roches a été récoltée dans le bassin de la rivière Vena et pas dans celui de l'Arlanzón. Cette hypothèse nécessite un échantillonnage des dépôts fluviatiles de la rivière Vena pour être éventuellement confirmée.

Les dépôts alluviaux du faciès Pedraja et de la formation *Arenas de Utrillas* apportent aussi des galets quartzeux, sélectionnés par ces groupes humains, de bonne qualité aux dépôts alluviaux de la rivière Vena et aux colluvions des environs de la Sierra de Atapuerca

En ce qui concerne le silex miocène, il est actuellement présent dans deux zones différentes : la premier est limité actuellement par les villages de Ibeas de Juarros, de Zalduendo et de Agés, où la rivière Arlanzón a commencé l'érosion de l'étage Astaracien à la fin du Pliocène, début du Pléistocène inférieur (Pérez-Gonzalez, 1995; Benito, op. cit. p. 193). Il n'existe aujourd'hui pratiquement plus dans cette zone et il apparaît seulement près de la Sierra de Atapuerca au Nord et Nord-est du village de Ibeas de Juarros. Cette zone contient des blocs siliceux, mais en proportion moins importante que dans le deuxième aire située entre Escampa Colina et le plateau de Villaval-Rubena. Cette deuxième aire correspond a un affleurement de l'Astaracien qui a été fortement érodé par la rivière Pico pendant le Pléistocène Moyen (Benito, 2004, p.193). C'est à suite de l'érosion des calcaires Astaraciennes que des blocs de silex ont été mis au jour. Cet affleurement permettra par la suite l'utilisation des ces blocs par les groupes humains. Jusqu'à présent, nous avions identifié la seconde zone comme principale source d'approvisionnement des blocs de silex, (Mosquera, 1997, p.; Carbonell *et al.*, op. cit. p.658-659; García-Antón *et al.*, Op. cit. p.45). Néanmoins, la première zone doit être l'aire principale d'approvisionnement de ces groupes humains, car cet étage avait, à la fin du Pléistocène inférieur et au Pléistocène moyen des blocs de silex aptes à la taille dans les surfaces d'érosion.

Ainsi, les donnés obtenues montrent que la mobilité des groupes humains, quoique de caractère local, n'est pas seulement centrée sur des aires proches de la rive de la rivière Arlanzón, et aux affleurements de silex les plus abondants et plus proches. En effet, le type de sélection observé parmi les matières premières utilisées nous dirige vers le versant Nord-Est de la Sierra de Atapuerca, où une grande partie des ressources lithiques semblent avoir été récoltée.

L'utilisation par les groupes humains de divers types de matériaux, malgré la grande quantité de silex présent autour de la Sierra de Atapuerca, soulève deux interrogations : 1) pourquoi ont-ils utilisés dans des proportions importantes des matériaux quartzeux de moins bonne qualité que le silex ?, 2) quelles autres possibilités offraient ces matériaux par rapport au silex ? Peut-être que la recherche et la nécessiteé d'utiliser des percuteurs pour le débitage des blocs est un élément de réponse, mais cela n'explique pas la présence en quantité importante de nucléus et d'outils réalisés à partir de galets détritiques et quartzeux.

Si la réponse à ces questions n'est pas aisée, le développement du type d'analyses présenté dans cette contribution tend à y répondre en partie.

Remerciements

Ce travail s'inscrit dans le cadre de financement DGICYT, du projet n° PB96-1026-C03-01. Les fouilles on été financées par la Junta de Castilla y León. Le travail de terrain a été possible grâce a l'aide de la Fundación Atapuerca. Nous remercions Céline Thiébaut pour l'aide apportée pour la correction finale de cet article.

Bibliographie

AGUIRRE, E. (1998)- El proyecto de Atapuerca. Propósito, estrategia y primeros resultados. In AGUIRRE, E., Ed. *Atapuerca y la Evolución Humana*. Madrid: Fundación Ramón Areces. p.17-48

BOQUERA, J.; GIL, G.; ZUBIETA, F. (1978)- *MAPA GEOLÓGICO DE ESPAÑA: HOJA DE PRADOLUENGO 239 (20-11) Serie MAGNA* [Matériel cartographique]/ Instituto Geológico y

Minero de España. – E. 1:50.000. – Madrid : I.G.M.E. (inclus mémoire)

BENITO, A. (2004)- Análisis geomorfológico y reconstrucción de paleopaisajes neógenos y cuaternarios en la Sierra de Atapuerca y el valle medio del río Arlanzón. Thése de Doctorat. Universidad Complutense. Madrid. 397 p. (Non publié)

BENITO, A.; PEREZ-GONZALEZ, A. (2002)- Análisis geomorfológico de la sierra de Atapuerca y del valle del río Arlanzón (provincia de Burgos). In Pérez González, A. ; Vegas, J. ; Machado, M.J. eds.lits.- *Aportaciones a la geomorfología de España en el inicio del tercer Milenio. Actas de la VI reunión Nacional de Geomorfología. Madrid, 17-20 septiembre 2000*. Madrid: I.G.M.E., p. 373-383. (Serie : Geología, n°1).

CARBONELL, C.; GUILBAULD, M.; MORA, R. (1982)- Application de la méthode dialecthique a la construction d'un systeme analithique pour l'étude des materiaux du Paleolithique inférieur. Dialektiké. *Cahiers de typologie analytique*. Pau. p.7-23

CARBONELL, C. [et. al.] (1992)- New elements of the logical analytic system. First International Meeting on Technical Systems to Configure Lithic Objects of scarce elaboration (Montblanc, 1992). *Cahier Noir*. Tarragona. 6. p.... Laboratori d'Arqueologia de la Universitat Rovira i Virgili/ Reial Societat Arqueològica Tarraconense.

CARBONELL, E.; RODRIGUEZ, X.P.; SALA, R. (1998)- Secuencia diacrónica de Sistemas Litotécnicos en la Sierra de Atapuerca (Burgos). In AGUIRRE, E., Ed. *Atapuerca y la Evolución Humana*. Madrid: Fundación Ramón Areces. p. 391-419.

CARBONELL, E. [et. al.] (1999)- The TD6 level lithic industry from Gran Dolina, Atapuerca (Burgos, Spain): production and use. *Journal of Human Evolution*. London. **37**:3/7, P. 653–693

CARBONELL, E. [et. al.] (2001)- Structure morphotechnique de l'industrie lithique du Pléistocène inférieur et moyen d'Atapuerca (Burgos, Espagne). *L'Anthropologie*. Paris. 105: 2, p. 259-280

COLCHEN, M. (1974)- *Géologie de la Sierra de la Demanda. Burgos-Logroño (Espagne)*. Madrid. 436 p. (Memoria IGME ; 85)

DIEZ, C. (1993)- *Zooarqueología de Atapuerca (Burgos). Implicaciones paleo-económicas del estudio tafonómico de yacimientos del Pleistoceno medio*. Madrid: Universidad Complutense de Madrid. (Col. Tesis Doctorales 109: 93).

DIEZ, J.C. ; ROSELL, J. (1998)- Estrategias de subsistencia de los homínidos de la Sierra de Atapuerca. In AGUIRRE, E., Ed. *Atapuerca y la Evolución Humana*. Madrid: Fundación Ramón Areces. p. 361-390.

ENAMORADO, J. (1992)- *Aprovechamiento del entorno por los grupos humanos del Pleistoceno Medio en la Península Ibérica*. Thèses Doctoral. Universidad Complutense Madrid. Madrid (non publié)

FALGUERES, C. [et ali.] (2001)- Datation par RPE et U-Th des sites pléistocènes d'Atapuerca: Sima de los Huesos, Trinchera Dolina et Trinchera Galería. Bilan géochronologique. *L'Anthropologie*. Paris. 105: 1. p. 7-81

FEBLOT-AUGUSTINS, J. (1999)- Raw materials transport patterns and settlement systems in the European Lower and Middle Paleolithic : continuity, change and variability. In ROEBROEKS, W. ; GAMBLE, C. eds. lits. *The Middle Pleistocene Occupation of Europe*. Leiden: Leiden University. p.193-214.

GARCIA, N.; ARSUAGA, J.L. (2001)- Les carnivores *(Mammalia)* des sites du Pléistocène ancien et moyen d'Atapuerca (Espagne). *L'Anthropologie*. Paris. 105: 1. p. 83-93

GABARRO, J.M. [et. al.] (1999)- Análisis de la captaci6n de las materias primas liticas en el conjunto técnico del Modo 2 de Galería. In CARBONELL, E. ; ROSAS, A. ; DIEZ, J.C. eds. lit. *Atapuerca : Ocupaciones Humanas y paleoecología del yacimiento de Galería. Burgos*. Valladolid: Junta de Castilla y León, 283-297. (Memorias de Arqueología 7)

GARIA DE DOMINGO, A.; CABRA, P.; SOLE, J. (1997)- *MAPA GEOLÓGICO DE ESPAÑA: HOJA DE VILLAGONZALO-PEDERNALES 238 (19-11) 2ª Serie MAGNA* [Matériel cartographique]/ Instituto Geológico y Minero de España. – E. 1:50.000. – Madrid : I.G.M.E. (inclus mémoire)

GARCIA-ANTON, M.D. (1998)- Aproximación a las àreas de captación del sílex en el Pleistoceno Inferior y Medio de la Sierra de Atapuerca (Burgos, Spain). *Rubricatum*. Gavà. 2. p. 47-52

GARCIA ANTON, M.D. ; MALLOL, C. (1998)- Nuevos datos sobre el aprovisionamiento de materias primas en el Pleistoceno Medio e Inferior de la Sierra de Atapuerca, Burgos. *Rubricatum*. Gavà. 2. p. 53-60

GARCIA-ANTON, M.D.; MORANT, M. ; MALLOL, C. (2002)- L'approvisionnement en matières premières lithiques au Pléistocène inférieur et moyen dans la Sierra de Atapuerca, Burgos (Espagne). *L'Anthropologie*, Paris. 106: 1. p. 41–55

GENESTE, J.-M. (1989)- Économie des ressources lithiques dans le mousterien du sud-ouest de la France. In FREEMAN, L.; PATOU, M. eds. lits. *L'Homme de Neandertal, la Subsistance*. Liège: Études et Recherches Archéologiques de l'Université de Liège. p.75–97.

KRUMBEIN, W.C. (1941)- Measurement and geological significance of shape and roundness of sedimentary particles. *Journal of Sedimentary Petrology*. Tulsa. 11:2. p. 64-72.

LUEDTKE, B.E. (1979)- The Identification of Sources of Chert Artifacts. *American Antiquity*. 44. p.744–757.

MADE, J. VAN DER (1998)- Ungulates from Gran Dolina (Atapuerca, Burgos, Spain). *Quaternaire*. Paris. 9: 4. p.267-281.

MADE, J. VAN DER (2001)- Les Ongulés d'Atapuerca. Stratigraphie et biogéographie. *L'Anthropologie*. Paris. 105: 2. p.105-107

MALLOL, C. (1999)- The selection of lithic raw materials in the Lower and Middle Pleistocene Levels TD6 and TD10A of Gran Dolina (Sierra de Atapuerca). *Journal of Anthropological Research*. Alburquerque. 55: 3. p.385-407

MALLOL, C. (2004)- *Micromorphological observations from the archaeological sediments of 'Ubeidiya (Israel), Dmanisi (Georgia) and Gran Dolina-TD10 (Spain) for the reconstruction of hominid occupation contexts*. Thèse de Doctorat, Harvard University. Cambridge. (non publié).

MARQUEZ, B. [et. al.] (2001)- Perspectives méthodologiques de l'analyse fonctionnelle des ensembles lithiques du Pléistocène inférieur et moyen d'Atapuerca (Burgos, Espagne)". *L'Anthropologie*. Paris. 105: 2. p.281-299.

MORALES, J.; SORIA, D.; SOTO, E. (1987)- Los carnívoros del Pleistoceno medio de Atapuerca. In AGUIRRE, E.; CARBONELL, E.;. BERMUDEZ DE CASTRO, J. M. Eds. lits. *ElHombre Fósil de Ibeas y el Pleistoceno de la Sierra de Atapuerca*. Soria: Junta de Castilla y León. Consejería de Cultura y Bienestar Social. P.135-151.

MOSQUERA, M. (1995)- *Procesos técnicos y variabilidad en la industria lítica del Pleistoceno medio de la Meseta: Sierra de Atapuerca, Torralba, Ambrona y Aridos*. Thèse de doctorat. Universidad Complutense de Madrid. Madrid. 420 p. (non publié).

MOSQUERA, M. (1997)- Differencial raw materials use in the Middle Pleistocene sites of Spain: The evidence from Sierra de Atapuerca, Torralba, Ambrona and Aridos. *Cambridge Archeeological Journal*. Cambridge. 8: 1. p.15-28

MOSQUERA, M. (1998)- La tecnología del Pleistoceno Inferior y Medio en la Sierra de Atapuerca: implicaciones paleoecon6micas y subsistenciales. In AGUIRRE, E., Ed. *Atapuerca y la Evolución Humana*. Madrid: Fundación Ramón Areces. p.421-453

MOSQUERA, M.; MARTIN, A.; RODRIGUEZ, X.P. (1997)- Raw materials in the Middle Pleistocene sites of Atapuerca (Burgos, Spain). In Ramos-Millán, A.; Bustillo, Mª A. eds. lits. *Siliceous Rocks and Culture*. Granada: Universidad de Granada. p.555-568 (Monográfica Arte y Arqueología)

OLIVE, A. [et. al.] (1990)- *MAPA GEOLÓGICO DE ESPAÑA: HOJA DE BELORADO 201 (20-10) 2ª Serie MAGNA* [Matériel cartographique]/ Instituto Geológico y Minero de España. – E. 1:50.000. – Madrid : I.G.M.E. (inclus mémoire)

PEREZ-GONZALEZ, A. [et. al.] (1995)- Aproximación a la estratigrafía de Galería en la Trinchera de la Sierra de Atapuerca (Burgos). In BERMUDEZ DE CASTRO, J. M.; ARSUAGA J. L.; CARBONELL, E. eds. lits. *Evolución Humana en Europa y los yacimientos de la Sierra de Atapuerca*. Valladolid: Junta de Castilla y León. p. 99–122.

PINEDA, A.; ARCE, J.M. (1997)- *MAPA GEOLÓGICO DE ESPAÑA: HOJA DE BURGOS 201 (19-10) Serie MAGNA* [Matériel cartographique]/ Instituto Geológico y Minero de España. – E. 1:50.000. – Madrid : I.G.M.E. (inclus mémoire)

RODRIGUEZ, X. P. (2004)- *Technical systems of lithic production in the lower and Middle pleistocene of the Iberian Peninsula : technological variability between north-eastern sites and Sierra de Atapuerca sites*. Oxford: B.A.R. 184 p. (BAR international series ; 1323),

ROSELL, J. (2002)- *Patrons d'aprofitament de les Biomasses Animals durant El Pleistocè Inferior i Mig (Sierra de Atapuerca, Burgos) i Superior (Abric Romaní, Barcelona)*. Thèse de Doctorat. Universitat Rovira i Virgili. Tarragona. 338 p. (Non publié)

SERONIE-VIVIEN, M.; SERONIE-VIVIEN, M.-R. (1987)- *Le silex du Mesozoïque nord-aquitain. Approche géologique de l'étude des silex pour servir a la recherche préhistorique*. Bordeaux: Société Linnéene (supplément au tome 15; Bulletin de la société Linnéene de Bordeaux)

SHELLEY, PH. (1993)- A geoarchaeological approach to the analysis of secondary lithic deposits. *Geoarchaeology: An International Journal*. 8: 1, p. 59-72

SNEED, E.D.; FOLK, R.L. (1958)- Pebbles in the lower Colorado River, Texas: a study in particle morphogenesis. *Journal of Geology*. Chicago. 66: 2. p.114-150.

STOUT, D. [et. al.] (2005)- Raw material selectivity of the earliest stone toolmakers at Gona, Afar, Ethiopia. *Journal of Human Evolution*. London. 48: 4. p.365-380

TORRES, T. (1987)- Úrsidos del Pleistoceno medio del complejo de Atapuerca. In AGUIRRE, E.; CARBONELL, E.;. BERMUDEZ DE CASTRO, J. M. Eds. lits. *El Hombre Fósil de Ibeas y el Pleistoceno de la Sierra de Atapuerca*. Soria: Junta de Castilla y León. Consejería de Cultura y Bienestar Social. p.93-116.

VERGES, J. M. (1996)- Impacte antròpic i pautes tecnofuncionals al Plistocé mitjà: la indústria litica del nivell TD10 de Gran Dolina (Sierra de Atapuerca, Burgos). Tesis de licenciatura. Universitat Rovira i Virgili. Tarragona.(non publié).

ZAZO, C.; GOY, J.L.; HOYOS, M. (1987)- Contexto geológico y geomorfológico. In AGUIRRE, E.; CARBONELL, E.; BERMUDEZ DE CASTRO, J. M. Eds. lits. *ElHombre Fósil de Ibeas y el Pleistoceno de la Sierra de Atapuerca*. Soria: Junta de Castilla y León. Consejería de Cultura y Bienestar Social. p. 41-46.

LEVEL K AND L FROM ABRIC ROMANÍ (BARCELONA, SPAIN): PROCUREMENT RESOURCES AND TERRITORY MANAGEMENT IN SHORT OCCUPATIONS DURING THE MIDDLE PALAEOLITHIC

María Gema CHACÓN
María Cristina FERNÁNDEZ LASO
María Dolores GARCÍA-ANTÓN
Ethel ALLUÉ
Àrea de Prehistòria-IPHES (Institut Català de Paleoecologia Humana i Evolució Social).
Universitat Rovira i Virgili. Plaça Imperial Tarraco, 1. 43005 Tarragona. Spain
E-mails: gchacon@prehistoria.urv.cat, cfernan@prehistoria.urv.cat,
madolores.garciaanton@urv.cat, eallue@prehistoria.urv.cat

***Abstract**: The Abric Romaní site (Catalonia, Spain) yields one of the more important and complete stratigraphic sequences of Middle Palaeolithic (dated from 70 to 40 ka BP) in Europe. It is thus a key site for studying the behaviour of some human Neanderthal groups. This strategic situation of the rock-shelter, located in Capellades (northeastern Iberian Peninsula 50 km from Barcelona) makes it a natural passage way between inland mountainous areas and coastal Catalonia regions. Hominids benefited a rich environment and had the possibility to exploit a great variety of biotopes: river beds, plain and plateau.*

This paper presents the results of studies on resource procurement (lithics and animals) and on the territory used by Neanderthals groups, through the study of two levels which show evidence of short occupations, K and L levels dated from about 52 ka BP. The results of interdisciplinary analysis of lithic and faunal assemblages suggest that resource procurement and management was focussed on the local and semi local environment, in a geographic area of about 20 km.

***Key words**: Neanderthals, resources management, Abric Romaní, territorial mobility, short occupation.*

***Résumé** : Le site de l'Abric Romaní (Catalogne, Espagne) a livré une des séquences stratigraphiques du Paléolithique moyen les plus complètes et les plus significatives de l'Europe (datée entre 70 et 40 ka BP). C'est, de ce fait, un site clé pour l'étude des comportements des groupes néandertaliens. L'abri est situé dans un lieu stratégique à Capellades (au nord-est de la Péninsule Ibérique) qui est un passage naturel entre les montagnes intérieures et le littoral méditerranéen. Les hominidés ont pu profiter d'un environnement très riche en ressources naturelles et exploiter une grande variété de biotopes: cours d'eau, plaine et plateau. Cet article présente l'étude comparative de deux niveaux d'occupation de courte durée, les niveaux K et L datés d'environ 52 ka BP, par l'analyse combinée des stratégies d'acquisition des ressources minérales et de l'exploitation de l'environnement par les groupes de Néandertaliens.*

L'analyse interdisciplinaire des résultats obtenus sur les assemblages lithiques et fauniques de ces niveaux suggère une utilisation et une gestion locales et semi locales des ressources, sur une aire géographique d'environ 20 km de rayon.

***Mot-clés**: Néandertaliens, gestion de ressources, Abric Romaní, mobilité territorial, occupations de courte durée.*

***Resumo**: O sítio do Abric Romaní, situado no NE da Península Ibérica, a 50 km de Barcelona, tem uma das mais completas e significativas sequências estratigráficas do Paleolítico Médio Europeu (datada entre 70 e 40 ka BP). Assim, é um sítio chave para estudar os comportamentos entre os grupos de Neandertais. Este sítio está próximo da Vila de Capellades, na margem direita do rio Anoia, afluente do Llobregat. O abrigo localiza-se a uma altitude de 317 m (acima do nível médio das águas do mar), numa falésia travertina conhecida como "Cinglera del Capello". Este corredor corta a cadeia montanhosa da "Cordilheira Prelitoral" formando uma passagem natural entre o interior das terras da Catalunha e o litoral mediterrânico.*

Esta localização estratégica permitiu aos hominídeos a possibilidade de explorarem uma grande variedade de biótipos: cursos de água, planície e planalto, beneficiando de um ambiente bastante rico em recursos naturais.

Este artigo apresenta o estudo comparativo de dois níveis de ocupação de curta duração, os níveis K e L datados de há cerca de 52 ka BP, no que diz respeito ao tipo de aquisição de recursos minerais e tipo de utilização do ambiente pelos grupos de Neandertais. A análise interdisciplinar dos resultados obtidos para os conjuntos líticos e faunísticos destes níveis sugere uma exploração e uma gestão local e semi-local dos recursos, numa área geográfica de cerca de 20 km.

***Palavras-chave**: Neandertais, gestão de recursos, Abric Romaní, mobilidade territorial, ocupações de curta duração.*

INTRODUCTION

Knowing the environment and the natural resources of the place occupied by Neanderthal groups is a key to recognize how they developed their subsistence strategies and how they interact with the natural environment. The study of resource availability, their distribution in the territory and their management supplies information not only about the human group mobility, but also about their social and economic behaviour, which helps to approach the Neanderthals cognitive capacities.

A site like the Abric Romani (Catalonia, northeastern Spain) which is situated in a strategic position between mountaineous inland and coastal plain offers a good opportunity for devoling such an integrated approach. This rock-shelter is one of

the many cavities located in the travertine complex known as *Cinglera del Capelló* (Capelló cliff). It is situated above a narrow gorge of the Anoia river, and represents a strategic passage way. Three main ecosystems occupy the area around the shelter: riverside, mountain uphill, and plain beyond the gorge. This territory provides a great variety and quantity of vegetation, faunal and lithic resources to hominids that occupied the site.

Since 1983, the systematic excavation has aimed towards an ethnoarchaeological and spatial reading of the archaeological record. For doing so, it is necessary to excavate the entire surfaces occupied by human groups and to register all items found in three dimensions. The behaviour and settlement patterns of human groups can be thus recognize inside the site, and it is possible to infer their territory management. In this paper we intend to understand the role played by the environment over the Abric Romaní Neanderthals ways of life, using the archaeological evidences that provide the study of levels K and L, dated about 52 BP (Bischoff *et al.* 1988).

THE ABRIC ROMANÍ SITE

The Abric Romaní site is located in the town of Capellades, in northeastern Spain. It is 50 km northwest of Barcelona, in the Catalonian Prelittoral Chain. It is a part of the Quaternary travertine formations located on the right bank of the Anoia River (Figure 1). The shelter is oriented toward the northeast, and located 317m above the sea level.

The stratigraphic sequence is about 20 m thick; the sedimentary activity is mainly related to the growth of travertine layers, which embed the archaeological deposits. 27 archaeological levels have been documentted, in which 15 have been excavated up to now (A-O). All of these levels belong to the Middle Palaeolithic, except the uppermost level (Level A) attributed to the early Upper Palaeolithic. The sequence has been dated by U-Series to 40-70 ka BP (Bischoff *et al.*, 1988; 1994) (Figure 16.1).

This paper deals with the levels K and L which are dated from OIS 3. The excavations surfaces of the two levels studied comprise more than 250 m^2 and covers the entire surfaces of the rock-shelter. The characteristic of the travertine surfaces favour the conservation of archaeological evidences, such as hearths and wooden implements in negative, pseudomorph or burnt form (Carbonell & Castro-Curel, 1992). The calorific impact of hearths is recorded perfectly on these surfaces and the location and size of these structures can be documented even when their sedimentary matrices have been substantially affected by post-depositional processes. Twenty-five hearths have been yielded from level K and twenty-three from level L. These levels were interpreted like short-term occupations (Chacón & Fernández-Laso, 2005a; 2005b; Chacón *et al.*, 2005; Vaquero *et al.*, 2004; Vaquero, 2005) with a very similar settlement patterns but with differences in the lithic resource management into the site.

VEGETAL RESOURCES

The vegetal resources recorded in levels K and L are known from pollen and charcoal analyses. Each discipline indicates a different assemblage which contributes to the knowledge of the natural landscape and the exploitation of vegetal raw materials.

The pollen sequence shows a large variety of woody taxa that grew in different environments from the region (Burjachs & Julià 1994). Herbs and pine are the most important taxa in the pollen assemblage. Trees, shrubs pine and junipers were the main species of the arboreal cover. Other taxa such as *Quercus*, *Rhamnus*, *Olea-Phillyrea* and *Syringa* were also present. There were also riverside taxa, including *Populus*, *Alnus*, *Salix* and *Ulmus*.

On the opposite, charcoal record shows a low variability all along the sequence. The results of the charcoal analyses indicate that *Pinus sylvestris* was the only taxa used as fuel for levels K and L (Tab. 16.1). Charcoals were found scattered on the floor surface or in hearths, which show similar patterns in all levels. They are mostly flat and simple, but also display other morphologies adapted to the soil or surrounded by travertine (Arteaga *et al.*, 2001). Moreover hearths are directly associated with other materials, including bones and lithics. But even if burned bones are found associated with hearths we can assess that wood was basically the major fuel component. Bones were probably burnt during meat processing, and thrown into the fire afterwards.

Taking into account both records, we can assume that the surroundings of the site were a pine forest, which does not exclude other biotopes, such as the river side

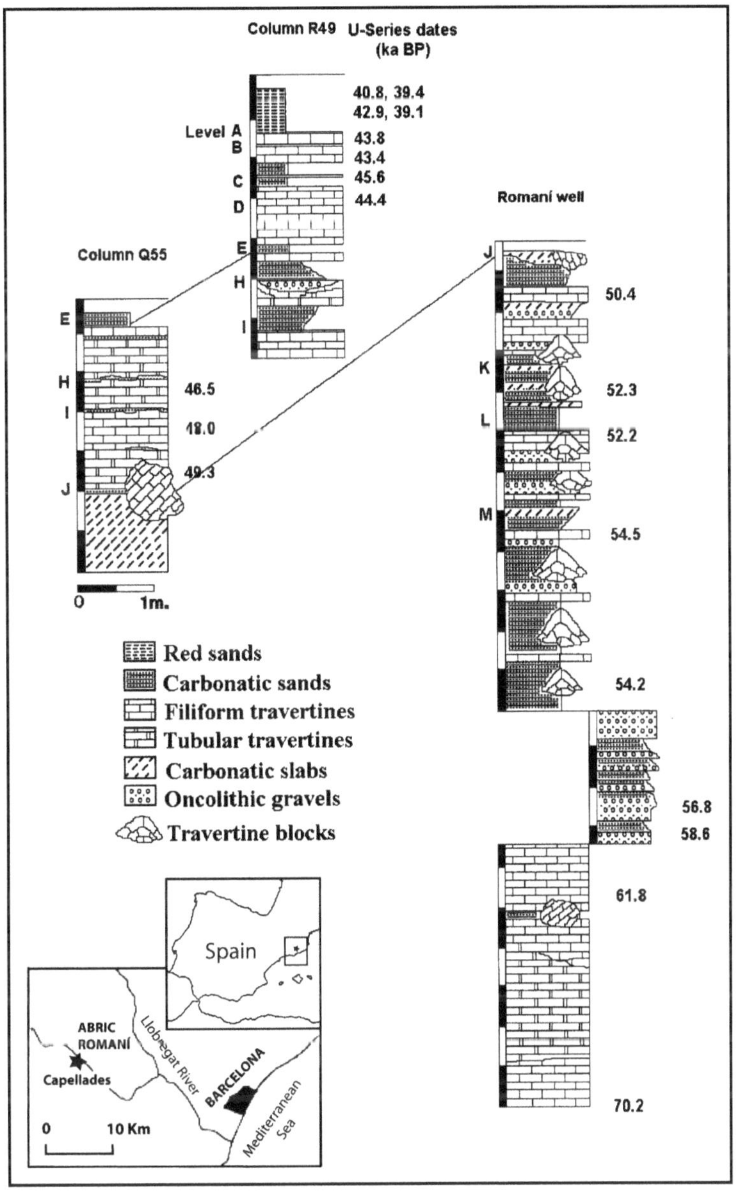

Fig. 16.1: Abric Romaní geographic location and schematic lithostratigraphy of the sequence with the U-Series dates.

Tab. 16.1: Charcoal analysis results from levels K and L. Values in parentheses are percentages.

Taxon	K	L
Pinus sylvestris type	133 (54.51)	162 (63.78)
Pinus sp.	23 (9.43)	17 (6.69)
Indetermined conifer	49 (20.08)	59 (23.23)
Undetermined	39 (15.98)	16 (6.30)
Total	**244**	**254**

formations in distant areas. During the Palaeolithic, the forest resource exploitation depended basically on the environmental constraints. They were important and diverse, in areas with favourable climatic conditions especially. Immediate needs had to be fulfilled during short occupations and consequently the most abundant and nearest wood avalaible were more exploited for fuel. Moreover the species that produce more dead wood are more likely to have been chosen as fuel. It is the case for pine tree. This species produces more deadwood than others such as junipers. The perishable character of fuelwood and its immediate use, which not require a selection process, does not make this raw material, dependent on quality, as it

Tab. 16.2: Number of Remains (NR), Minimum Number of Individuals (MNI) and Minimum Number of anatomical Elements (MNE) recovered at levels K and L.

Faunal assemblages	Level K			Level L		
	MNI	MNE	NR	MNI	NME	NR
Large-sized (adult and senile Equid and Bovid)	4	20	130	6	27	67
Medium-sized (adult Cervid and subadult Equid)	9	73	1285	5	42	201
Small-sized (subadult Cervid)	2	10	165	1	7	59
Non identified	-	-	984	-	-	676
TOTAL	**15**	**103**	**2564**	**12**	**76**	**1003**

could for wood manufacturing (Allué & García-Antón, 2004).

The palynological analysis shows a dominance of arboreal pollen, suggesting a pine forest during a mild cold climate phase. Thermophylous taxa were constrained to places where extreme conditions were ameliorated by the Mediterranean influence, as well as by the proximity of water sources in the Capellades Strait area. The rest of the surrounding landscape was steppe-like, occupied by plains of Poaceae, Asteraceae and *Artemisia*. Finally, the climatic evolution of this part of the archaeological sequence shows an environmental context which progressively worsens in level M to L (mild cold conditions) and reaches the least favourable climatic conditions in levels I and H (Burjachs & Julià, 1994).

FAUNAL RESOURCES

In both levels, the faunal assemblages are formed by equids, cervids and one bovid. Horses and large bovids occupied plains and rather open areas, as well as steppe-like places with open forests (red deers). In both levels we found that the selected game was horses and red deer, especially adults. The NMIs obtained for the two species are similar (Table 16.2). The animals from mountainous environments, such as *Capra pyrenaica* or *Rupricapra rupicapra* are identified only in the upper levels. The archaeological levels which display the greatest variety of herbivores have also experienced the greatest anthropic impact, the upper levels and J especially (Carbonell *et al.*, 1996; Vaquero *et al.*, 2001).

Taphonomic evidences other than cut marks are scarce. Some small grooves or depressions can be attributed to carnivore tooth marks on diaphysis. Some rare fracturing by carnivores has been observed. Level K is the level of all Abric Romaní sequence in which the action of these animals was higher. As far as biological agents are concerned, the impact of water is highlighted. Most of the rounding and polishing produced by this agent only affect the side of the bones that were exposed to the surface, and they indicate low energy flows. Finally, some marks are due to trampling and plant roots.

Animal remains show clear evidence of human activities geared towards obtaining animal nutrients. Cut marks along with bone fractures and signs of cremation are found on bones. Large size animals, given their weight, were not transported integrally inside the shelter, and parts were transported selectively. A first processing took place at the location where the animals were obtained, either being consumed and or leaving those anatomic parts with the lowest meat content. The appendicular skeleton and cranium elements were then transported to be eaten and left in the shelter. Medium-sized animals were integrally transported to the Abric, where they were processed and consumed (Tab 16.2).

Cut marks highlight different activities related to herbivore processing, although they clearly depend on the animal size (Fig. 16.2.a and 16.3.a). Defleshing and long bone scraping are represented on animals of all sizes, while evisceration has only been identified in medium-sized ones, due to absence of elements from the thoracic cavity belonging to large sized animals. This pattern is repeated with the disarticulation and skinning identified in medium sized animals. The bone fracture technique applied in order to obtain marrow implies separating the two epiphyses from the diaphysis longitudinally (Fig. 16.2.b and 16.3.b). We observe a systematic fracturing of epiphysis, which is not well represented in both levels.

LITHIC RESOURCES

The lithic resources availability in the surrounding area of the site is wide. The principal raw materials used in

Tab. 16.3: Localisation and description of the raw lithic materials formations.

Geological formation age	Geological formation description	Outcrop location (*)	Raw material	Size	Suitability for knapping	Distance
Eocene (Cuisiensian-Lutetian)	Valldeperes formation, Palaeogene evaporitic formation with flint blocs (whit metric dimensions) fits in marls and lacustrine clays	Vallespinosa (VLD)	flint in primary position	≤ 1 m	good for knapping	≥ 15-20 km
Triassic (Lower Muschelkalk)	dolomitic limestone formation that contains flint lens nodules	St. Quíntí de Mediona (MED)	flint in primary position	20 cm	knapping difficult (by the internal fractures)	≥ 8-10 km
Oligocene (Sanonian)	lagoonal area which belongs to gypsum bearing (evaporitic) formation that contains flint translucent nodules and blocks	St. Martí de Tous (SMT)	flint in primary position	≤ 1 m	good for knapping	≥ 18-20 km
Eocene (Cuisiensian-Lutetian)	conglomerate coarse detritic facies with rounded flint nodules	Carme (CME)	flint in secondary position	≤ 5 cm	good for knapping	≥ 3 km
Late Upper Miocene	stratified conglomerates formation that contains calcareous and siliceous rounded clasts whose	St. Quínti de Mediona (SQM)	flint in secondary position	6-18 cm	variable knapping suitability	≥ 5-10 km
Paleozoic (Ordovícian)	materials come from quaternary dismantling of the terraces and the colluviums	Capellades Strait (PZC)	slate, quartz, porphyry and quartzite in primary position	5-40 cm	variable knapping suitability	in front of the site ≥ 300 m
Quaternary	fluvial stepped terrace deposits that contains in sandy matrix, pebbles (**) and cobbles (***)	Anoia river	limestone, flint and quartz in secondary position	≤ 6 cm (**) ≥ 25 cm (***)	variable knapping suitability	≥ 150 m

(*) origin place of the samples

both levels lithic assemblages come from local and semi-local areas, about 15-20 km from the site (Tab. 16.3). The flint of different varieties and qualities is the main raw materials used in both levels (Tab. 16.4) although their provisioning areas are the furthest away from the site. The two formations in primary position which provided most flint are Vallespinosa (VLD) and St. Martí de Tous (SMT). We found flint in secondary position in the Carme formation, but their size make the knapping difficult. The rest of the raw materials employed (Tab. 16.4) have their supply areas around the site, mainly in the Capellades strait and the Anoia River terraces.

The lithic raw materials were introduced into the site in various ways. Several modalities have been identified: whole blocs or pebbles, cores tested, cores in the first or advance moments of the reduction sequence, middle or bigger tool blanks and retouched tools. The closer raw materials are generally introduced without modifications. It is the case of limestone in both levels, and of quartz for level K. Rocks like agate, quartzite and granite in level K and quartz and quartzite in level L, were brought into the site as final knapping products. This technological behaviour reflects some capacities of anticipation and prevision, in the frame of their move for the subsistence activities. This pattern can be integrated in the provisioning individual model proposed by Kuhn (1992, 1995). Lithic artefacts and raw material were also transported for reserves (tool kit), in order to maintain a minimum resource availability to face unexpected problems. The ways of introducing lithic resources into the site reflects the spatial and temporal breakage of the *chaînes opératoires*. Together with core transport, they show the discontinuous character of lithic resource management, not only at intersite level, but also at the intrasite one.

The aims of *chaînes opératoire* are the knapping products. Cores and retouched tools are scarce (Tab. 16.4). The core reduction was organized by dividing it in two opposed secant surfaces, separated by an intersection plane (normally the horizontal). This

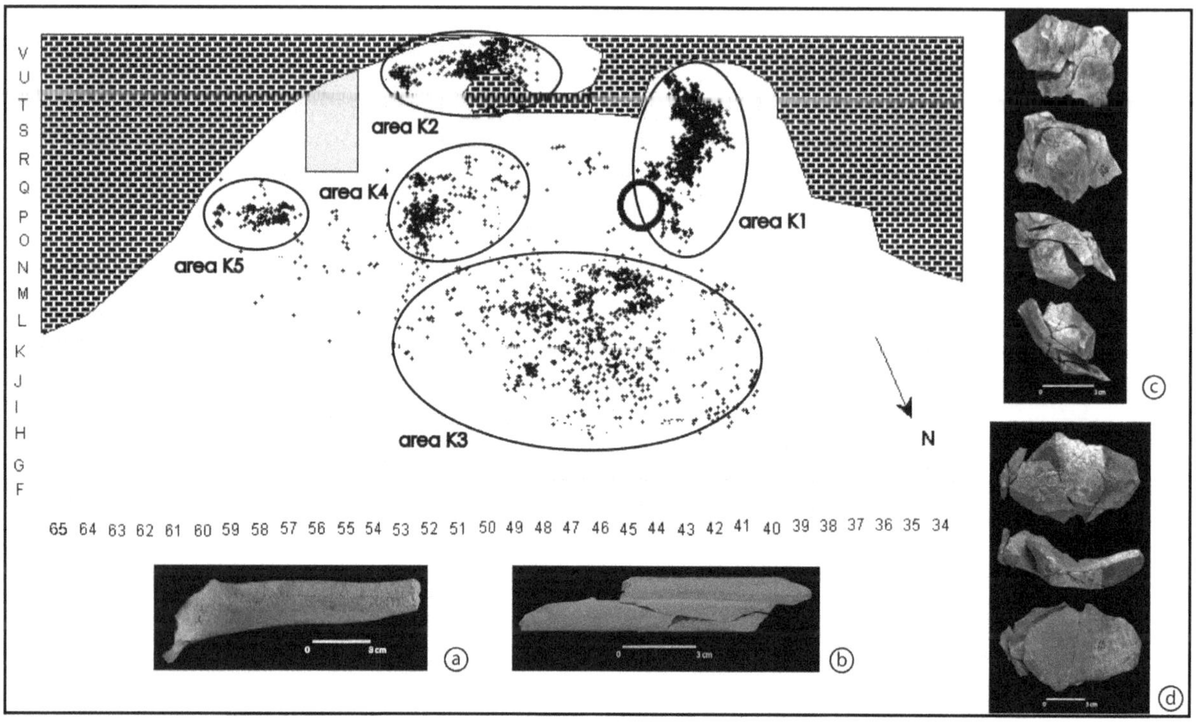

Fig. 16.2: General distribution of the level K archaeological remains.
a) bone with cut marks; b) bone refit; c) lithic refit in flint and d) lithic refit in limestone.

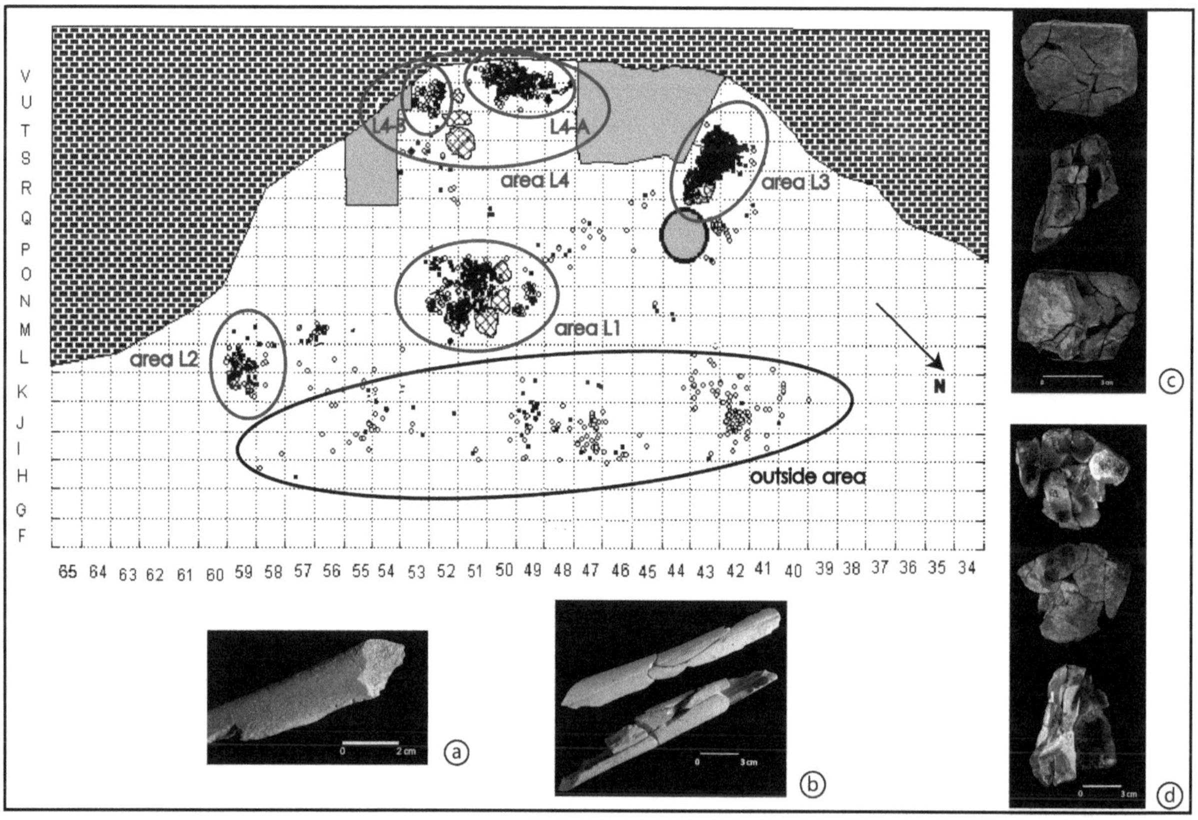

Fig. 16.3: General distribution of the level L archaeological remains.
a) bone with cut marks; b) bone refit; c) and d) lithic refits in flint.

Tab. 16.4: Lithic assemblage from levels K and L. Values in parentheses are percentages.

	Unworked nodules		**Hammers**		**Cores**		**Flakes**		**Flake fragments**		**Retouched artifacts**		**Fragments**		**TOTAL**	
	K	**L**	**K**	**L**	**K**	**L**	**K**	**L**	**K**	**L**	**K**	**L**	**K**	**L**	**K**	**L**
Flint					10 (1.2)	14 (1.4)	345 (40.1)	534 (53.6)	376 (43.7)	405 (40.7)	27 (3.1)	31 (3.1)	102 (11.9)	12 (1.2)	**860 (47.9)**	**996 (83.7)**
Limestone	4 (1.2)	4 (3.4)		4 (3.4)	2 (.6)	2 (1.7)	165 (48)	15 (12.7)	119 (34.6)	63 (53.4)	5 (1.5)	1 (.8)	49 (14.2)	29 (24.6)	**344 (19.2)**	**118 (9.9)**
Quartz					1 (.2)		31 (6.2)	1 (2.6)	111 (22.1)	6 (15.4)	3 (.6)		357 (71)	32 (82.1)	**503 (28)**	**39 (3.3)**
Quartzite							4 (62.5)		1 (14.3)		1 (14.3)		1 (14.3)		**7 (.4)**	
Agate							1 (100)								**1 (.1)**	
Slate													74 (100)	33 (100)	**74 (4.1)**	**33 (2.8)**
Granite													5 (100)		**5 (.3)**	
Porphyry						1 (25)								3 (75)		**4 (.3)**
TOTAL	**4 (.2)**	**4 (.3)**		**4 (.3)**	**13 (.7)**	**17 (1.4)**	**546 (30.4)**	**550 (46.2)**	**607 (33.8)**	**474 (39.8)**	**36 (2)**	**32 (2.7)**	**588 (32.8)**	**109 (9.2)**	**1794**	**1190**

reduction strategy offers a wide variability which depends on the relationship between the two flaking surfaces. These two levels are mainly characterized by non-hierarchical strategies (Figures 16.2 and 16.3, c. and d.). We do not observe different knapping methods on raw materials. Strategies were identical for all kinds of rocks. Cores tended to be exhausted, flint ones especially, and the final stages of reduction are characterised by a systematic production of small flakes. This pattern reflects an economising behaviour, characteristic of the whole technical system.

The knapping products are of little and medium size (≤ 40 mm) and there is no laminar tendency. The retouched tools are found principally on the biggest and thickest flakes, and are essentially denticulates with notches and side-scrapers. In both levels, refitting of knapping sequences has shown that the different phases of reduction of the same core were spatially segregated (Vaquero, 1999; Vaquero *et al.*, 2004).

As far as raw materials are concerned, they do not represent all the possibilities offered by the environment, but their selection is determined by cultural factors. They are a selective answer to the constraints imposed by the technical system used, and do not reflect the diversity of the close environment. Mainly flint was exploited during the reduction and configuration sequences, because it is the best suitable raw material for knapping, although its procurement entail longer displacement in the territory and more use of time and energy.

SPATIAL PATTERNING: WHICH USE OF RESOURCES INTO THE SITE?

Spatial analysis and refitting studies provides essential data to reconstruct the spatial organisation strategies of the Neanderthals groups into the rock-shelter. The high sedimentary rate leads to a high resolution of the occupational events, favourable to a spatial interpretation. Moreover post-depositional movements have not modified the location significantly: the proportion of rounded and polished faunal remains is quite low, small-sized lithics and bones (≤ 2 cm) clearly dominate the assemblages and refits indicate a limited mobility.

In both levels, archaeological remains are spatially clustered in well-delimited accumulations (Fig. 16.2 and 16.3). These areas have the same structure pattern. They are situated around the hearths, and the material associated is lithic industry, faunal assemblages and vegetation remains. Although this pattern is evident for all the remains, lithic items tend to be more clustered, while bone remains are generally more scattered, particularly towards the outer areas. This trend was also observed in the previously levels such as I and Ja (Martínez & Rando, 2001; Vallverdú *et al.*, 2005). It was a permanent feature of the occupational events in the Abric Romaní. These accumulations have been defined as spatial units (Vaquero & Pastó, 2001).

The lithic assemblages correspond a processing by knapping performed on the spot. Most of the pieces present one segment of the *chaîne opératoire* only, but some display nearly completes reduction sequences. The faunal remains are mainly formed by the smaller bones (≤ 2 cm) with a high degree of fragmentation and burning, linked to systematic processing of faunal resources by hominids, including breaking bones for marrow obtaining.

Refitting of lithic and bone remains have provided some interesting results. Most connections are made within the accumulation areas, with few exceptions. The lithic refits made it possible to connect some of the spatial units. Although the archaeological remains spatial distribution is very similar in both levels, we have observed some differences between them. In level K, lithic refits connect two areas (K1 and K3) which had different functional activities: knapping activities and animals processing in K1, carcass processing with more bones in K3 (Fernández-Laso, 2004; Chacón *et al.*, 2001; Chacón & Fernández-Laso, 2005a). In level L, all the accumulation areas are connected (L1 with L2; L1 with L3; L3 with L4A; L3 with L4B and L2 with L4A). In this case, all the areas had the same specific activities, as observed in K1. The refits show the movement of the raw lithic materials inside the site between spatial units (Vaquero *et al.*, 2004; Vaquero, 2005).

The results obtained for levels K and L have been interpreted as due to short-term occupations. Most spatial areas are assumed to belong to the same occupation event, in level K especially. However in level L, lithic and bones refits, and the lithic raw material used in each accumulation, indicate punctual activity episodes, therefore different occupation moments. One was more residential, associated with the main accumulation areas, characterized by the technical activities such as the development of several reductions sequences. The other episodes, related to the introduction of isolated objects and very short reduction sequences, could point out a context of repeated visits, but very sporadic and punctual (Chacón *et al.*, 2005, Chacón & Fernández-Laso, 2005b; Vaquero *et al.*, 2004; Vaquero, 2005). We cannot conclude whether the residential episodes were the result of different occupations or of different conescutive activity periods during a single occupation event. We can assume that they are the result of minimal residential episodes that show the temporal and dynamic character of the archaeological record (Vaquero, 2005).

DISCUSSION AND CONCLUSIONS

The Abric Romaní rock-shelter, due to its natural strategic situation, was a passing site inside the territory exploited by prehistoric settlers during thousands of years. Multidisciplinary studies of levels K and L (Chacón & Fernández-Laso, 2005a; 2005b; Vaquero *et al.*, 2004; Vaquero, 2005) have shown that Neanderthals hunter-gatherers exploited intensively their environment (Fig. 16.4).

Human groups probably exploited different vegetal resources for wood or manufacturing objects. In a general sense, the operative chain of fire production including firewood was short due to the perishable condition of both fuel and fire. The need of an immediate resource makes the operative chain of fire production an important activity that was solved at low energy costs.

The faunal resources available in the environment were diverse, but we observed a selective game oriented towards two species: horses and red deer, especially adults. Their habitats had an easy access, because the site is located in an intersection of different biotopes. The human groups had not to carry game over long distances in the territory. This does not mean that they did not acquire animals during movements in their territory, pursuing other resources. The processing of this two species is similar. The Neanderthals realised an animal selective transport in relation to their height. Therefore, they choose the anatomical parts to transport to the shelter in the location where the animals were obtained. These strategies can change in relation to the group size, their mobility, the distance, the availability, etc. In both levels we identified systematic and repetitive patterns relative to the animal processing and exploitation.

In contrast to fauna and vegetation, the lithic resources came from longer distance areas of the territory. The majority of used raw materials were collected further away from the site, about 5-10 km at least. This is the major difference obtained between the two levels. Although in both cases flint is the main raw material (Tab. 16.4) it represents only 50% of the lithic assemblage of level K. The other rocks are local raw material, as quartz and limestone whose the complete reduction sequence was carried out into the site. The flint proportion goes up to almost 90% in level L. For limestone only, we found reduction sequences nearly complete. The other raw materials were introduced as finished knapping products.

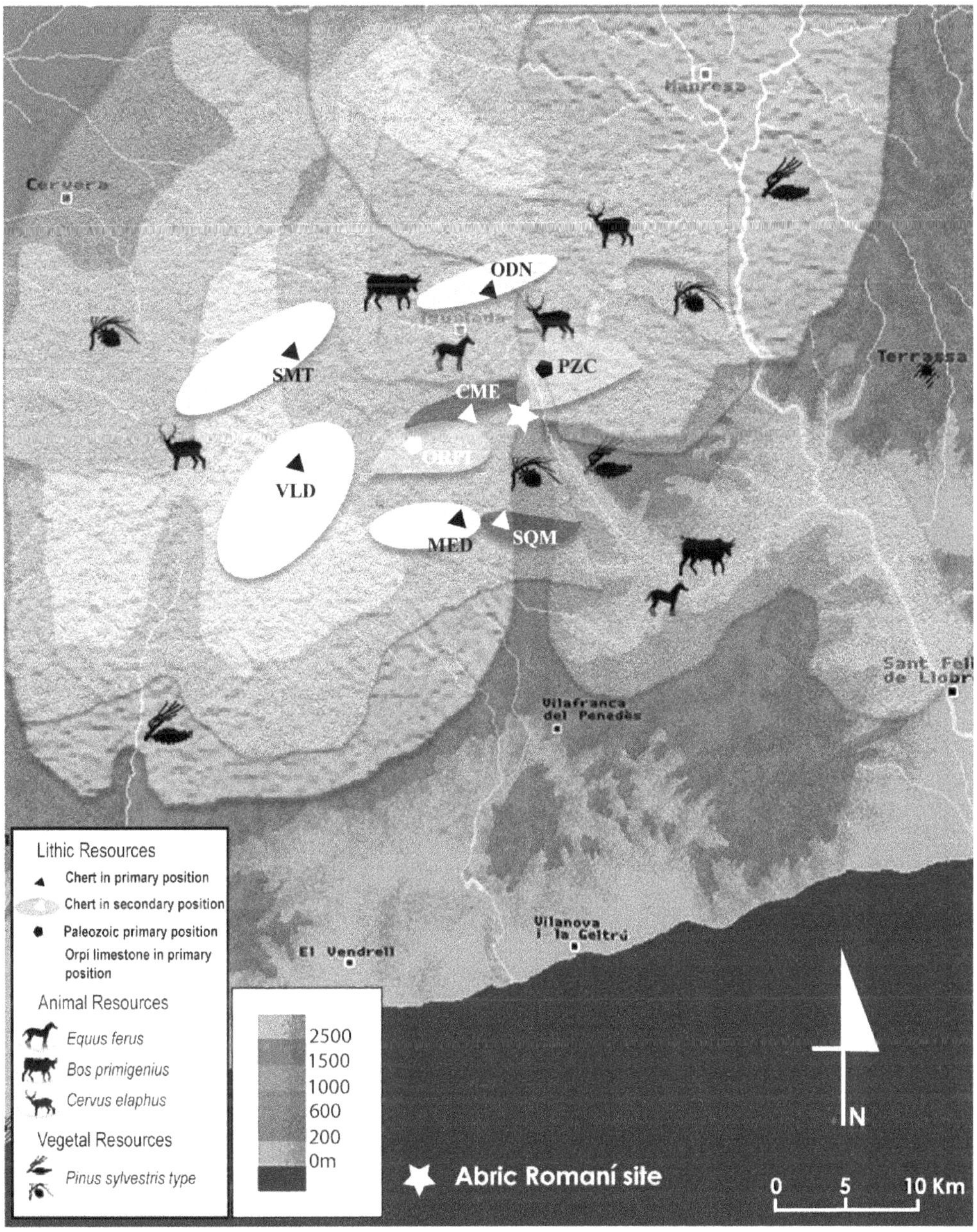

Fig. 16.4: Map of the potential resources distribution employed in the Abric Romaní record.

The difference between biotic and abiotic resources is usually linked to the easy reuse of the second ones. While the biotic resources as wood and meat are perishable and permit one use only, the abiotic resources may be recycled by tool resharpening or reuse of broken pieces. Although the occupation patterns have been proposed as short term events, and the biotics resources show a procurement pattern for immediate use, the abiotics resources do not necessarily follow the same pattern of profiting from the closest ones. They could be employed according to other selection criteria, such as their quality and aptitude for knapping.

Levels K and L seem to indicate two kinds of subsistence strategies in the framework of short term occupations. These Neanderthal groups had a local and semi-local mobility in the territory with a clear northeast-southwest trend, as shown by the localisation of the lithic formation they exploited for raw material (Figure 16.4). In level K, the hominids know the closest environment and its available resources. They exploited further and nearer lithic raw materials in the same way, knowing that their knapping capabilities. For this reason, they had not to look for foreign rock supply. Their groups may have used the shelter as one of their residential mobility centre in the territory than they normally dwelled. In level L the provision of outermost raw materials is almost total and the refitting and spatial pattern show repeated short occupations. This pattern could indicate that they moved from one territory (inland to coastal region) in the framework of their subsistence activities as hunter-gatherers. They were not aware of all the available resources of the surroundings and for this reason the individual lithic provisioning was necessary. This behaviour reflects their capacity of their planning activities.

Acknowledgements

The research and the field work of the site were supported by the *Generalitat de Catalunya* Culture Department (Research Programme SGR GENCAT 2001SGR000131), the Capellades City Council and the Romanyà- Valls Company. Special thanks are for the Abric Romaní excavation team from the Area de Prehistoria of the Universitat Rovira i Virgili. We would like to thank to Brigitte Deniaux (CNRS, UMR 5198), Raquel Platero, Sandra Chacón and Antony Borel for helping us with the translation, correcting and restructuring the manuscript; and Sara Cura for the abstract translation to Portuguese. The *Fundación Atapuerca* supports María Gema Chacón with a research fellowship.

References

ALLUÉ, E.; GARCÍA ANTÓN, D. (i. p.) - La transformación de un recurso biótico en abiótico: aspectos teóricos sobre la explotación del combustible leñoso en la prehistoria. En *III Reunión de Trabajo sobre Aprovisionamiento de Recursos Abióticos en la Prehistoria*, Loja: p. 1-12.

ARTEAGA, I.; ALLUÉ, E.; PASTÓ, I.; VALLVERDÚ, J.; CARBONELL, E. (2001)- Els fogars del Paleolític Mitjà de l'Abric Romaní (Capellades, Anoia). *CYPSELA*, 13. p. 9-19.

BISCHOFF, J.; JULIÀ, R.; MORA, R. (1988) – Uranium-series dating of the Mousterian occupation at the Abric Romaní, Spain. *Nature*, 332. p. 68-70.

BISCHOFF, J.; LUDWIG, L.; GARCÍA, J.; CARBONELL, E.; VAQUERO, M.; STAFFORD, T. W.; JULL, A. (1994) - Dating of the basal Aurignacian sandwich at Abric Romaní (Catalonia, Spain) by radiocarbon and Uranium-series. *Journal of Archaeological Science*, 21. p. 541-551.

BURJACHS, F.; JULIÀ, R. (1994) - Abrupt climatic changes during the last glaciation based on pollen analysis of the Abric Romaní, Catalonia, Spain. *Quaternary Research*, 42. p. 308-315.

CARBONELL, E.; CASTRO-CUREL, Z. (1992) - Palaeolithic Wooden Artefacts from the Abric Romaní (Capellades, Barcelona, Spain). *Journal of Archaeological Science*, 19: p. 707-719.

CARBONELL, E; CEBRIÀ, A; ALLUÉ, E; CÁCERES, I; CASTRO, Z; DÍAZ, R; ESTEBAN, M; OLLÉ, A; PASTÓ, I; RODRÍGUEZ, X. P.; ROSELL, J; SALA, R; VALLVERDÚ, J; VAQUERO, M.; VERGÉS, J. Mª. (1996) - Behavioural and Organisational Complexity in the Middle Paleolithic from the Abric Romaní (Capellades, Anoia). En E. Carbonell & M. Vaquero (eds.): *The Last Neanderthals, the First Anatomically Modern Humans: Cultural Change and Human Evolution: the crisis at 40 Ka BP.* URV. Tarragona: p. 385-434.

CHACÓN, M. G.; FERNÁNDEZ-LASO, M. C.; MARTÍNEZ, K.; RANDO, J. M. (2001) - Human Communities occupation patterns in the Upper Pleistocene from Level K of Abric Romaní (Barcelona, Spain). En, Finlayson, C. (ed.): *Neanderthals and Modern Human in Late Pleistocene*. Actas del Congreso de Calpe 2001, Gibraltar.

CHACÓN, M. G.; FERNÁNDEZ-LASO, M. C. (2005a) - Análisis geoarqueológico preliminar del nivel K del Abric Romaní (Barcelona, España) a través del estudio multidisciplinar de los restos óseos y la industria lítica. En M. Santonja; A., Pérez-González; M. L. Machado (eds.) *Geoarqueología y Patrimonio en la Península Ibérica y el entorno Mediterráneo*. IV Reunión Nacional de Geoarqueología. Septiembre 2002. Almazán (Soria). Ed. Adema: p. 333-345.

CHACÓN, M. G.; FERNÁNDEZ-LASO, M. C. (2005b) - Modelos de Ocupación durante el paleolítico medio: El nivel L del Abric Romaní (Capellades, Barcelona). En N. Ferreira Bicho (ed.): O Paleolítico. *Actas do IV Congresso de Arqueologia Peninsular*. Faro, 14 a 19 de setembro de 2004. Universidade do Algarve, Promontoria Monográfica 02: p. 335-347.

CHACÓN, M. G.; FERNÁNDEZ-LASO, M. C.; GARCÍA-ANTÓN, M. D.; ALLUÉ, E.; MARTÍNEZ, K.; VAQUERO, M. (2005) - La Captación de Recursos en el Noreste Península: Los Neandertales del Nivel L del Abric Romaní (Capellades, Barcelona, España). En J. Rodríguez; C. Finlayson & F. Giles (eds.): *Cuaternario Mediterráneo y Poblamiento de Homínidos*. Actas de la VI Reunión Cuaternario Ibérico. Aquila Services. Gibraltar: p. 110-112.

FÉRNANDEZ-LASO, M. C. (2004) – El nivel K del Abric Romaní (Capellades, Barcelona): Estudio Zooarqueológico, Tafonómico y Análisis Espacial de los Restos de Macromamíferos. Actas del 1°

Congreso Peninsular de Estudiantes de Prehistoria. URV. Tarragona : p. 249-253.

GIRALT, S.; JULIÀ, R. (1996) - The sedimentary record of the Middle-Upper Paléolithic transition in the Capellades Area (NE Spain). En E. Carbonell & M. Vaquero (eds.): *The Last Neandertals the First Anatomically Modern Humans. Cultural, Change and Human Evolution: The Crisis at 40 Ka BP.* URV. Tarragona: p. 365-376.

KUHN, S. (1992) - On planning and curate technologies in the Middle Paleolithic. *Journal of Anthropological Research*, 43 (3): p. 185-214.

KUHN, S. (1995) *Mousterian Lithic Technology. An Ecological Perspective.* Princeton University Press: p. 209.

MARTÍNEZ, K.; RANDO, J. M. (2001) – Organización y funcionalidad de la Producción Lítica en un nivel del Paleolítico Medio del Abric Romaní. Nivel Ja (Capellades, Barcelona). *Trabajos de Prehistoria*, 58 (1): p. 51-70.

VALLVERDÚ, J., E. ALLUÉ, BISCHOFF, J. L.; CÁCERES, I.; CARBONELL, E.; CEBRIÀ, A.; GARCÍA-ANTÓN, M. D.; HUGUET, R.; IBÁNEZ, N.; MARTÍNEZ, K.; PASTÓ, I.; ROSELL, J.; SALADIÉ, P.; VAQUERO, M. (2005) - Short occupations in the Middle Palaeolithic level I of the Abric Romaní rock-shelter (Capellades, Barcelona, Spain). *Journal of Human Evolution*, 48: p. 157-174.

VAQUERO, M. (1999) - Variabilidad de las Estrategias de Talla y Cambio Tecnológico en el Paleolítico Medio del Abric Romaní (Capellades, Barcelona). *Trabajos de Prehistoria,* 56 (2): p. 37-58.

VAQUERO, M. (2005) - Les stratégies de transport d'outils dans un contexte résidentiel: un exemple du Paléolithique moyen, in D. Vialou and M. Pathou-Mathis (eds.) : *Comportements des hommes du Paléolithique moyen et supérieur en Europe: territoires et milieux.* Actes du Colloque du G.D.R. 1945.CNRS, Paris, 2003, ERAUL, III : p. 121-132.

VAQUERO, M.; PASTÓ, I. (2001) - The definition of spatial units in Middle Palaeolithic sites: The hearth-related assemblages. *Journal of Archaeological Science*, 28: p. 1209-1220.

VAQUERO, M., VALLVERDÚ, J. M., ROSELL J., PASTÓ, I., ALLUÉ, E. (2001) - Neandertal behaviour at the Middle Palaeolithic site of Abric Romaní, Capellades, Spain. *Journal of Field Archaeology*, 28 (1-2): p. 93-114.

VAQUERO, M.; RANDO, J. M.; CHACÓN, M. G. (2004) - Neanderthal Spatial Behaviour and Social Structure: Hearth-Related Assemblages from the Abric Romaní Middle Palaeolithic Site. En N.J. Conard (ed.): *Settlement Dynamics of the Middle Paleolithic and Middle Stone Age II.* Kerns Verlag. Tübingen: p. 367-392.

PRELIMINAR COMPARATIVE ANALYSIS BETWEEN LEVEL G OF LAS FUENTES DE SAN CRISTÓBAL (PRE-PYRENEES OF HUESCA, SPAIN) AND LEVEL GA OF PAYRE (ARDÈCHE, FRANCE): A SIMILAR NEANDERTHAL TERRITORIAL BEHAVIOR IN TWO DIFFERENT CHRONOLOGICAL CONTEXTS?

Leticia MENÉNDEZ GRANDA
Jordi ROSELL i ARDÈVOL
Área de Prehistoria. Facultat de Lletres. Universitat Rovira i Virgili.
Plaza Imperial Tarraco 1 43005. Taragona. Spain

Marie Helène MONCEL
Institut de Paléontologie Humaine, Museum National d' Histoire Naturelle. Paris. France

Résumé: *Le niveau G de Las Fuentes de San Cristóbal (Huesca, Espagne) et le niveau Ga du Payre (Ardéche, France) se situent dans deux phases chronologiques distinctes. Le premier d'eux a été découvert au-dessus d'un niveau fluviatile daté de 55.000 BP, soit le MIS3, alors que le second est daté du MIS7 par U/Th et TL. Malgré cette différence chronologique, les deux niveaux archéologiques appartiennent au Paléolithique moyen. S'appuyant sur les études pluridisciplinaires réalisées dans les deux gisements, nous pouvons observer que, tant du point de vue de la collecte et de la gestion des matières premières, comme en ce qui concerne les stratégies cynégétiques et les méthodes de débitage utilisées, nous nous trouvons face à des comportements similaires.*
Mots clés *: Moustérien, Neandertal, technologie lithique, matières premières, stratégies de subsistance*

Abstract: *Level G of Las Fuentes de San Cristóbal (Huesca, Spain) and level Ga of Payre (Ardéche, France) are situated in two different chronological contexts. The first of them is situated over a fluvial level dated in 55.000 BP (no absolute dates are available at the present), and assigned to OIS 3, whereas the second one is dated to OIS 7 by U/Th. Despite this chronological difference, both levels have been attributed to Mousterian. Thanks to the pluridisciplinary studies made in these sites (analysis of the raw material gathering and stone management, knapping methods and subsistence strategies) we have observe similar behaviours regard, in spite of a temporal and spatial distance.*
Keywords*: Mousterian, Neanderthal, lithic technology, raw materials, subsistence strategies.*

INTRODUCTION

Level Ga of Payre (Ardèche, France) and level G of Las Fuentes de San Cristóbal (Pre-Pyrenées of Huesca, Spain) are located in Southern Europe, in a similar geographical context. In contrary Payre´s Ga level is dated to OIS 7 by U/Th and TL, while Las Fuentes de San Cristóbal level G is situated over a fluvial horizon of pebbles dated of *c.a.* 55.000 BP (no absolute dates are available at the present) and should be assigned to OIS 3. Both levels correspond to the first human occupation of each archaeological site. Despite their chronological difference, lithic assemblages have been assigned to Mode 3 or Mousterian.

The study of the lithic assemblages and the faunal remains, allow us to make a comparative analysis of these sites.

Our study would reveal that there are not large differences in subsistence strategies in spite of the wide chronological span that separates the two sites.

In order to provide a new contribution to this topic, we especially focused on the *debitage* methods and the raw material gathering as well as on the faunal remains. In both sites, the raw material procurement is related to semi-local strategies. Differences regarding configurated tools must be perhaps related to site functionality. According to the environments found around the two sites, the game territory is small for the two occupations.

Las Fuentes de San Cristóbal level G

The archaeological site

The archeological site of *Las Fuentes de San Cristóbal* is located in the Huesca province, North-Eastern Spain. It is situated between the exterior Axial mountain area and the Middle Depression of the Pyrenées. This area shows a complex system with wide fluvial valleys, formed by the Ésera, Isábena and Noguera-Ribagorzana rivers. These geographical conditions produced broad lithological resources that hominids exploited (García-Antón *et al*, i.p).

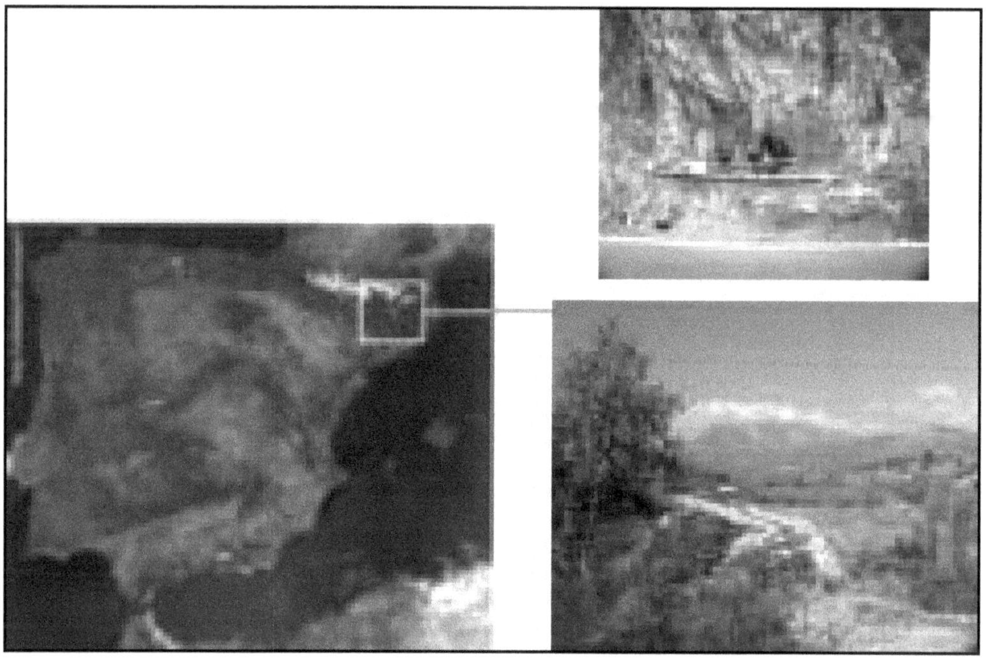

Fig. 17.1: Location of Las Fuentes de San Cristóbal.

The sedimentary deposit has 5 meters of deposits, where it has been possible to identify 9 archaeological levels made up of artefacts (Menéndez, 2005a, 2005b) faunal remains (Rosell *et al.*, 2000a; 2000b) and hearths (Allué, 2002) Pollen grains (Llácer, 2005) and charcoal (Allué, 2003) are few.

Some absolute dates range the sequence between 20.220±380 for level M (Oxa-8591) and 36.000±1.900 (OxA-8590) for level P (Rosell *et al.*, 2000a, 2000b). Although, no absolute dates are available until now for the level G. We know that it is older than 55.000 BP since it is situated over a fluvial level of pebbles. New dating (40 new samples, including level G) are planned in the first phase of the project "Chronological and cultural context of the final Middle Palaeolithic in the Peninsular North" (HUM2004-04679 Department of Culture and Education).

Fauna procurement

Among fauna remains identified in Las Fuentes de San Cristóbal, we found cervids, (*Cervus elaphus*) equids (*Equus caballus*) and a indeterminate rhinoceros fragment (Rosell *et al.*, 2000a; 2000b). In addition, there are several indeterminate herbivores excepted a fragment of *Rupicapra*. Fauna appears with a high degree of fragmentation and alteration; so the possibilities of a taxonomic identification are very little. Animals, characteristic of mountainous environments, are absent of the large mammal assemblage. Identified taxon indicate open environments, valleys, or open forests. According to the taphonomic study, the processing and consumption are carried out at the site.

Lithic industry, raw material and human mobility

A total of 2.199 pieces has been analyzed. They come from a sampling made on the total of implements of level G which counts 4.440 pieces. The most represented raw material is flint in its different varieties (73.5%), followed by limestone (11.26%), porphyry (6.8%), quartzite (6.52%), sandstone (42%) and (in a very low percentage), lydite (0.26%) and quartz (0.21%) (Menéndez, 2005a; 2005b, García Antón *et al.*, i.p).

Siliceous Formations in primary position Capella- Canal del Buitre Formation

In this area are located two formations with a Palaeogene origin: first of them, the Capella formation, corresponds to the Upper Lutecian, a continental origin mainly composed of marls, conglomerates and sandstones. At the top, there is the Puy de Cinca formation, of marine origin, alternated levels of marls and limestones with fossils of *Nummulites* and *Alveolina*.

There is a third formation, the Escanilla formation, formed at the base by lacustrine limestone with lignite. In addition there are marls, sandstones and conglomerates. Flint is located between levels of limestone and marls, trough well differentiated two layers, and probably associated to the Puy de Cinca formation. Flint

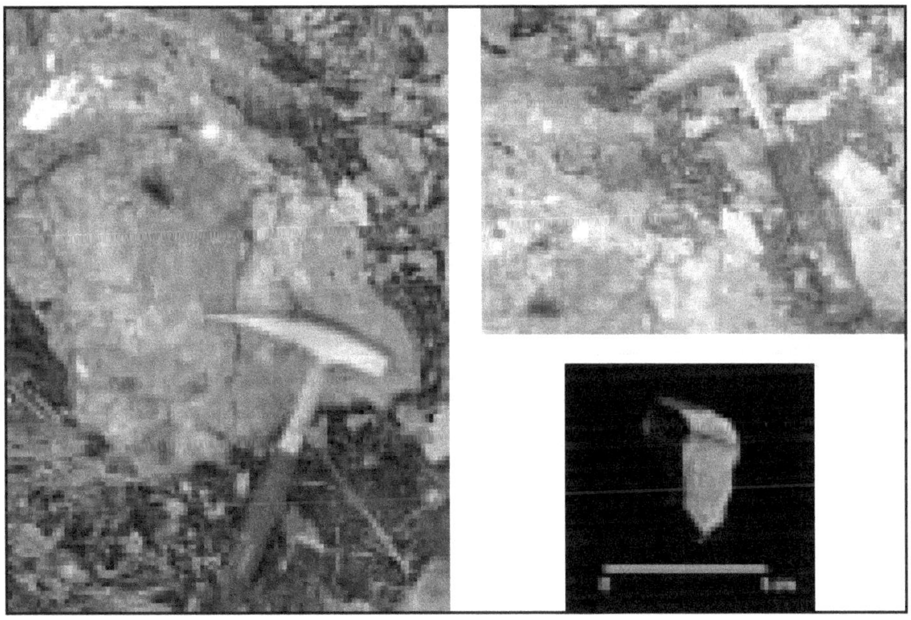

Fig. 17.2: Capella Formation.

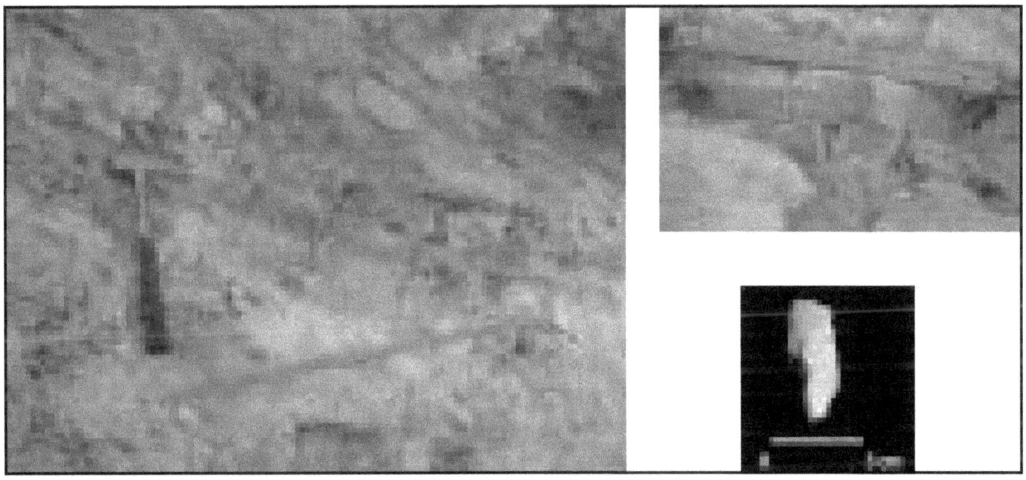

Fig. 17.3: Egea Formation.

appears as varied sizes nodules (between 1 and 10 cm long) (Menéndez, 2005a, García-Antón *et al.*, 2006)

Egea formation

The Egea formation is basically composed by Santonian limestone and marls. Flint appears as nodules with a size between 10 and 20 cm. It is fitted in a light grey micritic limestone which sometimes explains that the siliceous nodules contain parts of this rocky box. These nodules are angular when in a secondary position, and have a kidney-like shape when they are in primary formation (Menéndez, 2005a; García-Antón *et al*, i.p).

Formations in secundary position

The large majority of level G raw materials can be collected, in a variable proportion, in the secondary alluvial deposits of Rialbo, Esera and Isábena rivers, both in the conglomerates, and in the modern and old alluvial deposits of these rivers. On the contrary, flint is practically absent. It would indicate that it has been gathered by hominids in primary formations or on the slope deposits of these areas. The hominids of Las Fuentes de San Cristóbal moved within a radius of about 24 km (distance of the Capella formation located to the south west), to collect raw materials (Menéndez, 2005a).

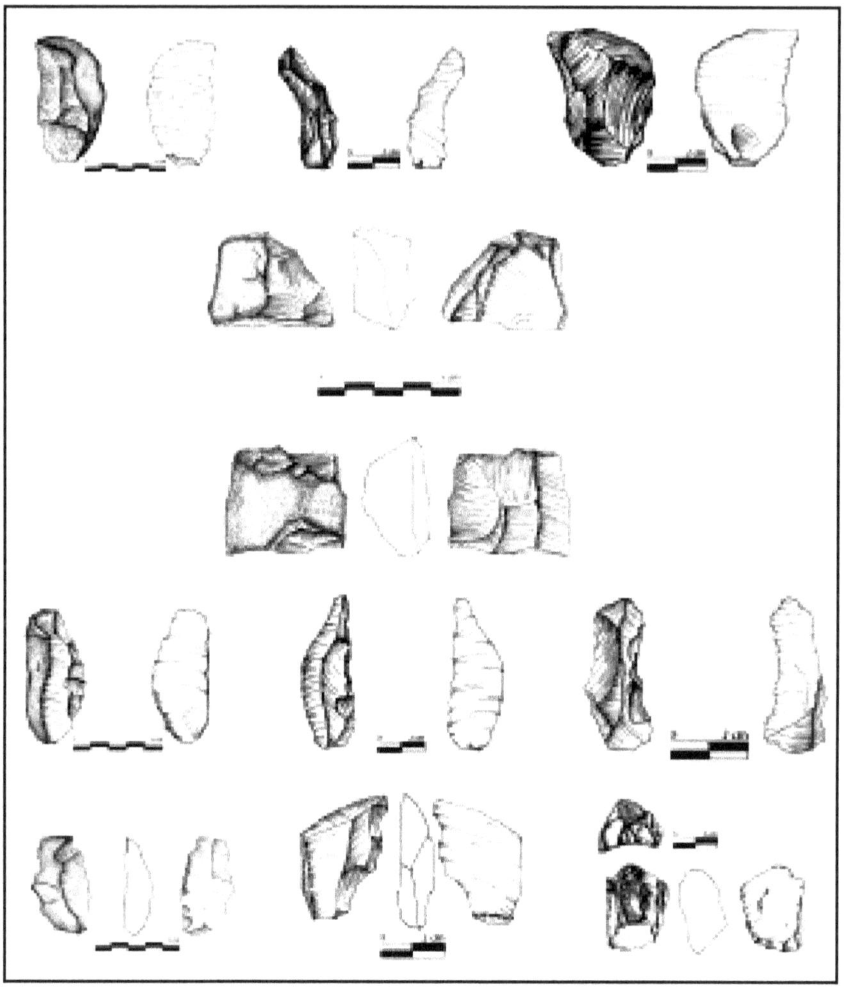

Fig. 17.4: Las Fuentes de San Cristóbal level, G. lithic industry (drawings L. Menéndez).

However, bearing the greater proximity of the Egea flint in mind, toward north-west, hominids would have visited much more frequently the areas within a radius of 9 km. In this area, abundant alluvial and conglomerated deposits can be found. Therefore, we can speak about an essentially semi-local raw material procurement that followed two directions (Menéndez, 2005a).

Lithic Technology

Structural categories defined on this level (Menéndez, 2005a; 2005b) show a greater abundance of knapping products with more than 95% of the total. Cores are not very numerous with 0,8% (24 pieces) among which 95% are completely preserved and 0.3% are core fragments. This fact allows us to think that the strategies of knapping of hominids were oriented mainly to the production of this kind of products.

The platform and the dorsal surfaces of flakes are characterized by little patches of cortex, like on the majority of cores, defined to be mostly in the final phase of knapping, especially those made on flint. This set of characteristics might be related to an hyper-exploitation of the cores and/or to a previous flaking in the collecting areas. The large presence of non cortical products is probably related to this fact. With respect to the knapping methods, we have observed a predominance of discoid method, followed by the multifacial multipolar method, which could be related to the maximal use of the raw material. In this way, we have also to emphasize the presence of a great number of cores made on flakes. We have also observed two artefacts which morphotechnical characteristics described by some authors (Boëda, 1994) in order to define the Levallois knapping system.

The configurated tools mount up to 67, being a 2,2% on the total of pieces of level G. From a typological point of view, denticulate dominate, followed by side-scrapers and few end-scrapers.

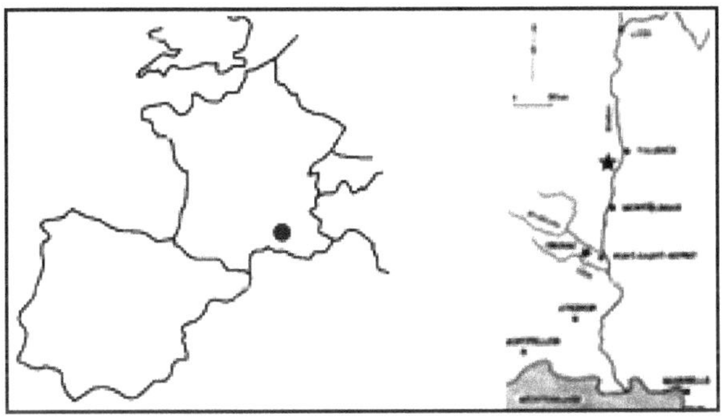

Fig. 17.5: Location of Payre in southeastern France.

PAYRE LEVEL Ga

The archaeological site of Payre

The site of Payre (Combier, 1967; Massaoudi *et al*, 1993; Moncel *et al*, 1991, Moncel *et al*, 1993, Moncel *et al*, 2002; Moncel, 2003), discovered in 1954 by J. Combier, is located in the South-East of France, near the gorge of a small river, tributary of the Rhône. It is situated on a small terrace on a Kimmeridgian-Portlandian limestone secondary formation, rich in flint of bad quality.

The cavity is included in a karstic complex made up of numerous shelters and fissures, among which we can find the set of two cavities that conform the deposits of Payre 1 and Payre 2, both with a Middle Palaeolithic record. Below, a third shelter yielded a Chalcolithic occupation (Payre 3).

The sequence of the site yielded ten levels, five of them with lithic industry and faunal remains (Bouteaux, 2003; Moncel, 2003; Chacón, 2005). From layer J to F, humans, carnivores and bears inhabited the cave. The last occupation took place in open-air places and shelters.

Within the recovered archaeological material, we have to highlight faunal remains and lithic industry. 13 human teeth and a fragment of human occipital were also discovered in the site and most of them belong to layer G (Moncel & Condemi, 1996).

The lithic industry is present in all the levels, especially in levels G, F and D, showing a more intense occupation of the cavity during these deposits. According to Moncel (Moncel *et al*, 1991), this industrial set would be assigned to Mousterian Charentian of Ferrasie facies with some characteristics of the Typical Mousterian (Bordes classification) and to Early Middle Palaeolithic. Palynological study indicates an open vegetation in a temperate climate, drier at the base than at the top of the sequence (Kalai *et al*, 2001).

The Ga level, object of this study, has been assigned to OIS 7, becoming the oldest level of occupation in this karstic complex and, with Orgnac 3, in the Rhône valley.

Faunal remains

The site yielded relatively well preserved abundant faunal remains (Moncel *et al.*, 2002 ; Bouteaux, 2003). The mammals are very well represented in number of remains and in species. Nevertheless, level G is poorest considering the kind of remains. Bisons (Bison-Bos) dominate, followed by *Equus caballus, Cervus elaphus* and other great bovids. The presence of *Stephanorhinus hemitoechus* is stated. This animal prefers opened atmospheres that characterize the environment during this period. On the other hand, the presence of carnivores is also stated. They would inhabit the cave when humans were not present and die here by natural processes. The presence of these species attests different ecosystems.

Lithic industry, raw materials procurement and human mobility

Raw materials procurement

Flint is the most abundant raw material in Payre. It is both a good quality or a crude type material with often medium aptitudes for the knapping. Several varieties exist in the assemblage. Most of them appear as nodules, and can be gathered in a chocolate-brown variety located in the area of Rochemaure-Meysse (8 to 15 km). Some pebbles were also collected in the alluvial deposits of the Rhône and Payre valleys (like the rest of raw materials like limestone, basalt and quartz).

Some materials show serious conservation problems, specially basalt and, in certain cases, limestone. These problems prevented us in most cases from making the morphotechnical analysis of this lithic set.

Mobility and operational range of supply of raw materials at Payre are, therefore, essentially semi-local, related to Rochemaure-Meysse formation. However, we have to bear in mind the difficulties to establish proportion of each siliceous variety.

Lithic industry

In order to make a peliminar morphotechnical analysis of level Ga of Payre, we have selected a sampling of

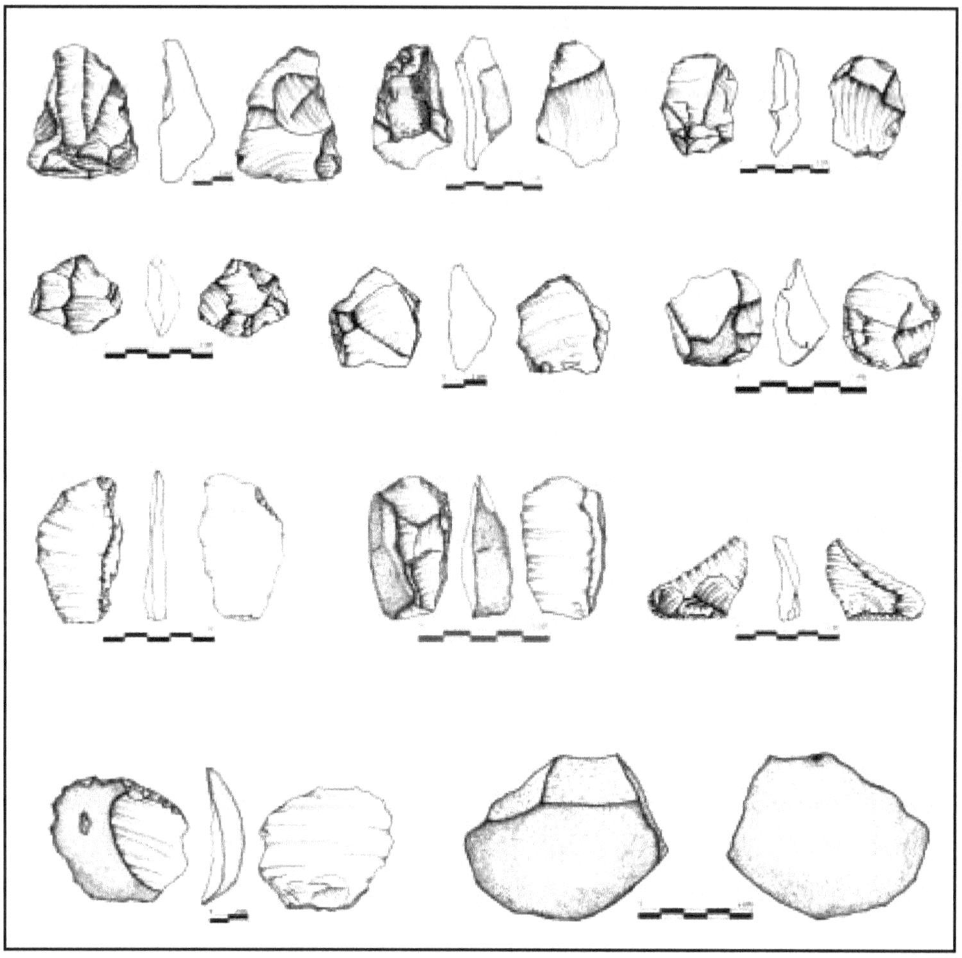

Fig. 17.6. Payre´s level Ga lithic industry (drawings Leticia Menéndez).

555 artefacts. The methodology applied is, as in the case of the lithic industry of level G of Las Fuentes de San Cristóbal, the Logical Analytical System (Carbonell, Guilbaud & Mora, 1981).

The structural categories show a predominance of Positive Bases with a total of 245 pieces. Majority does not carry cortex, either on the platform, nor on the back. As in the case of level G of Las Fuentes de San Cristóbal, and considering also the little presence of cortical elements on cores, we could associated this observation to 1) a maximal use of the raw material, especially flint, 2) and/or to a previous exploitation of the cores in the collecting areas, 3) or with a transportation of the knapping products from the outcrops to the site. All of which could explain the high proportion of cores on flake. Most of the talonar surfaces are single-faceted although the presence of faceted platforms (dihedral or multi-faceted) is significant. The multi-faceted platforms are usually associated to knapping methods with presence of predetermination.

As regards the retouched artefacts, it is worth to note that the majority of the 103 pieces analysed (a total of 185 configurated cutting edges) presents lateral retouches, especially on the left one, associated in many cases with an opposed cortical back. This fact could be related to questions related to the touching.

We have also some pieces made in basalt, which we can be defined as *choppers* and *chopping tools,* but we have to bear in mind one more time the difficulties relatives to the high degree of alteration of this raw material.

DISCUSSION

The study of collecting areas of raw materials offers evidence about the capacity of the human groups to move through the surrounding environment. In this way, analysis of the subsistence territories and mobility of these groups have to be analysed, as well as the technological, economic and social aspects, to understand the human communities that populated the territory during a period.

In these two sites, we observed a similar behaviour in this respect. In both cases, we found a semi-local supplying. However, in Las Fuentes de San Cristóbal, a good quality flint variety is attested, from a long distance area (Capella formation). The rest of raw materials, with sometimes a poor quality, were collected in the immediate surroundings, in the alluvial deposits of the rivers.

A difference of priorities seems to exist in raw material gatherings, perhaps at the moment where the barrier of 250 ka is surpassed. The jump is not abrupt but gradual in time, like in the case of the transition between Mode 2 and Mode 3. Nevertheless, mobility range increased in some cases, when the environment did not offer quality stones. The variety of collected stones is higher and the selection was made high-priority on better materials to carry out the knapping process, perhaps in relation to the generalization of the predeterminated knapping methods.

In the case of Payre, this behaviour slightly appraised and the chronological distance that separates the two sites, perhaps, determines that mobility is greater in the case of Las Fuentes San Cristóbal than in Payre. Anyway, we have to consider the location of Payre, next to flint areas, immediate close to the deposits.

In intimate relation with raw materials management and with respect to the lithic industry, we found in both cases an hyper-exploitation of cores. This fact is minor in the case of Payre because the collecting areas are located for the most closer.

From the point of view of the knapping methods, in both cases, humans used the discoid, Levallois and Kombewa methods. The differences (frequency of denticulate in the case of Las Fuentes de San Cristóbal and side-scrapers in Payre) are probably in relation to different functions of the occupations. On the other hand, the existence of several pebble tools, such as choppers or chopping tools, could also be related to the most archaic aspect of the industry of Payre, at theearly Middle Palaeolithic.

Fauna of level G of Payre presents a large variability. Among the identified herbivores dominate *Equus caballus* and *Cervus elaphus*, followed by large bovids and rhinoceros. Next to them, large carnivores appear, mainly *Ursus spelaeus* and *Ursus arctos*. The wolf is also represented (Moncel & Patou-Mathis, 1991 ; Moncel *et al.,* 2002; Bouteaux, 2003). On the one hand, we have carnivores, who died in the cavity by natural processes, and on the other hand, herbivores which were fundamentally brought by biological agents, especially hominids. This phenomenon contrasts with the fauna of level G of Las Fuentes de San Cristóbal. In this deposit, appear also animals of plain or average mountains, like equids, cervids and rhinoceros, but there are no evidence of carnivores. The origin of the accumulation is only and exclusively attributed to the cynegetic activities of the hominids. The fauna accumulation is made up mainly of long bones. Remains of the axial skeleton are rare. They indicate a previous treatment of the animals by hominids in the hunting place and a selective transport of the anatomical parts with greater meat contents. We also find this kind of behaviour in Payre.

According to the environments found around the two sites, the fauna procurement territory is at both small. Hominids hunted in the surroundings of the sites, the river banks, where animals went to eat and drink, and in a secondary way, in mountainous zones. The rhinoceros presence would be related in both cases to the proximity of alluvial systems.

Therefore, considering the greater chronological rank that separates both deposits, we can say that we have a similar behaviour in relation to the strategies of subsistence and mobility of the human groups that populated both sites.

References

ALLUÉ MARTÍ, E. A (2002)- Dinámica de la Vegetación y Explotación del combustible leñoso durante el Pleistoceno Superior y el Holoceno del noreste de la Península Ibérica a partir del Análisis Antracológico. *Tesis Doctoral*. Universitat Rovira i Virgili. Tarragona.

BOËDA, E (1990) - De la Surface au Volume Analyse des Conceptions des Débitages Levallois et Laminaire. *Paléolithique moyen récent et Paléolithique supérieur ancien en Europe. Colloque International de Nemours*. pp : 63-68

BOUTEAUX, A (2003) - "*Étude Archéozoologique du site de Payre en Ardèche*" in M. Patou-Mathis M. and H. Bocherens, ed., *Le rôle de l'environnement dans les comportements des chasseurs-cueilleurs préhistoriques. BAR International Series* 1105. Oxford: B.A.R., 99--110

CARBONELL, E; GUILBAUD, M; MORA, R (1983) - Utilización de la Lógica Analítica para el Estudio de los Tecno-Complejos a Cantos Tallados. *Cahier Noir*, 1, pp (1-64). CNRS. Girona.

GARCÍA-ANTÓN, M. D; MENÉNDEZ, L; CHACÓN, M.G (i.p) - Avaiability lithic sources and territory management in Southestern Pyrenees: Las Fuentes de San Cristóbal level G (Huesca, Spain). *Abstracts of 150 Years of Neanderthal Discoveries. Early europeans-continuity & discontinuity*. pp. 114. Bonn, 2006.

KALAI, CHAFIKA, MONCEL, M. H ; RENAULT-MISKOVSKY, J (2001) - "Le Paléoenvironnement végétal des occupations humaines de la grotte de Payre à la fin du Pléistocène moyen et au début du Pléistocène supérieur (Ardèche, France)" *Trabajos de Prehistoria* 58, n°1: 143--151

LLÁCER, P (2005) - Estudio Palinológico del Yacimiento del Paleolítico Medio "Fuentes de San Cristóbal": un refugio mediterráneo en el Prepirineo. *Estudis Culturals Mediterranis*. Memoria de D.E.A. Universitat Rovira i Virgili. Tarragona.

MASAOUDI, H ; FALGUERES, C ; BAHAIN J. J ; MONCEL, M. H (1996) - "Datation du site Paléolithique moyen de Payre (Ardèche): nouvelles données radiométriques (méthodes U/Th et ESR)," *CRAS*, t.324, série IIa: 149-156.

MENÉNDEZ, L (2005a) - Gestión de las Materias Primas Líticas y Análisis Morfotécnico del nivel G de Las Fuentes de San Cristóbal (Huesca): un yacimiento del Paleolítico Medio en el Prepirineo aragonés. *Tesis de Licenciatura inédita*. Universitat Rovira i Virgili. Tarragona

MENÉNDEZ, L (2005b) - Estrategias de Talla, Captación de Recursos Líticos y Movilidad de los Grupos Humanos en el Valle del Isábena Medio: el estadio isotopico 3 en Las Fuentes de San Cristóbal (Huesca, España). *Cuaternario Mediterráneo y Poblamiento de Homínidos*. Rodríguez Vidal, J; Finlayson, C & Giles pacheco, F (eds). Actas de la VI Reunión de Cuaternario Ibérico. pp 113. Gibraltar 2005.

MONCEL, M. H (2003) - L'exploitation de l'espace et la mobilité des groupes humains au travers des assemblages lithiques à la fin du Pléistocène moyen et au début du Pléistocène supérieur. La moyenne vallée du Rhône entre Drôme et Ardèche . *BAR Series Internationales* 1184. Oxford.

MONCEL, M.-H ; M. PATOU-MATHIS (1991) - Le site de Payre. Premiers résultats de l'étude d'un site Paléolithique moyen ancien. *Ardèche Archéologie*: 1-10.

MONCEL, M. H.; BAHAIN, J. J.; FALGUERES, C.; EL ASAIS, N.; KALAI, C.; MASAOUDI, H.; MJAHAD, M.; PATOU-MATHIS, M ; RENAULT-MISKOVSKI, J. (1993) - Le site de Payre (Commune de Rompon, Ardèche): un site Paléolithique moyen ancien dans un contexte d'abri effonfré. Premier bilan des études pluridisciplinaires: position chronologique, paléoenvironnement, paléoclimatologie. *Quaternaire*, 4 (4): 159-173.

MONCEL, M. H ; CONDEMI, S (1996) - "Découverte de dents humaines dans le site Paléolithique moyen de Payre (Ardèche, France)," *CRAS*, t.322, série IIa: 251-257.

MONCEL, M. H ; DEBARD, E ; DESCLAUX, E ; DUBOIS, J : M ; LAMARQUE, F ; PATOU-MATHIS, M ; E VILETTE, P (2002) - "Le cadre de vie des hommes du Paléolithique moyen (stades isotopiques 6 et 5) dans le site de Payre (Rompon, Ardèche) : d'une grotte à un abri-sous-roche effondré," *Bulletin Société Préhistorique Française* t.99, n°2: 249--275.

ROSELL, J; HUGET, R; AÈMENE, M; ANGELUCCI, D; CANALS, AA PASTÓ, I; RODRÍGUEZ, X. P (2000a) - El Yacimiento de Las Fuentes de San Cristóbal (Veracruz. Huesca): un nuevo enclave del Paleolítico Medio en el Prepirineo. *Actas del III Congreso de Arqueología Peninsular*. Vol. II "Paleolítico de la Península Ibérica". Porto, ADECAP.

ROSELL, J.; A. CANALS; E. ALLUE; D. E. ANGELUCCI; R. HUGUET; J. GARCIA; M. D. GARCIA-ANTON; K. MARTINEZ; P. SALADIE (2000b) – "The Middle Palaeolithic site at Fuentes de San Cristóbal (Huesca, Spain)". *Journal of Human Evolution*, 38 (3): A3.

THE SUPPLY AREAS OF KARAIN CAVE IN SOUTHWEST ANATOLIA

Par Harun TASKIRAN
Université d'Ankara, Faculté des Lettres, Département D'Archéologie, Chaire de Préhistoire.
06100 Sihhiye Ankara, TURQUIE

Abstract: *The Karain cave is the most important palaeolithic cave site of Turkey where occupies on the crossroads between Africa, Asia and Europe. The archaeological sequences of Karain cave have provided evidences of a long-term human occupations from the earliest times (Lower Palaeolithic) to the beginning of agriculture. Moreover, human remains have been discovered in the Karain E sequence, showing Neanderthal traits. The one of the most important reason of this long continuity is supply areas of Karain Cave. In pleistocene period, ecological conditions (fauna and flora), raw material sources and plentiful water springs are the primary factors for a long-term human occupation in the Karain Cave.*
Key-words: *Karain, Katran Mountain, Raw material, Radiolarite, Anatolia.*

Résumé : *La grotte de Karain est le site le plus important du Paléolithique de la Turquie et se situe au carrefour entre l'Afrique, l'Asie et l'Europe. La séquence archéologique de Karain apporte les indices d'une occupation humaine de longue durée qui commence au Paléolithique inférieur et s'arrête au début de l'agriculture. De plus, des restes humains, montrant des caractères néaderthaliens, ont été découverts dans un niveau de Karain E. Durant le Pléistocène, les conditions écologiques (flore et faune), les gites de matière première et les sources d'eau ont été les principaux facteurs qui ont déterminés l'occupation de la grotte de Karain.*
Mots-clés: *Karain, Katran Mountain, Matière Première, Radiolarite, Anatolie.*

Karain is one of the most important caves of Turkey. The Cave is located in the village of Yagca which is about 30 km from Antalya province in southwest Anatolia. It is situated on the eastern slopes of the Katran Mountain and its mouth which formed by fault break-down is opened to outside (see fig. 18.1).

The Katran Mountain lies in the north of Antalya, in the west of Döşemealtı travertine plain and on the direction of NNE-SSW. Its highest point is about 1500 meters (Fig. 18.1). The Katran Mountain has steep and rocky slopes and generally covered by the scrub vegetation, also pine trees could be seen on the upper slopes of the mountain. Structures of the Katran Mountain consist of Mesozoic limestone in grey colour. These limestones could have 1.200 meters thickness and they have the advantage of continuous karstification due to pure calcium carbonate in its structure (Kayan, 1990:14). Because of these characteristics of the Katran Mountain, many caves and rock shelters exist on the mountain. Some of them north to south, Güvercinini, Pınarbaşı cave, Arifini, Harunini, Suluin, Boynuzluin, Koyunini, Okūzini, Macarini, Çevlikbaşı I and II, Deliktaş, Balcak I and Balcak II rock shelters, Karain, Sırtlanini, Kılıçini, Mustanini, Çarkini and Kızılin. Karain cave is the center of these caves (fig. 18.1).

Professor İ. Kılıç Kökten discovered Karain cave in 1946 and excavated the cave between 1946 and 1974 (Kökten, 1955; 1964). After his death, excavations had stopped until 1980's. In 1985 the excavations started again under the direction of his successor Professor Işın Yalçınkaya. The systematic archaeological excavations still continues in cavities B and E of the cave with a multidisciplinary approach and continues to yield important information which enlightens the oldest period of Anatolia. Furthermore, makes great contribution to the Palaeolithic chronology of Anatolia (see Yalçınkaya et al., 1992; see also Yalçınkaya *et al.*, 1993; Otte *et al.*, 1995a; Otte *et al.*, 1995b; Otte *et al.*, 1996; Otte *et al.*, 1999; Rink *et al.*, 1994.).

The old and new excavations in the cave revealed long-term human occupations from the Lower Palaeolithic to Late Roman-Early Byzantine period.

According to the result of Karain E excavations on the uppermost levels of the stratigraphy, namely archaeological layers between 1 and 4, belong to Late-Upper Palaeolithic period. After this period, Middle Palaeolithic immediately starts and continues through to older periods until the 60th archaeological layer. The analysis of lithic artefacts displayed that there were two different industrial traditions in Middle Palaeolithic period. The first one is Karain type Mousterian or Zagros type Mousterian. According to the Uranium-Thorium and ESR dating, these layers date back to 160.000 – 60.000 BP. The unearthed human remains in these layers clearly show that they occupied the cave during the Middle Palaeolithic which belongs to *Homo neanderthalensis*. This is another point which makes the cave very important for the Anatolian archaeology.

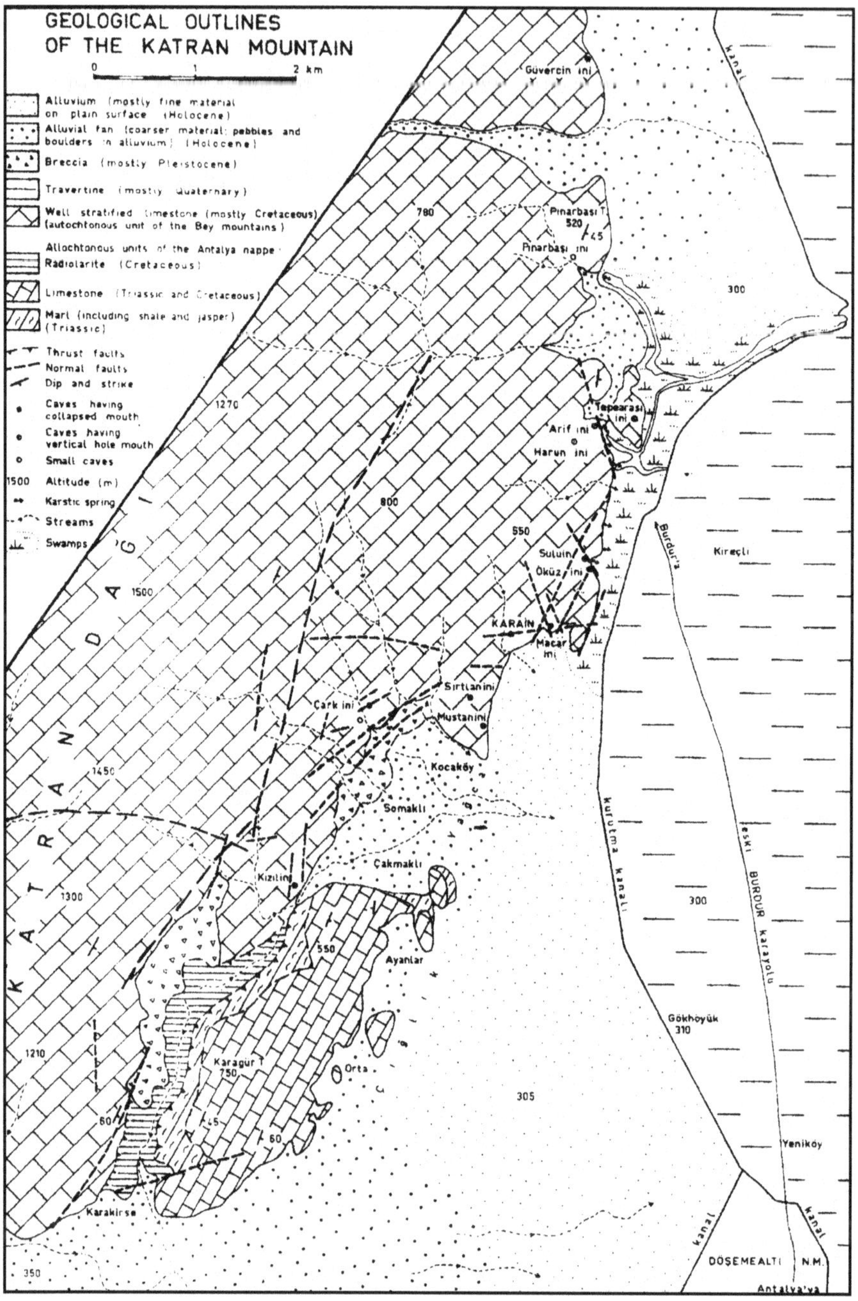

Fig. 18.1: Geographical position of the Karain cave (From Kayan, 1990).

The second industrial tradition is called Charentian or Proto-Charentian type Mousterian which lies underneath the Karain type Mousterian. According to the estimating dates correlated to oxygen isotope phases, these layers date back approximately to 300.000 BP. New excavations at the lowest levels of the sequence give indications of presence of Lower Palaeolithic flake culture named as Tayacian with the Clactonian tradition, so it could be said that the lowest layers of sequence dates back around 400.000 – 350.000 BP.

The reason of the long-term human occupation in Karain cave should be looked for in the favourable environmental conditions including fresh water springs, fauna and flora and raw material sources during the human settlement in the surrounding area.

There are many caves on Katran Mountain similar to Karain cave and east and southeast slopes of the mountain lies between wide travertine plain and high mountainous area. The rich karstic fresh water springs named Kırkgöz (forty springs) on the eastern slopes of the mountain (fig. 18.1) must have been the main reason of the Palaeolithic people to prefer this mountain. Also, there is evidence of presence of a lake during the Pleistocene in this area (Yalcinkaya, 1995:11). Even at the present day, it is possible to see appear of some small ponds and water accumulations in this area as a result of heavy snow fall at the mountainous area. These rich water springs and lakes provided suitable living standards for the prehistoric people and also attracted the game animals which live on travertine plain and mountainous area with the water sources. It must have been very easy to hunt the animals which came to this area for water for the Palaeolithic people living in this area during this period. If we look at the faunal remains found in archaeological layers it is clear that some large mammals such as elephants, hippopotamus and rhinoceroses were hunted and transported to the cave by the Palaeolithic people.

In terms of the flora, it is suggested that the surrounding environment of the Karain cave was more densely by vegetation and forest during the Pleistocene. These palaeo-ecological conditions were great advantage for the Palaeolithic people for hunting and also for gathering. The fossil seed and plant remains found in Karain and Öküzini caves shows that these seeds meant great importance for the people's diet that lived in Palaeolithic period (Martinoli & Jacomet, 2004).

Another important reason of the long-term occupation in Karain cave must have been the accessibility of the rich raw material sources around the cave.

The morphology of area is affected by the geological events such as tectonic refractions and rising of the mountains. The rising of the mountains started with the Alphin orogenic movement after the Cretaceous period. The development of the karstic events on the Katran Mountain began after the rising of the mentioned mountains. Palaeogene, Neocene or Quaternary sediments are accumulated on eroded surfaces of the Cretaceous limestone. It is possible to say that the tectonic events had an effect on constitution of the karstic formations, because the faults are the best places for the cave development. These tectonic activities can help opening of the mature caves to outside such as Karain cave (Pawlikowski, 1995:358).

The region is covered with massive Cretaceous limestone. Also, radiolarite is another rock type to be seen in the area. Radiolarites are the oldest sediments at this region. Tectonic movements such as refraction of the faults caused these radiolarites expand to the surfaces mostly the erosion and abrasion caused by the rivers. It is possible to see samples of these two geological formations in the area. Especially, in the dry river beds radiolarite rocks could be found in great quantities. Pawlikowski mentioned that dimension and degree of rounding of the radiolarite rocks gives indication about the distance of transportation by the water of those rocks (Pawlikowski, 1995:360).

The most of the raw material which used for producing lithic artefacts in Karain cave are radiolarite (% 98.5) (Taskiran, 1996:69). It is possible to find this type of material in two ways around the site: 1- radiolarite gravels transported by the water which are found in the river beds; 2- the radiolarite beds which reached to surface by the refraction of the faults and exposed by water and soil erosion. The raw materials sources around the Karain cave are found in three places. 1- Kızılin River, 2-Çakmak Hill, 3-Burhan River.

KIZILIN RIVER

It is the nearest radiolarite raw material sources to the Karain cave. This river originates in the valley between the south-eastern slopes of Katran Mountain and Karagül Hill (758.9 m.) and merges with the plain between Çakmaklı and Somaklı Streets in Yağca village,then disappear (fig. 18.1). This river bed is mostly dry. The contact point of the river and the plain is 2-2.5 km., upper sides 7-8 km. far from Karain. These are reasonable distances for prehistoric people for fetching the raw material to the cave. Kızılin River is very close to Karain and most of the lithic artefacts and cores found in Karain cave resembles to Kızılin River gravels in terms of cortex, structure and colour. Therefore, based on these features of the lithic material, it is most likely that the principal raw material source of Karain people was Kızılin river bed (Kayan, 1990:18; Taskiran, 1996:63).

ÇAKMAK HILL

This small hill is situated on the north-east of the Karagür Hill and its altitude from the sea level is 355.4 meters (fig. 18.1). The distance to the Karain cave is 2.5 km. Its name is derived from the Turkish word for the flint stone. There is a detailed research on Çakmak Hill's radiolarite materials by M. Pawlikowski (1995:355, fig. 4 and 5).

Many radiolarite cobbles are easily found on the hill. These radiolarites generally spread to the ground by soil erosion and rain. This dispersion sometimes can be seen as radiolarite layers, but mostly as flat cobbles in different size sliding down the slopes of the hill. These flat radiolarite cobbles are not very solid, they can be easily broken into small pieces and crumble if they collide. Therefore their structures are not suitable for debitage. On the other hand, alternating radiolarite layers which lies north-south direction on the northern side of the hill are more solid then those on the surface, therefore this makes them more suitable for debitage. Although, they are not stronger than the radiolarite gravels that lies on the river beds, these rocks were sometimes used by the Karain people. Because, some samples similar to the flat radiolarite blocks on the Çakmak Hill were unearthed in Karain excavations, but they are only in small numbers. Even from this very few samples it is clear that Karain people transported these radiolarite blocks into their caves and used to produce and lithic tools. Based on the low distance to Karain and the similarities of the lithic material in colour and shape, it is suggested that Çakmak Hill was also a source which Karain people used to provide raw material for their lithic tools (Taskiran, 1996:65).

BURHAN RIVER

This river formed by conjoining of most small streams which born in the small and deep valley between the south-west slopes of the Katran Mountain and north-east slopes of Güllük Mountain (fig.18.1). It lies from north-west to south-east. It flows down to plain on the south of the Karakirse Street, reaches to plain where ruins of antique city of Termessos begins, then the river bed becomes very wide. On the north of Karakirse Street, Gökbüvet river which is born in between Karagür Hill and Katran Mountain like Kızılin River and but runs down to the south on the contrary to Kızılin River and conjoins to Burhan river (Fig. 18.1). This river also like Kızılin River flows through radiolarite beds cuts the rocks and transports the material into the Burhan River's beds.

In the summer season, it is possible to see the different kinds of raw material such as blocks, cobbles or gravels in the Burhan River's dry bed. This river is relatively richer than Kızılin River compared to abundance of raw material, because branches of this river brought many kinds of raw material from different and remote sources to the river bed. The distance of Burhan River to Karain is about 10 km., but it is relatively shorter through the Kızılin River, but it is still well away compared to Kızılin River and Çakmak Hill sources for collecting raw material. Collecting the raw material from this source might look pointless for Karain people considering its remoteness compared to other sources, but during the Middle Palaeolithic period, it was a usual routine for prehistoric man to travel remote places for their raw material (Féblot-Augustins, 1993:211-212, Table. 4). Therefore, transporting the raw material from a source which is 10 kilometres away would be another daily routine for the prehistoric Karain inhabitants. It is possible to find some raw material samples such as flint stone, quartzite, siliceous limestone and sandstone present in Karain Cave in Burhan River's bed. It is impossible for prehistoric people to overlook such abundant, high quality and various kinds of raw material. Thus, it is possible to assume that Burhan River was the third important source of raw material used in the Karain industry to produce lithic artefacts and the raw materials except radiolarites such as flint stone were provided from Burhan River (Taskiran, 1996:67).

Another important issue worth mentioning is how these materials were transported to Karain Cave. Recently, many studies carried out about the transportation of these raw materials to the camp areas and proximity of the source's the sites. Our observations on the chipped stone industry of Karain Cave show that raw material transported to cave as cobbles or radiolarite gravels, but a few pieces had been flaked for testing the quality of the raw material (Inizan *et al.*, 1992:20, Fig. 2; 1995:27, Fig. 3).

In conclusion, Karain Cave and its environment provided a favourable place for the prehistoric man due to large amount of karstic fresh water springs, suitable ecological conditions (fauna and flora) and raw material sources. Katran Mountain especially resembles to Israel's Mount Carmel with its dense cave settlements. Further archaeological excavations of new caves in the region would yield new and important information about the prehistoric and protohistoric archaeology of the area. Furthermore, it would make great contribution to the Palaeolithic chronology of south-eastern Anatolia. New excavation starting in Suluin Cave next year which is about 1 km from Karain Cave is expected to reveal more information about the supply areas of this region.

References

FÉBLOT-AUGUSTİNS, J., 1993. "Mobility Strategies in the Late Middle Palaeolitihic of Central Europe and Western Europe: Elements of stability and variability", *Journal of Anthropological Archaeology,* 12/3:211-265.

INİZİAN, M.-L., ROCHE, H., TİXİER, J., 1992. *Technology of Knapped Stone*. Préhistoire de la Pierre Taillée, Tome.3, Published by Cercle de Recherches et d'Etudes Préhistoriques C.N.R.S., Meudon.

INİZİAN, M.-L., REDURON, M., ROCHE, H., TİXİER, J., 1995. *Technologie de la Pierre Taillée.*

Préhistoire de la Pierre Taillée, Tome.4, Publié by Cercle de Recherches et d'Etudes Préhistoriques C.N.R.S., Meudon.

KAYAN, İ., 1990. "Tarihöncesi yerleşme Yerleri Olarak Antalya Mağaralarının Jeomorfolojik Özellikleri", *Ege Coğrafya Dergisi*, 5:10-31.

KÖKTEN, İ.K., 1955. "Antalya'da Karaln Mağarasında Yapılan Prehistorya Araştırmalarına Toplu Bir Bakış", *Belleten*, XIII/52:811-831.

KÖKTEN, İ.K., 1964. "Karain'in Türkiye Prehistoryasındaki Yeri", *Türk Coğrafya Dergisi*, XVIII-XIX/22-23:17-27.

MARTİNOLİ, D ET JACOMET, S., 2004. "Identifying endocarp remains and exploring their use at Epipalaeolithic Öküzini in southwest Anatolia, Turkey", *Vegetation History and Archaeobotany*, 13:45-54.

OTTE, M., YALÇINKAYA, I., TAŞKIRAN, H., KOZLOWSKİ., J., BAR-YOSEF, O., NOİRET, P., 1995a. "The Anatolian Middle Paleolithic: New Research At Karain Cave", *Journal Of Anthropological Research*, (51/4):287-299.

OTTE, M., YALÇINKAYA, I., KOZLOWSKİ, J., BAR-YOSEF, O., TAŞKIRAN, H., NOİRET, P., 1995b. "Evolution Technique Au Paléolithique Ancien De Karain (Turquie)", *L'Anthropologie*, (99/4):529-561.

OTTE, M., YALÇINKAYA, I., KOZLOWSKİ, J., TAŞKIRAN, H., BAR-YOSEF, O., (1996). " Paléolithique ancien de Karain (Turquie)", *Anthropologie et Préhistoire*, (107):149-156.

OTTE, M., YALÇINKAYA, I., BAR-YOSEF, O., KOZLOWSKİ, J., K, LÉOTARD, J-M., TAŞKIRAN, H., NOİRET, P., KARTAL, M., 1999. "The Anatolian Palaeolithic: Data and Reflections" *The Palaeolithic Archaeology of Greece and Adjacent Areas*, (3):73-85.

PAWLİKOWSKİ, M., 1995. "Karain and Öküzini Caves, Turkey. General geology of area preliminary report", *A.Ü. Türkiye Coğrafyası Araştırma ve Uygulama Merkezi Dergisi*, 3:351-369.

TAŞKIRAN, H., 1996. *Karain Mağarası Kenar Kazıyıcılarının Teknolojik ve Tipolojik Evrimi*, Unpublished Doctorate Thesis, Ankara.

YALÇINKAYA, I., 1995. "Karain Kazıları, 1993", *XVI. Kazı Sonuçları Toplantısı I*:1-26.

YALÇINKAYA, I., OTTE, M., BAR-YOSEF, O., KOZLOWSKİ, J., LEOTARD, J-M., TAŞKIRAN, H., 1992."Karain 1991. Recherches Paléolithiques En Turquie Du Sud, Rapport Provisoire", *Paleorient*, (18/2):109-122.

YALÇINKAYA, I., OTTE, M., BAR-YOSEF, O., KOZLOWSKİ, J., LEOTARD, J-M., TAŞKIRAN, H., 1993. "The Excavations At Karain Cave. Southwestern Turkey: An Interim Report", *The Paleolithic Prehistory Of The Zagros-Taurus*, (V):101-117.

RAW MATERIAL AND TECHNOLOGY IN CENTRAL EUROPEAN EARLY MIDDLE PALAEOLITHIC

Andrzej WIŚNIEWSKI
Wroclaw University, Institute of Archaeology, Ul. Szewska 48, 50139 Wroclaw, Pologne
E mail: andrzej.wisniewski@archeo.uni.wro.pl

***Abstract**: Presented paper focuses on problem of the early Middle Palaeolithic activity of human in Central Europe. The problem concerns the differentiation of stone resource supply in connection with systems of lithic working. In respect of stone quality resources the area was divided in two zones. The zone lies north of the Carpathians, Sudetes and Erz mountain massifs distinguishes by different varieties of flint, mostly flints found within the range of deposition of erratics by Scandinavian ice-sheets. Its eastern part (in Krakow-Częstochowa Highland and surrounding areas) is dominated by local flint resources. The zone located south is characterised by very close resources, such as quartzite and quartz, hornstones and radiolarite. Although the both areas are sometimes extremely different in respect of the raw material, the analysis doesn't show significant differences in scope of distance of stone supply and use of lithic technology. In both zones mostly the raw material originated from distance not greater than 5 km. Simple cases illustrated bigger circulation area (at list 130 km in straight line). Flint zone as well as non flint zone contained the traces of the same technological segments. It might suggest that the people were already well adapted to varied condition Central European regions in very early period. In general the analysed system of provisioning seems very similar in comparison with the other European regions in late middle Pleistocene, and different from supply known from the upper Pleistocene sites belong to late Middle Palaeolithic.*
***Key-words**: early Middle Palaeolithic, raw material, Central Europe, human activity*

***Résumé** : L'article concerne la question du Paléolithique moyen ancien en Europe Centrale, en particulier la collecte des matières premières en relation avec les systèmes de production lithique. La zone géographique a été subdivisée en deux secteurs en fonction des types et de la qualité des matériaux disponibles. La zone étudiée s'étend au nord des Carpates, avec les massifs montagneux des Sudetes et de Erz où différents types de silex existent, la plupart dans des dépôts morainiques en provenance de Scandinavie. Les sites de la partie orientale de cette zone (dans les Krakow-Częstochowa Highland et les environs) indiquent une collecte de silex locaux, alors que ceux du sud signalent un ramassage de roches très locales comme le quartzite, le quartz, les radiolarites et les silex cornés. Bien que les deux secteurs soient parfois très différentes en ce qui concernent les ressources en matières premières, les analyses des sites ne montrent pas de différences significatives à la fois dans les distances d'approvisionnement et les comportements techniques. La plupart des roches ne sont pas ramassées à plus de 5 km. De rares cas indiquent des collectes à très longue distance (130 km en ligne droite). Que le silex soit ou non disponible dans l'environnement n'a aucune influence sur les comportements techniques. Ceci suggère que les groupes humains étaient déjà bien adaptés à des conditions environnementales variées dès ces périodes en Europe Centrale. Les stratégies d'approvisionnement ne sont pas différentes de celles que l'on observe dans d'autres régions européennes au Pléistocène moyen récent. En revanche, elles le sont de ce qui est connu dans les sites du Pléistocène supérieur livrant des assemblages du Paléolithique moyen tardif.*
***Mots-clés** : Paléolithique moyen ancien, matières premières, Europe Centrale, activité humaine*

INTRODUCTION

It is possible to gain a better understanding of human activity during the Palaeolithic by investigating the methods of stone resource use and strategies of obtaining food. Very useful in this respect have been functional analyses of relics from this age. Among the published results of such studies of special value have been the analyses of the relationship of some of the earliest fossil bones and artefacts known from Africa (Isaac, 1989). Lately, specialists have started to note the limitations of the earlier approach, putting forward proposals for new methods to analyse evidence related to the described types of behaviour, with some emphasis placed on constructing dynamic models (Conard & Adler, 1997; Féblot-Augustins, 1997; Kuhn, 1995 and others).

The present article focuses on human activity the object of which was obtaining and working lithic raw materials during the early Middle Palaeolithic (EMP: OIS8-6) in the area of Central Europe (Fig. 19.1); this region may be distinguished into two zones – a northern, 'flint' zone (N), and a southern zone, lacking in flint (S). The author's aim was to create groundwork for a model of stone utilisation during the early Middle Palaeolithic and compare it to the situation during the late Middle Palaeolithic in the region, and to EMP material from areas bordering Central Europe. In this undertaking it was important to consider whether it is possible to detect distinct trends, differentiating the northern and the southern zone, or rather, whether phenomena associated with stone use (including the use of suitable technologies) could have been more individualized and dependent on a larger number of

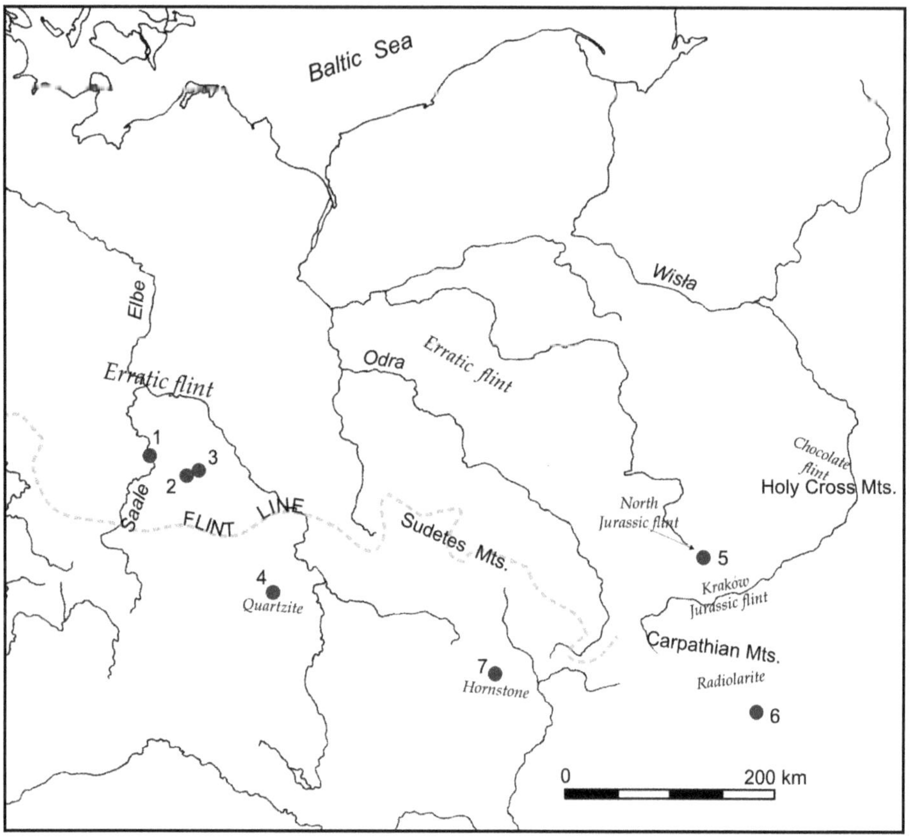

Fig. 19.1: Locations of EMP sites and deposits of the main raw materials: 1 – Neumark-Nord 1, 2 – Markkleeberg, 3 – Zwochau, 4 – Bečov I, 5 – Biśnik Cave, 6 – Hôrka Ondrej, 7 – Kůlna Cave.

different regional factors. A number of known assemblages were left out of the present discussion because the author for various reasons could not access them and their publications were found to be insufficient for the purpose of this study.

Only during the 1980s the relationship between lithic raw materials, flint and stone-working technologies, and their relationship to other elements of the subsistence and settlement systems became a major issue in Middle Palaeolithic studies (MP) in Central Europe (Kozłowski & Pawlikowski 1989; Rensink *et al*,. 1991; Takács-Biró, 1986 and others). Most extensively the question of obtaining raw material, analysed in connection to settlement strategies in this part of Europe was investigated by Féblot-Augustins (1993, 1997, 1999), whose studies encompassed LMP evidence from Central Europe.

SITES

In the present analysis we shall consider finds dated to the close of the Middle Pleistocene, linked with early Middle Palaeolithic (EMP), originating from a number of Central European sites (tab. 19.1). The earliest of these were discovered at the open-air site at Markkleeberg in Saxony (Germany). The oldest assemblages, known as FdK1 and FdK2, are dated to OIS8 and may be associated presumably with human activities carried out in a steppe or park taiga environment (Mania, 2004a; Mania, Baumann, 1983, p. 62). Finds recovered during recent studies made by J. Schäfer and his team (2004) might be placed in the older part of OIS6. Unfortunately, the artefacts were removed by fluvial processes.

From a later period we have finds from a few sites in Thuringia and Saxony Anhalt. Of these the most important is Neumark-Nord 1 (Mania, 1990, 2004b; Brühl, 2004), which yielded flint artefacts and faunal remains in a context of a zone of a lake shore (layers 6.1 and 6.2) and also at some distance from it. Thanks to the development of lake sediment deposits the site has one of the richest stratigraphic sequences in Europe. Despite this, the dating of the finds to OIS7 is not free from reservation (Litt, 1994; see also: Gamble & Roebroeks, 1999; Conard & Fischer, 2000, p. 10).

Tab. 19.1: Stratigraphy and chronology of sites.

Stanowisko	Stratigraphy	Chronology/Dates	OIS	Source
Bečov I	(AIII6) layers 7-8	Intra-Saalian	7	Fridrich 1982
	(AIII5) layer 5	Wartanian	6	
Biśnik Cave	Assemblage A_3: layer 14	Wartanian	6	Cyrek 2002
Hôrka Ondrej	Area B (Prošek excavation) layer 2	160 kyr ±10% U/Th	6	Bánesz 1990 Kaminská *et al.* 2000
	Area D (Kaminská excavation) layer 3	143,5 kyr U/Th	6	
Kůlna Cave	Layer 14	Wartanian	6	Valoch 1988
Markkleeberg (Mania & Baumann excavation)	Fdk 1	Saalian	8	Mania, Baumann 1983, Mania 2004a
	Fdk 2			
Markkleeberg (Schäfer *et al.* excavation)	H. 1	Saalian	8	Schäfer *et al.* 2004
	H. 2+3	150-190 kyr	6	
Neumark-Nord 1	Lower zone of shore (Lzs, 6.1)	Intra-Saalian	7	Mania 1990 Brühl 2004, 2005
	Upper zone of shore (Uzs, 6.2)			
	Outside the lake shore (Ols)			
Zwochau	G.H.5 i G.H. 4	> 150 kyr	>6	Pasda 1996

The present results, especially those related to biostratigraphy, are more in favour of the dating to the Intra-Saalian than the Eemian interglacial (Brühl, 2005, p. 557, with further literature). The finds from Neumark-Nord 1, particularly, from the littoral zone, show evidence of disturbance (Brühl, 2005, p. 558), especially, the artefacts from the so-called lower lake shore zone (Lzs, 6.1).

The next site to be considered is the one at Bečov, near Most, in NW Czech Republic. Artefacts associated with the Intra-Saalian interglacial were discovered in a part of the site I (part AIII6), within layer 7 and partly, in layer 8. Chronology of the site was established on the basis of its stratigraphic sequence, an important part of which were palaeosoil remains, preserved in layer 7 (Fridrich & Smolíková 1973; Fridrich, 1982). The layers containing lithic finds showed some degree of disturbance but the state of preservation of artefacts is very good.

The largest number of finds originates from the penultimate glaciation (OIS6 – Wartanian glaciation). At Biśnik Cave, near Strzegowa in southern Poland, layer 14 (so-called 'assemblage A_3' yielded lithic artefacts as well as faunal remains (Cyrek, 2002). At Kůlna Cave in Moravia, (Czech Republic) layer 14 also produced a lithic assemblage and faunal remains (Valoch, 1988). Unfortunately, at both these sites the finds had been disturbed and probably reduced in number.

Open-air sites from the same age are represented by the travertine site at Hôrka Ondrej (Slovakia), where areas B and D yielded artefacts which are dated by U/Th (tabl. 19.1; Ford 2000; Kaminská, 2000). The largest assemblage from area B was recovered during the 1950s. Both areas at Hôrka Ondrej also yielded organic remains, including mollusc fossils and plant imprints, indicating that the site had been occupied during interstadials. A redeposited loess layer at another site at Bečov I, (layer 5) contained artefacts related possibly to the Wartanian glaciation (Fridrich, 1982). Remarkable evidence from Zwochau in Thuringia was dated on the basis of the stratigraphic sequence to at least 150 thousand years (Wansa *et al.*, 1996). The inventory forms part of a much larger complex. It is unique because of its fairly undisturbed position, which made it possible to analyse its technology in greater detail (Pasda, 1996). Excepting the material from Neumark-Nord 1 and Bečov I (AIII6) all other sites presumably correspond to colder periods of the final Middle Pleistocene, when the area of Central Europe was covered predominantly by a tundra.[1]

THE RAW MATERIAL

To illustrate the widely varied flint and other stone resources (tab. 19.2, Fig. 19.1) available in the area of interest, their brief review is given below, in which the area is divided into two zones:

[1] A number of other Intra-Saalian sites, as eg Ehringsdorf-Weimar (Behm-Blancke 1960; Feustel 1993; Mania 1993) are known to the author, but their assemblages have not come under his analysis so far.

Tab. 19.2: Diversity of raw materials.

Site	Stratigraphy	Raw material			
		Type	Distance km	Number	%
Bečov I*	(AIII6) layers 7-8	Bečov Quartzite		3093	96,8
		Skršin Quartzite	5	22	0,7
		Quartz		71	2,2
		Porcelanite		9	0,3
	(AIII5) layer 5	Bečov Quartzite	-	168	99,4
		Skršin Quartzite	5	1	0,6
Biśnik Cave	A3: layer 14	Erratic Jurassic flint + Unidentified		53	88,3
		Kraków Jurassic flint		1	1,7
		Chocolate flint		4	6,7
		Indeterminate	130	2	3,3
Hôrka Ondrej*	Area B (Prošek excavation) layer 2	Radiolarite	35-40	397	100
	Area D (Kaminská excavation) layer 3	Radiolarite	35-40	2	2,4
		Quartz	6-8	77	90,5
		Quartzite		3	3,5
		Sandstone		1	1,2
		Indeterminate		2	2,4
Kůlna Cave	Layer 14	Brown hornstone		15	15
		Quartz		1	1
		Brown Quartzite		4	4
		Greywacke		17	17
		Various raw materials		63	63
Markkleeberg (Mania & Baumann excavation)	Fdk 1	Erratic Baltic flint		3763	99,98
		Siliceous Schist		1	0,02
	Fdk 2	Erratic Baltic flint		337	100
Markkleeberg (Schäfer *et al.* excavation)	H. 1 H. 2+3	Erratic Baltic flint		638	100
Neumark-Nord 1	Lzs (6.1)	Erratic Baltic flint		110	96,5
		Others		4	3,5
	Uzs (6.2)	Erratic Baltic flint		756	97,5
		Others		19	2,5
	Ols	Erratic Baltic flint		675	99,1
		Others		6	0,9
Zwochau	G.H.5+G.H. 4	Erratic Baltic flint		1221	100

* Number of finds after author.

- Northern zone, stretching north of the Carpathians, Sudetes and Erz mountain massifs is dominated by different varieties of flint, mostly flints found within the range of deposition of erratics by Scandinavian ice-sheets (Kozłowski & Pawlikowski, 1989). Its eastern part (in Krakow-Częstochowa Highland and surrounding areas) is dominated by local flint resources, among them, Jurassic flint,
- Southern zone is marked by a great diversity of stone resources used during the Palaeolithic, which next to quartz include local deposits of hornstone, quartzite and radiolarite (Kaminská, 2001; Přichistal, 1994, 1997, 2004).

The northern zone abounded in flint, which was obtained directly from the surface of post-glacial sediments or from deposits exposed by fluvial erosion. In the western part of this zone (N-1; Thuringia, Saxony), where the dominant resource was erratic flint, local concentrations of this material offered a rich selection of nodules of suitable size. This is well exemplified by the site at Zwochau. C. Pasda (1996), analysing the content of sediments in the rock grain size of > 5 cm, was able to demonstrate the dominance of flint among the samples. The flint sample weighed 120 kg, while samples of eg schist or quartz were in the range of 40–70 kg. Nodule size was similarly wide-ranging. Basing on measurements of the largest artefacts it appears that some of the worked lumps originally exceeded 20 cm. This would explain why other types of stone, eg schist, are much less represented in and around the site at Markkleeberg (tab. 19.2). While nearly all the lithic finds recovered at Neumark-Nord 1 were of erratic flint no outcrop of this deposit was identified in the area (Mania, 1990; Brühl, 2000, 2005). Even so there can be no doubt that the resource was brought to the hunting ground from the outside. Much smaller nodules were worked than at the sites of Markkleeberg type, with the largest artefacts up to 9 cm in size. For years there has been an ongoing discussion to explain why artefacts produced during warmer periods of climate tend to be smaller in size (see Burdukiewicz & Ronnen, 2003).

The eastern outlying area of the northern zone (N-2, Krakow-Częstochowa Highland), despite having quite a varied topography, abounded in local resources, eg North Jurassic flint, which could be collected near the site, as in case of Biśnik Cave, or Krakow Jurassic flint, brought from some distance away (Cyrek, 2002). Basing on the available evidence it is difficult to say anything more definitive on the form in which the flint found its way to the cave. In any case, the maximum size of artefacts did not exceed 10 cm. At Biśnik Cave there was also a ace percentage of tools struck from chocolate flint, imported ready-made over large distances. Chocolate flint deposits are found in the northern foreland of Holy Cross Mountains in Central Poland. Tools made from chocolate flint would have been carried over a distance of ca. 130 km, one of the longest known. Further pieces of chocolate flint occurred in the older, less well preserved levels of the cave (Cyrek, 2002). The working of chocolate flint during the middle Pleistocene directly, on site of its outcrops, is confirmed by single finds known from Tomaszów: bottom of level IX (Schild *et al.*, 1985, p. 29).

The southern zone (S, Czech Republic and Slovakia) is so greatly varied that it can be presented only by discussing individual sites found in the area (cf Přichistal, 1994, 1997). The site Bečov I, found in the western region of the Czech Republic in Czech Middle Mountains, lies on an elevation covered by a quartzite mantle. The quartzite, known as 'type Bečov', was the main resource which was worked at Bečov, site I. The size of the worked nodules not infrequently exceeded 15 cm. The analysed assemblage includes a very small amount of pieces struck from quartzite 'type Skršin' (0.7%), which resource was brought to the area from a distance of ca 5 km, very likely, in the form of ready-made tools. Other varieties of stone, eg porcelanite or quartz, also originated from the surrounding area.

Fig. 19.2: The zone without flint (S). Examples of artefacts: 1. centripetal core of Bečov type quartzite (Bečov I, AIII6); refitted core and flake of radiolarite (Hôrka Ondrej, layer B).

The next site in the southern zone, Kůlna cave, layer 14, in the Moravian Karstic region, also indicates that people used locally available stone resources, obtained near to the cave (Valoch, 1988). It is not as clear in what form the stone was brought to the shelter. What is evident is that the inventory was seriously reduced as a result of geological processes.

At the travertine site at Hôrka Ondrej (Slovakia), the Middle Pleistocene layer 2 in area B contained artefacts made from radiolarite, whereas area D, next to single finds of radiolarite, quartzite and sandstone, mainly produced forms struck from quartz (tab. 19.1; Kaminská, 2000, 2001; Bánesz, 1990). Quartz may have been obtained from fluvial deposits of the Hornád river, found 6 to 8 km away, and – what is interesting –

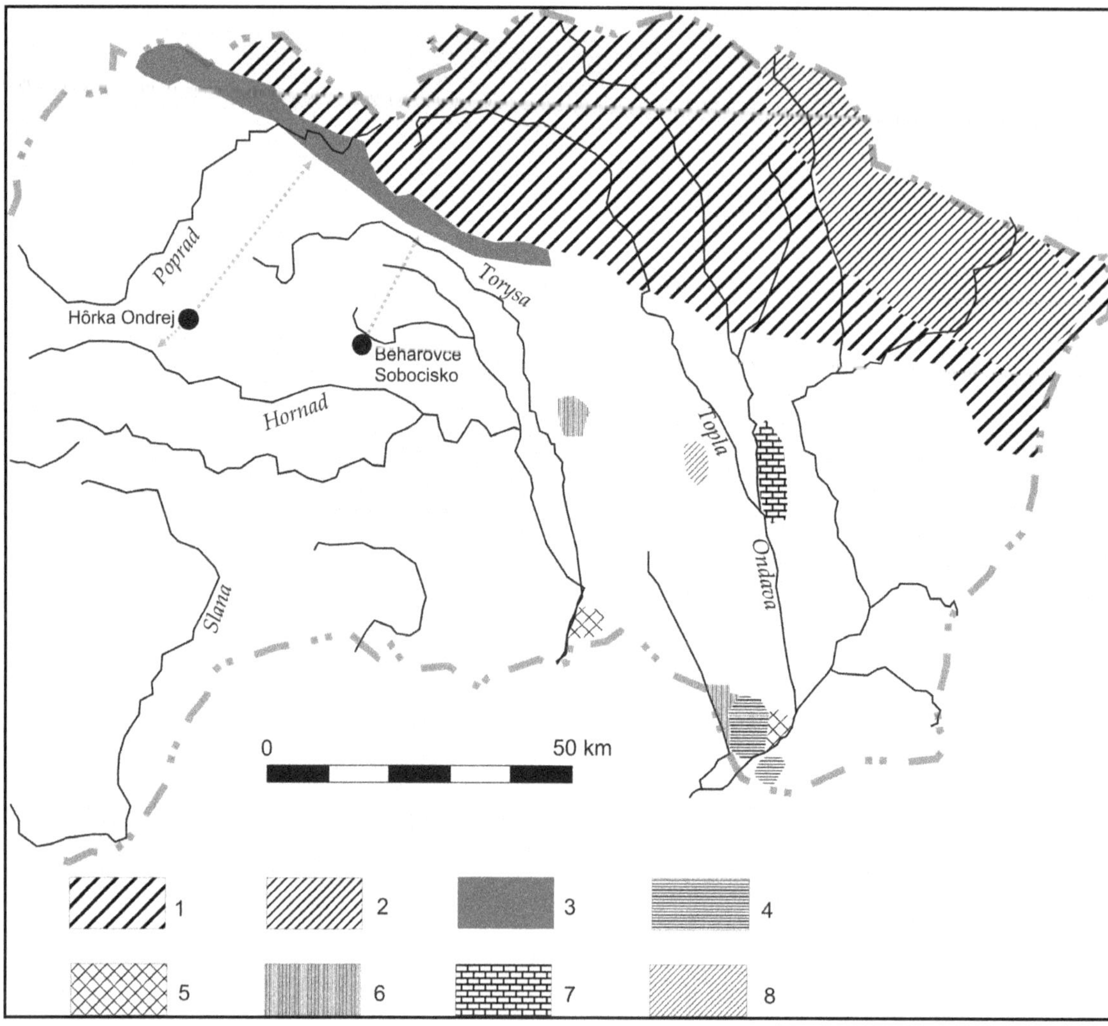

Fig. 19.3. Locations of main raw material sources used in east Slovakia during Palaeolithic with two EMP sites mentioned in the text. Raw material: 1+2 – Menilithic Hornstone, 3 – Radiolarite, 4 – Obsidian, 5 – Jasper, 6 – Opal-Chalcedony, 7 – Brown Hornstone, 8 – Limno-quartzite. Arrows mark the smallest distance to the sources. After Kaminská 2001.

radiolarite had been brought from across a distance of 35–40 km (Fig. 19.3). L. Kaminská (2001, p. 88) admits that alternately, it is possible to transport the radiolarite to deposits found north of Hôrka Ondrej, in Poland. A similar situation is known from a late Middle Pleistocene site, not considered here, ie, Beharovce-Sobocisko, which produced radiolarite finds apparently originating from a fairly distant source. On the basis of what - admittedly – is only a small number of refittings (Fig. 19.2: 2), and of the structure of the inventory, it may be established that raw radiolarite had reached the site at Hôrka Ondrej in the form of raw lumps and also as ready made pieces. The lumps could have been at least 6.0 × 5.6 × 4.3 cm. A single radiolarite flake from area B has the length of 7.5 cm. Quarts finds from area D varied in size but did not exceed 6.5 cm.

It appears from the above discussion that during EMP in Central Europe the prevailing strategy was to use local raw flint or stone available from the nearest surrounding area. Only in rare cases raw lithic resources were brought from a distance of no less than 5 km, or from between 6 and 8 km, as well as also, from as far as 40 km away. Cases of transporting raw material from a distance of more than 8 km are noted only in the eastern part of the northern zone (N-2) and in the eastern part of the southern zone (S).

LITHIC RAW MATERIAL AND TECHNOLOGICAL ACTIVITY

In examining the relationship between the lithic raw material and technology care was taken to take into account only best-preserved evidence. In the area covered by the study, similarly as in other parts of Europe, it is possible to distinguish a number of technological segments, by which should be understood groups of methods of blank production. These include: the segment of predetermined methods (Ml), segment of centripetal methods (Mc, which includes discoidal and radial methods), segment of parallel methods (Mp) and segment of other methods (Mo), somewhat less frequent. Tables 19.2 and 19.3 list varieties of lithic raw material and data on technology. As may be seen, nearly every site analysed here produced evidence on at least two technological segments. Most frequently, the segments of predetermined and centripetal production are noted together, which could result from a number of causes, including the mixing of different working methods, dualism, or the as yet poor recognition of these systems in Central Europe, as well as the overlapping of different settlement episodes. At the present level of research none of the suggested causes may be ruled out.

For better-preserved finds it was possible to recognise more closely differences in technological approach. Sites in the western area of the northern zone (Markkleeberg and Zwochau) are dominated by predetermined production, which was realised directly over outcrops of erratic flint. Authors of research at Markkleeberg additionally suggest that apart from Levalloisian production a very important place was occupied by production of bifacial tools in the type of hand axes (Mania & Baumann, 1983). While at Markkleeberg there is a visible participation of several Levallois methods, in the Fdk 1 assemblage in particular, at Zwochau the dominant method is one that is commonly defined as classic Levalloisian method (see eg the definition in Van Peer, 1992). Presumably this may be explained by the fact that the first of these sites contained a mix of several settlement episodes. It is difficult to say whether they were contemporaneous. The presented examples serve to partly validate the assumption that methods of Levalloisian reduction appear more often in areas where better quality deposits of lithic raw material were available (Andrefsky, 1998). The site Neumark-Nord 1 yielded traces of, first of all, intensive centripetal production and multidirectional production (the other methods segment), with an observable participation of Levallois products. This is especially well apparent in the part of the site outside the shore line (Brühl, 2005).

Further well-preserved finds come from layers 7 and 8 (so-called AIII6) at Bečov I. Despite the location of the site Bečov I within the range of an outcrop of such fine raw material as quartzite, the two inventories from this site do not contain too many elements typical for the predetermined segment. The better preserved inventory from layers 7 and 8 (AIII6) while it does feature single forms representative for Levallois reduction, indicates that the main emphasis of production was on obtaining thick blanks from cores with limited preparation, reminiscent of Quina forms, which fit in the centripetal segment (Sc) and possibly in the parallel segment (Sp) (Turq, 1992). It seems that this strategy was dictated by the need to produce flake blanks, which later were worked into scrapers. The choice had nothing to do with limitations imposed by raw material, since it is known that an area in the neighbourhood of Bečov site I produced examples of inventories with well-developed Levallois technology, as well as production of bifacial tools (Fridrich, & Sýkorová, 2005). The segment of predetermined production was documented earlier in the area of Hessian outcrops of quartzite (Luttropp & Bosinski, 1971).

Among other sites Hôrka Ondrej is notable (southern part). The inventory from excavated areas B and D is marked by evident dualism of technology, which is the consequence of the raw material base. Forms obtained from radiolarite, transported from a distance of at least 35–40 km, are products of the Levallois system and probably, of centripetal reduction, perhaps used in the final stage of exploitation of the blocks. Lumps of quartzite, the second most numerous stone resource, brought to the site from a distance of ca. 6–8 km, were reduced by the bipolar method, and possibly, also the centripetal method.

Levallois strategy, but also the centripetal segment, are well apparent in complex A_3 (layer 14) from Biśnik Cave. The majority of artefacts were obtained from fine quality Jurassic flint. Finished tools (notched, backed blade, retouched blade, composite tool) are represented by chocolate flint.

RAW MATERIAL AND TECHNOLOGY – SUBSISTENCE AND SETTLEMENT

Models associated with procurement, transport and consumption of lithic raw material during the older stages of the Palaeolithic were integrally connected with systems of subsistence and settlement. In the investigated region of Central Europe we encounter in general all manifestations of activity known from other areas. Table 19.4 presents useful data on this subject. Taking into consideration the intensity and method of reduction of lithic raw material in comparison with data on location, morpho-topography and fauna, the author divided the sites into four categories, marking them with Arabic numbers. The classification proposed here in most cases agrees with propositions made by authors who analysed the individual sites.

Table 19.3. Morphology, technology and raw material of artefacts. Ml-predetermined segment; Mc-centripetal segment; Mp-parallel segment; Mo-other segment; X – dominant segment; x – elements of segment; ? – uncertain presence of segment. *- Number corrected by author.

Site	Stratigraphy	Morphology					Technology				Raw material
		Flakes/blades	Cores	Tools	Chunks	Others	Ml	Mc	Mp	Mo	Type
Bečov I*	(AIII6) layers 7-8	2409	109	305	201	69	x	X	x	x	Bečov Quartzite
		13	-	9	-	-	x	x			Skršin Quartzite
		51	5	5	9	1				x	Quartz
		9	-	-	-	-		?			Porcelanite
	(AIII5) layer 5	125	16	24	3	-	?	X	x	x	Bečov Quartzite
		-	-	1	-	-					Skršin Quartzite
Biśnik Cave	Assemblage A3: layer 14	9	12	32	-	-	x	x	x	x	Erratic Jurassic flint + Unidentified
		-	-	1	-	-	x				Kraków Jurassic flint
		-	-	4	-	-					Chocolate flint
		-	-	2	-	-					Indeterminate
Hôrka Ondrej*	Area B (Prošek excavation) layer 2	374	13	9	-	1	X	x		x	Radiolarite
	Area D (Kaminská excavation) layer 3	1	1	-	-	-	?				Radiolarite
		29	3	11	34	-		x		X	Quartz
		1	1	-	1	-					Quartzite
		-	-	1	-	-					Sandstone
		2	-	-	-	-					Indeterminate
Kůlna Cave	Layer 14	44	14	36	-	6	x	x		x	Brown hornstone Quartz Brown Quartzite Greywacke Various raw materials
Markkleeberg (Mania & Baumann excavation)	Fdk 1	2962	586	128	-	87	X	x	x	x	Erratic Baltic flint
		-	-	1	-	-					Siliceous Schist
	Fdk 2	297	32	1	-	7	X	x	x	x	Erratic Baltic flint
Markkleeberg (Schäfer *et al.* excavation)	H. 1 H. 2+3	590	38	10	-	-	X	x	x	x	Erratic Baltic flint
Neumark-Nord 1	Lzs (6.1)	64	15	31*	-	-	x	x			Erratic Baltic flint
		-	-	-	-	4					Others
	Uzs (6.2)	405	208	143*	-	-	x	x	x	x	Erratic Baltic flint
		-	-	-	-	19					Others
	Ols	292	137	222*	24	-	x	X	?	X	Erratic Baltic flint
						6					Others
Zwochau	G.H.5+G.H. 4	1168	20	32	-	1					Erratic Baltic flint

*Number of tools with specimens without formal retouch.

1. In the NW area (N-1), in a region found within the range of erratic flint, we come across evidence of quite intensive exploitation of these deposits during cold periods. The deposits occurred in valley areas and were 'made available' as a result of exposure of moraine deposits by erosion processes (Mania &

Tab. 19.4 : Subsistence and settlement pattern.

Site	Stratigraphy	Geo- morphotopography	Fauna	Explanation of occupation
Bečov I	(AIII6) layers 7-8	Rock shelter, Rocky outcrop	Indetermined	Various activity Camp?
	(AIII5) layer 5	Plateau, Rocky outcrop	-	?
Biśnik Cave	Assemblage A_3: layer 14	Cave	Giant deer Reindeer Wisent Woolly rhinoceros	Place of gathering or shelter?
Hôrka Ondrej	Area B (Prošek excavation) layer 2	Location in the river basin	-	Camp?
	Area D (Kaminská excavation) layer 3		-	Camp?
Kůlna Cave	Layer 14	Cave	-	?
Markkleeberg (Mania & Baumann excavation)	Fdk 1	Location in terraces of the valley	Horse Bovids Mammoth Rhinoceros	Workshop Various activity?
	Fdk 2		-	
Markkleeberg (Schäfer *et al.* excavation)	H. 1		-	
	H. 2+3		-	
Neumark-Nord 1	Lzs (6.1)	Location in shore lake	Cervids Bovids Rhinoceros	Killing and butchering site
	Uzs (6.2)			
	Ols	Outside of shore lake	Cervids Bovids Rhinoceros Elephants	Short-term camp
Zwochau	G.H.5+G.H. 4	Location in terraces of the valley	Bovids/horse	Workshop

Baumann, 1983; Wansa & Wimmer 1996; Eissmann, 1983). It was established with regard to flint working at Zwochau that Levallois forms were produced for 'taking away' (Pasda, 1996). At Markkleeberg the number of retouched tools is fairly small (tab. 19.3); at Zwochau these forms did not occur at all. Obviously, this does not mean to say that no activity other than production was carried out. However the question as to the relationship between production and say, hunting activity must remain open. First of all, the material from Markkleeberg is probably an amalgamation of several settlement episodes. Second, animal fossil remains were relatively rare, but could perhaps result from unfavourable geochemistry of sediment-tation context (Mania, Baumann 1983, p. 62).

2. The next site in the northern zone is so far the only well documented example of exploitation of an interglacial environment (Mania, 1990, 2004b). However, the greatest value of the site Neumark-Nord 1 is that it provides insight on ways of managing the lithic resource, different approaches adopted in different zones of activity in the vicinity of a lake reservoir (tab. 19.3, 19.4). I mean here the killing and butchering site as well as a short-term camp. The killing and butchering sites, next to bone fragments, some of them with cut marks, produced a very high frequency of tools (27.2%) in the lower lake shore zone (Lzl), and nearly 19% in the upper lake shore zone (Uzl), among which the dominant form are tools with retouch which formed while the flakes were used for cutting. In the case of the upper lake shore zone we find a strangely low ratio of flakes to cores and core-like forms (1.9), and at the same time, a very low ratio of cores/core-like forms to tools (1.45). The inventory, which has been interpreted as the remains of a short-term camp situated within the lake shore zone, includes a substantial number of assorted tool forms (including

formal tools and ones which developed as a result of use) and a very impressive number of cores, something which is responsible for a very low coefficient of flakes. The high frequency of tools, nearly 33%, according to E. Brühl (2004, 2005), may be associated with the type of activity which was carried out at this location. Relevant differences between butchering sites and the camp are revealed by tool morphology. Formal tools from the butchering site are more heavily exploited than those from the short-term camp; at the same time in the butchering site we find a strong domination of 'tools without retouch' (Brühl, 2005).

3. Other finds document occupation of areas with strongly varied orography, with rock shelters and caves (tab. 19.4). In the area around the site at Bečov I (layers 7 and 8, AIII6), which has been interpreted as an *abri*, we find evidence of transport to the site, production and partial consumption, as well as production aimed at obtaining forms for taking outside the site. It is interesting that so far no early Middle Palaeolithic forms struck from quartzite 'type Bečov' have been discovered outside the area of its occurrence. The closest 'good' resources are found only in the foreland of the Harz Mountains – assorted types of quartzite in the foothills and beyond, erratic flint. This situation imaginably reflects more the state of research since a region with so numerous traces of Middle Palaeolithic occupation cannot have existed as a 'lone island'. Finds from layer 14 at Biśnik Cave, provided they are a homogeneous set, may testify to occupation, an important element of which may have been taking shelter, associated with seasonal hunting activity and securing a food supply; this is suggested by the accumulated bone remains. It is hard to determine whether stone was worked on the site. The discarded tools from toolkits of chocolate and Jurassic flint suggest that a part of damaged tools were replaced at the site.

4. Travertine sites at Hôrka Ondrej may be the remains of camps which functioned close to a large valley. It is difficult to specify more closely the age when the camps were used or their structure. As can be seen from tables 19.3 and 19.4, the lithics originated during a cold period (OIS6) and have a somewhat different structure of their inventory. In the case of the better-represented radiolarite artefacts from area B we see the domination of debitage from reduction and, presumably, from tool production and rejuvenation. Reduction is dominated by methods of the predetermined and centripetal segment. Levallois products are rare in the same inventory, suggesting that some of these forms were taken out of the camp area. Production focused on lithic raw material brought from the outside. There is also a number of formal tools showing intensive reduction.

CONCLUSION

One conclusion which follows from this analysis is that different lithic resources were used during early Middle Palaeolithic, a situation in many respects similar to what is known about the late Middle Palaeolithic. The same resources were used and brought to the valley of Poprad river, as well as to Krakow-Częstochowa Highland and surrounding area during LMP (Kaminská, 2001; Cyrek, 2002; Schild *et al.*, 1988; Schild *et al.*, 2000). This indicates a relatively early development of certain types of behaviour associated with identification of raw material deposits and the development of the system of obtaining their supply. Similarly as during LMP, with certain exceptions, the better part of lithic raw material originated from a distance not greater than 5 km. Taking into consideration results obtained by Féblot-Augustins (1993, 1997) on LMP in Central Europe, it may be said that during EMP circulation of lithic resources involved a more limited selection – at most, two types of stone which were carried from a distance greater than 6 km. However, the distance of this transport, measured in a straight line, in some cases was equal to or even slightly exceeded the distance over which lithic raw material was transported during EMP in other regions bordering Central Europe eg, in Rhineland (Floss, 1994). In a unique case a larger amount of raw material had been brought in over a distance of more than 35–40 km. Presumably this is related to intensive hunter exploitation of a valley system to the south of the towering rocky Tatra range. It should be noted at the same time that in much of the area analysis of circulation is greatly impeded or outright made impossible by the occurrence of erratic flint.

With the exception of bifacial production all technological segments known from outside the region are also noted in Central Europe. On a general level of comparison no correlation was observed between technology and the area with flint deposits and one lacking this resource. The same technological segments are noted on both sides of the 'divide' between the flint zone from no-flint zone. Only upon closer analysis differences were detected, dependent on specific human activity and on features of the region's geography. Situations were observed similar to ones known from EMP sites outside the study area, associated with eg production for 'taking away' of blanks, cores and tools, at times, as at Zwochau – in large numbers. It is also apparent, and confirmed by evidence from other areas, that the multiple purpose tools were transported and repeatedly rejuvenated over a distance of at least 35 km, up to 130 km at the maximum.

Acknowledgements

The Author extends his warm thanks to J. Fridrich and I. Sýkorová (Czech Academy of Sciences) and L. Kaminská (Slovak Academy of Sciences) for their kind assistance during his work on the present article.

References

ANDREFSKY W. Jr., 1998, *Lithics. Macroscopic approaches to analysis*, Cambridge University Press, Cambridge.

BÁNESZ L., 1990, Mittelpaläolithische kleinförmige Industrie aus den Travertinfundstellen der Zips, *Slovenská Archeologia* 38/1, pp. 45-86.

BEHM-BLANCKE G., 1960, Altsteinzeitliche Rastplätze im Travertingebiet von Taubach, Weimar, Ehringsdorf, *Alt-Thüringen* 4.

BRÜHL E., 2000, *Die Archäologie der mittelpleistozänen Jäger von Neumark-Nord (Geisetal) – Das Material der Grabung 1995*, unpublished M.A. thesis, Friedrich Schiller Universität, Jena.

BRÜHL E., 2004, Ökonomisch-ökologische Untersuchungen an Inventar von Neumark-Nord 1, *Praehistoria Thuringica* 10, pp. 97–109.

BRÜHL E., 2005, Neumark-Nord 1-an interglacial lake with butchering sites and short-time camp sites of late Middle Pleistocene humans, *in:* N. Molines, M.-H. Moncel, J.-L. Monnier, (Eds.), *Donnés récentes sur les modalités de peuplement et sur le cadre chronostratigraphique, géologique et paléogéographique des industries du Paléolithique ancien et moyen en Europe (Rennes, 22-25 septembre 2003), BAR International Series 1364*, pp. 555-564.

BURDUKIEWICZ J.M., RONEN A. (Eds.), 2003, *Lower Palaeolithic small tools in Europe and the Levant*, British Archaeological Reports, International Series 1115, Oxford, 2003.

CONARD N.J., ADLER D.S., 1997, Lithic reduction and hominid behavior in the Middle Paleolithic of the Rhineland, *Journal of Anthropological Research* 53, pp. 147–176.

CONARD N.J., FISCHER B., 2000, Are there recognizable cultural entities in the German Middle Palaeolithic?, *in: A. Ronen, M. Weinstein-Evron (Eds.),* Toward Modern Humans, The Yabrudian and Micoquian *400-50 k-years ago, British Archaeological Reports, International Series 850*, pp. 7–24.

CYREK K. (Ed), 2002, *Jaskinia Biśnik. Rekonstrukcja zasiedlenia jaskini na tle zmian środowiska przyrodniczego*, Uniwersytet Mikołaja Kopernika, Toruń.

EISSMANN L., 1983, Die Quartärgeologie des Raumes Markkleeberg südlich von Leipzig, *in:* W. Baumann, D. Mania (Eds.), Die paläolithische Neufunde von Markkleeberg bei Leipzig, *Veröffentlichungen des Landesmuseums für Vorgeschichte Dresden* 16, pp. 37-48.

FÉBLOT-AUGUSTINS J., 1993, Mobility strategies in the late Middle Palaeolithic of Central Europe and Western Europe : Elements of stability and variability, *Journal of Anthropological Archaeology* 12/3, pp. 211-265.

FÉBLOT-AUGUSTINS J., 1997, *La circulation des matières premières au Paléolithique*, CNRS, Liège.

FÉBLOT-AUGUSTINS J., 1999, Raw material transport patterns and settlement systems in the European Lower and Middle Palaeolithic: continuity, change and variability, *in: W. Roebroeks, C. Gamble (Eds.), The Middle Palaeolithic occupation of Europe, University of Leiden, Leiden,* pp. 193-214.

FEUSTEL R., 1993, Die Ehringsdorfer Kultur, in. *Fossile Menschenfunde von Weimar-Ehringsdorf, in: E. Vlček (Ed), Kommisionverlag, Konrad Theiss Verlag, Stuttgart*, pp. 43-49.

FLOSS H., 1994, *Rohmaterialversorgung im Paläolithikum des Mittelrheingebietes*, Dr. Rudolf Habelt GMBH, Bonn.

FORD D.C., 2000, U series dating of the Hôrka travertine samples, *in: Hôrka-Ondrej. Research of a Middle Palaeolithic travertine locality, Institute of Archaeology of the Slovak Academy of Sciences, Nitra*, pp. 147-149.

FRIDRICH J., 1982, *Středopaleolitické osídlení Čech*, Archeologický ústav ČSAV, Praha.

FRIDRICH J., SMOLÍKOVÁ L., 1973, K problematice stratigrafie paleolitického osídlení v Bečově, o. Most, *Archeologické rozhledy* 25, s. 487–499, pp. 591–596.

FRIDRICH J., SÝKOROVÁ I., 2005, *Bečov IV – sídelní areál středopaleolitického člověka v severozápadních Čechách*, Praha.

GAMBLE C., ROEBROEKS W., 1999, The Middle Palaeolithic: a point of inflection, *in: The Middle Palaeolithic occupation of Europe, W. Roebroeks, C. Gamble (ed.), University of Leiden, Leiden, pp.* 3-21.

ISAAC G., 1989, *The archeology of human origins*, University Press, Cambridge – New York.

KAMINSKÁ L., 2001, Die Nutzung von Steinrohmaterialien im Paläolithikum der Slowakei, *Quartär* 51/52, pp. 81-106.

KAMINSKÁ L., HAJNALOVÁ M., HORÁČEK I., KOVANDA J., LOŽEK V., MLÍKOVSKÝ J., SMOLÍKOVÁ L., 2000, *Hôrka-Ondrej. Research of a Middle Palaeolithic travertine locality*, Institute of Archaeology of the Slovak Academy of Sciences, Nitra.

KOZŁOWSKI J.K., PAWLIKOWSKI M., 1989, Investigations into the northern lithic raw materials in Upper Silesia (Poland), *in: J.K. Kozłowski (Ed) "Northen" (erratic and jurassic) flint of south Polish origin in the Upper Palaeolithic of Central Europe, Lawrence – Kraków*, pp. 17–46.

KUHN S.L., 1995, *Mousterian lithic technology. An Ecological Perspective*, Princeton University Press, Princeton.

LITT T., 1994, Zur stratigraphischen Einstufung des Interglazials von Neumark-Nord aufgrund neuer pollenanalytischer Befunde, *Altenburger Naturwissenschaftliche Forschungen 7*, pp. 328-333.

LUTTROPP A., BOSINSKI G., 1971, *Reutersruh bei Ziegenhain in Hessen*, Fundamenta, R. A 6.

MANIA D., 1990, Stratigraphie, Ökologie und mittelpaläolithische Jagdbefunde des Interglazials von Neumark-Nord (Geiseltal), *in: D. Mania, M. Thomae, T. Litt, T. Weber (Eds.) Neumark-Gröbern. Beiträge zur Jagd des mittelpaläolithischen Menschen, Veröffentlichungen des Landesmuseums für Vorgeschichte in Halle* 43, pp. 9-130.

MANIA D., 1993, Zur Paläontologie der Travertine von Weimar-Ehringsdorf, *in: E. Vlček (Ed) Fossile Menschenfunde von Weimar-Ehringsdorf, Kommisionverlag, Konrad Theiss Verlag, Stuttgart*, pp. 26-42.

MANIA D., 2004a, Zur Geologie, Ökologie und Archäologie der Acheuleen-Fundstelle Markkleeberg südlich von Leipzig, *Praehistoria Thuringica* 10, pp. 171-200.

MANIA D., 2004b, Neumark-Nord - Geologie eines Interglazials, *Praehistoria Thuringica* 10, pp. 26-42.

MANIA D., BAUMANN W., 1983, Die paläolithischen Funde von Markkleeberg der Forschungsperiode 1967-1981, *in: W. Baumann, D. Mania (Eds.), Die paläolithische Neufunde von Markkleeberg bei Leipzig, Veröffentlichungen des Landesmuseums für Vorgeschichte Dresden* 16, pp. 49-90.

PASDA C., 1996, Silexverbreitung am Rohamaterialvorkommen im Mittelpleistozän. Ergebnisse einer Rettungsgrabung in Zwochau (Ldkr. Dellitzsch), *Arbeits-und Forschungsberichte zur Sächsischen Bodendenkmalpflege* 38, pp. 13-55.

PŘICHYSTAL A., 1994, Zdroje kamenných surovin, , *in: Svoboda J., Czudek T., Havlíček P., Ložek V., Macoun E., Přichystal A., Svobodová H., Vlček E., Paleolit Moravy a Slezska, Dolnověstonické studie 1, Brno*, pp. 43–49.

PŘICHYSTAL A., 1997, Sources of siliceous raw materials in the Czech Republic, in: R. Schild, Z. Sulgostowska (Eds.), *Man and Flint. Proceedings of the VIIth International Flint Symposium Warszawa – Ostrowiec Świętokrzyski, September 1995*, IAE PAN, Warszawa, pp. 351–355.

PŘICHYSTAL A., 2004, Česká naleziště surovin na výrobu kamienných štipaných artefaktů v pravěku, *Památky Archeologické* XCV, p. 5–30.

RENSINK E., KOLEN J., SPIEKSMA A., 1991, Patterns of raw material distribution in the Upper Pleistocene of Northwestern and Central Europe, in. *Raw material economies among prehistoric hunter-gatherers, ed. A. Montet-White, S. Steven Holen, University of Kansas, Lawrence, Kansas*, p. 141-159.

SCHÄFER J., LAURAT T., KEGLER J., 2004, Neue archäologische Untersuchungen in Markkleeberg, Tagebau Espenhain (Lkr. Leipziger Land), *Praehistoria Thuringica* 10, pp. 141-170.

SCHILD R., KRÓLIK H., MARCZAK M., 1985, *Kopalnia krzemienia czekoladowego w Tomaszowie*, PAN, Instytut Historii Kultury Materialnej, Wrocław.

SCHILD R., SULGOSTOWSKA Z., GAUTIER A., BLUSZCZ A., JENSEN H.J., KRÓLIK H., TOMASZEWSKI J., 1988, The Middle Paleolithic of the North European Plain at Zwoleń: preliminary results, *in: J. K. Kozlowski (Coor.), L'Homme de Néandertal* 8, La Mutation, pp. 149–167.

SCHILD R., TOMASZEWSKI A.J., SULGOSTOWSKA Z., GAUTIER A., BLUSZCZ A., BRATLUND B., BURKE A.M., JENSEN H., KRÓLIK H., NADACHOWSKI A., STWORZEWICZ E., BUTRYM J., MARUSZCZAK H., MOJSKI J., 2000, The Middle Palaeolithic Kill-Butchery Site of Zwoleń, Poland, *in: A. Ronen, M. Weinstein-Evron (Eds.), Toward Modern Humans: Yabrudian and Micoquian, 400–50 kyears ago, British Archaeological Reports, International Series 850*, pp. 189–207.

TAKÁCS-BIRÓ K. (Ed), 1986, *Proceedings of the First International Conference on Prehistoric Flint*

Mining and Lithic Raw Material Identification in the Carpathian Basin, vol. 1&2, Magyar Nemzeti Múzeum, Budapest-Sümeg.

TURQ A., 1992, Raw material and technological studies of the Quina Mousterian in Perigord, in: H.L. Dibble, P. Mellars, The Middle Palaeolithic: adaptation, behaviour and variability, University Museum Monographs 78, The University Museum University of Pennsylvania, pp. 75–85.

VALOCH K., 1988, Die Erforschung der Kůlna-Höhle 1961-1976, Moravské muzeum - Anthropos Institut, Brno.

VAN PEER Ph., 1992, *The Levallois reduction strategy*, Monographs in Word Archaeology, Madison-Wisconsin, Prehistory Press.

WANSA S., WIMMER R., 1996, Geologie der mittelpaläolithischen Fundstelle von Zwochau, *Arbeits-und Forschungsberichte zur Sächsischen Bodendenkmalpflege* 38, pp. 69-8

APPROVISIONNEMENT ET UTILISATION DES MATIÈRES PREMIÈRES AU PALÉOLITHIQUE MOYEN DANS LA PLAINE DE KERMANSHAH (IRAN) : LE CAS DE LA GROTTE DO-ASHKAFT

Fereidoun BIGLARI
Center for Paleolithic Research, National Museum of Iran,
Iranian Cultural Heritage and Tourism Organization, P.O.Box 11365/4364, Tehran, Iran

Abstract: *This paper provides a brief overview of current knowledge concerning lithic raw material resources in the Kermanshah plain and their role in Mousterian land use pattern within the study area. For this purpose, the lithic assemblage from Mousterian site of Do-Ashkaft has been analyzed. The author briefly discusses differences in core technology and tool production based on local and non-local types of raw material, and argues that the better quality non-local cherts were used for production of blanks used in formal tools, while local radiolarit was reduced by a more expedient core technology and very rarely retouched into formal tools.*
Key words: *lithic raw material, Zagros Mousterian, Do-Ashkaft Cave, Gakia*

Resumé : *Cet article donne une bref description des connaissances actuelles sur les matières premières utilisés dans la plaine de Kermanshah et de leur rôle dans le contexte de l'occupation moustérienne de la zone étudié. Dans ce cadre, l'ensable lithique du site moustérien de Do-Ashkaft a été analysé. L'auteur discute briefent les différences technologiques des nucléus et de la production basés sur les types de matières premières locales et non locales et argumente que la meilleure qualité de chaille non locale a été utilisé pour la production de supports retouchés. La radiolarite locale a été exploité, par contre, avec par une chaîne opératoire plus simple et rarement les produits ont été retouchés.*
Mots clés : *Matière première lithique, Moustérien du Zagros, grotte Do-Ashkaft, Gakia*

L'étude des matières premières et de leur emploi a fait progresser la connaissance de l'emprise paléolithique sur le paysage (Dibble 1991, Kuhn 1995). Cependant, jusqu'il y a peu, de telles approches restaient pratiquement sans équivalent en Iran. Henry Wright fut le premier à développer ces méthodes pour l'emploi du chert dans la plaine de Deh-Luran (Wright 1981). Selon les textures et les couleurs, il distingua trois catégories de chert, fondant son analyse sur les données archéologiques issues de Tappeh Farukhabad, site du quatrième millénaire. D'autres études plus récentes concernent l'utilisation des matières premières et de leurs échanges dans la région du Zagros (Abdi *et al.* 2002, Bernbeck *et al.* 2004, Biglari 2006, Biglari & Abdi 1999, Heydari 2000, Heydari 2004).

Cette contribution consiste surtout en une introduction aux sources de matériaux lithiques dans la plaine de Kermanshah et à leur utilisation au Paléolithique moyen sur le site de Do-Ashkaft, puis en un sens élargi, sert d'amorce à ce type d'étude appliquée à l'archéologie paléolithique en Iran. Les ensembles proviennent de prospections réalisées par l'auteur et S. Heydari à Do-Ashkaft à la fin des années 1990 (Biglari & Heydari 2001).

Ici, les matériaux furent déterminés par une approche macroscopique. Ils furent ensuite classés par fréquences et, dans un cas, par masses afin de tester leur abondance relative au sein de l'ensemble.

INTRODUCTION

La recherche sur le Paléolithique moyen dans la région de Kermanshah débuta, il y a plus de sept décennies, par les fouilles pionnières de Carlton Coon à l'abri de Bisotun (Coon 1951). Ce site livra un fragment osseux humain en association avec une abondante industrie moustérienne. Le site tout proche de Ghar-e Khar fut sondé par Ph. Smith en 1965. Ce sondage révéla une séquence étalée au moins depuis la fin du Paléolithique moyen, à travers le Paléolithique supérieur, l'Épipaléolithique et des périodes récentes (Young & Smith 1966). Au cours du Projet sur la Préhistoire iranienne, dirigé par R. Braidwood dans la région de Kermanshah, deux sites moustériens sous abri furent sondés par Howe : Warwasi et Kobeh (Braidwood 1960). En outre, un vaste atelier avec éléments Levallois fut découvert par Mortensen et Smith, près de Harsin, en 1977 (Smith 1986, Mortensen & Smith 1977).

Avec S. Heydari, nous avons repris les prospections dans les années 1980-1990 et avons découvert d'autres sites du Paléolithique moyen dans cette région. À l'occasion de ces prospections, au moins 11 grottes et sites de plein air avec industrie moustérienne furent découverts (Biglari 2001, Biglari *et al* n.d., Biglari & Abdi 1999, Biglari & Heydari 2001, Shidrang 2005). Parmi eux, la grotte de Do-Ashkaft livra le plus riche ensemble qui nous permit d'entreprendre une étude

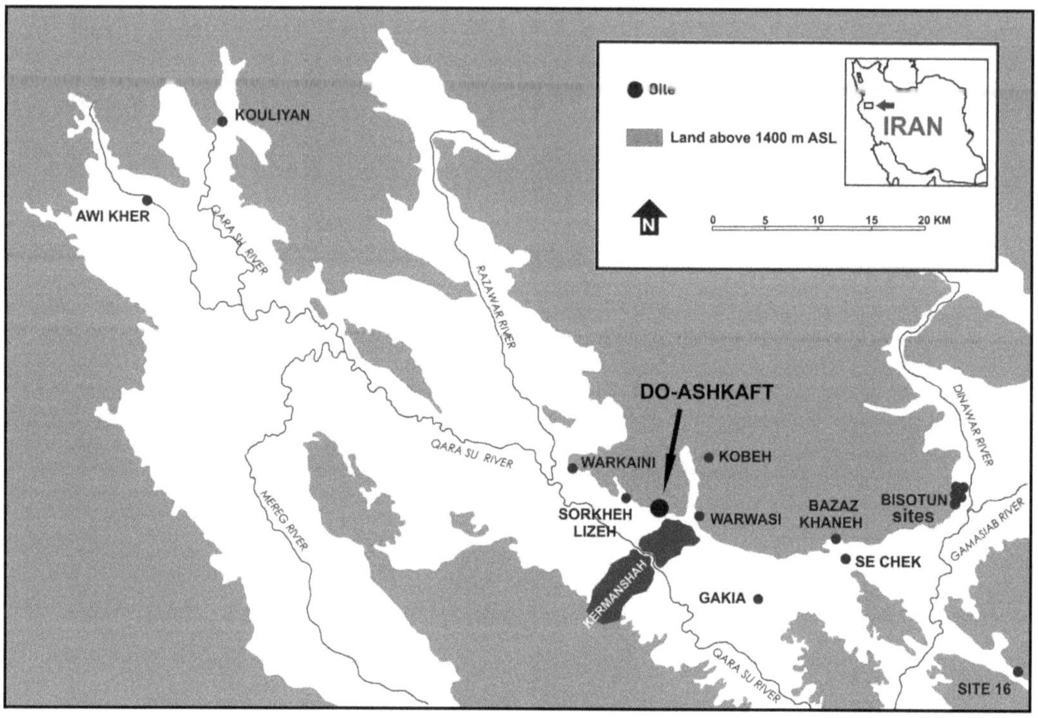

Fig. 20.1: Map of the Kermanshah Plain and the locations of Do-Ashkaft, and other sites mentioned in the text.

détaillée et de le comparer avec d'autres ensembles moustériens du Zagros (fig. 20.1).

CONTEXTE RÉGIONAL ET MATIÈRES PREMIÈRES

La plaine de Kermanshah interrompt la chaîne du Zagros en Iran centre-occidental, à une altitude générale de 1350 mètres (fig. 20.1). Deux importantes rivières drainent ce haut plateau: Qara Su et Gamasiab, avec leurs affluents. Cette vaste plaine est limitée au nord-est et au sud-ouest par deux chaînes montagneuses, alignées du nord-ouest au sud-est. Géologiquement, cette plaine se situe dans la zone tectonique d'effondrement du Zagros, séparant deux autres zones tectoniques : celle du soulèvement du Zagros et celle de sa faille (Brookes 1989, Heydari 2000, Waltham & Ede 1973).

Il n'y a pas eu de prospection systématique des affleurements de chert dans la région. Cependant, nos prospections précédentes y ont localisé divers gîtes siliceux d'importance variée, utilisés par les populations paléolithiques de la région (Biglari 2004a, Heydari 2000, Heydari 2004, Jaubert *et al.* 2004).

Parmi ces affleurements, Gakia-Harsin constitue une source importante de radiolarite, sous forme de nodules et de tablettes, dans une zone vallonnée au sud-est de Kermanshah. Cette zone appartient à la " ceinture de radiolarite de Kermanshah ", qui s'étend depuis Borujerd au sud-est jusqu'à Paveh au nord-ouest (Heydari 2004) (fig. 20.2). La zone vallonnée s'étend approximativement sur 25 km de long et 16 km de large, le long des pentes septentrionales du massif de Kuh-i Sefid. Du côté oriental, sa largeur est de 10 km, pour diminuer jusqu'à 5 km à l'extrémité occidentale, près des faubourgs orientaux de Kermanshah (fig. 20.3). Cette zone est entourée, au nord et au nord-ouest, par la plaine alluviale de la rivière Quara Su. Du côté sud, cette rivière forme la limite avec les pentes septentrionales du Kuh-i Sefid. De nombreux nodules et galets siliceux furent érodés à partir des affleurements par altération naturelle du substrat (fig. 20.4 & 20.5).

Aujourd'hui, dans cette région, trois catégories principales de radiolarite sont connues. Le type dit de Harsin est très typiquement homogène, rouge-brun et opaque (fig. 20.6). Il se présente sous deux textures : fine et moyenne. Les matériaux les plus fins sont sombres et brillants (2,5 YR 2,5/4 brun-rouge foncé), ceux de texture moyenne sont clairs (2,5 YR 6/4 brun-rouge pâle) ou demi-foncés (5 YR 4/3 brun-rouge). Ils pourraient correspondre aux variantes du " chert fin rouge et vert " décrit par H. Wright (1981). Les affleurements de ce matériau furent repérés au sud-est

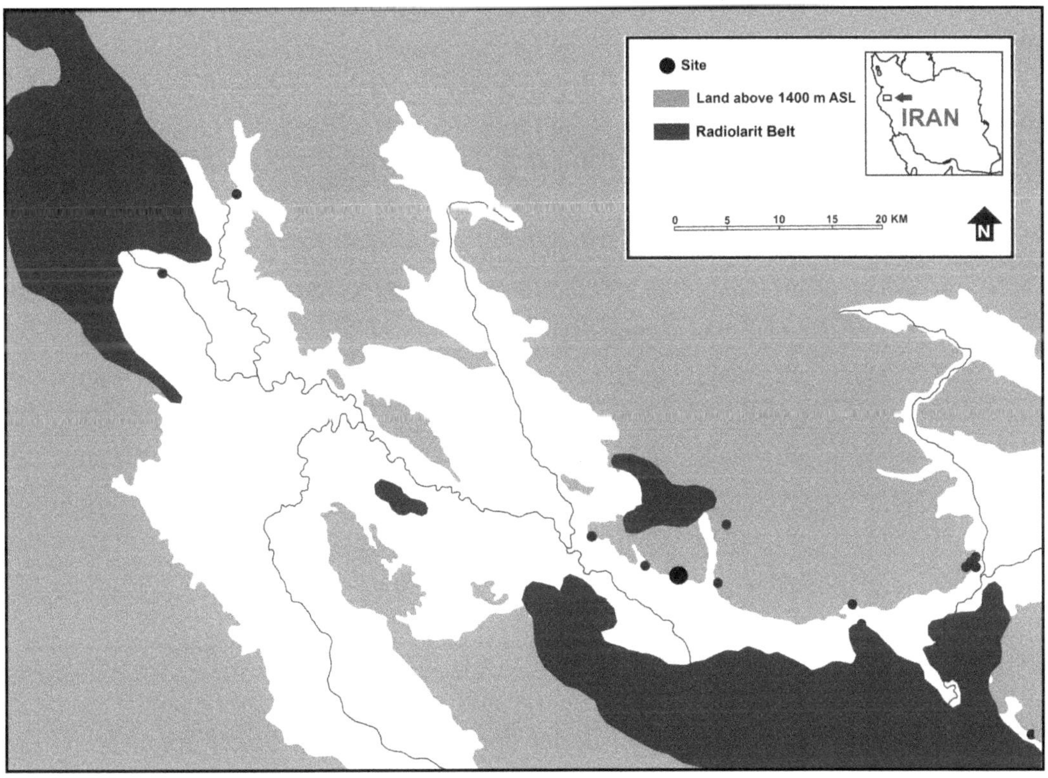

Fig. 20.2: Map of the Kermanshah Plain and the location of Radiolarit Belt of Kermanshah.

de la zone vallonnée (ouest et sud-ouest de Harsin). Ils sont aussi présents dans l'aire occidentale de cette région, avec deux autres catégories, à Gakia. Ceux-ci varient du pourpre fin au rouge et brun pâles, avec un aspect brillant (10 YR 6/3, 2,5YR 4/4, 5 YR 6/3), que H. Wright suggéra de dénommer " chert brun à rouge pâle, fin et opaque ". Ses qualités mécaniques sont très favorables à la taille (fig. 20.7). L'autre type est un chert grisâtre qui se présente surtout dans une texture moyenne et, plus rarement, à texture fine ou grossière (10 YR 7/2). Ce matériau fut davantage exploité durant le Néolithique et le Chalcolithique, pour la production de lames (Bernbeck *et al.* 2004, et observations personnelles). Les sommets des collines, couverts de vastes restes d'ateliers et de sols avec restes de débitage, sont liés aux activités techniques durant différentes périodes de la Préhistoire. Un vaste atelier moustérien (site 16) mis au jour par Mortensen et Smith (1977), à l'ouest de Harsin, indique que l'exploitation de cette aire orientale débuta dès le Paléolithique moyen, et perdura jusqu'au Néolithique, comme en témoignent les assemblages de roches de Ganj Dareh.

L'aire occidentale (Gakia) semble avoir été connue plus tôt encore. Dans le Projet de Préhistoire iranienne, en 1959-1960, un biface acheuléen, quelques éclats et des nucléus furent découverts à 30 mètres au nord de la rivière Quara Su, dans la région de Gakia (Braidwood 1960, Singer & Wymer 1978 : 15). Une prospection fut menée par nous-même et S. Heydari en 1997, au sommet d'une colline à 5 km au nord de cette localité, à l'ouest de Gakia ; quelques documents y furent découverts : choppers, nucléus et éclats Levallois, parmi d'autres éléments plus récents (fig. 20.7 et 20.8). Ainsi, les affleurements de Gakia furent exploités dès le Paléolithique inférieur et moyen. Deux tells chalcolithiques, à Tappeh Murian et Ban Asiab, spécialisés dans la production lithique, montrent que cette source siliceuse garda son importance jusqu'aux périodes récentes (Bernbeck *et al.* 2004, Braidwood 1960).

Les chasseurs préhistoriques eurent donc un accès aisé aux matières premières dans cette contrée. La présence d'Acheuléen et de Moustérien en plein air dans cette zone vallonnée montre qu'il n'y a pas eu de modifications importantes dans l'accès aux affleurements lithiques depuis le Pléistocène moyen dans la région de Gakia-Harsin. Ainsi, nous pourrions retracer l'origine au moins partielle de ces types de matériaux dans les ensembles moustériens découverts en grottes le long des marges septentrionales de la plaine. Situé à 13 km au nord-ouest de Gakia, le site paléolithique moyen de Do-Ashkaft livra des traces de cette exploitation (fig. 20.3).

Fig. 20.3. Arial view of the western part of the Gakia area,
Do-Ashkaft located in the cliff at center (Source: Schmidt 1940).

Fig. 20.4: The hilly area of Gakia in the vicinity of the Gakia village.
In the background the Paraw Mountain is visible, photo taken in 2006.

Fig. 20.5: A general view of the hilly area at west of Harsin,
where the slopes are covered by lithic scatters, photo taken in 2006.

Fig. 20.6: Lithic artifacts from site 16, west of Harsin, Mortensen and Smith collection.

Fig. 20.7: Gakia, flake and cores.

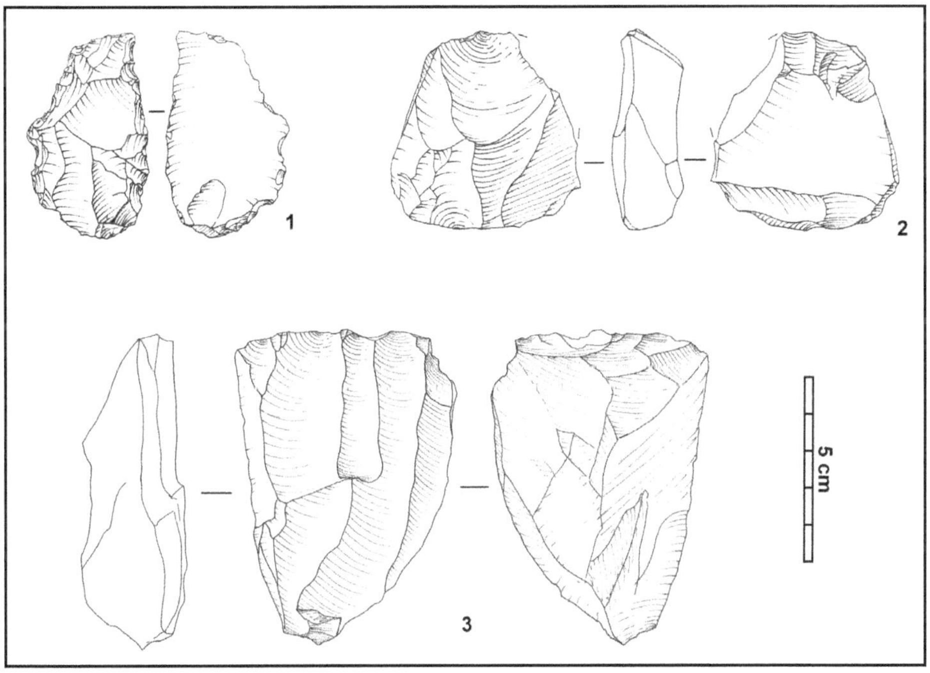

Fig. 20.8 : Gakia: 1, convergent scraper made on Levallois flake; 2, récurrent bi-directional Levallois core; 3, Levallois blade core.

Fig. 20.9: Do-Ashakft: view of the caves looking to the north, photo taken in 2006.

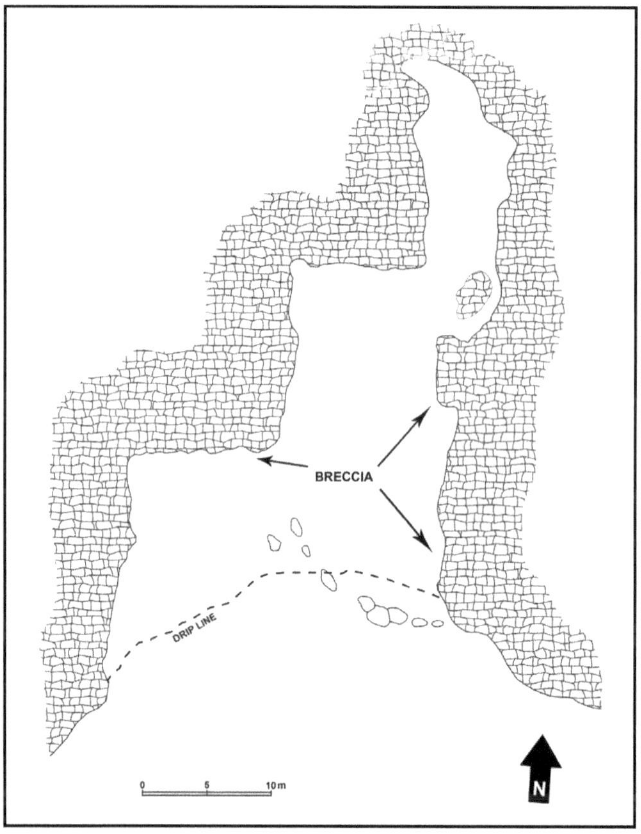

Fig. 20.10: Do-Ashkaft: plan view of the site (upper cave),
Arrows indicate location of the breccia remains along the cave wall.

LE SITE

Do-Ashkaft est situé à la périphérie septentrionale de Kermanshah, sur la face méridionale de la montagne Maiwaleh, à environ 1,5 km au nord-ouest de la source de Taq-i Bostan et des célèbres bas-reliefs sassanides. La grotte s'ouvre au sud et se situe à 190 m au-dessus de la plaine, à une altitude de 1600 m (figs. 20.9 et 20.10). Cette position stratégique dominant une plaine giboyeuse permettait l'accès à plusieurs biotopes. Une source pérenne se trouvait juste au-dessus de l'entrée. Les affleurements de radiolarite se trouvaient à

Fig. 20.11: The outcrop of radiolarian chert adjacent to Do-Ashkaft, photo taken in 2001, inset: A large lump of local chert.

proximité du site (fig. 20.11). L'emplacement justifie ainsi les occupations répétées durant le Paléolithique moyen. Pendant cinq saisons (1996-2001), nous avons récolté plus de 4.000 artefacts à l'entrée et sur le talus de la grotte. Ces ensembles contiennent des outils, éclats, chutes de préparation, débris et nucléus. Les racloirs moustériens, convergents ou latéraux, et les pointes moustériennes, forment le plus grand pourcentage d'outils, suivis par d'autres types de racloirs, des pièces retouchées, des denticulés et encoches, des burins et outils variés. Comme c'est fréquent dans le Moustérien du Zagros, la retouche y est intense et envahissante (Biglari & Heydari 2001).

AIRES D'APPROVISIONNEMENT EN MATÉRIAUX

Deux aires principales peuvent être proposées, tenant compte à la fois des distances entre le site et ses plus proches sources de matière première, et de la répartition géographique des affleurements connus dans la région.

La zone de Maiwaleh

Dans cette zone, les sources de matière première se trouvent à proximité immédiate et jusqu' à 4 km à l'ouest et 2,5 km vers l'est, le long des pentes méridionales de la montagne Maiwaleh. Ces matériaux consistent surtout en affleurements de radiolarite dans le calcaire cristallin du Crétacé moyen. Nos prospections ont démontré la présence de nombreux affleurements accessibles sur les pentes méridionales de ce massif. Ces affleurements à proximité de la grotte ont été soumis à de fortes pressions tectoniques qui ont provoqué des fissures dans la roche, très fracturée. Ce matériau opaque possède une apparence cireuse et est de couleur rouge-brun, brun ou verdâtre. Les occupants de la grotte ont pu le collecter à partir des affleurements eux-mêmes, mais aussi à partir des blocs fracturés, sur les pentes environnantes. D'autres affleurements de ce type de matériau dans la même région, au contraire de ceux adjacents à la grotte de Do-Ashkaft, ne subirent pas d'altération tectonique, et ne sont pas fracturés. D'autres types de matériaux se présentent comme de petits nodules issus du substrat rocheux calcaire, telles l'opale et la calcédoine. La plupart des sources de cette zone peuvent se définir comme appartenant à une catégorie " locale ".

La " ceinture de radiolarite "

Cette zone, contenant les sources de matières premières situées le long de la " ceinture de radiolarite ", se trouve à environ 8 km du site, à son point le plus proche (vers le sud). Les catégories de matériaux furent décrites ci-dessus.

Les occupants de Do-Ashkaft ont pu avoir des difficultés d'accès aux sources les plus proches de cette zone, parce qu'ils devaient alors traverser la rivière Qara Su qui coule à environ 5 km du site, tandis qu'ils pouvaient longer la rivière pour accéder aux affleurements de Gakia, en moins de deux heures de marche. Bien que cette étude montre que les occupants de

Fig. 20.12: Do-Ashkaft, Lithic artifacts made on Gakia chert, No. 3 is a denticulate made on an exhausted préférential Levallois core.

Do-Ashkaft avaient un usage opportuniste de ces sources de matières premières, cette zone pourrait être classée parmi les gîtes " non locaux " ou " régionaux ".

Toutefois, notre connaissance des matières premières dans la plaine de Kermanshah n'est qu'à un stade préliminaire : certaines pièces considérées comme " non locales " pourraient en fait provenir d'aires plus proches mais encore inconnues, dans la zone de Maiwaleh. Donc, les pourcentages de roches non locales pourraient être plus faibles au sein de l'ensemble. Une détermination précise de l'origine des matières premières ne paraît être réalisable qu'à la suite de prospections beaucoup plus systématiques. Pour réduire ce problème de confusion des sources, nous avons l'intention de poursuivre des analyses chimiques sur les échantillons issus des différentes sources de matière première, tant sur les pentes des collines de Gakia-Harsin que sur les flancs de la montagne Maiwaleh.

MODES D'APPROVISIONNEMENT ET D'UTILISATION DES MATIÈRES PREMIÈRES

Une forte fréquence des matériaux régionaux consiste en un chert opaque, de teinte brun-rouge, très abondant dans la partie orientale de la zone de Gakia-Harsin, et apparaissant quelques fois aussi dans l'aire occidentale. Comme aucune source plus proche de ce matériau n'est connue aujourd'hui dans la région de Maiwaleh, sauf quelques rares pièces sur le flanc des collines, il est donc possible que cette matière provienne de l'aire de Gakia ou d'une autre source à l'ouest de Kermanshah, dans la même " ceinture de radiolarite ". Cependant, la possibilité de l'existence de sources plus proches dans les vallées latérales de Tang-e Kenesht et Malaverd, situées à l'extrémité orientale et occidentale des montagnes de Maiwaleh, ne peut être exclue.

Les ensembles moustériens des sites de Bisotun contiennent une fréquence relativement importante de ce matériel, qui peut être issu de la partie orientale de la zone de Gakia-Harsin (Biglari, 2001). Il existe un type de chert non local qui peut être déterminé avec une bonne précision. Ce silex de bonne qualité, de couleur pourpre à rouge et brun pâle, est présent dans la partie occidentale de la zone de Gakia, dans la " ceinture de radiolarite " (fig. 20.12). Sa source la plus proche se trouve à 13 km au sud-est du site. Ce chert représente moins de 3% des ensembles. Cette faible représentation indique que l'emploi de ce matériau de bonne qualité à Do-Ashkaft fit l'objet de traitements opportunistes. Sa présence à Do-Ashkaft nous informe sur la mobilité des chasseurs du Paléolithique moyen. L'acquisition de ce matériau par les occupants de la grotte a pu requérir moins de deux heures de déplacement depuis la grotte (fig. 20.2). Comme le temps et l'énergie consacrés aux déplacements à l'ouest de la zone de Gakia ne furent pas importants, la faible représentation de ce matériau dans l'ensemble pourrait correspondre à des aires d'approvisionnement très limitées. Il existe d'autres catégories de roches aux sources inconnues, et qui pourraient provenir de la " ceinture de radiolarite " ou d'une source plus proche dans la région de Maiwaleh.

Quand on compare les critères techniques et typologiques des matériaux locaux ou extérieurs dans les ensembles de Do-Ashkaft, certaines différences dans les procédés de réduction et les stratégies de façonnement des pièces peuvent être observées (fig. 20.13). Les matériaux locaux représentent une fréquence de 34 % dans les ensembles. Leur débitage

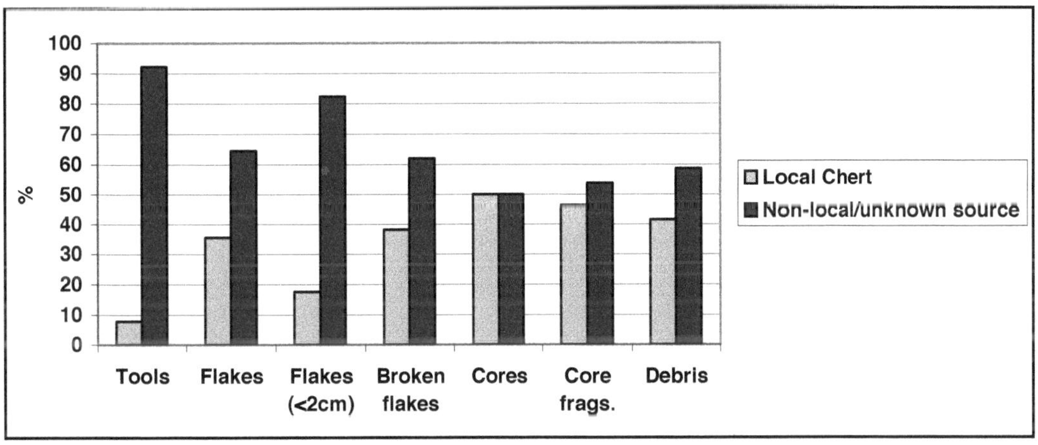

Fig. 20.13: Comparison of the distribution of local vs. non-local raw material types by artifact class at Do-Ashkaft.

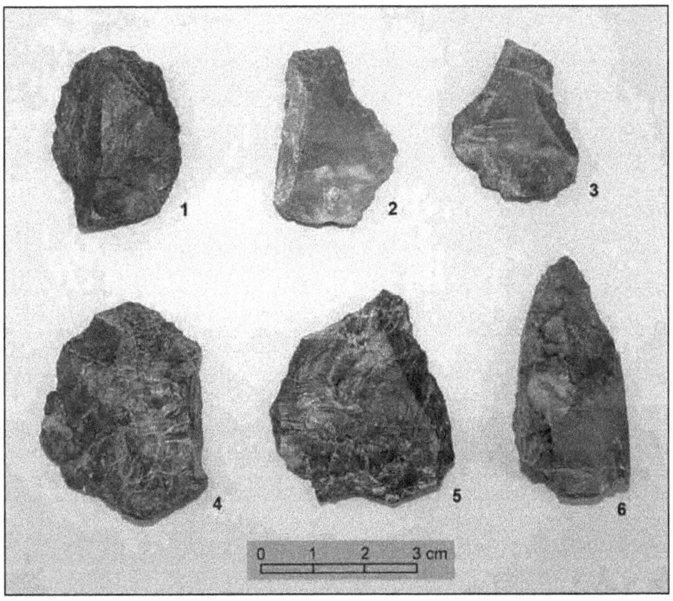

Fig. 20.14: Do-Ashkaft, flakes made on local chert.

semble avoir été moins économe puisque les sources étaient localement abondantes. Pour ces matériaux locaux et spécialement ceux les plus directement accessibles (tectoniques), la chaîne opératoire se déroulait presque entièrement sur place, comme l'indiquent les forts pourcentages d'éclats corticaux, d'éclats, de nucléus et de déchets associés au débitage (fig. 20.14). Le pourcentage de déchets excède largement celui des outils finis, et atteint 97 % de tous les artefacts réalisés dans les matériaux locaux. Le nombre total d'outils en roches locales est de 39, soit environ 8 % de l'ensemble des outils. La proportion très faible d'outils par rapport aux nucleus (1,25 outil pour 1 nucléus) et d'outils par rapport aux éclats (1 outil pour 14 éclats), suggère que les éclats en roche locale furent rarement utilisés pour la production d'outils formels. La proportion outils - éclats augmente significativement dans les matériaux de source régionale (un outil pour deux éclats).

Parmi les artefacts en roches non locales, les éclats corticaux ou semi-corticaux ne sont pas abondants (47 %). Ceci peut être interprété comme indices d'une préparation de la matière première, extérieure au site. Les déchets de mise en forme (moins de 2 cm) et les débris sont bien plus abondants pour les matériaux non locaux que pour la radiolarite locale, suggérant que les outils réalisés en roches extérieures furent davantage réaffûtés pour prolonger leur durée d'utilisation (fig. 20.15).

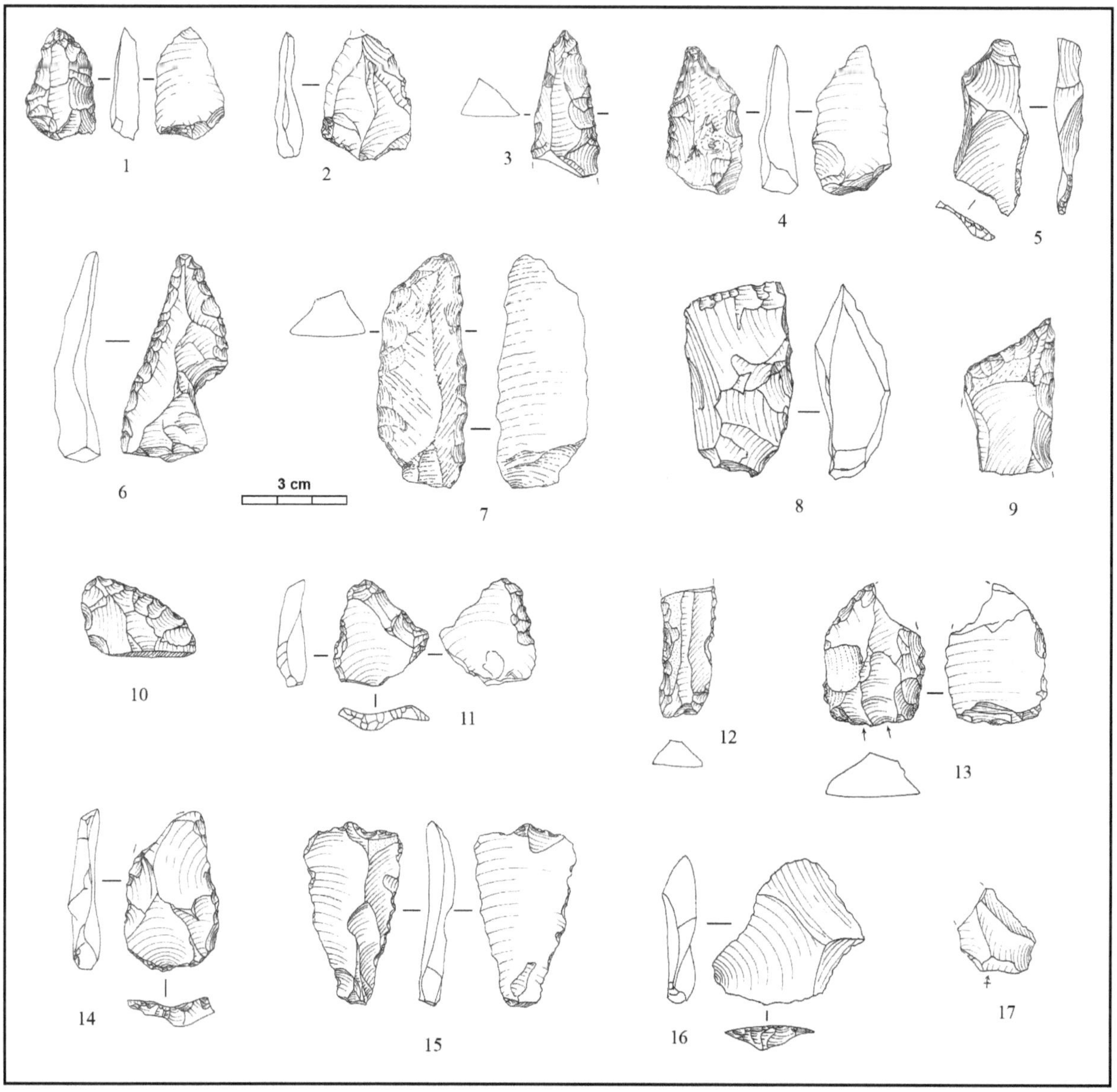

Fig. 20.15. Do-Ashkaft Cave. Tools and flakes made on local raw material: 1, Mousterian point; 2, unretouched flake; 3, elongated Mousterian point; 4, 10, déjetés scraper; 6-7, convergent scraper; 8, Mousterian tranchet; 9, point (déjetés). Tools and flakes made on non-local raw material: 11, alternate scraper; 12, single side scraper on blade; 13, truncated-faceted piece; 14-16, Levallois products; 17, pseudo-Levallois point.

Les nucléus sont surtout de petites dimensions, totalement utilisés et consistent en formes centripètes ou sub-centripètes, parallèles, globuleux ou de type Levallois (fig. 20.16). La dimension maximale moyenne de ces nucléus est de 38,04 mm. Les différents types ne varient guère en dimensions, mais les formes centripètes ont une taille moyenne plus importante (39,76 mm), suivies par les parallèles et les formes globuleuses. La fréquence des nucléus réalisés en roches locales ou exogènes est la même. Mais le matériau local domine par le masse et le nombre pour 68 % de l'ensemble des nucléus. La masse moyenne est de 36,77 g pour des nucléus locaux et de 17,10 g pour les régionaux.

Cette différence est aussi visible dans la dimension des nucléus. Les nucléus en matériaux locaux sont plus massifs que les extérieurs et leur moyenne est de 33,7 mm. Un aspect intéressant de ces roches non locales est la fabrication de très petits nucléus. Près de 38 % des nucléus complets non-locaux furent produits à partir de très petits blocs (moins de 30 mm de longueur maximale), alors que les nucléus locaux sont tous de dimensions supérieures. De si petits nucléus

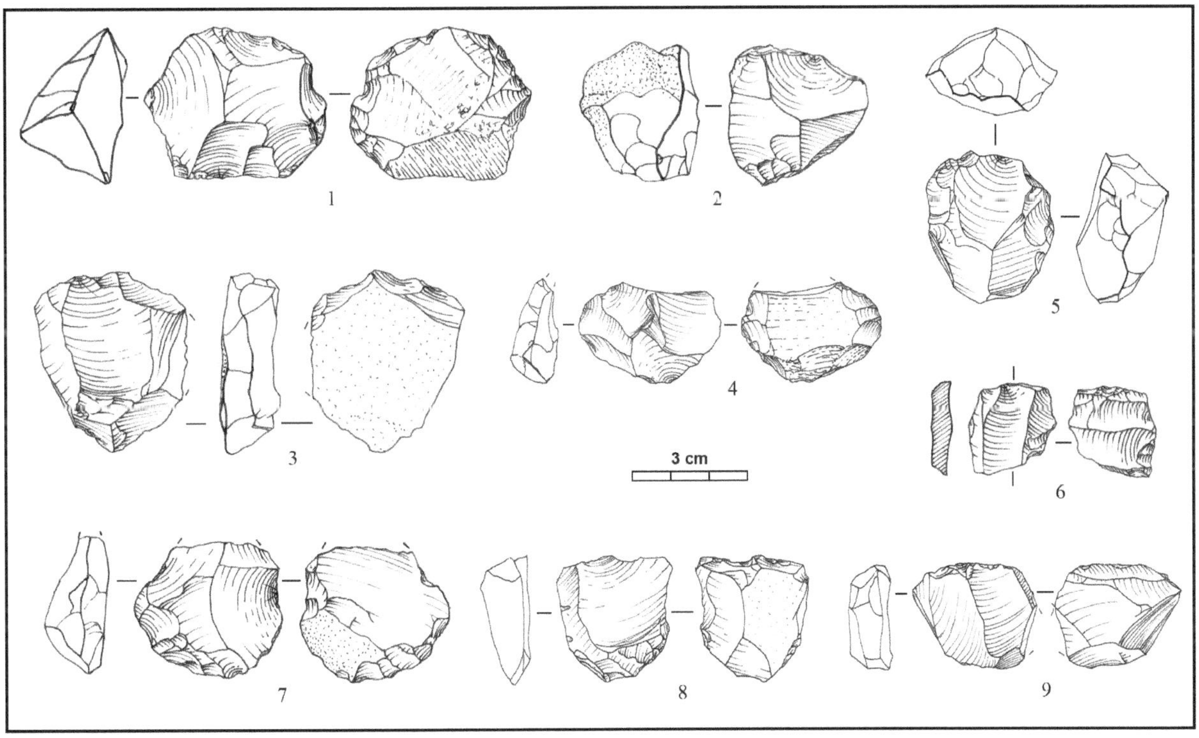

Fig. 20.16: Do-Ashkaft Cave. Cores made on local raw material: 1, 4, 7, récurrent centripetal Levallois core; 2, bi-directional core; 3, 8, préférential Levallois core; 5, Levallois point core. Cores made on non-local raw material: 6, core on flake (truncated faceted piece); 9, récurrent uni-directional core.

Tab. 20.1: Averages of major dimensions of cores from Do-Ashkaft and some other Mousterian sites in the Zagros region.

Site	Length	Width	Thickness	No	Source
Do-Ashkaft	38.04	31.19	19.75	50	Biglari 2004a
Warwasi	42.63	34.93	18.43	144	Dibble and Holdaway 1993
Bisotun	39.55	31.87	14.28	56	Dibble 1984
Harsin site 16	67.33	59.86	34.41	47	Biglari 2004a
Kunji	43.8	37.5	?	21	Baumler and Speth 1993
Houmian	40.3	32.2	17	37	Bewley 1985

sont également décrits dans des ensembles moustériens du Zagros et dans l'un des sites du plateau iranien central (Biglari 2004, Dibble 1984, Lindly 2005, Shidrang 2006). Ces nucléus totalement exploités sur des roches non-locales suggèrent que les roches allogènes furent exploitées de telle sorte que les nucléus furent utilisés jusqu'au bout de leurs possibilités et donc, que leur surface de débitage s'était amplement réduite.

En général, les nucléus sont sensiblement plus petits en longueur, largeur, épaisseur que ceux d'autres ensembles moustériens du Zagros (tab. 20.1). Ceci pourrait indiquer davantage de stress porté sur ces matériaux et une plus forte réduction dans les ensembles de Do-Ashkaft. Bisotun est le site le plus proche de Do-Ashkaft dans la dimension moyenne de ses nucléus, bien que les blocs de Do-Ashkaft soient plus épais.

Le cortex est présent sur 33 nucléus, soit 53 % du total. Seuls 35 % des nucléus en matériaux non locaux sont corticaux, tandis que 71 % des nucléus locaux présentent du cortex. Cette faible fréquence des pièces corticales faites en matériaux extérieurs pourrait indiquer que le matériau apporté au site était déjà partiellement préparé.

CONCLUSION

L'industrie de Do-Ashkaft se caractérise par un plus fort accent mis sur la réduction, comme l'indiquent les nucléus de petites dimensions et très exploités, spécialement en roches éloignées, et les outils intensément réaffûtés. La différence entre les dimensions des nucléus selon l'origine de la roche montre l'intensité de l'exploitation des matières non locales amenées sur le site. Ceci suggère que les occupants de Do-Ashkaft n'avaient pas un accès aisé aux roches de bonne qualité disponibles dans leur région. Cette production d'outils indique cependant une beaucoup plus nette préférence pour les matériaux non-locaux de bonne qualité. Les populations de chasseurs qui ont occupé Do-Ashkaft semblent avoir limité leur exploitation territoriale, à une distance de 15 km maximum, comme l'indique la très faible fréquence du chert de la zone occidentale de Gakia (fig. 20.12) dans l'assemblage.

Les résultats indiquent que les habitants de Do-Ashkaft obtenaient des matériaux de meilleure qualité, provenant des sources localisées dans la " ceinture de radiolarite " ou d'autres régions encore inconnues dans la région de Kermanshah, avant l'occupation de Do-Ashkaft. Ensuite, d'autres sources locales, de la zone de Maiwaleh, étaient également utilisées. Puisque le matériau local de faible qualité était accessible aisément, les outils qui en furent tirés ne furent pas modifiés ultérieurement, pour de simples tâches domestiques, alors que les meilleurs matériaux furent réinvestis afin de réaliser des outils élaborés.

D'autres recherches dans cette grotte et les sites d'ateliers de la zone vallonnée de Gakia-Harsin permettront une meilleure connaissance des stratégies de production et d'utilisation des roches, comme de l'utilisation du paysage durant le Paléolithique moyen dans la haute vallée de Kermanshah.

Remerciements

L'auteur remercie vivement le Marcel Otte, pour la traduction du texte en Français. Avec tous mes remerciements à Saman Heydari, pour les nombreuses discussions et ses commentaires sur les brouillons de cet article et Jacques Jaubert pour ses commentaires. Merci aussi à Henry Wright pour ses commentaires sur les matériaux régionaux, et Sonia Shidrang pour sa grande aide dans cette recherche. Mes remerciements s'adressent aussi à Peder Mortensen qui a aimablement autorisé l'étude des ensembles du Paléolithique moyen du site 16. La même reconnaissance s'adresse aux organisateurs de ce workshop, M. Moncel, A. Moigne, M. Arzarello et C. Peretto.

Le projet de recherche d'Do-Ashkaft et Gakia est soutenu par les Iranian Culture Heritage and Tourism Organization (Kermanshah) suivantes

Texte publié à l'occasion de l'exposition *Persian Antiques Splendor, mining crafts and archaeology in Ancient Iran*, Deutsches Bergbau-Museum de Bochum, Allemagne, 2004,

Bibliographie

ABDI K., NOKANDEH G., AZADI A., BIGLARI F., HEYDARI S., MASHKOUR M., 2002. *Tuwah Khoshkeh: A Middle Chalcolithic pastoralist campsite in the Islamabad plain, West central Zagros Mountains, Iran.* Iran, 40, p. 43-74.

BAUMLER M. F., SPETH J. D., 1993. The Middle Paleolithic Assemblage from Kunji Cave, Iran. *In The Paleolithic Prehistory of the Zagros-Taurus, edited by D.I. Olszewsky and H.L. Dibble, pp.1-73, Philadelphia: University Museum Symposium Series, Volume 5, University of Pennsylvania.*

BERNBECK R., POLLOCK S., GHASIDIAN E., HEYDARI S., 2004. "A Middle Chalcolithic Lithic Production Site in the Mahidasht". *Archaeological Reports*: 2, pp. 109-128. Tehran: Iranian Center for Archaeological Research

BEWLEY R. H., 1984. The Cambridge University Archaeological Expedition to Iran 1969. Excavations in the Zagros Mountains: *Houmian, Mir Malas, Barde Spid, Iran* 22, pp. 1-38.

BIGLARI F., 2004a. The preliminary observations on Middle Palaeolithic Raw Material Procurement and Usage in the Kermanshah Plain, the case of Do-Ashkaft Cave. In T. Stollner, R. Slotta, A. Vatandoust (eds.), *Persian Antiques Splendor, mining crafts and archaeology in Ancient Iran*, vol. 1, Deutsches Bergbau-Museum, Bochum, p. 130-138.

BIGLARI F., 2004b. The discovery of the first evidence of Middle Palaeolithic occupation at Nargeh in the Qazvin plain in the Northwest central plateau of Iran. *Archaeological reports, 2, Iranian Center for Archaeological Research, Tehran,* p. 165-169 (en Farsi, avec résumé anglais).

BIGLARI F., 2001. Recent finds of Palaeolithic period from Bisotun, Central Western Zagros Mountains. *Iranian journal of Archaeology and History*, 28, p. 50-60 (en Farsi, avec résumé anglais).

BIGLARI F., 2006. Mousterian Workshops and raw material sources in the west-central Zagros, The Case of Gakia and Amar Merdeg, Paper presented at the International Symposium on Iranian Archaeology; Western Region, Kermanshah, Iran.

BIGLARI F., ABDI K., 1999. Palaeolithic artifacts from Cham-e Souran, the Islamabad Plain, Central Western Zagros Mountains, Iran. *Archäologische Mitteilungen aus Iran und Turan*, 31, p. 1-8.

BIGLARI F., HEYDARI S., 2001. Do-Ashkaft: a recently discovered Mousterian Cave site in the Kermanshah plain, Iran. *Antiquity*, 75, p. 487-488.

BIGLARI F., MORADI A., SHIDRANG S., en préparation. The Paleolithic survey of southern slopes of the Paraw Mountain, Kermanshah region, a preliminary report.

BRAIDWOOD R., 1960. Seeking the world's first farmers in Persian Kurdistan. *Illustrated London News*, 237, p. 695-697.

BROOKES I.A., 1989. *The Physical Geography, Geomorphology and Late Quaternary history of the Mahidasht Project Area, Quara Su Basin, Central West Zagros*. ROM Mahidasht Project, vol. 1, Royal Ontario Museum, Toronto.

COON C.S., 1951. *Cave explorations in Iran. Philadelphia: University Museum*, University of Pennsylvania.

DIBBLE H.L., 1984. The Mousterian Industry from Bisotun Cave (Iran). *Paleorient*, 10 (2), p. 23-34.

DIBBLE H.L., 1991. Local raw material exploitation and its effects on Lower and Middle Palaeolithic assemblage variability. In: *A. Montet-White & S. Holen (eds.), Raw material economies among prehistoric hunters-gatherers, Publications in Anthropology, 19, University of Kansas, Lawrence*, p. 33-48.

DIBBLE H.L., HOLDAWAY S.J., 1993. The Middle Paleolithic Industries of Warwasi. *In The Paleolithic Prehistory of the Zagros-Taurus, edited by D.I. Olszewsky and H.L. Dibble, pp.75-99. Philadelphia: University Museum Symposium Series, Volume 5, University of Pennsylvania.*

HEYDARI S., 2000. *Late Quaternary climatic changes of the Kermanshah Region on the basis of sedimentological evidence from the geological sections of Sorkeh Lizeh and Tang-e Kenesht.* Thèse de maîtrise non publiée, Département de Géographie, Azad University of Najafabad, Isfahan (en Farsi).

HEYDARI S., 2004. Stone Raw Material Sources in Iran: Some Case Studies. In T. Stollner, R. Slotta, and A. Vatandoust (eds), *Persian Antiques Splendor, mining crafts and archeology in ancient Iran*, vol. I, Pp. 124-129, Deutsches Bergbau-Museum Bochum, Bochum

JAUBERT, J., BIGLARI, F., BORDES, J., BRUXELLES, L., MOURRE, V., SHIDRANG, S., 2004 *Le Paléolithique d' iran*, institut de préhistoire et de géologie du Quaternaire (Universite de Bordeaux 1) and center for Paleolithic Research (National Museum of Iran).

KUHN S.L., 1995. *Mousterian lithic technology*, Princeton, New Jersey.

LINDLY J.M., 2005. The Zagros Mousterian: a regional perspective. *Anthropological research papers*, No. 56, Arizona State University, Tempe.

MORTENSEN P., SMITH P.E.L., 1977. A survey of prehistoric sites in the Harsin Region.

SCHMIDT E. F., 1940. *Flights over ancient cities of Iran*, University of Chicago.

SHIDRANG, S., 2005. Survey of the rockshelter site of Warkaini near Kermanshah, *Archaeology*, No. 1, p. 76-79., Tehran, (In Farsi, with an English abstract).

SHIDRANG S., 2006. Warkaini: a new Palaeolithic site near Kermanshah in West-central Zagros, Iran, *Antiquity*: Vol 80, No 310, Project Gallery.

SINGER R., WYMER J., 1978. An hand-axe from Northwest Iran: the question of Human movement between Africa and Asia in the Lower Palaeolithic Periods. *In L.G. Freeman (éd.), Views of the past, La Haye*, p. 13-27.

SMITH P.E.L., 1986. *Palaeolithic archaeology in Iran*. Philadelphia: University Museum, University of Pennsylvania.

WALTHAM A.C., EDE D.P., 1973. *The karst of the Kuh-e Parau*. Transactions of the Cave Research Group, Great-Britain, 15, p. 27-40.

WRIGHT H., 1981. An Early Town on the Deh-Luran Plain: excavation at Tepe Farukhabad, Memoir 13, Ann Arbor, University of Michigan, Museum of Anthropology.

YOUNG T.C., SMITH P.E.L., 1966. Research in the Central Western Iran. *Science*, 153, p. 386-391.

www.ingramcontent.com/pod-product-compliance
Lightning Source LLC
LaVergne TN
LVHW072251300926
849160LV00018B/1644